中国国家标准汇编

548

GB 28767～28798

（2012年制定）

中国标准出版社　编

中国标准出版社

北　京

图书在版编目(CIP)数据

中国国家标准汇编:2012年制定.548:
GB 28767～28798/中国标准出版社编.—北京:
中国标准出版社,2013.11
ISBN 978-7-5066-7278-8

Ⅰ.①中… Ⅱ.①中… Ⅲ.①国家标准-
汇编-中国-2012 Ⅳ.①T-652.1

中国版本图书馆CIP数据核字(2013)第183921号

中国标准出版社出版发行
北京市朝阳区和平里西街甲2号(100013)
北京市西城区三里河北街16号(100045)

网址 www.spc.net.cn
总编室:(010)64275323 发行中心:(010)51780235
读者服务部:(010)68523946

中国标准出版社秦皇岛印刷厂印刷
各地新华书店经销

*

开本 880×1230 1/16 印张 30.25 字数 910 千字
2013年11月第一版 2013年11月第一次印刷

*

定价 220.00 元

出 版 说 明

1.《中国国家标准汇编》是一部大型综合性国家标准全集。自1983年起，按国家标准顺序号以精装本、平装本两种装帧形式陆续分册汇编出版。它在一定程度上反映了我国建国以来标准化事业发展的基本情况和主要成就，是各级标准化管理机构，工矿企事业单位，农林牧副渔系统，科研、设计、教学等部门必不可少的工具书。

2.《中国国家标准汇编》收入我国每年正式发布的全部国家标准，分为“制定”卷和“修订”卷两种编辑版本。

“制定”卷收入上一年度我国发布的、新制定的国家标准，顺延前年度标准编号分成若干分册，封面和书脊上注明“20××年制定”字样及分册号，分册号一直连续。各分册中的标准是按照标准编号顺序连续排列的，如有标准顺序号缺号的，除特殊情况注明外，暂为空号。

“修订”卷收入上一年度我国发布的、被修订的国家标准，视篇幅分设若干分册，但与“制定”卷分册号无关联，仅在封面和书脊上注明“20××年修订-1,-2,-3,……”字样。“修订”卷各分册中的标准，仍按标准编号顺序排列（但不连续）；如有遗漏的，均在当年最后一分册中补齐。需提请读者注意的是，个别非顺延前年度标准编号的新制定的国家标准没有收入在“制定”卷中，而是收入在“修订”卷中。

读者配套购买《中国国家标准汇编》“制定”卷和“修订”卷则可收齐由我社出版的上一年度我国制定和修订的全部国家标准。

3. 由于读者需求的变化，自1996年起，《中国国家标准汇编》仅出版精装本。

4. 2012年我国制修订国家标准共2 101项。本分册为“2012年制定”卷第548分册，收入国家标准GB 28767～28798的最新版本。

中国标准出版社

2012年8月

目　　录

ICS 75.100
E 30

中华人民共和国国家标准

GB/T 28767—2012

车辆齿轮油分类

Classification of automotive gear lubricants

2012-11-05 发布 2013-03-01 实施

中华人民共和国国家质量监督检验检疫总局
中国国家标准化管理委员会 发布

前　言

本标准按照 GB/T 1.1—2009 给出的规则起草。

本标准参考 API 1560:1995《汽车手动变速器、手动变速箱和驱动桥用润滑剂的使用规定》制定。

本标准由全国石油产品和润滑剂标准化技术委员会(SAC/TC 280)提出。

本标准由全国石油产品和润滑剂标准化技术委员会石油燃料和润滑剂分技术委员会(SAC/TC 280/SC 1)技术归口。

本标准由中国石油化工股份有限公司石油化工科学研究院负责起草。

本标准主要起草人:许淑艳。

车辆齿轮油分类

1 范围

本标准规定了车辆齿轮油的代号说明和详细分类。

本标准适用于车辆齿轮油的分类和标记。

2 规范性引用文件

下列文件对于本文件的应用是必不可少的。凡是注日期的引用文件，仅注日期的版本适用于本文件。凡是不注日期的引用文件，其最新版本(包括所有的修改单)适用于本文件。

GB/T 17477 汽车齿轮润滑剂黏度分类

3 代号说明

3.1 每一个类型是根据产品特性、使用场合和使用对象确定的。

3.2 每一个类型由两个大写英文字母或两个大写英文字母和一个数字组成的代号表示。在字母和数字之间用“-”连接，由字母、符号和数字相组合代表质量等级。

3.3 本分类体系中，产品以统一的方法命名。每个特定的类型代号之后应附有按 GB/T 17477 规定的黏度等级。

示例 1：一个特定的车辆齿轮油产品可命名为 GL-4 90，其中“90”为按 GB/T 17477 规定的黏度等级。

示例 2：一个特定的车辆齿轮油产品可命名为 GL-5 80W-90，其中“80W-90”为按 GB/T 17477 规定的黏度等级。

4 详细分类

车辆齿轮油的详细分类见表 1。

表 1 车辆齿轮油的详细分类

应用范围	品种代号	使用说明
车辆齿轮	GL-3	适用于速度和负荷比较苛刻的汽车手动变速器及较缓和的螺旋伞齿轮驱动桥
	GL-4	适用于速度和负荷比较苛刻的螺旋伞齿轮和较缓和的准双曲面齿轮，可用于手动变速器和驱动桥
	GL-5	适用于高速冲击负荷、高速低扭矩和低速高扭矩下操作的各种齿轮，特别是准双曲面齿轮
	MT-1	适用于在大型客车和重型卡车上使用的非同步手动变速器。该类润滑剂对于防止化合物热降解、部件磨损及油封劣化提供保护，这些性能是 GL-4 和 GL-5 要求的润滑剂所不具有的 MT-1 没有给出乘用车和重负荷车辆中同步器的和驱动桥的性能要求

附　录　A
（资料性附录）
本标准分类与我国车辆齿轮油名称的对应关系

本标准分类与我国车辆齿轮油名称的对应关系见表 A.1。

表 A.1　本标准分类与我国车辆齿轮油名称的对应关系

本标准的分类品种	油品名称
GL-3	普通车辆齿轮油(SH/T 0350—1992)
GL-4	中负荷车辆齿轮油(GL-4)
GL-5	重负荷车辆齿轮油(GL-5) (GB 13895—1992)
MT-1	非同步手动变速箱油

ICS 75.160.20
E 31

中华人民共和国国家标准

GB/T 28768—2012

车用汽油烃类组成和含氧化合物的测定 多维气相色谱法

Determination of hydrocarbon types and oxygenates in automotive-motor gasoline by multidimensional gas chromatography method

(ISO 22854:2008, Liquid petroleum products—Determination of hydrocarbon types and oxygenates in automotive-motor gasoline—Multidimensional gas chromatography method, MOD)

2012-11-05 发布 2013-03-01 实施

中华人民共和国国家质量监督检验检疫总局
中国国家标准化管理委员会 发布

前　言

本标准按照 GB/T 1.1—2009 给出的规则起草。

本标准使用重新起草法修改采用 ISO 22854:2008《液体石油产品　车用汽油烃类组成和含氧化合物测定　多维气相色谱法》。

本标准与 ISO 22854:2008 相比在结构上有些调整，具体章条对照情况参见附录 A 中表 A.1。本标准与 ISO 22854:2008 技术性差异及其原因如下：

——本标准在 3.1.3"芳烃"的术语和定义中增加了芳烯烃隶属于芳烃的解释，由于芳烯烃是含有三键的芳环状的碳氢化合物；

——本标准在方法概要的 4.1 中增加了方法流程图，以明确方法的操作程序(见图 1)；

——本标准将 ISO 22854:2008 的 5.2 中进样小瓶前增加了"适用于自动进样器用"的内容，以明确进样小瓶要适用于自动进样器使用(见 5.2)；

——本标准将 ISO 22854:2008 的 8.1 中"根据制造商的说明使仪器达到要求"修改为"参照附录 B 仪器规范的要求配置仪器设备"，以满足对本标准的使用要求(见 8.1)；

——本标准在 8.4 中增加了推荐的适当气体流量参数和推荐的系统温度控制条件参数，以及为鉴别复杂的含氧化合物所添加的含氧化合物纯组分的添加比例和纯组分纯度的相关内容，以满足对本标准的使用要求；

——本标准在 8.5 中增加了参考样品标准值的一种获得方法，以满足对本标准的使用要求；

——本标准删除了 ISO 22854:2008 的 8.6"分析样品的准备"和 8.7"仪器和测试条件的准备"的相关内容，在本标准 8.6 中增加了样品分析的内容，以简化和完善操作步骤；

——本标准增加了附录 C(规范性附录)，给出了推荐的色谱系统温度控制条件参数和示例，以补充色谱控制条件。

本标准还进行了下列编辑性修改：

——本标准在 4.2 的注中增加了甲醇在汽油中的挥发损失比较大，该类样品的前处理不规范会影响其精密度的内容，以对该类样品的测定加以注意；

——本标准在 5.1.3 的注中增加了对压缩空气、氢气和氮气管线安装合适的气体净化器的内容，以减少色谱系统的干扰；

——本标准在 5.3 的注中增加了车用汽油中硫含量高低的示例，以满足对本标准的使用要求；

——本标准在附录 B 的表 B.1 中增加了 5A 分子筛柱的内容，以补充色谱配置信息。

本标准由全国石油产品和润滑剂标准化技术委员会(SAC/TC 280)提出。

本标准由全国石油产品和润滑剂标准化技术委员会石油燃料和润滑剂分技术委员会(SAC/TC 280/SC 1)归口。

本标准起草单位：中国石油天然气股份有限公司乌鲁木齐石化分公司、中国石油天然气股份有限公司兰州润滑油研究开发中心和中国石油天然气股份有限公司石油化工研究院。

本标准参加起草单位：中国石油化工股份有限公司炼油事业部、中国石油化工股份有限公司北京燕山分公司、中国石油天然气股份有限公司大连西太平洋石化分公司和中国石化扬子石油化工股份有限公司。

本标准主要起草人：陈国强、周亚斌、李文乐、赵新枝、宁长青、张宝生、王建明、王玲、尹彤华、刘红灵、郭建民、丁大喜。

车用汽油烃类组成和含氧化合物的测定
多维气相色谱法

1 范围

本标准规定了采用气相色谱法测定车用汽油中饱和烃、烯烃和芳烃的方法。本标准也可测定车用汽油中苯含量、含氧化合物和总氧含量。

本标准适用于测定总芳烃含量(体积分数)为不大于50%,总烯烃含量(体积分数)为1.5%~30%,含氧化合物含量(体积分数)为0.8%~15%,总氧含量(质量分数)为1.5%~3%,苯含量(体积分数)为不大于2%的车用汽油。

注1:开发本标准时,其终沸点限值为215 ℃。

注2:本标准对于含氧化合物,含有甲基叔丁基醚(MTBE)、乙基叔丁基醚(ETBE)、叔戊基甲醚(TAME)、异丙醇、异丁醇、叔丁醇、甲醇和乙醇的车用汽油样品确定了精密度数据,甲醇的精密度数据也可以不遵从本标准中列出的精密度计算公式。本标准的适用性也已证实可用于测定车用汽油中的正丙醇、丙酮和二异丙醚(DIPE),但是没有确定这些化合物的精密度数据。

本标准虽然可用于测定烯烃含量(体积分数)高达50%的汽油样品,但是仅给出了烯烃含量(体积分数)为1.5%~30%的精密度数据。

本标准虽然可用于含有含氧化合物的车用汽油的分析,但也可用于其他具有相同沸点范围的烃类的分析,例如石脑油和重整生成油。

注3:虽然可能出现碳9和碳10芳烃的重叠,但是,总量是准确的,异丙苯从碳8芳烃中分离出,包含在碳9芳烃中。

2 规范性引用文件

下列文件对于本文件的应用是必不可少的,凡是注日期的引用文件,仅注日期的版本适用于本文件,凡是不注日期的引用文件,其最新版本(包括所有的修改单)适用于本文件。

GB/T 4756 石油液体手工取样法(GB/T 4756—1998,eqv ISO 3170:1988)

SY/T 5317 石油液体管线自动取样法(SY/T 5317—2006,ISO 3171:1988,IDT)

3 术语和定义

下列术语和定义适用于本文件。

3.1

烃族 hydrocarbon group

同一类型的碳氢化合物。例如:饱和烃和烯烃等。

3.1.1

饱和烃 saturated hydrocarbon

不含任何双键的3~12个碳原子数的直链或环状的碳氢化合物。例如:正构烷烃、异构烷烃、环烷烃和多环烷烃。

3.1.2

烯烃 olefinic hydrocarbon

包含双键和三键的3～10个碳原子数的碳氢化合物。例如:正构烯烃,异构烯烃和环烯烃。

3.1.3

芳烃 aromatic hydrocarbon

包含双键和三键的芳环状的碳氢化合物。例如:苯、甲苯、及含6～10个碳原子数的同系碳氢化合物、芳烯烃和多达12个碳原子的萘类。

3.2

含氧化合物 oxygenate

含有氧的直链或环状的碳氢化合物,是按照现行车用汽油规格允许加入的含氧化合物。例如:醇类和醚类。

3.3

部分族组分 partial group

PG

含相同数量原子数的碳氢化合物,可以是单个化合物如甲苯,也可以是异构体的混合物如正丁烷和异丁烷等。

4 方法概要

4.1 样品采用气相色谱分析,使用特殊的柱组合和柱切换程序,分离成烃族。样品注入到气相色谱系统中并气化分离成不同族,通常使用火焰离子化检测器(FID)检测。

采用气相色谱法测定车用汽油中烃类组成和含氧化合物的方法流程图见图1。

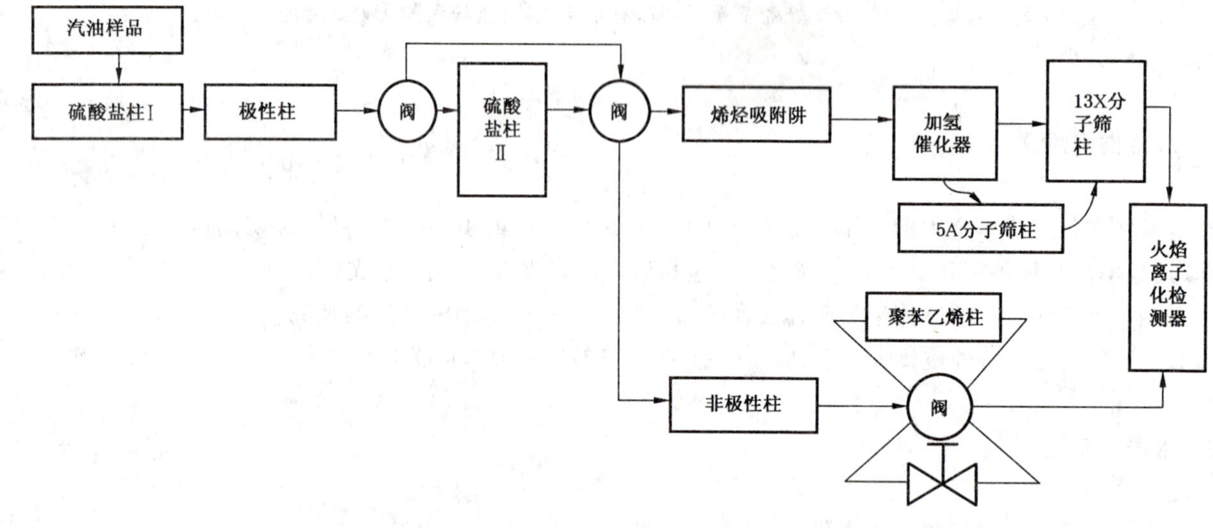

图1 方法流程图

4.2 每个被测化合物或烃族的质量浓度是把相对响应因子(见9.1)应用到检测的峰面积,再归一至100%而获得。对于样品中含有的本标准不能测定的含氧化合物,结果要用100%减去用其他方法测得含氧化合物的含量,每一个被测的化合物或烃族的体积浓度是采用被测峰的质量浓度和其密度值(见9.2)计算并归一到100%后所得。

注:参考本标准推荐的条件操作,以确保所有化合物被正确地鉴别出来,这尤其适用于含氧化合物的鉴别,因为它们的响应因子范围很宽,因此,宜采用添加所关注的含氧化合物纯组分的汽油样品来鉴别本标准中列举的含

氧化合物。甲醇在汽油中的挥发损失比较大,要关注该类样品的前处理,该类样品的前处理不规范会影响其精密度。

4.3 经上述分离后,车用汽油样品分离成烃族,然后按原子数分离,借助于相应的相对响应因子,可计算出各族的含量。

5 试剂和材料

5.1 气体

5.1.1 氢气:纯度 99.999%。

警告:当空气中氢气浓度(体积分数)达到 4%~75%时会发生爆炸,参见仪器制造厂家的操作手册。

5.1.2 氮气:纯度 99.999%。

5.1.3 压缩空气。

注:建议对压缩空气、氢气和氮气管线安装合适的气体净化器。

5.2 适用于自动进样器用的进样小瓶

使用密封的惰性进样小瓶,如用带自封的聚四氟乙烯(PTFE)材料的橡胶膜盖子的小试剂瓶。

5.3 (各种)参考样品

用组分和浓度与实际样品类似的汽油作为参考样品。

警告:可燃,吸入有害。

注:汽油中的含硫化合物在烯烃吸附阱中会不可逆转的被吸附,并可能降低烯烃吸附阱容纳烯烃的能力,含硫化合物也可能在醇和醚-醇-芳烃吸附阱中被捕集,虽然低含量的含硫化合物(例如小于 50 mg/kg 的硫含量)对不同的吸附阱或柱的影响是很小的,但还是应该注意硫含量高(例如大于 1 000 mg/kg 的硫含量)的汽油样品。

6 仪器

6.1 气相色谱仪

由计算机控制的多维气相色谱装置、进样系统、火焰离子化检测器(FID)、合适的色谱柱、吸附阱以及加氢催化器,参见附录 B 仪器规范中的描述。

6.2 切换阀

适当的切换阀用来将气相色谱内的化合物从一个色谱柱转移到另一个色谱柱。

切换阀应该有表面惰性和死体积小的特性。

6.3 吸附阱

适当短的色谱柱(参见附录 B 仪器规范中的表 B.1 推荐的色谱柱要求)用温度控制来选择性地保留车用汽油中的某些组分,被捕集的化合物的吸附应是可逆的,一个典型洗脱顺序示例参见附录 C 中的 C.2 示例。

7 取样

除非有特殊要求,取样应按照 GB/T 4756 或 SY/T 5317 的规定进行。

8 试验步骤

8.1 仪器的准备

参照附录B仪器规范的要求配置仪器设备。

8.2 分析样品的准备

冷却样品以防止其挥发损失，将待分析样品转移到适用于自动进样器使用的进样小瓶（见5.2）并且迅速用能自封的聚四氟乙烯（见5.2）的盖子将其盖紧并密封。

注：建议将样品冷却至0 ℃～5 ℃之间。

8.3 进样体积

进样体积大小应采用这种方式来确定：不能超过色谱柱容量能力，并且保证检测器是线性有效的。

注：进样体积为0.1 μL被证明是最佳的。

8.4 仪器和测试条件的验证

推荐的适当气体流量参数见表1，推荐的色谱系统温度控制条件参数见附录C的C.1推荐的色谱系统温度控制条件参数。运行（各种）参考样品（见5.3），并检查其仪器参数，切割时间，分族时间，如果不正确，按照仪器生产商推荐的参数进行调整，并重新测试。

表1 推荐的适当气体流量参数

单位为毫升每分钟

气体名称	流量
氦气（前进样口）	22±2
氦气（后进样口）	12±1
氢气（铂柱）	14±2
氢气（FID）	30～35
空气（FID）	400～450

注意色谱峰的族选择性宜接近分离界限，如苯、烯烃和含氧化合物，应仔细鉴别含氧化合物，建议用添加了所关注的含氧化合物纯组分的汽油参考样品来鉴别复杂的含氧化合物，所添加的含氧化合物纯组分含量（体积分数）添加比例为0.8%～15%，纯组分的纯度不得低于色谱纯。附录D样品色谱图展示了几种样品色谱图，并且对洗脱时间划分和可能的干扰提供了证据。

8.5 核查

重新测试参考样品，并把得到的结果与其标准值比较，与标准值的绝对差值不得超过第11章所列出的各参数的再现性要求。

宜每周进行一次参考样品的核查，以检查设备的正常功能。

核查的参考样品和待测样品宜有相近的组分和浓度，参考样品的标准值是通过多个（大于16个）有资质的实验室进行的比对试验而获得的值。测试含有新的含氧化合物样品之前宜进行仪器核查。

8.6 样品分析

按8.2和8.3规定的准备程序来准备分析样品，将具有代表性的汽油试样用自动进样器导入按

8.1建立的气相色谱仪中，载气将试样带入气相色谱仪系统中将各组分分离，一个典型样品洗脱分离顺序示例见附录C的C.2示例。用火焰离子化检测器检测试样中的各组分，火焰离子化检测器检测到的信号由计算机系统处理得到汽油试样的各组分含量。

9 计算和报告

9.1 按质量分数计算

采用对峰面积进行积分来测定，色谱峰根据它们在第3章所述的族的存在来分类，表2和表3给出了部分族组分和含氧化合物的相对响应因子，用相对响应因子校正后，所有部分族组分的质量分数都可以计算出来，并且归一化到100%，部分族组分根据烃族类型和碳原子数目进行分类。

对于样品中含有的本标准不能测定的含氧化合物，要用不同的方法，如SH/T 0720或SH/T 0663进行测定，它们将不被积分，总面积不能归一化到100%，而是用100%减去用其他方法测得含氧化合物的含量，其数值应记录在报告中。

表2 部分族组分在FID下的相对响应因子

碳数	相对响应因子 $F_{RR.PG}$				
	烷烃（正构+异构）	环烷烃	烯烃（正构+异构）	环烯烃	芳烃
3	0.916	—	0.916	—	—
4	0.906	—	0.906	—	—
5	0.899	0.874	0.899	0.874	—
6	0.895	0.874	0.895	0.874	0.811
7	0.892	0.874	0.892	0.874	0.820
8	0.890	0.874	0.890	0.874	0.827
9	0.888	0.874	0.888	0.874	0.832
10	0.887	0.874	0.887	0.874	0.837
11+	0.887	—	—	—	0.840

每个部分族组分的相对响应因子 $F_{RR.PG}$ 的计算（甲烷的响应设置为1个单位）可由式(1)得出：

$$F_{RR.PG}=\frac{[(M_C\times n_C)+(M_H\times n_H)]\times 0.7487}{M_C\times n_C} \quad \cdots\cdots(1)$$

式中：

M_C——碳原子量，12.011；

n_C——族中的碳原子数；

M_H——氢原子量，1.008；

n_H——族中氢原子数；

0.7487——是把甲烷响应值设置为1个单位的修正因子。

对于每个部分族组分，以质量分数表示的每个部分族组分 w_{PG} 可由式(2)计算：

$$w_{PG}=\frac{100\times A_{PG}\times F_{RR.PG}}{\sum_i (A_{PG.i}\times F_{RR.PG.i})} \quad \cdots\cdots(2)$$

式中：

A_{PG}——每个部分族组分面积的总和。

表 3　含氧化合物在 FID 下的相对响应因子

含氧化合物	相对响应因子[a] $F_{RR,PG}$
甲基叔丁基醚	1.33
二异丙醚	1.32
乙基叔丁基醚	1.31
叔戊基甲醚	1.24
甲醇	3.80
乙醇	1.91
正丙醇	1.87
异丙醇	1.74
正丁醇	1.55
异丁醇	1.39
仲丁醇	1.39
叔丁醇	1.23
2-甲基-2-丁醇	1.40
[a] 含氧化合物的相对响应因子已通过试验确定。	

9.2　按体积分数计算

利用部分族组分 i 的密度和质量分数，可转换为以体积分数表示的 ϕ_{PG}，可由式(3)计算出，表 4 和表 5 列出了部分族组分在 15 ℃下的密度值。

$$\phi_{PG} = \frac{100 \times w_{PG}/\rho_{PG}}{\sum_i (w_{PG,i}/\rho_{PG,i})} \quad \cdots\cdots (3)$$

式中：

w_{PG}——部分族组分的质量分数，以%计；

ρ_{PG}——部分族组分的密度，单位为千克每立方米(kg/m^3)。

表 4　15 ℃下的部分族组分密度　　单位为千克每立方米

碳数	密度[a] ρ_{PG}				
	烷烃(正构＋异构)	环烷烃	烯烃(正构＋异构)	环烯烃	芳烃
3	506.5	—	502.4	—	—
4	577.9	—	613.7	—	—
5	626.9	750.3	656.5	773.3	—
6	662.2	760.6	685.9	785.3	884.3
7	688.8	762.1	704.0	790.5	871.6
8	708.4	780.5	719.3	805.2	871.9
9	728.1	792.5	738.2	812.5	878.0
10	734.0	812.8	748.6	817.6	892.8
11＋	759.0	—	—	—	894.4
[a] 对同分异构混合物，其密度是根据它们在车用汽油中所占比例加权计算的。					

表5　15 ℃下含氧化合物的密度

单位为千克每立方米

含氧化合物	密度 ρ_{PG}
甲基叔丁基醚	745.3
二异丙醚	729.2
乙基叔丁基醚	745.6
叔戊基甲醚	775.2
甲醇	795.8
乙醇	794.8
正丙醇	813.3
异丙醇	789.5
正丁醇	813.3
异丁醇	810.6
仲丁醇	805.8
叔丁醇	791.0
2-甲基-2-丁醇	813.5

9.3　按质量分数计算总氧含量

根据所有已知的含氧化合物 i，以质量分数表示的总氧含量 w_0，可由式(4)计算出：

$$w_O = \sum_i \left(\frac{n_O \times M_O}{M_i} \times w_i\right) \quad \cdots\cdots(4)$$

式中：

n_O——分子中的氧原子数(通常是1)；

M_O——氧的原子量；

M_i——含氧化合物的分子量；

w_i——样品中组分的质量分数，%。

示例：下面的例子使用甲基叔丁基醚(MTBE($C_5H_{12}O$))作为唯一的含氧化合物，因此使用下述的原子量：

C：12.011；H：1.008；O：16.000

$$w_O = \sum_i \left(\frac{n_O \times M_O}{M_i} \times w_i\right) = \frac{1 \times 16.000}{5 \times 12.011 + 12 \times 1.008 + 1 \times 16.000} \times w_i = 0.181\,5 \times w_i$$

9.4　依据汽油规格来报告数据

为使报告和现行汽油规格一致，需要对结果进行四舍五入或求和：

——饱和烃总量的测定是通过烷烃、环烷烃和高沸点的多环烷烃体积分数的加和得到的；

——总烯烃含量的测定是通过烯烃和环烯烃的体积分数加和得到的；

——总芳烃含量的报告不变；

——苯含量以体积分数来报告；

——含氧化合物含量以体积分数来报告；

——总氧含量按9.3计算，以质量分数来报告。

10 结果表述

结果按下列要求，以体积分数或质量分数来报告(见9.4)：

——饱和烃含量精确到0.1%；

——芳烃含量精确到0.1%；

——烯烃含量精确到0.1%；

——苯含量精确到0.01%；

——含氧化合物含量精确到0.01%；

——总氧含量精确到0.01%。

11 精密度

11.1 概述

根据ISO 4259，精密度是通过统计多个实验室的测试结果来给出的，表6中列举了公式计算的精密度值，结果被四舍五入成适当的小数位，这些小数位应和第10章中指定的一样。

11.2 重复性(95%置信水平)

同一操作者，使用同一台仪器，在相同的测试条件下，正确地按照标准操作，对同一试样两次测定结果的差值不能超过表6中重复性值(r)。

11.3 再现性(95%置信水平)

由不同的操作者，在不同的实验室，正确地按照标准操作，对同一试样得到的两个单一和独立的测定结果的差值不能超过表6中再现性值(R)。

注1：异丙醇的再现性数据要高于其他的组分，特别是出现双峰时，需要对两个峰进行合适的鉴定(参见4.2的注)，参照EN/TR 15745比对试验研究报告制定，其中列举了结果报告的要求。

注2：甲醇的再现性数据要比期待的再现性数据要高很多，由于甲醇是一个活泼的组分，在取样时需要小心并确保以合适的方式将其导入预柱，参照EN/TR 15745比对试验研究报告制定，其中列举了结果报告的要求。

表6 重复性和再现性

体积分数，%

组分或族		重复性(r)	再现性(R)
饱和烃		0.5	1.6
芳烃		0.009 5X+0.195 2	0.045 0X+0.138 4
烯烃		0.018 5X+0.141 5	0.117 6X+0.511 8
苯	含量≥0.8	0.014 7X+0.003 1	0.0777X−0.025 0
	含量<0.8	0.02	0.04
含氧化合物		0.019 3X+0.002 4	0.025 1X+0.351 5
注：X是两次结果的平均值。			

12 报告

测试报告至少要包括如下信息：

——对本标准的引用；
——样品的类型和完整的鉴定；
——样品取样方法(见第7章)；
——测试结果(见第10章)；
——如适用，用其他方法定量测定的组分含量(见9.1)；
——由协议或其他方式确定的与本标准规定步骤的任何差异；
——测试日期。

附 录 A
（资料性附录）
本标准与 ISO 22854:2008 的章条编号对照

本标准与 ISO 22854:2008 相比在结构上有些调整，具体章条对照情况见表 A.1。

表 A.1 本标准与 ISO 22854:2008 的章条编号对照一览表

本标准章条编号	ISO 22854:2008 章条编号
8.6	—
—	8.6
—	8.7
附录 A	—
附录 B	附录 A
附录 C	—
附录 D	附录 B
注：表中以外的本标准其他章条编号与 ISO 22854:2008 章条编号均相同且内容相对应。	

附 录 B
（资料性附录）
仪器规范

表 B.1 给出了推荐的色谱柱要求，推荐试验仪器的色谱柱参照表 B.1 推荐的色谱柱要求，并参照图 B.1 仪器典型配置图和供应商的要求来组装仪器部件。

图 B.1 给出了仪器的典型配置图。

表 B.1 推荐的色谱柱要求

名称	长度/cm	内径/mm	固定相	说明
硫酸盐柱 I	30	2	150 μm ～ 178 μm 的 Chromosorb[a] 750 上，涂 50%硫酸盐	捕集醇类和芳烃
极性柱	270	2	178 μm ～ 250 μm 的 Chromosorb[a] PAW 上，涂 30% OV 275	分离脂肪烃和低沸点芳烃
非极性柱	1500	0.53	5 μm OV 101 甲基硅氧烷	分离醇和高沸点芳烃
13X 分子筛柱	170	1.7	150 μm ～ 178 μm 的 Chromosorb[a] 750 上，涂 3% 13X 分子筛	分离烷烃和环烷烃
硫酸盐柱 II	30	3	150 μm ～ 178 μm 的 Chromosorb[a] 750 上，涂 50%硫酸盐	捕集醚类
烯烃吸附阱	30	3	8%的银盐涂在 150 μm～178 μm 的硅胶上	捕集烯烃
聚苯乙烯柱	90	2	150 μm～178 μm 的 Porapak[b] P	分离芳烃、醇和醚
加氢催化器	5.5	1.7	2%铂涂在氧化铝上	对不饱和碳氢化合物加氢
5A 分子筛柱	30	2	5A 分子筛	分离正构烃和异构烃

[a] Chromosorb 是 Johns-Manville 公司商品名称，提供此信息是为了方便用户，如果能够证明其他产品能得到相同的结果，也可用该产品。

[b] Porapak 是 Associates 公司商品名称，提供此信息是为了方便用户，如果能够证明其他产品能得到相同的结果，也可用该产品。

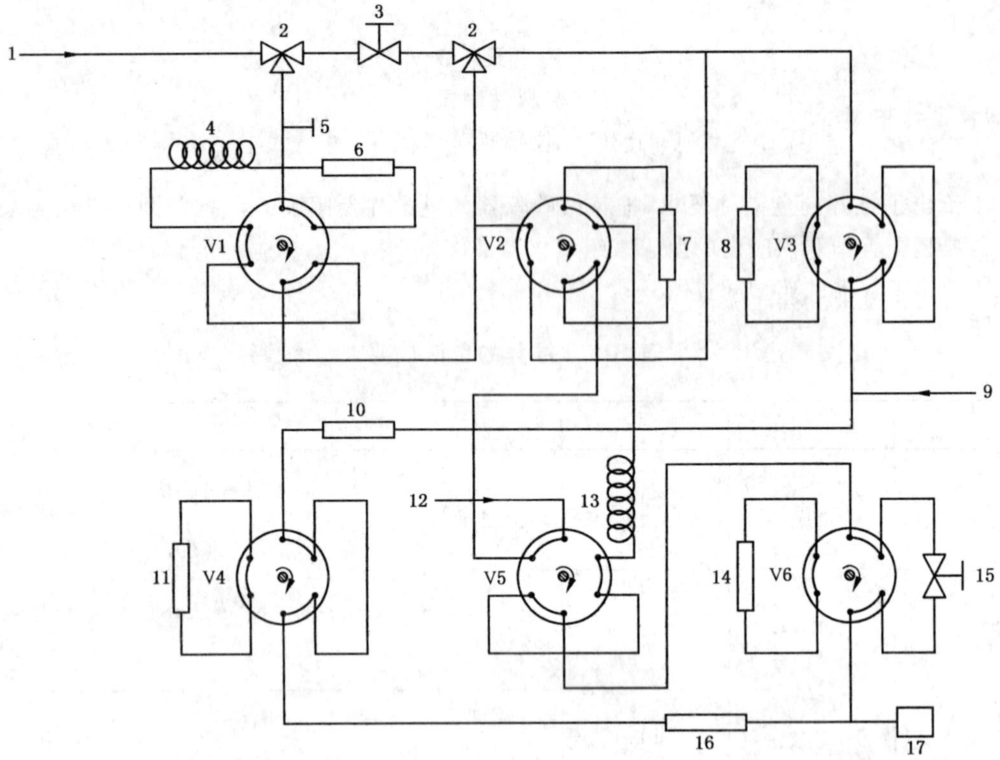

说明：

V1～V6 是色谱柱开关阀。

1——载气前入口；

2——三通阀；

3——针形阀；

4——OV-275 柱；

5——进样口；

6——硫酸盐柱Ⅰ；

7——硫酸盐柱Ⅱ；

8——烯烃吸附阱；

9——铂柱的氢气；

10——铂柱(加氢催化器)；

11——5A 分子筛柱；

12——载气后入口；

13——非极性柱；

14——聚苯乙烯柱；

15——旁通阀；

16——13X 分子筛柱；

17——火焰离子化检测器。

图 B.1 仪器典型配置图

附　录　C
（规范性附录）
推荐的色谱系统温度控制条件参数和示例

C.1　推荐的色谱系统温度控制条件参数

表 C.1～表 C.4 中给出推荐的色谱系统温度控制条件参数，试验仪器按照表 C.1～表 C.4 中提到的内容来设置相关参数。

表 C.1　推荐的车用汽油（无含氧化合物）色谱系统温度控制条件参数表

名称	温度/℃	最大加热时间/min	最大冷却时间/min
硫酸盐柱 I	175（恒温）	—	—
极性柱	130（恒温）	—	—
非极性柱	130（恒温）	—	—
烯烃吸附阱	第一阶段捕集温度：95±5； 第二阶段捕集温度：148±2； 烯烃解析温度：280	1	5
13X 分子筛柱	90～430，升温速率 10 ℃/min	—	—
聚苯乙烯柱	115（恒温）	—	—
硫酸盐柱 II	110（恒温）	—	—
铂柱（加氢催化器）	180（恒温）	—	—
5A 分子筛柱	120～450，升温速率 10 ℃/min	—	—
色谱柱切换阀	130（恒温）	—	—
进样口	130（恒温）	—	—
检测器	190（恒温）	—	—
柱温箱	130（恒温）	—	—

表 C.2　推荐的车用汽油（有含氧化合物）色谱系统温度控制条件参数表

名称	温度/℃	最大加热时间/min	最大冷却时间/min
硫酸盐柱 I	初始温度：163±3； 含氧化合物解析温度：280	2	5
极性柱	130（恒温）	—	—
非极性柱	130（恒温）	—	—
烯烃吸附阱	第一阶段捕集温度：95±5； 第二阶段捕集温度：148±2； 烯烃解析温度：280	1	5

表 C.2(续)

名称	温度/℃	最大加热时间/min	最大冷却时间/min
13X 分子筛柱	90～430,升温速率 10 ℃/min	—	—
聚苯乙烯柱	初始温度:120±5,洗脱温度:280	1	5
硫酸盐柱 II	初始温度:170±5; 含氧化合物解析温度:280	1	5
铂柱(加氢催化器)	180(恒温)	—	—
5A 分子筛柱	120～450,升温速率 10 ℃/min	—	—
色谱柱切换阀	130(恒温)	—	—
进样口	130(恒温)	—	—
检测器	190(恒温)	—	—
柱温箱	130(恒温)	—	—

表 C.3 推荐的重整汽油色谱系统温度控制条件参数表

名称	温度/℃	最大加热时间/min	最大冷却时间/min
硫酸盐柱 I	175(恒温)	—	—
极性柱	130(恒温)	—	—
非极性柱	130(恒温)	—	—
烯烃吸附阱	捕集温度:165; 烯烃解析温度:280	1	5
13X 分子筛柱	90～430,升温速率 10 ℃/min	—	—
聚苯乙烯柱	115(恒温)	—	—
硫酸盐柱 II	110(恒温)	—	—
铂柱(加氢催化器)	180(恒温)	—	—
5A 分子筛柱	120～450,升温速率 10 ℃/min	—	—
色谱柱切换阀	130(恒温)	—	—
进样口	130(恒温)	—	—
检测器	190(恒温)	—	—
柱温箱	130(恒温)	—	—

表 C.4 推荐的重整原料油色谱系统温度控制条件参数表

名称	温度/℃
硫酸盐柱 I	175(恒温)
极性柱	130(恒温)
非极性柱	130(恒温)

表 C.4（续）

名称	温度/℃
13X 分子筛柱	90～430，升温速率 10 ℃/min
聚苯乙烯柱	115(恒温)
硫酸盐柱 II	110(恒温)
铂柱(加氢催化器)	180(恒温)
5A 分子筛柱	150～450，升温速率 10 ℃/min
色谱柱切换阀	130(恒温)
进样口	130(恒温)
检测器	190(恒温)
柱温箱	130(恒温)

C.2 示例

C.2.1 一个典型洗脱顺序示例如下：

——首先醇和高沸点的芳烃被捕集在一个吸附阱上(硫酸盐柱Ⅰ)，轻芳烃通过一个极性色谱柱(例如 OV 275)与其他组分分离；

——通过另一个吸附阱(硫酸盐柱Ⅱ)，醚被捕集与其它组分分离；

——烯烃通过烯烃吸附阱(例如银盐)，分两步与饱和烃分离，由于烯烃吸附阱的捕集能力有限，对于丁烯含量很高或总烯烃含量很高的组分，分两步捕集是有必要的，只要烯烃吸附阱的容量允许，也可以一步分离；

——接下来用 13X 分子筛色谱柱将剩余的饱和烃按碳数分离成烷烃和环烷烃；

——醚从吸附阱(硫酸盐柱Ⅱ)被解析出来，并按照其沸点被分离和检测；

——烯烃从烯烃吸附阱中解析后，在铂柱(加氢催化器)上被加氢饱和转化成相应的饱和烃，通过 13X 分子筛色谱柱分离和检测；

——醇和高沸点芳烃从极性色谱柱和吸附阱(硫酸盐柱Ⅰ)中被洗脱出来，用非极性色谱柱(例如 OV 101)将其分离，并按照其沸点分离和检测。

C.2.2 附录 D 中 D.1 典型样品色谱图展示了附录 C.2 示例中提及的典型样品洗脱示例。

附　录　D
（资料性附录）
样品色谱图

D.1　典型样品色谱图

图 D.1 和图 D.2 展示了附录 C.2 示例中提及的一个样品色谱图，该色谱图具有典型的洗脱顺序。图 D.3 给出一个显示乙醇洗脱的更详细的色谱图，该图表明乙醇正好在碳 9 芳烃之前洗脱出来（正如谱图中所示）。

参照 EN/TR 15745 比对试验研究报告制定，其中列举了结果报告的要求，其他详细的色谱图参见研究报告或制造商手册。

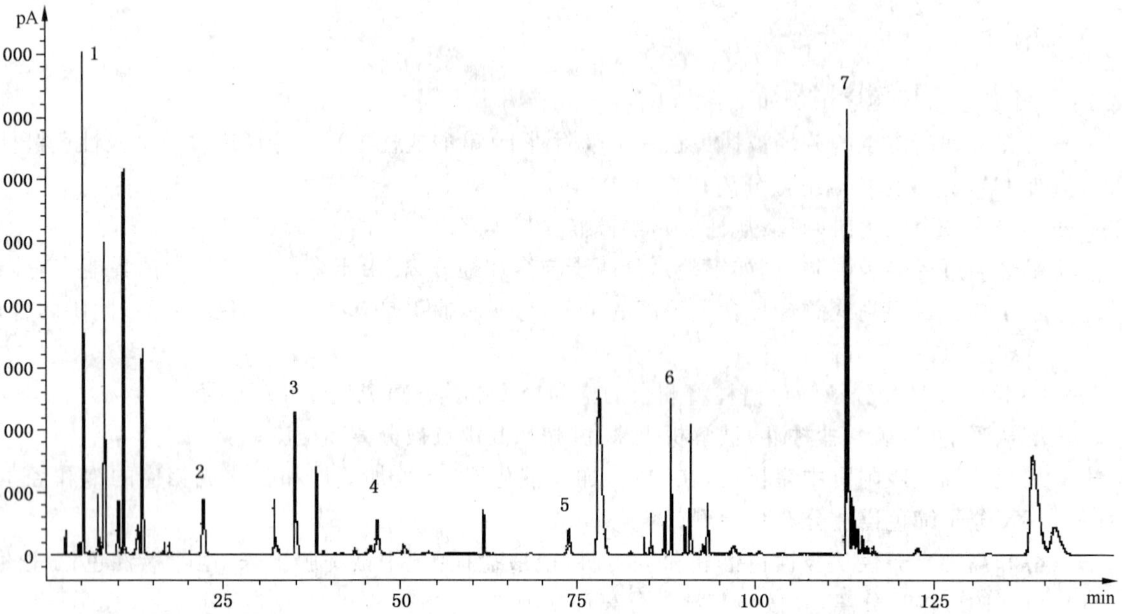

说明：
1——饱和烃碳 3～碳 8；
2——甲基叔丁基醚；
3——烯烃碳 4～碳 6；
4——饱和烃碳 7～碳 10；
5——苯；
6——烯烃；
7——芳烃。

图 D.1　含有甲基叔丁基醚的汽油样品的典型色谱图

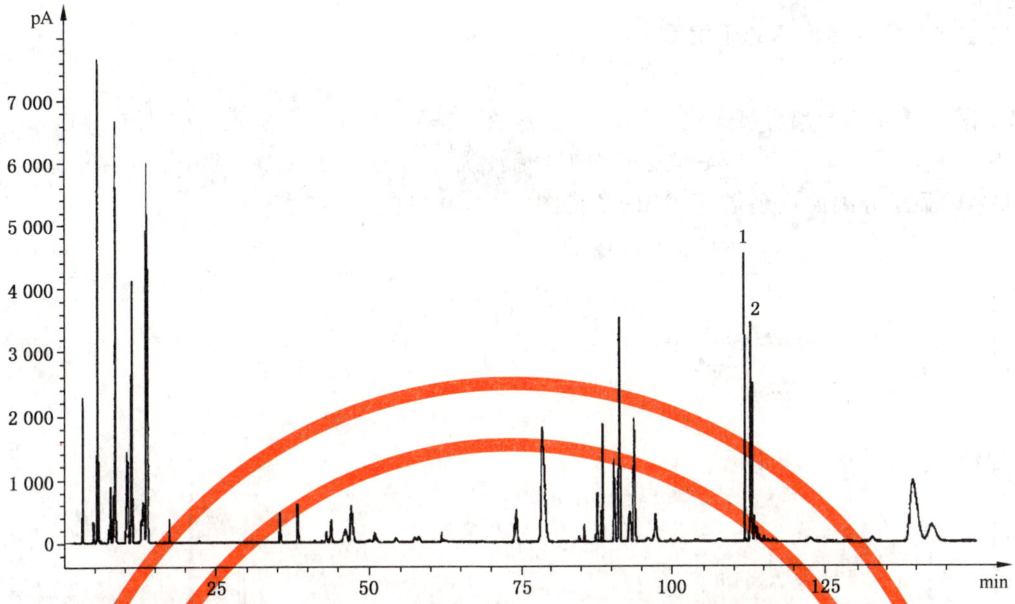

说明：
1——乙醇(111.7 min)；
2——碳9芳烃。

图 D.2　含乙醇的汽油样品的典型色谱图

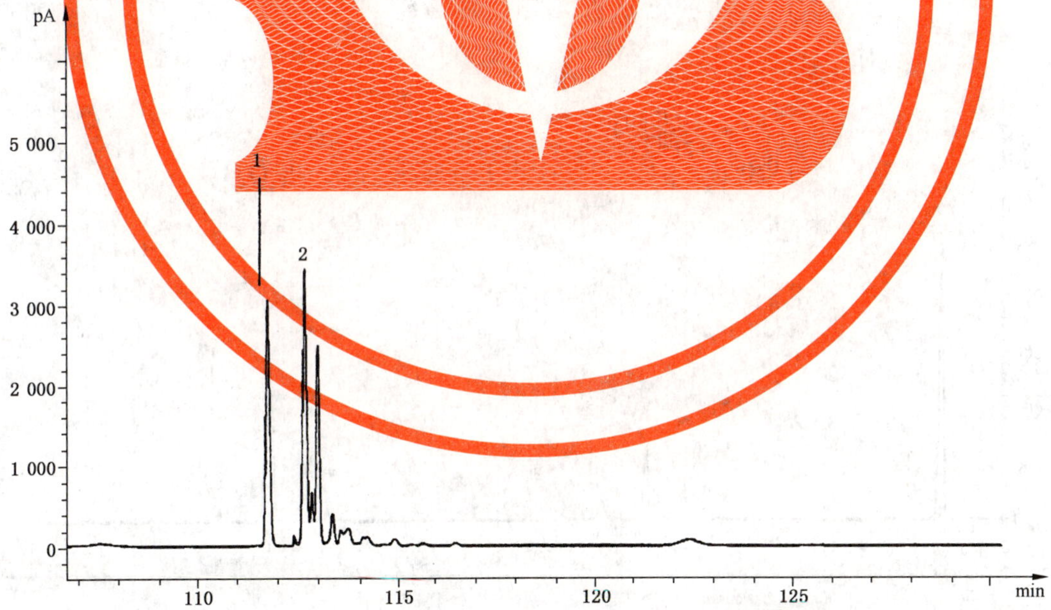

说明：
1——乙醇(111.7 min)；
2——碳9芳烃。

图 D.3　图 D.2 的放大部分，显示乙醇的洗脱色谱图

D.2 硫酸盐柱Ⅱ分离温度高的干扰

如果硫酸盐柱Ⅱ的分离温度太高，部分醚(甲基叔丁基醚、乙基叔丁基醚)可能被该柱洗脱出来，将会(部分)保留在烯烃吸附阱上，随后醚会作为C4烯烃洗脱出来。图D.4a)显示分离温度超过125 ℃的谱图，图D.4b)显示分离温度超过115℃的色谱图。

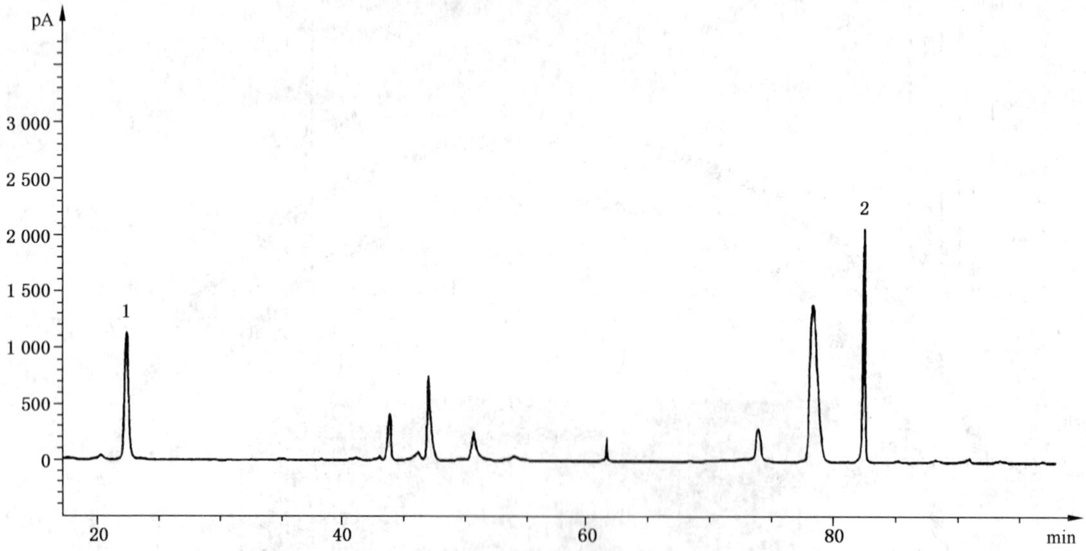

a) 分离温度超过125 ℃的色谱图

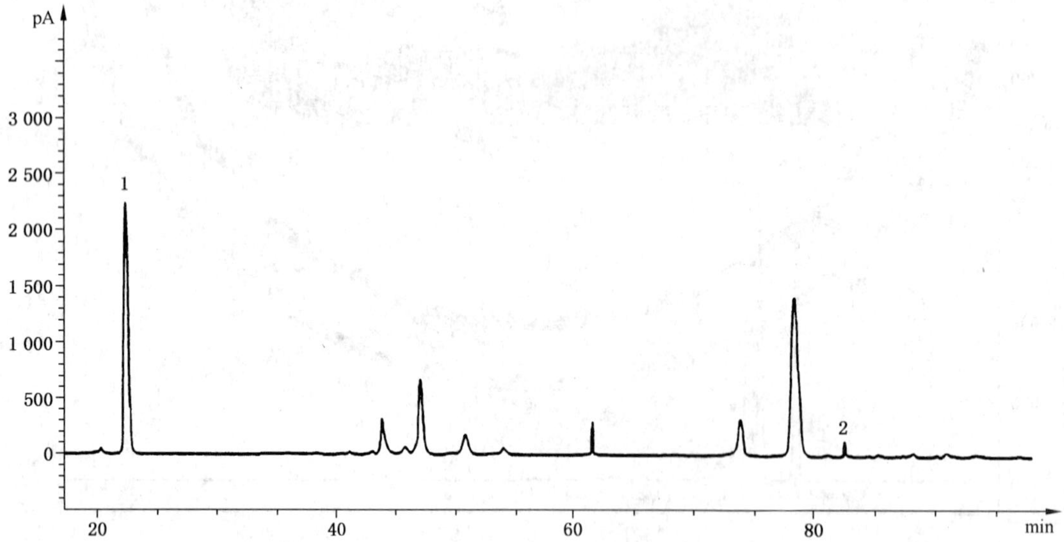

b) 分离温度超过115 ℃的色谱图

说明：

1——甲基叔丁基醚；

2——碳4烯烃。

图D.4 硫酸盐柱Ⅱ分离温度太高，醚的干扰色谱图

D.3 硫酸盐柱Ⅰ分离温度低的干扰

如果硫酸盐柱Ⅰ的分离温度太低，不是所有的醚（最可能的是叔戊基甲醚）都从该柱洗脱出来，而是在第一段芳烃馏分中洗脱出来，在叔戊基甲醚存在的情况下，它可能作为苯的肩峰洗脱，具体参见图D.5。

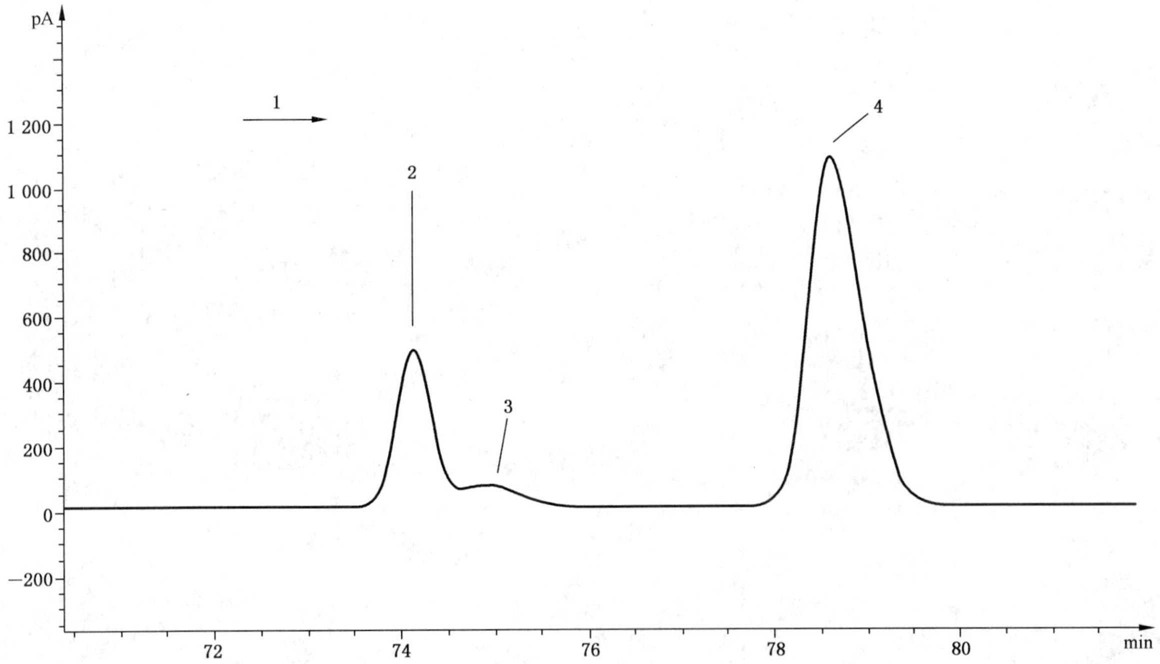

说明：

1——第一段芳烃馏分；

2——苯；

3——叔戊基甲醚肩部；

4——甲苯。

图D.5 硫酸盐柱Ⅰ分离温度太低，醚的干扰色谱图

参 考 文 献

［1］ SH/T 0663 汽油中某些醇类和醚类测定法(气相色谱法)

［2］ SH/T 0720 汽油中含氧化合物测定法(气相色谱及氧选择性火焰离子化检测器法)

［3］ ISO 4259 石油产品试验方法精密度数据的确定和应用

［4］ EN/TR 15745 液体石油产品 烃类组成和含氧化合物的测定(多维气相色谱法) 比对试验研究报告

ICS 75.160.20
E 31

中华人民共和国国家标准

GB/T 28769—2012

脂肪酸甲酯中游离甘油含量的测定 气相色谱法

Test method for determination of free glycerol content in Fatty Acid Methyl Esters(FAME) by gas chromatography

2012-11-05 发布

2013-03-01 实施

中华人民共和国国家质量监督检验检疫总局
中国国家标准化管理委员会
发布

前　言

本标准按照 GB/T 1.1—2009 给出的规则起草。

本标准使用重新起草法修改采用欧洲标准 EN 14106:2003《动植物油脂衍生物　脂肪酸甲酯　游离甘油含量测定法》。

本标准与 EN 14106:2003 的主要差异如下:

——在 9.1 中增加了采用不分流进样方式的色谱条件以提高测定的灵敏度。

本标准由全国石油产品和润滑剂标准化技术委员会(SAC/TC 280)提出。

本标准由全国石油产品和润滑剂标准化技术委员会石油燃料和润滑剂分技术委员会(SAC/TC 280/SC 1)归口。

本标准起草单位:中国石油化工股份有限公司石油化工科学研究院。

本标准主要起草人:李长秀。

脂肪酸甲酯中游离甘油含量的测定 气相色谱法

警告:本标准的应用可能涉及某些有危险性的材料、操作和设备,但并未对与此有关的所有安全问题都提出建议。用户在使用本标准前有责任制定相应的安全和防护措施,并确定相关规章限制的适用性。

1 范围

1.1 本标准规定了采用气相色谱法测定脂肪酸甲酯(FAME)中质量分数范围为0.005%~0.07%的游离甘油含量的方法。

1.2 本标准适用于评价纯态生物柴油的脂肪酸甲酯的质量。甘油作为酯交换反应的副产物,其浓度会影响燃料的性能。

2 规范性引用文件

下列文件对于本文件的应用是必不可少的。凡是注日期的引用文件,仅注日期的版本适用于本文件。凡是不注日期的引用文件,其最新版本(包括所有的修改单)适用于本文件。

GB/T 4756 石油液体手工取样法(GB/T 4756—1998,eqv ISO 3170:1988)

GB/T 15687 动植物油脂 试样的制备(GB/T 15687—2008,ISO 661:2003,IDT)

3 术语和定义

下列术语和定义适用于本文件。

3.1

游离甘油含量 free glycerol content

动植物油脂经酯交换反应并将甘油相分离后残存于脂肪酸甲酯中的少量甘油。

4 方法概要

将乙醇、水和正己烷及一定量的内标物加入到已知量的试样中,使混合物形成两相。游离甘油定量转移至下层溶液中。采用气相色谱法测定下层溶液以定量确定游离甘油的含量。

5 试剂和材料

如非特别说明,所有试剂均为分析纯。

5.1 正己烷。

5.2 1,4-丁二醇:纯度不低于99%。

5.3 乙醇:纯度不低于95%。

5.4 甲酸:纯度不低于99%。

5.5 甘油:纯度不低于99%。

5.6 载气:氦气或氢气,符合气相色谱载气要求,一般纯度不低于99.99%。

5.7 辅助气体:

——氢气:纯度不低于99.99%,不含水和有机化合物;

——空气:干燥空气,不含有机化合物。

5.8 内标物溶液:在100 mL容量瓶中准确称量约80 mg(精确至0.1 mg)1,4-丁二醇,用少量蒸馏水溶解,加入1 mL甲酸,用蒸馏水稀释至刻度。按此步骤制备的溶液在室温下可以稳定存放24 h。

6 仪器

6.1 具备有下列配置的气相色谱仪。

6.1.1 色谱柱箱:设定温度的控制精度为±1 ℃。

6.1.2 进样口:分流/无分流进样口或填充柱进样口。

6.1.3 火焰离子化检测器(FID)及信号转换/放大系统。

6.1.4 记录仪/积分仪:能够与信号转换/放大系统连接使用,最大响应时间小于1 s,绘图速度可以调节。

6.1.5 毛细管色谱柱:类型为PoraPLOT Q,长度10 m,内径0.32 mm,液膜厚度10 μm(见注),或采用固定相为CHROMOSORB 101,内径4 mm,长度1 m的填充柱。采用的色谱柱应满足甘油和内标物的色谱峰完全分离(两色谱峰之间的基线接近零点),分析时间小于15 min,并且按照9.3测定得到的甘油的校正因子不超过2.5。

注:已注意到不同生产商所提供的毛细管色谱柱的性能存在差别,有些在使用中会带来一些问题。有人提出使用游离脂肪酸分析用固定相(FFAP)或聚乙二醇固定相的毛细管色谱柱。无论使用何种类型色谱柱,其分离效果需满足指标要求。

6.1.6 流量控制器,用于载气和辅助气流量控制。

6.2 气相色谱用微量注射器:5 μL或10 μL。

6.3 容量瓶:50 mL和100 mL。

6.4 移液管:1 mL。

6.5 带刻度移液管:5 mL。

6.6 分析天平:感量0.1 mg。

6.7 玻璃锥形离心试管:10 mL。

6.8 离心机:转速可达到2 000 r/min。

7 取样

7.1 按照GB/T 4756的方法取样。

7.2 取样过程应考虑到脂肪酸甲酯中的游离甘油与玻璃容器有很强的亲和性,因此应避免使用玻璃容器收集和储存样品,可使用合适的塑料容器。

8 试样制备

按照GB/T 15687的要求准备试样。试样不能加热或过滤。

9 操作步骤

9.1 色谱条件

9.1.1 毛细管柱可使用下列条件：

——不分流模式：

a) 色谱柱箱温度：初温 150 ℃，保持 1 min，升温速率 40 ℃/min，终温 210 ℃，保持 12 min；

b) 进样口温度：250 ℃；

c) 检测器温度：250 ℃；

d) 进样 0.5 min 后打开分流阀，分流比约 20∶1；

e) 载气流量：3 mL/min。

——分流模式：

a) 色谱柱箱温度：210 ℃；

b) 进样口温度：230 ℃；

c) 检测器温度：250 ℃；

d) 分流比：约 50∶1；

e) 载气流量：1 mL/min～2 mL/min。

9.1.2 填充柱可使用下列条件：

——色谱柱箱温度：200 ℃；

——进样口温度：230 ℃；

——检测器温度：250 ℃；

——载气流量：20 mL/min～30 mL/min。

注：推荐采用毛细管柱的不分流进样模式色谱条件，以保证测定的灵敏度。

9.2 色谱峰定性

根据相同条件下甘油和内标物的保留时间可以确定试样中甘油和内标物的色谱峰。图 1 为典型色谱图。

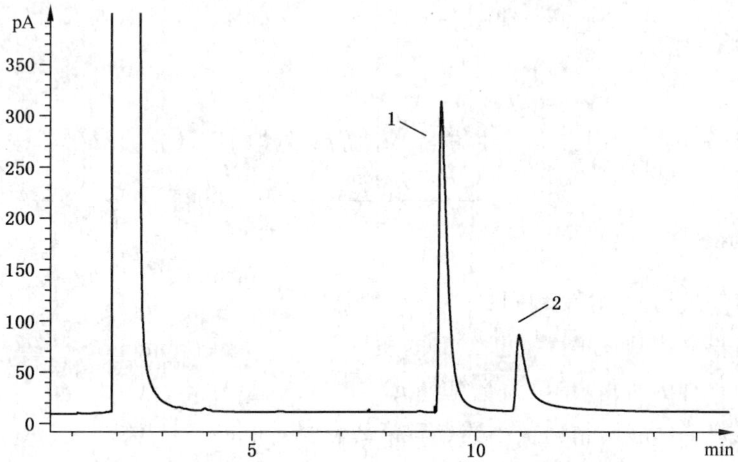

说明：

1——1,4 丁二醇；

2——甘油。

图 1 用于甘油校正因子测定的混合溶液的典型色谱图

9.3 甘油校正因子的测定

准确称量约 100 mg(精确至 0.1 mg)甘油和 100 mg(精确至 0.1 mg)1,4-丁二醇于 100 mL 容量瓶中,加入 50 mL 乙醇(见 5.3)溶解,并用蒸馏水稀释至刻度。配制过程中注意水/醇混合时的放热效应和体积的减少。取 1 μL 此混合溶液注入色谱系统并按照前述色谱条件进行分析,至少平行测定三次,计算甘油的校正因子。该溶液在室温下可以稳定储存几周。根据色谱图结果和式(1)计算甘油的校正因子 F_r:

$$F_r = \frac{A_1/M_1}{A_2/M_2} \qquad \cdots\cdots(1)$$

式中:

A_1 ——1,4-丁二醇峰面积;

A_2 ——甘油峰面积;

M_1 ——溶液中 1,4-丁二醇的质量,单位为毫克(mg);

M_2 ——溶液中甘油的质量,单位为毫克(mg)。

按照式(2)计算的甘油校正因子 F_r 应不超过 2.5(见 6.1.5 中注)。

9.4 定量分析

9.4.1 试样准备

称量约 3.5 g(精确至 0.1 mg)试样(约 4 mL)于 10 mL 离心试管中,加入 1 mL 乙醇(见 5.3),轻轻振摇使混合均匀。准确加入 1 mL 内标物溶液(见 5.8)和 4 mL 正己烷,盖紧试管塞并剧烈振荡 5 min。离心分离 15 min。取下层溶液进行色谱分析。

9.4.2 色谱分析

用微量注射器取约 1 μL 下层溶液,然后抽入一定量的空气使针头中无溶液滞留("热针"技术),仔细将注射器及针头用纸巾擦拭干净,将注射器针头通过隔垫插入进样口,等待 5 s,快速将试样注入汽化室,5 s 后拔出进样针头。在色谱图上标记进样时间,甘油色谱峰流出后继续几分钟。

10 计算和报告

根据积分结果计算试样中的游离甘油的含量。游离甘油的质量分数 w(%)按式(2)计算:

$$w = \frac{(A_2/A_1) \times F_r \times m_1}{m} \times 100\% \qquad \cdots\cdots(2)$$

式中:

A_1、A_2、F_r ——与式(1)中含义相同;

m_1 ——试样中加入的 1,4-丁二醇的质量,单位为毫克(mg);

m ——试样的质量,单位为毫克(mg)。

结果以质量分数(%)表示,精确至小数点后第 2 位。

11 精密度

11.1 实验室间精密度详细测定数据见附录 A。据此得出的精密度值不适用于超出所列试样类型和浓度范围的试样测试。按照下述规定判断试验结果的可靠性(95%置信水平)。

11.2　重复性(r)

同一实验室、同一操作人员、采用同一仪器设备，在相同的实验条件下，对同一试样两次重复测定结果之差不应超过表1中重复性(r)的值。

11.3　再现性(R)

不同实验室、不同操作人员、采用不同仪器，对同一试样两个单一和独立测定结果之差的绝对值，不应超过表1中再现性(R)的值。

表1　测定重复性和再现性(r 和 R)

精密度	$r=0.4664w-0.0012$	$R=0.7812w+0.0032$
注：w 为两个测定结果的平均值，质量分数(%)。		

12　试验报告

试验报告应注明：

——识别试样的必要信息；

——所用采样方法；

——分析方法及标准号；

——本标准未列出的操作细节，以及有可能影响分析结果的其他因素；

——测定结果(见第10章)。

附 录 A
（资料性附录）
实验室间试验结果

实验室协作试验涉及欧洲范围5个国家7个实验室对5个试样的分析结果。

试样1：由葵花籽油制备的脂肪酸甲酯。

试样2：由菜籽油制备的脂肪酸甲酯1。

试样3：由菜籽油和葵花籽油混合制备的脂肪酸甲酯(75∶25)。

试样4：由菜籽油制备的脂肪酸甲酯2。

试样5：由菜籽油和葵花籽油混合制备的脂肪酸甲酯(25∶75)。

本试验项目由欧洲标准化委员会CEN/TC 307/WG 1工作组于1999年组织进行，获得的试验结果按照ISO 4259的要求进行统计分析，得到的精密度数据见表A.1。

表A.1 精密度数据

试样	1	2	3	4	5
参加的实验室数目/N	7	7	7	7	7
去除界外实验室后的实验室数/N	6	6	6	6	6
测定平均值(质量分数)/%	0.018	0.014	0.032	0.001	0.048
重复性测定标准偏差(质量分数)/%	0.001	0.001	0.005	0.000	0.006
再现性测定标准偏差(质量分数)/%	0.003	0.004	0.007	0.002	0.012
重复性允许差(质量分数)r/%	0.004	0.004	0.018	0.001	0.020
再现性允许差(质量分数)R/%	0.011	0.015	0.025	0.006	0.042

ICS 25.160.50
J 33

中华人民共和国国家标准

GB/T 28770—2012

软钎料试验方法

Test methods for solders

2012-11-05 发布

2013-03-01 实施

中华人民共和国国家质量监督检验检疫总局
中国国家标准化管理委员会 发布

前　言

本标准按照 GB/T 1.1—2009 给出的规则起草。

本标准由全国焊接标准化技术委员会(SAC/TC 55)提出并归口。

本标准起草单位:哈尔滨焊接研究所、深圳亿铖达工业有限公司、浙江亚通焊材有限公司、哈尔滨工业大学、广东安臣锡品制造有限公司、绍兴市天龙锡材有限公司、日东电子科技(深圳)有限公司、湖南郴州金箭焊料有限公司、工业和信息化部电子第五研究所。

本标准主要起草人:杜兵、马鑫、何鹏、顾小龙、冼陈列、戴国水、史建卫、邓和升、罗道军、吕晓春。

软钎料试验方法

1 范围

本标准规定了软钎料的拉伸试验、润湿性试验、QFP 引线钎焊接头 45°角拉脱试验(见附录 B) 和片式元器件钎焊接头剪切试验方法(见附录 C)。

本标准适用于无铅钎料和锡铅钎料的性能试验,其他软钎料也可参照使用。

2 规范性引用文件

下列文件对于本文件的应用是必不可少的。凡是注日期的引用文件,仅注日期的版本适用于本文件。凡是不注日期的引用文件,其最新版本(包括所有的修改单)适用于本文件。

GB/T 228.1—2010 金属材料 拉伸试验 第1部分:室温试验方法(ISO 6892-1:2009,MOD)

GB/T 622—2006 化学试剂 盐酸(ISO 6353-2:1983,NEQ)

GB/T 686—2008 化学试剂 丙酮(ISO 6353-2:1983,NEQ)

GB/T 2040—2008 铜及铜合金板材

GB/T 3375 焊接术语

GB/T 7814—2008 工业用异丙醇

GB/T 8170—2008 数值修约规则与极限数值的表示和判定

GB/T 14020—2006 氢化松香

GB/T 16261—1996 印制板总规范(IEC/PQC 88:1990,IDT)

GB/T 19405.1—2003 表面安装技术 第1部分:表面安装元器件规范的标准方法(IEC 61760-1:1998,IDT)

GB/T 21652—2008 铜及铜合金线材

SJ/T 10668—2002 表面组装技术术语

3 术语和定义

GB/T 228.1、GB/T 3375、SJ/T 10668 界定的以及下列术语和定义适用于本文件。

3.1

标距(L)gauge length

测量伸长用的试样圆柱或棱柱部分的长度。

3.2

原始标距(L_0) original gauge length

室温下施力前的试样标距。

3.3

平行长度(Lc) parallel length

试样平行缩减部分的长度。

3.4

抗拉强度　tensile strength

相应最大力 F_m 对应的应力。

3.5

伸长率　percentage elongation

原始标距的伸长与原始标距(L_0)之比的百分率。

3.6

断后伸长率(A)　percentage elongation after fracture

断后标距的残余伸长(L_u-L_0)与原始标距(L_0)之比的百分率。

3.7

润湿力　wetting force

熔融钎料沿着垂直方向的金属片浸润时产生的作用力,包括相应的浮力在内。

3.8

钎料浴槽　solder bath

可盛装钎料,并具备加热条件以熔化钎料且可在一定温度下持续保温的装置。

3.9

四列扁平封装　quad flat pack(QFP)

外形为正方形或矩形,四边具有翼形短引线的塑料薄形封装形式,也指采用该种封装形式的器件。

4　拉伸试验

4.1　原理

对铸造成型的试验材料按照规定的尺寸机械加工成拉伸试样,通过拉伸试验方法测定试样的力学性能。

4.2　试样的制备

4.2.1　试件的铸造

4.2.1.1　以某种适当的方法将用于试验的软钎料熔化,然后在图1所示的模具中浇铸成型。

单位为毫米

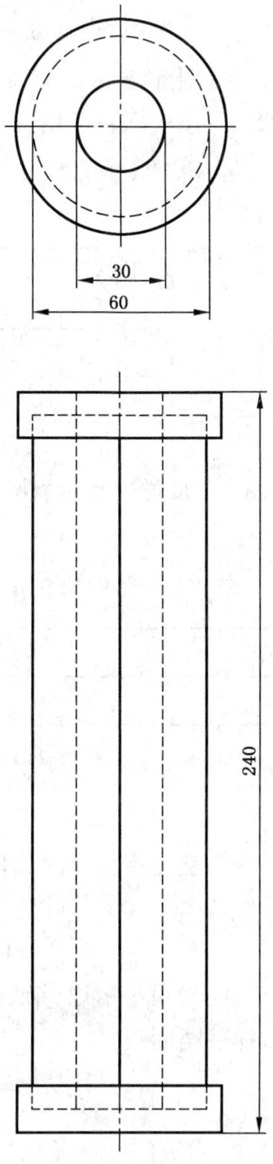

图 1 模具形状及尺寸示意图

4.2.1.2 浇铸液温度应比试验用软钎料的凝固开始温度高 100 ℃±5 ℃，浇铸前模具应干燥处理，温度为常温。

4.2.1.3 模具材料可采用不锈钢、铸铁、石墨等材料。

4.2.1.4 一次浇铸成型一个试件。

4.2.1.5 如进行连续浇铸，应采用水冷等适当方法保证模具在再次浇铸前已冷却至常温。

4.2.2 试件的品质

4.2.2.1 试件表面不应有影响其性能的裂纹、缩孔、缩松等缺欠存在。

4.2.2.2 经机械加工后的试样表面不应有明显的横向刀痕、磨痕或机械损伤，不允许裂纹以及肉眼可见冶金缺欠存在。

4.2.3 试样的加工

采用机械加工方法制备试样，在机械加工过程中，应避免施加使试样弯曲变形的载荷。试样的形状如图2所示，试样尺寸见表1。如试样尺寸不能满足表1的要求，可遵照以下原则：平行部直径 $D \geqslant$ 6 mm，标点距离 $L=5D$，平行部长度 $P>L+0.5D$。

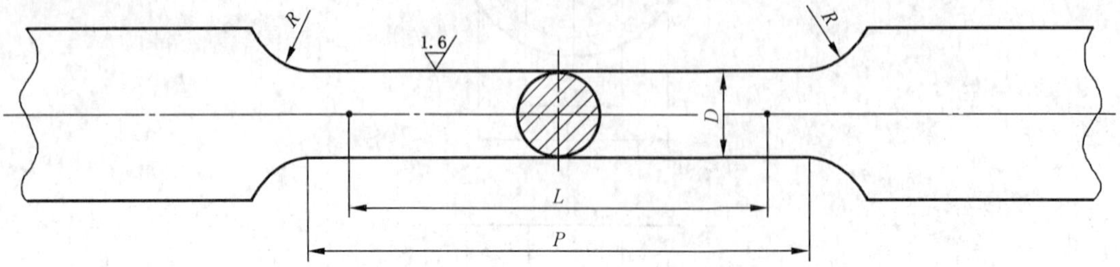

图2 试样形状示意图

表1 试样的尺寸

单位为毫米

直径 D	标点距离 L	平行部长度 P	过渡圆角半径 R
10±0.04	50	60	≥15

4.2.4 试样的热处理

如果试样在试验前需要进行热处理，应避免使用会导致试样材质发生变化的加热方法。

4.2.5 试样原始标距的标记

试样需要进行原始标距标记的情况下，应采用小标记、细划线或细墨线标记原始标距，应避免标记对试样表面造成划痕等外部缺陷，造成试样过早断裂。

4.3 程序

4.3.1 试验设备的准确度

试验设备的准确度应符合 GB/T 228.1 中的要求。

4.3.2 拉伸试验

4.3.2.1 拉力施加方法和拉伸速率按 GB/T 228.1 中的规定进行。加载时应避免对试样产生人为的偏心载荷，确保夹持的试样受轴向拉力的作用。

4.3.2.2 试验温度应为 23 ℃±5 ℃。如需要进行高温或低温拉伸试验，应采用恒温装置。所用恒温装置应保证试验件原始标记距离以内的表面温度变化低于 5 ℃。

4.4 试验结果的处理

4.4.1 试样平行部的断裂面积、标记距离、抗拉强度、断后伸长率的计算方法按照 GB/T 228.1 中规定进行。

4.4.2 试样断口处有明显可见的铸造缺欠时，试验结果无效。

4.4.3 试样断裂位置的记录应参照下述形式。

a) 距标记中心 1/4 标记距离之内断裂。

b) 在标记距离之内断裂,但距标记中心 1/4 标记距离之外。

c) 在标记距离之外断裂。

4.5 试验报告

试验报告应包括以下内容:

a) 试验时间;

b) 试验名称、试验场所;

c) 试件材料的化学成分;

d) 试件的铸造日期;

e) 试件铸造时的冷却速度;

f) 铸造模具的材质;

g) 试样尺寸、试样编号;

h) 拉伸试验前试样热处理条件;

i) 拉伸速率;

j) 试验结果;

k) 试验温度;

l) 试验装置名称及形式;

m) 引伸计名称及形式;

n) 恒温装置名称及形式;

o) 本标准编号;

p) 试验人员。

5 润湿性试验

5.1 原理

采用规定的试件及标准钎剂,使试件与熔融钎料表面接触并浸入规定的深度,保持一定的时间后使试件与熔融钎料脱离,利用润湿平衡法来测定试件与熔融钎料间的作用力,从而测定软钎料的润湿性能。

5.2 试剂及材料

5.2.1 去离子水

采用市售去离子水。

5.2.2 丙酮

丙酮应符合 GB/T 686 中规定的分析纯规格。

5.2.3 异丙醇

异丙醇应符合 GB/T 7814 的规定。

5.2.4 酸洗液

用符合 GB/T 622 中规定的分析纯规格的盐酸 5 g(质量分数为 35%)与 95 g 去离子水(5.2.1)充分混合,制备成稀释液(质量分数为 1.75%)。

5.2.5 非活性松香标准钎剂

将符合 GB/T 14020 中规定的一级松香或特级松香 25 g±0.1 g 溶于 75 g±0.1 g 异丙醇(5.2.3)中制成标准钎剂,钎剂应放入密闭容器中,置于阴凉处保存、备用。

5.2.6 含卤素活性松香标准钎剂

将符合 GB/T 14020 中规定的一级松香或特级松香 25 g±0.1 g 溶于 75 g±0.1 g 的异丙醇(5.2.3)中制成标准钎剂。加热溶解并搅拌至充分混合。然后,加入二乙胺盐酸盐 0.39 g±0.01 g 并搅拌溶解。冷却后,精确称重并补充蒸发损失的异丙醇(5.2.3)。钎剂应放入密闭容器中,置于阴凉处保存、备用。

注 1:应由试验委托人确定软钎料性能测试中使用标准钎剂的种类。

注 2:二乙胺盐酸盐在使用前须在 110 ℃±2 ℃下干燥 2 小时。

5.3 试验装置

5.3.1 测试仪器

测试仪器结构如图 3 所示,其技术要求应符合附录 A 的规定。

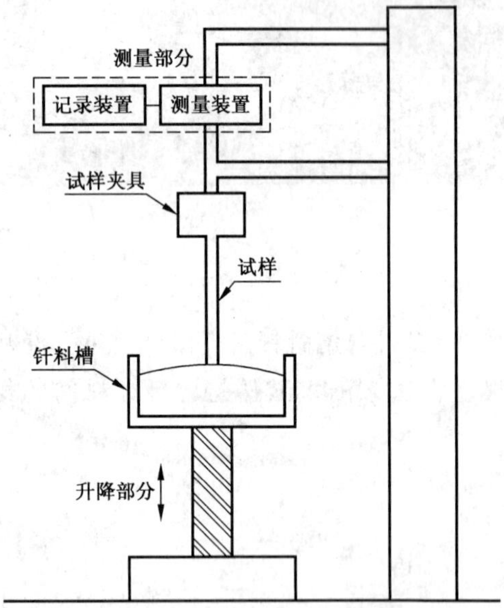

图 3 测试装置示意图

5.3.2 钎料浴槽

钎料浴槽形状为四方形或圆筒形,深度应大于 15 mm,测试试件的任意部位与钎料槽壁的距离应大于 15 mm。钎料浴槽的温度控制精度应在±3 ℃之内。

5.4 试样的制备

5.4.1 试样材料及尺寸

5.4.1.1 润湿平衡法所用的试样材料为符合 GB/T 2040 中规定的片状磷脱氧铜(TP1 或 TP2)或符合 GB/T 21652 中规定的线状纯铜[T2(M)或 T2(Y_2)]。

5.4.1.2 与熔融钎料接触的试样端面应平滑、无划痕,试样的形状及尺寸如表 2 所示。

表 2 试样的形状及尺寸

单位为毫米

试样形状	板厚或直径	宽度	长度
片状	0.30±0.03	10.00±0.01	30.0±0.1
线状	ϕ0.60±0.03	—	30.0±0.1

5.4.2 试样的清洗

5.4.2.1 将试样在丙酮(5.2.2)中进行脱脂清洗,并在常温下干燥。然后,将试样放入酸洗液(5.2.4)中进行 1 min 的超声波清洗。从酸洗液中取出后,在去离子水(5.2.1)中充分清洗,最后在丙酮(5.2.2)中充分浸泡后,取出,常温下干燥备用。

5.4.2.2 备用的试样长时间暴露于空气中会再度氧化而影响试验结果的准确性,应该在试验进行之前按照 5.4.2.1 的规定对其进行清洗处理。

5.4.2.3 每组试验需要制备 5 个试样进行测试。

5.5 程序

5.5.1 将钎料放入钎料浴槽内加热熔化,根据试验钎料种类不同按照表 3 选取试验温度。

表 3 试验温度的选取

试验温度℃	测量时间 s
250	10
T+20	10
注:T 为钎料液相线温度。	

5.5.2 按照选取的试验温度加热钎料浴槽,在钎料浴槽的适当位置进行温度测量,测量位置温度与试件底端的温度差在 3 ℃范围内。

5.5.3 将选取的标准钎剂倒入蒸发皿中。

5.5.4 应使用清洁的镊子等工具或带手套进行试样的取放工作。

5.5.5 将试样浸入标准钎剂 5 s,试样的浸入深度为 4 mm~5 mm。

5.5.6 将试样从标准钎剂中取出。为避免试样上附着过多钎剂,取出时试样应呈倾斜方向。同时,如果目测到有多余钎剂附着,应将试样角部在干净的吸水纸上点一下以去除多余的钎剂。

5.5.7 采用适当夹具将试样装夹在试验设备上,试样长度方向应与熔融钎料表面垂直。

5.5.8 用刮刀去除熔融钎料表面的氧化膜。

5.5.9 采取适当的方式使试样端部与熔融钎料表面接触,并浸入一定深度。记录设备从试件端部与熔融钎料时开始动作,并记录载荷随时间的变化。试验参数应符合表 4 的规定。

表 4　试验参数

浸入速度	2 mm/s～5 mm/s
浸入深度	2 mm
浸入时间	10 s
注：采用片状试样时，建议使用较快的浸入速度(4 mm/s)。采用线状试样时，建议使用较慢的浸入速度(2 mm/s)。	

5.5.10　为避免钎料浴槽的辐射热导致试件温度上升及钎剂挥发，应在试样装夹在试验设备上之后 1 min 内开始试验。

5.5.11　测试过程中，各操作步骤如图 4 所示，所需时间应符合表 5 的规定。

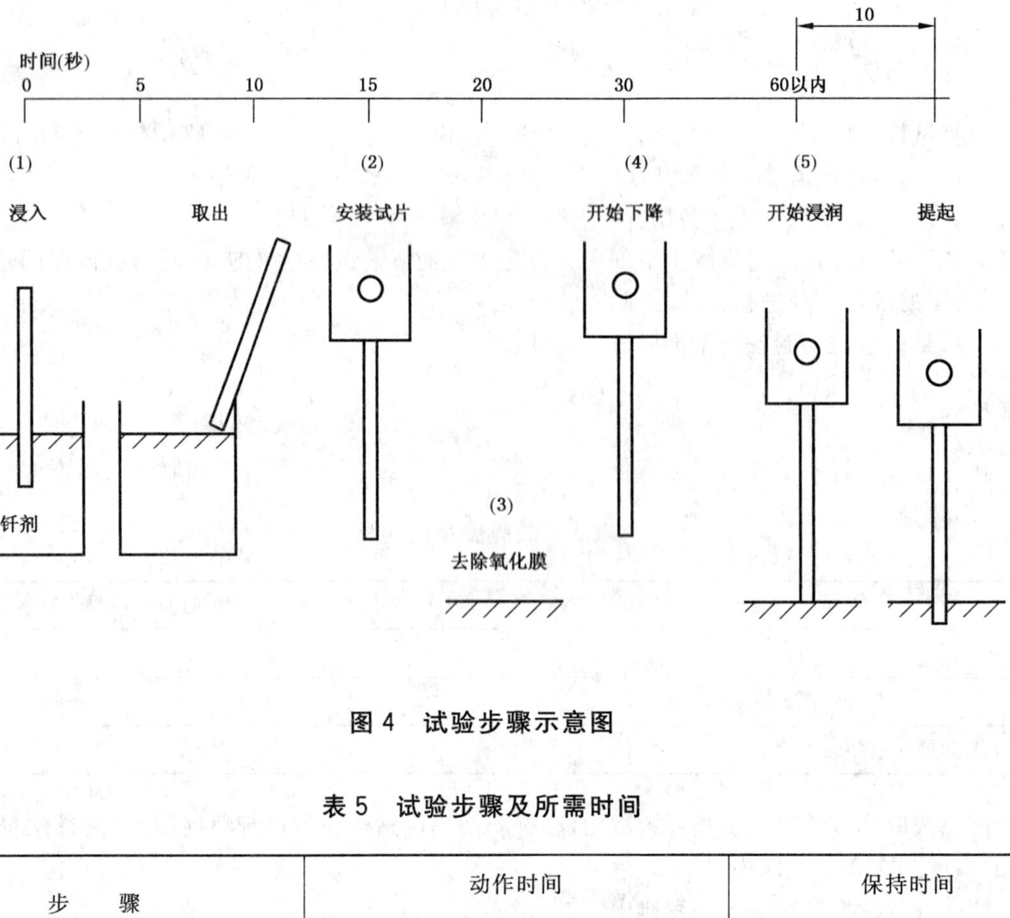

图 4　试验步骤示意图

表 5　试验步骤及所需时间

步　骤	动作时间 s	保持时间 s
浸入钎剂	0	5
采用夹具装夹试样	15	—
去除熔融钎料表面氧化膜	20	—
开始下降试件或上升钎料浴槽	30	—
浸入熔融钎料中	＜60	10

5.6 试验结果的处理

5.6.1 根据记录曲线(如图 5 所示)计算润湿开始时间(t_0)及润湿完成时间(t_1)。润湿开始时间为图 5 中点 0 与点 A 之间的时间距离,润湿完成时间为图 5 中点 A 与点 B(2/3 F_{max}对应位置)之间的时间距离。

5.6.2 如有需要,可计算最大润湿力(F_{max})。最大润湿力为基准线与记录曲线之间幅差最大的位置与基准线之间的距离,单位为 mN。

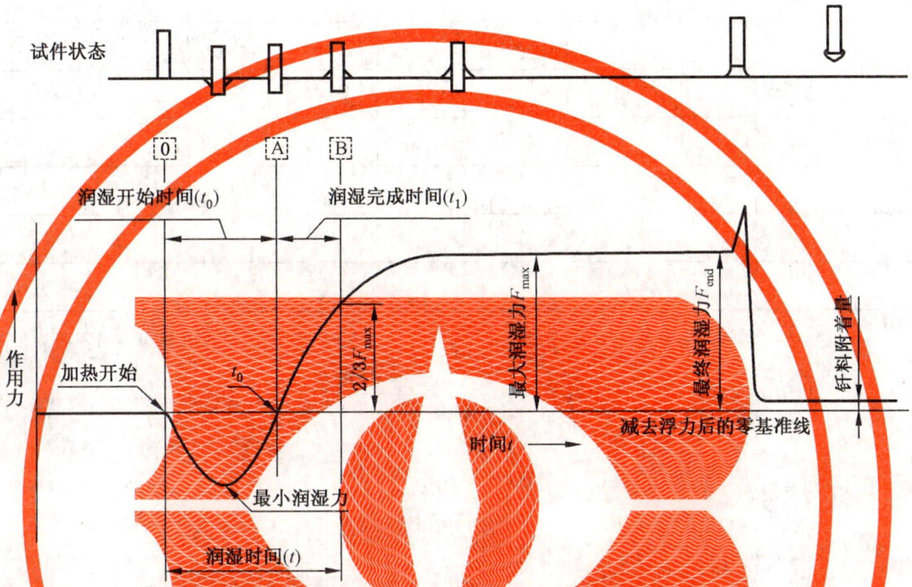

图 5 钎料润湿过程记录曲线(不考虑浮力的情况)

5.7 试验报告

试验报告应包括以下内容:

a) 试验时间;

b) 试验方法、试验编号、试验条件、试件形式、试验场所;

c) 钎料型号、牌号、化学成分及钎剂;

d) 试验温度;

e) 本标准编号;

f) 试验人员;

g) 填写润湿性评价表(表 6)中的相关内容。

表 6　软钎料润湿性评价表

	润湿平衡法					
	润湿开始时间 t_0/s	润湿完成时间 t_1/s	润湿时间 t/s	2/3 最大润湿力 2/3 F_{max}/mN	最大润湿力 F_{max}/mN	最终润湿力 F_{end}/mN
No. 1						
No. 2						
No. 3						
No. 4						
No. 5						
最小						
最大						
平均						
标准偏差						

附 录 A
（规范性附录）
润湿平衡法用仪器的技术要求

A.1 范围

本附录规定了采用润湿平衡法测定软钎料润湿性能所使用的测试仪器的技术要求。

A.2 测试仪器的技术要求

A.2.1 测试系统的技术要求

A.2.1.1 润湿力的测试范围应在－50 mN～＋50 mN之间，在最大感度时应能检测±2 mN范围的润湿力。

A.2.1.2 位移传感器的测试感度≤1 mN/2μm。

A.2.1.3 仪器最大感度的分辨能力应≤0.01 mN。

A.2.1.4 应能准确、连续地记录润湿力的变化曲线，记录时间间隔应＜0.1 s。

A.2.1.5 作用力从最大载荷到中心零点，记录系统的响应时间应＜0.3 s，最大读数误差应＜1%。

A.2.2 加热系统的技术要求

A.2.2.1 加热系统的技术要求应符合5.5.2的要求。

A.2.3 升降系统的技术要求

A.2.3.1 升降系统应能精确控制，最大升降速度应≥5 mm/s。

A.2.3.2 试样浸入熔融钎料浴中的浸入深度的最大误差应≤0.1 mm。

A.2.4 记录系统的技术要求

A.2.4.1 应能准确、连续地记录润湿力的变化曲线，记录时间间隔应＜0.1 s。

A.2.4.2 作用力从最大载荷到中心零点，记录系统的响应时间应＜0.3 s，最大读数误差应＜1%。

附 录 B
（规范性附录）
QFP 引线钎焊接头 45°角拉脱试验

B.1 原理

将软钎料钎焊的印制电路板级 QFP 组装件装夹于与水平方向呈 45°角的特定夹具上，利用钩状夹具沿垂直方向拉伸，以测定 QFP 引线钎焊接头的强度，试验装置如图 B.1 所示。

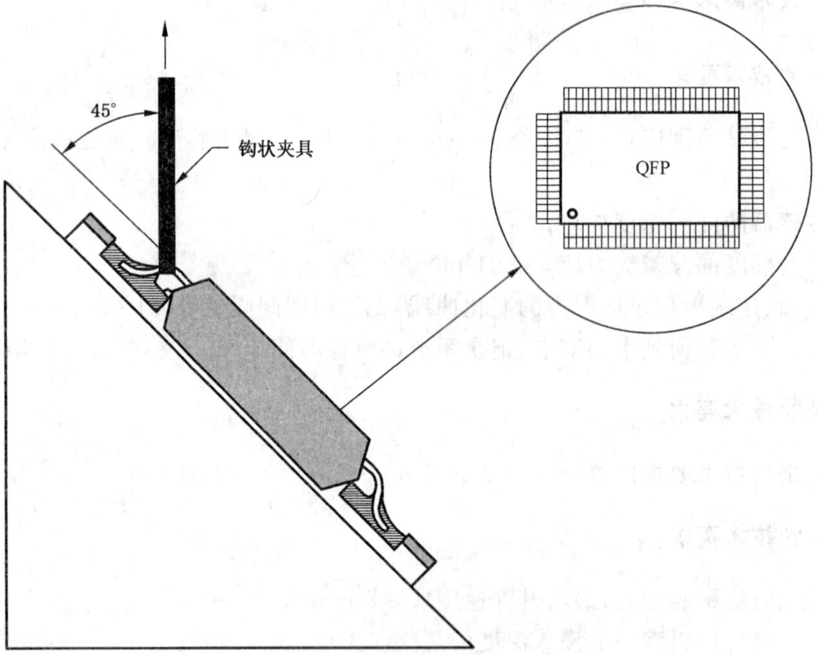

图 B.1 试验装置示意图

B.2 程序

B.2.1 将 QFP 试件装夹在图 B.1 所示的装置上。
B.2.2 试件固定后，基板平面与垂直方向呈 45°角。
B.2.3 钩状夹具如图 B.2 所示。试验用钩状夹具的前端钩子尺寸应小于 QFP 引线与基板间的内部空间，同时该钩状夹具钩住引线之后，应不会发生错位，且在拉伸试验过程中不发生变形。

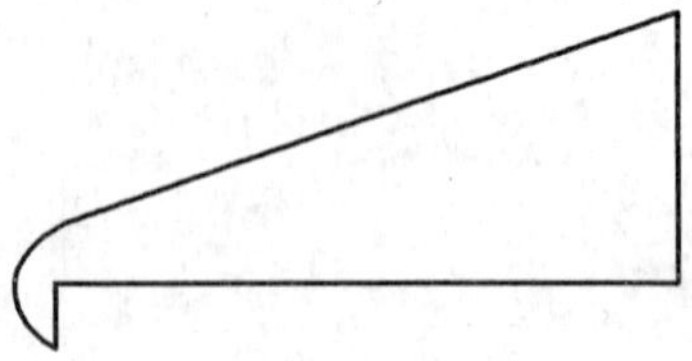

图 B.2 钩状夹具示意图

B.2.4 试验时，用图B.2所示的钩状夹具勾住QFP引线的肩部（垂直方向的上端），然后沿垂直方向向上拉伸钩状夹具，直至达到最大载荷。

B.2.5 通常情况下拉伸试验速度应小于10 mm/min，也可与试验委托者协商确定。

B.3 试验结果的处理

B.3.1 测定最大拉脱载荷。

B.3.2 仔细观察钎焊接头断裂位置，并记录。

B.4 试验报告

试验报告应包括以下内容：

a) 试验时间；
b) 试验场所；
c) 试件种类；
d) 试验材料的名称及种类；
e) 基板上的焊盘及元器件引线是否有镀层及镀层种类；
f) 钎料、钎剂和钎焊时的保护气氛；
g) 钎焊条件（加热方法、预热温度、钎焊温度、保温时间、加热速度、冷却速度）；
h) 拉伸试验速率；
i) 钎焊接头的拉脱载荷；
j) 断裂位置；
k) 本标准编号；
l) 试验人员。

附 录 C
（规范性附录）
片式元器件钎焊接头剪切试验

C.1 原理

将软钎料钎焊的片式元器件钎焊接头装夹于剪切夹具上，采用加压剪切的方法测定钎焊接头的强度，试验装置如图C.1所示。

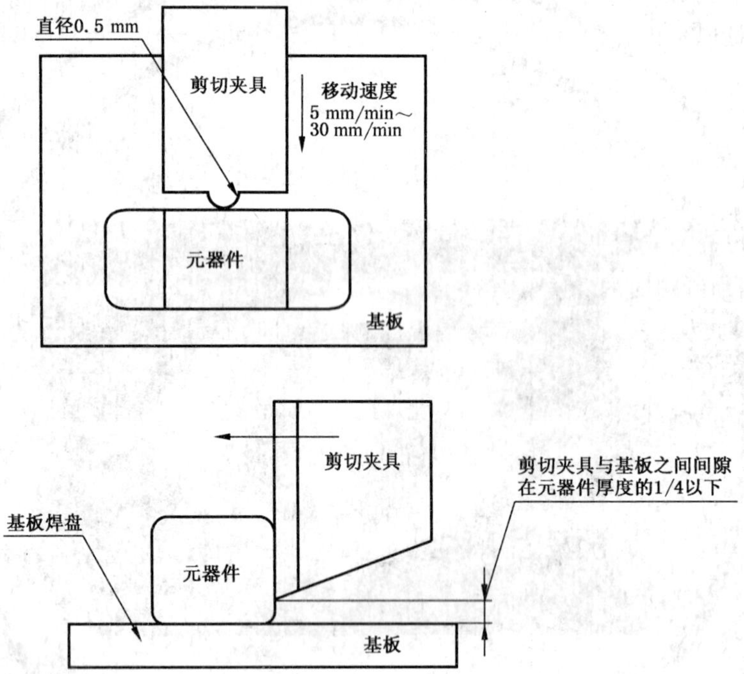

图C.1 试验装置示意图

C.2 程序

C.2.1 试验采用加压剪切方法，剪切夹具上安装直径为0.5 mm的压头。

C.2.2 剪切夹具应与基板平行，且与元器件垂直，并需要配合使用显微镜以保证剪切夹具对准元器件中央位置。

C.2.3 剪切夹具与基板间的距离应小于元器件的1/4厚度，但不应与基板接触。

C.2.4 剪切夹具首先与元器件轻微接触，所施加载荷应小于钎焊接头剪切强度的1/10，以避免对元器件造成冲击，然后移动剪切夹具进行加载并开始测定。

C.2.5 剪切夹具的移动速度应保持恒定，并可采用高速和低速两种方式，低速剪切移动速度在5 mm/min～30 mm/min范围内选取，高速剪切移动速度在500 mm/min～3000 mm/min范围内选取。

C.3 试验结果的处理

C.3.1 测定最大剪切载荷。

C.3.2 仔细观察断裂位置(钎缝、钎焊接头界面处或元器件内部),并记录。

C.4 试验报告

试验报告应包括以下内容:

a) 试验时间;

b) 试验场所;

c) 试验材料的名称及种类;

d) 基板上的焊盘及元器件引线是否有镀层及镀层种类;

e) 试验件的种类;

f) 钎料的种类;

g) 钎剂的种类及钎焊时的保护气氛;

h) 钎焊条件(加热方法、预热温度、钎焊温度、保温时间、加热速度、冷却速度等);

i) 试验结果;

j) 本标准编号;

k) 试验人员。

ICS 25.160.10
J 33

中华人民共和国国家标准

GB/T 28771—2012

型钢自动化焊接装备

Automatic welding equipment for profile steel

2012-11-05 发布　　2013-03-01 实施

中华人民共和国国家质量监督检验检疫总局
中国国家标准化管理委员会　发布

前　言

本标准按照 GB/T 1.1—2009 给出的规则起草。

本标准由全国焊接标准化委员会(SAC/TC 55)提出并归口。

本标准起草单位:哈尔滨华崴焊切股份有限公司。

本标准主要起草人:郭涛、赵维营。

型钢自动化焊接装备

1 范围

本标准规定了型钢自动化焊接装备(以下简称装备)的分类、技术要求、试验方法、检验规则、标志、包装、运输和贮存。

本标准适用于埋弧焊和熔化极气体保护焊的型钢自动化焊接装备。

2 规范性引用文件

下列文件对于本文件的应用是必不可少的。凡是注日期的引用文件,仅注日期的版本适用于本文件。凡是不注日期的引用文件,其最新版本(包括所有的修改单)适用于本文件。

GB/T 191 包装储运图示标志

GB 2894 安全标志及其使用导则

GB 5226.1 机械电气安全 机械电气设备 第1部分:通用技术条件

GB/T 8923.1 涂覆涂料前钢材表面处理 表面清洁度的目视评定 第1部分:未涂覆过的钢材表面和全面清除原有涂层后的钢材表面的锈蚀等级和处理等级

GB/T 13306 标牌

GB/T 13384 机电产品包装通用技术条件

YB 3301 焊接H型钢

3 分类和型号

3.1 分类

装备按焊接方法分为两类:埋弧焊装备和气体保护焊装备。

3.2 型号

装备的型号由汉语拼音字母和阿拉伯数字组成,型号表示方法如下:

```
□-HGZ  □□□□×□□□□
|   |      |     |
|   |      |     └──────能够焊接型钢最大宽度,单位为毫米。
|   |      └────────────能够焊接型钢的最大高度,单位为毫米。
|   └───────────────────装备代号,用H(焊)GZ(工装)表示。
└───────────────────────装备类别代号,用M(埋弧焊)和Q(气体保护焊)表示。
```

3.3 型号示例

可焊接最大高度1 800 mm和最大宽度1 000 mm型钢的埋弧焊装备,其型号为:

M-HGZ 1 800×1 000

4 技术要求

4.1 制造要求

装备应按设计图样及技术文件加工制造，并符合本标准要求。

4.2 外观

4.2.1 装备的外观应平整光洁、色泽自然，不得有凹凸不平、划痕、磕碰等缺陷存在；漆层应均匀、不起皱、不流淌，两色相间处，其界限应分明，不应有锯齿和互相渗透的现象存在。
4.2.2 涂漆的零、部件表面涂漆前应作喷砂除锈处理，处理后的零、部件表面的除锈等级，应满足GB/T 8923.1的相关规定。
4.2.3 不涂漆的零、部件表面应光洁，不应有漆痕、锈蚀、变形等缺陷。
4.2.4 非活动零、部件固定应牢固；活动部件应转动、移动灵活准确，不得有卡滞现象存在；各开关操作应顺畅，各显示装置应显示清晰、正确。

4.3 技术参数

4.3.1 埋弧焊装备的技术参数应符合表1的规定

表1 埋弧焊装备的技术参数

序号	技术参数		
1	型钢高度 H/mm		200～2 000
2	型钢宽度 B/mm		200～850
3	腹板厚度 t_1/mm		4～30
4	翼缘厚度 t_2/mm		6～55
5	型钢长度 L/mm		3 000～20 000
6	焊接速度/mm/min	平角焊[a]	300～900
		横角焊[b]	830～915

[a] 焊脚尺寸为6 mm～12 mm。
[b] 焊脚尺寸为4 mm～8 mm。

4.3.2 气体保护焊装备的技术参数应符合表2的规定

表2 气体保护焊装备的技术参数

序号	技术参数	
1	型钢高度 H/mm	200～900
2	型钢宽度 B/mm	90～500
3	腹板厚度 t_1/mm	8～25
4	翼缘厚度 t_2/mm	14～30
5	型钢长度 L/mm	3 000～12 000
6	焊接速度[a]/mm/min	800～850

[a] 单道焊、焊脚尺寸为6 mm。

注：超出本标准规定的技术参数，可由供需双方协商确定。

4.4 功能

4.4.1 装备应具备自动组立功能，组立后 H 型钢工件的腹板偏心度和翼缘斜度应符合 YB 3301 的相关规定；T(L)型钢工件的腹板偏心度和翼缘斜度应符合表 3 的规定。型钢工件的一个端面应对齐，端部切斜允许偏差 e(见图 1，e 的单位为 mm。)不大于 1.6%H，或不大于 1.6%B，且不大于 3 mm。

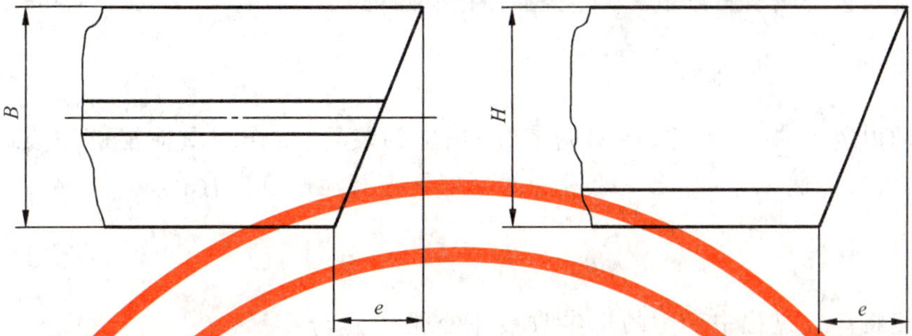

图 1 型钢端部切斜示意图

表 3 T(L)型钢外形尺寸及允许偏差

单位为毫米

项目	型钢宽度	允许偏差	图例
腹板偏心度 ΔS	$B \leq 200$	$\pm B/100$	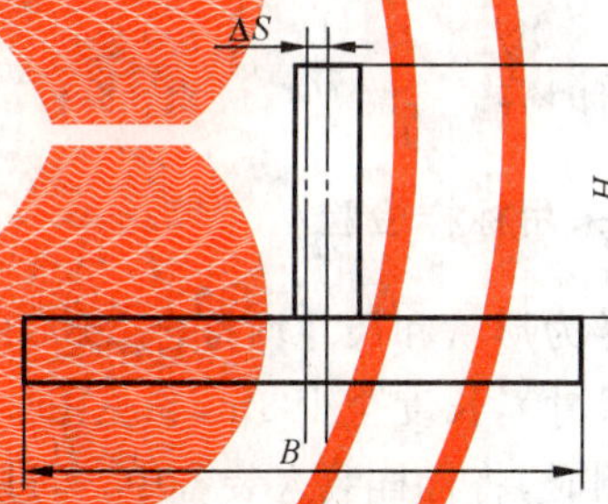
	$B > 200$	±2.0	
翼缘斜度 ΔP	$B \leq 200$	$\pm B/100$	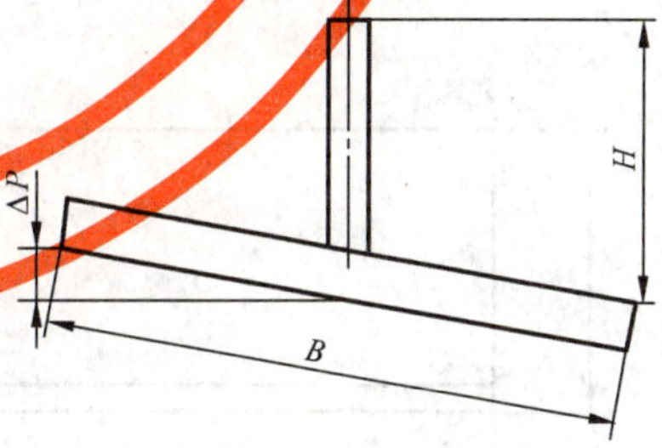
	$B > 200$	±2.0	

4.4.2 焊枪位置应能够进行调整，使焊丝能够跟踪被焊接工件的焊缝；焊丝输送自如，不得出现卡滞现象。

4.4.3 能够对变形过大的型钢进行矫正，矫正后的型钢的弯曲度不大于 L/1 000，且不大于 10 mm。扭曲度不大于 H/250，且不大于 5 mm。

4.5 电气控制系统及其安全要求

电气控制系统应保证工艺装备运行可靠与安全，应具有手动和自动控制功能、保护功能、显示功能、检测功能。

动力电路导线和保护接地电路间施加500 Vd.c时，装备的绝缘电阻应不小于1 MΩ。装备的接地装置应有明显的接地标志，保护接地的连续性应符合GB 5226.1的规定。所有电路导线和保护电路之间应经受至少1 s时间的耐压试验。

4.6 气路系统

气路管路应排列整齐具有良好的密封性，不存在泄漏现象。

4.7 液压系统

液压系统的动力装置、执行元件、控制调节装置、辅助装置、工作介质应能够按设计要求，正确、可靠、稳定地完成动力的传递工作，液压系统应密封良好不得有泄漏现象存在。

4.8 除尘

除尘装置应能将焊接过程中产生的烟尘收集并处理。

4.9 安全标识及防护要求

4.9.1 装备应有清晰醒目的操纵、润滑、安全防护等标志，安全防护标志应符合GB 2894的规定。

4.9.2 易脱落的零部件，应有防松动装置，外露的链轮等活动的零部件应设有防护罩。

5 试验方法

5.1 功能检验

5.1.1 采用标样检验

标样为形状和尺寸均符合YB 3301和本标准规定的焊接型钢。标样采用两种极限尺寸(最大尺寸和最小尺寸)，长度至少3m，参见图2。

检测时，将标样装入装备中，通过输入、组立、焊接、矫形、输出各机构时，用通用量具等检测工具检测各机构的工作尺寸及参数，检测结果应符合本标准。

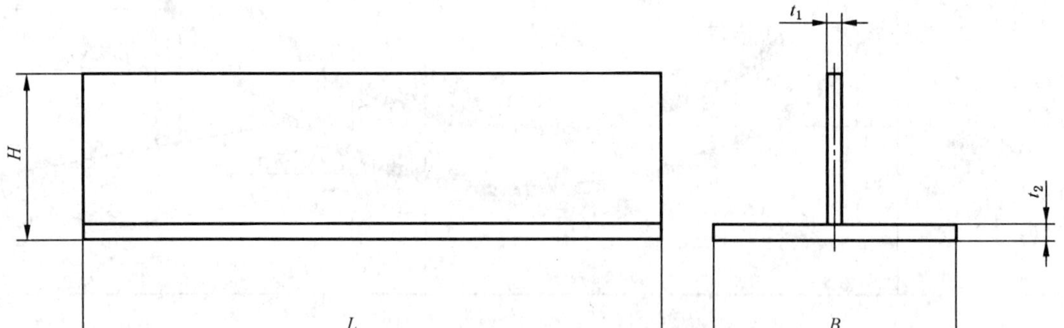

图2 标样示意图

5.1.2 采用工件检验

按本标准规定的腹板和翼缘的尺寸规格，分别选取最大尺寸的腹板和翼缘及最小尺寸的腹板和翼缘。将最大尺寸的腹板和翼缘进行组合，最小尺寸的腹板和翼缘进行组合。运行装备，将两个组合工件分别运入装备中，进行输入、组立、焊接、矫形、输出全部测试，装备的各个参数及被焊接型钢的表面质量和焊接质量应符合本标准的规定。

5.2 电气控制系统安全性试验

绝缘电阻、接地装置、耐压试验的检测，应按 GB 5226.1 的规定执行。

5.3 气动元器件的密封性检验

将气动元器件轻轻擦拭干净，用肥皂水或洗涤剂水涂抹在元器件的密封处，然后观察是否有气泡出现。

5.4 液压系统密封性试验

将液压元器件擦干净，然后运行液压系统，20 min～30 min 后用脱脂棉在液压元器件周围轻轻擦拭，观察脱脂棉上有无油渍。

6 检验规则

6.1 出厂的装备应逐台按表 4 规定的检验项目进行检验，有不合格项时，可以返修，合格后签发合格证方可出厂。

6.2 属下列情况之一者，应进行型式检验：

a) 新产品试制或老产品转厂生产的定型鉴定；

b) 变形、重大改进、原材料及工艺等方面有较大改动；

c) 国家质量监督机构进行全面质量检查时。

6.2.1 型式检验的检验项目按表 4 的全部项目进行检验。

6.2.2 型式检验为抽样检验，从检验合格的装备中随机抽取一台进行检验。

6.2.3 判定原则

a) 电气控制系统安全性能不合格，即为装备不合格；

b) 其他不合格项可以返修，返修后仍有一项不合格，即为装备不合格。

表 4 检验项目

序号	检验项目		出厂检验项目	型式检验项目
1	外观	涂漆质量	√	√
2		零部件锈蚀		√
3	技术参数			√
4	功能		√	√
5	电气控制系统安全性		√	√
6	气动系统性能			√
7	液压系统性能			√
8	除尘			√
9	安全标志		√	√

7 标志、包装、运输和贮存

7.1 标志

装备应安装铭牌，铭牌的尺寸和技术要求应符合 GB/T 13306 的规定。铭牌上至少应标出下列内容：

a) 商标和型号；

b) 名称；

c) 主要技术参数；

d) 执行的标准号；

e) 制造日期和出厂编号；

f) 制造厂名称及所在地。

7.2 包装、运输

7.2.1 包装前，外露零、部件表面应做防锈处理。

7.2.2 包装应符合 GB/T 13384 的规定。

7.2.3 包装箱应牢固可靠，适合运输装卸要求。

7.2.4 装备、随机专用工具及易损件等应加以包装并固定在包装箱中。

7.2.5 技术文件应妥善包装，放置在包装箱内，避免潮湿、破损。技术文件至少应包括：

a) 合格证；

b) 说明书(内容包含使用条件、产品性能和技术参数、操作步骤和方法、故障说明和排除、安全维护、注意事项等)；

c) 装箱单。

7.2.6 包装外表面应清晰标出发货及运输作业标志，并应符合 GB/T 191 的规定。

7.3 贮存

应贮存于干燥通风的场所，不得受日晒、雨淋。

附 录 A
（资料性附录）
型钢自动化焊接装备

A.1 装备的组成及工作过程

装备由组立机构、主机（包括焊接和矫形机构）和出料机构等组成（如图 A.1 所示）。工件首先经组立机构组装后，被送至主机进行焊接和矫形，焊接型钢最后被送至出料机构输出。

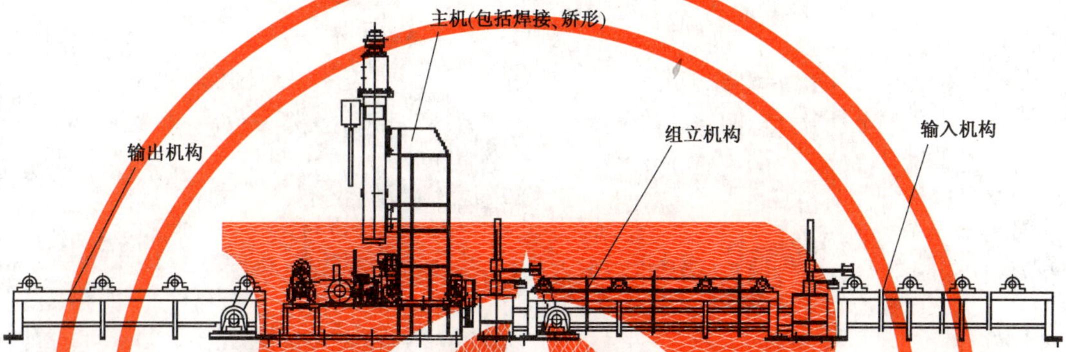

图 A.1 型钢自动化焊接装备示意图

ICS 75.100
E 30

中华人民共和国国家标准

GB/T 28772—2012
代替 GB/T 7631.3—1995

内燃机油分类

Classification of internal combustion engine oils

2012-11-05 发布

2013-03-01 实施

中华人民共和国国家质量监督检验检疫总局
中国国家标准化管理委员会 发布

前　言

本标准按照GB/T 1.1—2009给出的规则起草。

本标准代替GB/T 7631.3—1995《内燃机油分类》，与GB/T 7631.3—1995相比，主要技术变化如下：

——增加GF-1、SJ、GF-2、SL、GF-3、SM、GF-4、SN、GF-5汽油机油品种和CF、CF-2、CG-4、CH-4、CI-4、CJ-4柴油机油品种以及农用柴油机油品种(见表1)；

——增加废止的内燃机油品种(见附录A)；

——废止SC、SD汽油机油品种和CD-Ⅱ、CE柴油机油品种(见1995版的表)；

——删除原标准的附录A、附录B(见1995版的附录A、附录B)。

本标准参考美国石油协会API 1509：2007《发动机油认证体系》及其技术公告1(英文版)和美国汽车工程师协会标准SAE J183：1991《发动机油性能及发动机使用分类》(英文版)。

本标准由全国石油产品和润滑剂标准化技术委员会(SAC/TC 280)提出。

本标准由全国石油产品和润滑剂标准化技术委员会石油燃料和润滑剂分技术委员会(SAC/TC 280/SC 1)归口。

本标准起草单位：中国石油化工股份有限公司石油化工科学研究院。

本标准主要起草人：陈延、梁红。

本标准于1989年首次发布，于1995年第一次修订。

内燃机油分类

1 范围

本标准规定了汽车用及非道路用内燃机润滑油(汽油机油、柴油机油和农用柴油机油)的代号说明和详细分类。

本标准不适用于铁路内燃机车柴油机油和船用柴油机油的分类。

2 规范性引用文件

下列文件对于本文件的应用是必不可少的。凡是注日期的引用文件,仅注日期的版本适用于本文件。凡是不注日期的引用文件,其最新版本(包括所有的修改单)适用于本文件。

GB/T 14906 内燃机油黏度分类

3 代号说明

3.1 内燃机油的详细分类是根据产品特性、使用场合和使用对象划分的。

3.2 每一个品种由两个大写英文字母及数字组成的代号表示。当代号的第一个字母为"S"时代表汽油机油,"GF"代表以汽油为燃料的、具有燃料经济性要求的乘用车发动机油,第一个字母与第二个字母或第一个字母与第二个字母及其后的数字相结合代表质量等级。当代号的第一个字母为"C"时代表柴油机油,第一个字母与第二个字母相结合代表质量等级,其后的数字2或4分别代表二冲程或四冲程柴油发动机。每个特定的品种代号应附有按GB/T 14906规定的黏度等级。

3.3 本分类体系中,产品以统一的方法命名。

示例:一个特定的汽油机油可命名为SE 30、GF-1 5W-30;一个特定的柴油机油可命名为CF-4 15W-40;一个特定的汽油机/柴油机通用油可命名为SJ/CF-4 15W-40或柴油机/汽油机通用油可命名为CF-4/SJ 15W-40。

注:所用代号说明不包括农用柴油机油。

4 详细分类

内燃机油的详细分类见表1。

注:废止的内燃机油品种见附录A。

表 1　内燃机油分类

应用范围	品种代号	特性和使用场合
汽油机油	SE	用于轿车和某些货车的汽油机以及要求使用 API SE、SD[a] 级油的汽油机。此种油品的抗氧化性能及控制汽油机高温沉积物、锈蚀和腐蚀的性能优于 SD[a] 或 SC[a]
	SF	用于轿车和某些货车的汽油机以及要求使用 API SF、SE 级油的汽油机。此种油品的抗氧化和抗磨损性能优于 SE，同时还具有控制汽油机沉积、锈蚀和腐蚀的性能，并可代替 SE
	SG	用于轿车、货车和轻型卡车的汽油机以及要求使用 API SG 级油的汽油机。SG 质量还包括 CC 或 CD 的使用性能。此种油品改进了 SF 级油控制发动机沉积物、磨损和油的氧化性能，同时还具有抗锈蚀和腐蚀的性能，并可代替 SF、SF/CD、SE 或 SE/CC
	SH、GF-1	用于轿车、货车和轻型卡车的汽油机以及要求使用 API SH 级油的汽油机。此种油品在控制发动机沉积物、油的氧化、磨损、锈蚀和腐蚀等方面的性能优于 SG，并可代替 SG GF-1 与 SH 相比，增加了对燃料经济性的要求
	SJ、GF-2	用于轿车、运动型多用途汽车、货车和轻型卡车的汽油机以及要求使用 API SJ 级油的汽油机。此种油品在挥发性、过滤性、高温泡沫性和高温沉积物控制等方面的性能优于 SH。可代替 SH，并可在 SH 以前的“S”系列等级中使用 GF-2 与 SJ 相比，增加了对燃料经济性的要求，GF-2 可代替 GF-1
	SL、GF-3	用于轿车、运动型多用途汽车、货车和轻型卡车的汽油机以及要求使用 API SL 级油的汽油机。此种油品在挥发性、过滤性、高温泡沫性和高温沉积物控制等方面的性能优于 SJ。可代替 SJ，并可在 SJ 以前的“S”系列等级中使用 GF-3 与 SL 相比，增加了对燃料经济性的要求，GF-3 可代替 GF-2
	SM、GF-4	用于轿车、运动型多用途汽车、货车和轻型卡车的汽油机以及要求使用 API SM 级油的汽油机。此种油品在高温氧化和清净性能、高温磨损性能以及高温沉积物控制等方面的性能优于 SL。可代替 SL，并可在 SL 以前的“S”系列等级中使用 GF-4 与 SM 相比，增加了对燃料经济性的要求，GF-4 可代替 GF-3
	SN、GF-5	用于轿车、运动型多用途汽车、货车和轻型卡车的汽油机以及要求使用 API SN 级油的汽油机。此种油品在高温氧化和清净性能、低温油泥以及高温沉积物控制等方面的性能优于 SM。可代替 SM，并可在 SM 以前的“S”系列等级中使用 对于资源节约型 SN 油品，除具有上述性能外，强调燃料经济性、对排放系统和涡轮增压器的保护以及与含乙醇最高达 85％的燃料的兼容性能 GF-5 与资源节约型 SN 相比，性能基本一致，GF-5 可代替 GF-4
柴油机油	CC	用于中负荷及重负荷下运行的自然吸气、涡轮增压和机械增压式柴油机以及一些重负荷汽油机。对于柴油机具有控制高温沉积物和轴瓦腐蚀的性能，对于汽油机具有控制锈蚀、腐蚀和高温沉积物的性能
	CD	用于需要高效控制磨损及沉积物或使用包括高硫燃料自然吸气、涡轮增压和机械增压式柴油机以及要求使用 API CD 级油的柴油机。具有控制轴瓦腐蚀和高温沉积物的性能，并可代替 CC
	CF	用于非道路间接喷射式柴油发动机和其它柴油发动机，也可用于需有效控制活塞沉积物、磨损和含铜轴瓦腐蚀的自然吸气、涡轮增压和机械增压式柴油机。能够使用硫的质量分数大于 0.5％的高硫柴油燃料，并可代替 CD
	CF-2	用于需高效控制气缸、环表面胶合和沉积物的二冲程柴油发动机，并可代替 CD-Ⅱ[a]
	CF-4	用于高速、四冲程柴油发动机以及要求使用 API CF-4 级油的柴油机，特别适用于高速公路行驶的重负荷卡车。此种油品在机油消耗和活塞沉积物控制等方面的性能优于 CE[a]，并可代替 CE[a]、CD 和 CC

表 1（续）

应用范围	品种代号	特性和使用场合
柴油机油	CG-4	用于可在高速公路和非道路使用的高速、四冲程柴油发动机。能够使用硫的质量分数小于 0.05%～0.5%的柴油燃料。此种油品可有效控制高温活塞沉积物、磨损、腐蚀、泡沫、氧化和烟炱的累积，并可代替 CF-4、CE[a]、CD 和 CC
	CH-4	用于高速、四冲程柴油发动机。能够使用硫的质量分数不大于 0.5%的柴油燃料。即使在不利的应用场合，此种油品可凭借其在磨损控制、高温稳定性和烟炱控制方面的特性有效地保持发动机的耐久性；对于非铁金属的腐蚀、氧化和不溶物的增稠、泡沫性以及由于剪切所造成的黏度损失可提供最佳的保护。其性能优于 CG-4，并可代替 CG-4、CF-4、CE[a]、CD 和 CC
	CI-4	用于高速、四冲程柴油发动机。能够使用硫的质量分数不大于 0.5%的柴油燃料。此种油品在装有废气再循环装置的系统里使用可保持发动机的耐久性。对于腐蚀性和与烟炱有关的磨损倾向、活塞沉积物、以及由于烟炱累积所引起的粘温性变差、氧化增稠、机油消耗、泡沫性、密封材料的适应性降低和由于剪切所造成的黏度损失可提供最佳的保护。其性能优于 CH-4，并可代替 CH-4、CG-4 、CF-4 、CE[a]、CD 和 CC
柴油机油	CJ-4	用于高速、四冲程柴油发动机。能够使用硫的质量分数不大于 0.05%的柴油燃料。对于使用废气后处理系统的发动机，如使用硫的质量分数大于 0.0015%的燃料，可能会影响废气后处理系统的耐久性和/或机油的换油期。此种油品在装有微粒过滤器和其他后处理系统里使用可特别有效地保持排放控制系统的耐久性。对于催化剂中毒的控制、微粒过滤器的堵塞、发动机磨损、活塞沉积物、高低温稳定性、烟炱处理特性、氧化增稠、泡沫性和由于剪切所造成的黏度损失可提供最佳的保护。其性能优于 CI-4，并可代替 CI-4、CH-4、CG-4、CF-4、CE[a]、CD 和 CC
农用柴油机油	—	用于以单缸柴油机为动力的三轮汽车（原三轮农用运输车）、手扶变型运输机、小型拖拉机，还可用于其它以单缸柴油机为动力的小型农机具，如抽水机、发电机等。具有一定的抗氧、抗磨性能和清净分散性能

[a] SD、SC、CD-Ⅱ和 CE 已经废止（见附录 A）。

附　录　A
（资料性附录）
废止的内燃机油品种

表 A.1 给出了废止的内燃机油品种。

表 A.1　废止的内燃机油品种

应用范围	品种代号	特性和使用场合
汽油机油	SA	用于运行条件非常温和的老式发动机，该油品不含添加剂，对使用性能无特殊要求
	SB	用于缓和条件下工作的货车、客车或其他汽油机，也可用于要求使用 API SB 级油的汽油机。仅具有抗擦伤、抗氧化和抗轴承腐蚀性能
	SC	用于货车、客车或其他汽油机以及要求使用 API SC 级油的汽油机。可控制汽油机高低温沉积物及磨损、锈蚀和腐蚀
	SD	用于货车、客车和某些轿车的汽油机以及要求使用 API SD、SC 级油的汽油机。此种油品控制汽油机高、低温沉积
柴油机油	CA	用于使用优质燃料、在轻到中负荷下运行的柴油机以及要求使用 API CA 级油的发动机。有时也用于运行条件温和的汽油机。具有一定的高温清净性和抗氧抗腐性
	CB	用于燃料质量较低、在轻到中负荷下运行的柴油机以及要求使用 API CB 级油的发动机。有时也用于运行条件温和的汽油机。具有控制发动机高温沉积物和轴承腐蚀的性能
	CD-Ⅱ	用于要求高效控制磨损和沉积物的重负荷二冲程柴油机以及要求使用 API CD-Ⅱ级油的发动机，同时也满足 CD 级油性能要求
	CE	用于在低速高负荷和高速高负荷条件下运行的低增压和增压式重负荷柴油机以及要求使用 API CE 级油的发动机，同时也满足 CD 级油性能要求

ICS 21.220.10
J 18

中华人民共和国国家标准

GB/T 28773—2012

齿楔带

Tooth-wedge belts

2012-11-05 发布　　　　2013-03-01 实施

中华人民共和国国家质量监督检验检疫总局
中国国家标准化管理委员会　发布

前　言

本标准按照 GB/T 1.1—2009 给出的规则起草。

本标准由中国机械工业联合会提出。

本标准由全国带轮与带标准化技术委员会(SAC/TC 428)归口。

本标准负责起草单位:浙江三星胶带有限公司、中机生产力促进中心、宁波裕江特种胶带有限公司、宁波丰茂远东橡胶有限公司、宁波凯驰胶带有限公司。

本标准主要起草人:章金华、陈孝斌、秦书安、周鹏、俞旭明、蒋春雷、冯建斌、胡志洪、应建丽。

齿　楔　带

1　范围

本标准规定了齿楔带(以下简称带)的型号、标记、尺寸及带长测量。

本标准适用于粮食机械用齿楔带传动。

2　规范性引用文件

下列文件对于本文件的应用是必不可少的。凡是注日期的引用文件,仅注日期的版本适用于本文件。凡是不注日期的引用文件,其最新版本(包括所有的修改单)适用于本文件。

GB/T 24619　曲线齿同步带传动

3　型号及标记

3.1　型号

带的一面为曲线齿同步带,分为 H、R、S 三种齿型,每种齿型又分为 8mm、14mm 两种节距;带的另一面为多楔带,分为 PK、PL 两种型号,结构见图 1。

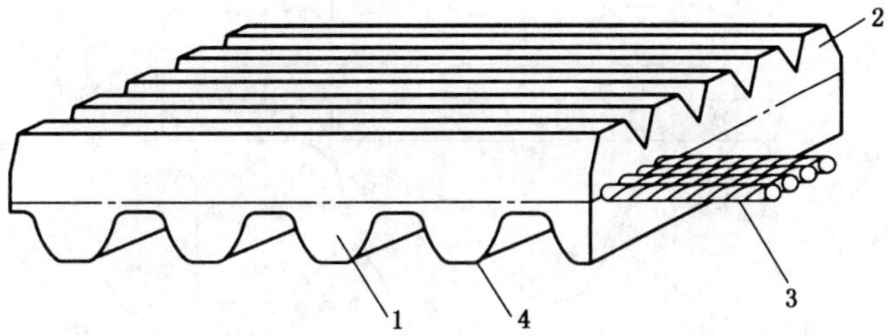

说明:

1——带齿;

2——带楔;

3——抗拉层;

4——齿面包布。

图 1　带的结构

3.2　标记

带的标记由节线长、齿型、带齿节距、楔数和多楔带型号组成。

示例：

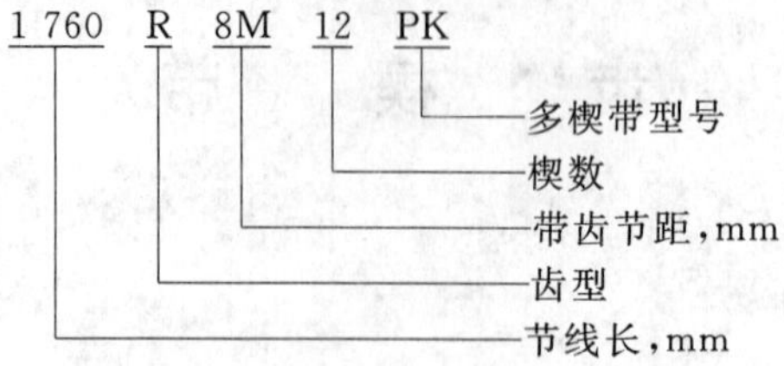

4 尺寸

4.1 带齿尺寸

带齿尺寸见图 2、图 3、图 4 和表 1。

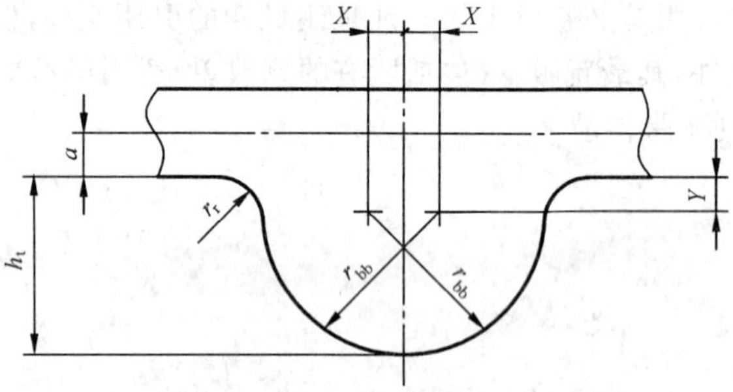

图 2 H 型带齿

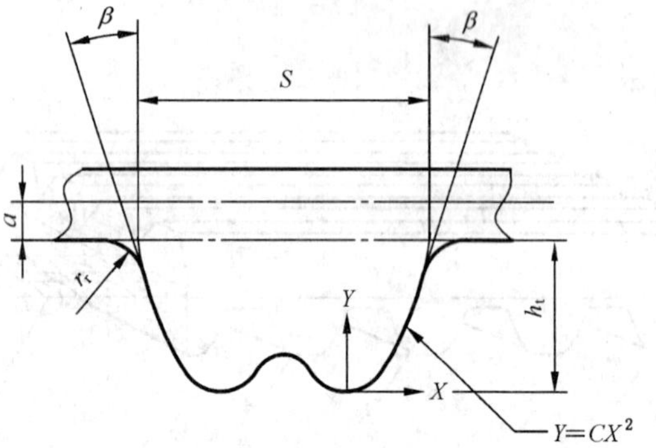

图 3 R 型带齿

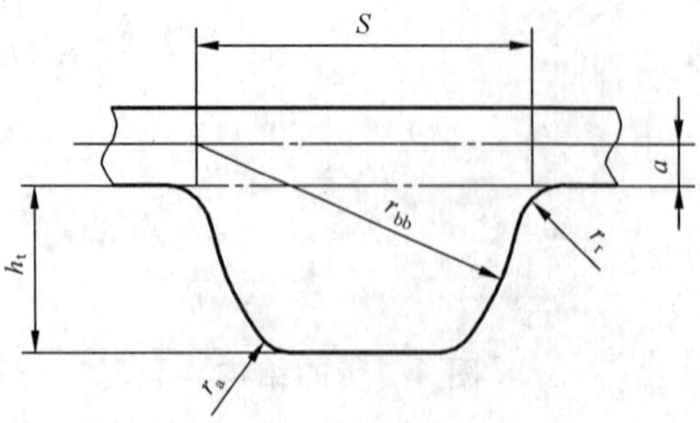

图 4 S 型带齿

表 1　带齿尺寸

单位为毫米

型号	带齿节距 P_b	齿高 h_t	齿根圆角半径 r_r	顶部半径 r_{bb}	齿顶圆角半径 r_a	节线差 a	X	Y	齿形角 2β	齿根厚 S	C
H8M	8	3.38	0.76	2.59	—	0.686	0.089	0.787	—	—	—
H14M	14	6.02	1.35	4.55	—	1.397	0.152	1.470	—	—	—
R8M	8	3.20	1.00	—	—	0.686	—	—	32°	5.5	1.228
R14M	14	6.00	1.75	—	—	1.397	—	—	32°	9.5	0.643
S8M	8	3.05	0.80	5.20	0.8	0.686	—	—	—	5.2	—
S14M	14	5.30	1.40	9.10	1.4	1.397	—	—	—	9.1	—

4.2　带楔尺寸

带楔截面尺寸见图 5 和表 2。

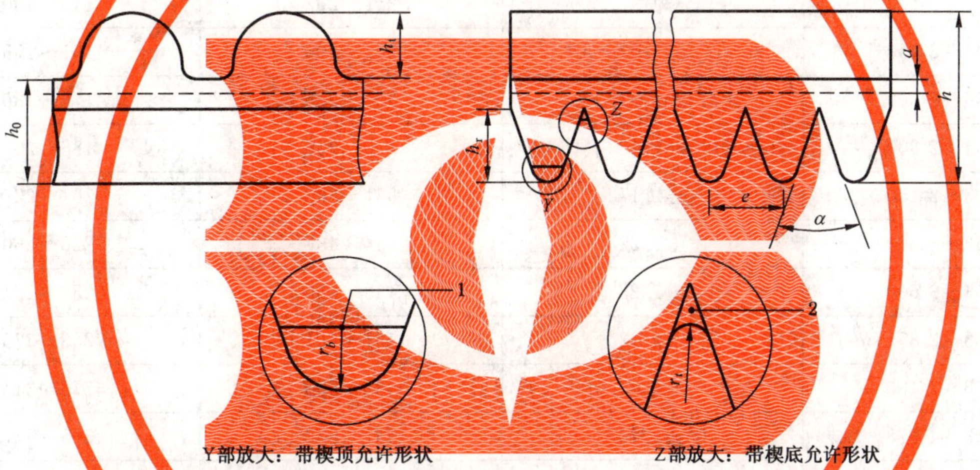

说明：

1——可选用平的楔顶。

2——带楔底可在此范围内任意选用。

图 5　带楔截面

表 2　带楔截面尺寸

单位为毫米

名　称	型　号	
	PK	PL
楔间距 e	3.56	4.7
楔顶半径 r_b(min)	0.5	0.4
楔底半径 r_t(max)	0.25	0.4
楔角 α	40°	40°
楔高 h_r	2.4	3.8
带背厚 h_0(近似值)	4.5	7
带厚 h	$h=h_t+h_0$	

4.3 带长

带长以同步带一面的节线长表示，其带长及极限偏差见表 3。

表 3 带长度

单位为毫米

节线长 L_p	极限偏差	齿数	
		8M	14M
560～720	±0.61	70～90	40～51
728～966	±0.66	91～120	52～69
968～1 200	±0.76	121～150	70～85
1 204～1 440	±0.81	151～180	86～102
1 442～1 760	±0.86	181～220	103～125
1 764～2 000	±0.91	221～250	126～142
2 002～2 100	±0.97	251～262	143～150
2 104～2 450	±1.02	263～306	151～175
2 456～2 600	±1.07	307～325	176～185
2 604～2 800	±1.12	326～350	186～200
2 808～3 150	±1.17	351～393	201～225
3 152～3 500	±1.22	394～437	226～250
3 504～3 600	±1.28	438～450	251～257
3 608～3 850	±1.32	451～481	258～275
3 856～4 400	±1.42	482～550	276～314
4 408～4 578	±1.46	551～572	315～327
4 584～4 956	±1.52	573～619	328～354
4 960～5 320	±1.58	620～665	355～380
5 328～5 740	±1.70	666～717	381～410
5 744～6 160	±1.82	718～770	411～440
6 168～6 860	±2.00	771～857	441～490

4.4 带长测量

4.4.1 测量装置

测量装置见图 6，由两个相同直径的带轮、测量力施加装置和中心距测量装置组成。两带轮均可自由转动，其中一个带轮的轴支架固定，另一个带轮的轴支架可沿两带轮中心连线移动。带轮型号应与测量带型号相同，其轮齿与带齿间隙见图 7、图 8 和图 9，测量用带轮参数见表 4，具体尺寸要求应符合 GB/T 24619 的规定，测量力见表 5。

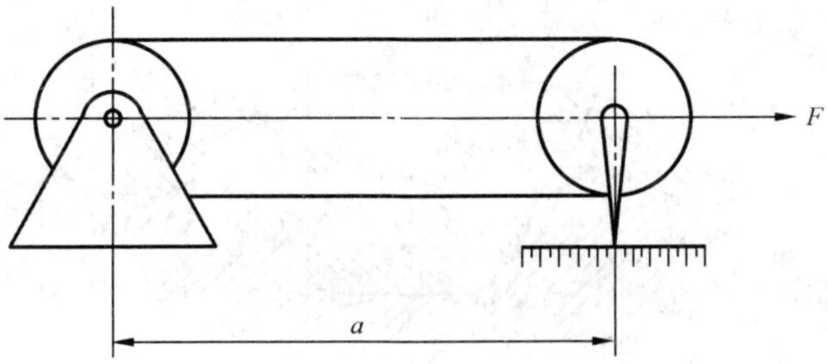

说明：
F ——测量力；
a ——中心距。

图 6　测量装置简图

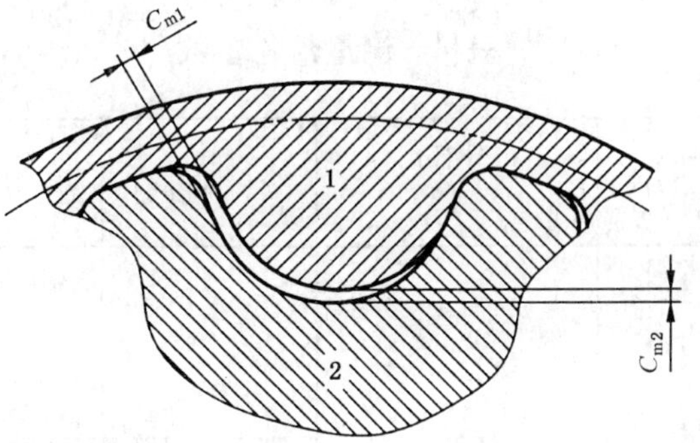

说明：
1——带；
2——带轮。

图 7　H型轮齿与带齿间隙

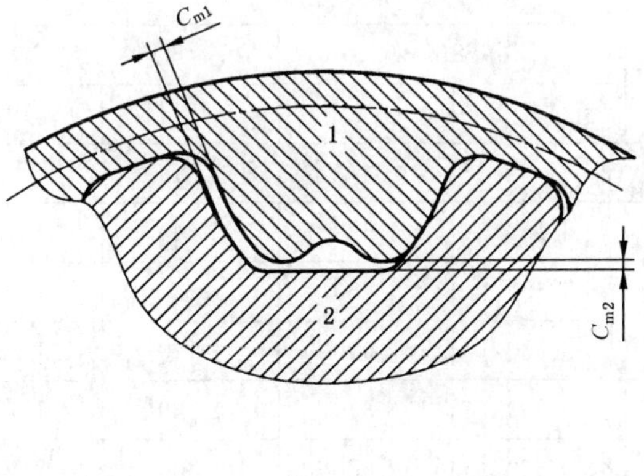

说明：
1——带；
2——带轮。

图 8　R型轮齿与带齿间隙

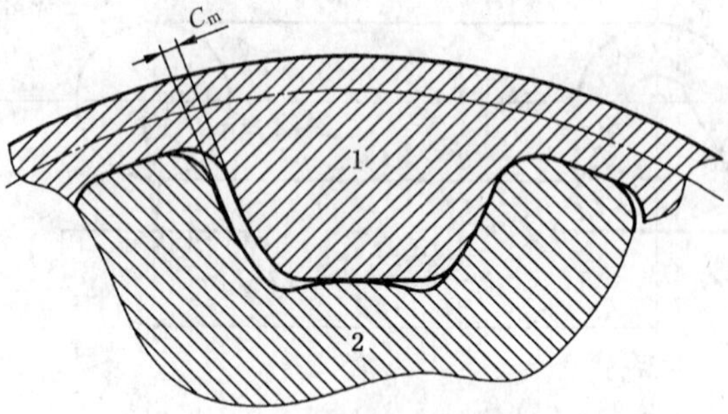

说明：

1——带；

2——带轮。

图 9 S型轮齿与带齿间隙

表 4 测量带轮参数

单位为毫米

型号	齿数 Z	节圆周长 C_p	外径 d_0	径向圆跳动	端面圆跳动	最小带齿与轮齿间隙		
						C_{m1}	C_{m2}	C_m
H8M	34	272	85.209±0.013	0.013	0.025	0.34	0.11	—
R8M						0.30	0.15	—
S8M						—	—	0.20
H14M	40	560	175.460±0.025	0.013	0.051	0.64	0.20	—
R14M						0.60	0.20	—
S14M						—	—	0.36

表 5 带的测量力

楔数	型号							
	H8M、R8M		S8M		H14M、R14M		S14M	
	PK	PL	PK	PL	PK	PL	PK	PL
	测量力/N							
8	710	970	1 180	1 620	780	1 240	1 640	2 250
9	810	1 100	1 350	1 860	960	1 480	1 880	2 580
10	910	1 230	1 530	2 090	1 140	1 720	2 120	2 910
11	1 010	1 370	1 700	2 330	1 320	1 960	2 360	3 240
12	1 110	1 500	1 880	2 580	1 500	2 200	2 610	3 580
13	1 210	1 630	2 060	2 820	1 680	2 440	2 860	3 920
14	1 310	1 770	2 240	3 070	1 860	2 670	3 110	4 270
15	1 420	1 900	2 420	3 320	2 040	2 910	3 360	4 620
16	1 520	2 030	2 610	3 580	2 230	3 150	3 620	4 970

表 5（续）

楔数	型号							
	H8M、R8M		S8M		H14M、R14M		S14M	
	PK	PL	PK	PL	PK	PL	PK	PL
	测量力/N							
17	1 620	2 170	2 790	3 830	2 410	3 390	3 880	5 330
18	1 720	2 300	2 980	4 090	2 590	3 630	4 140	5 690
19	1 820	2 430	3 170	4 350	2 770	3 870	4 410	6 050
20	1 920	2 570	3 360	4 620	2 950	4 110	4 670	6 410
21	2 020	2 700	3 550	4 880	3 130	4 350	4 940	6 780
22	2 120	2 830	3 750	5 140	3 310	4 580	5 210	7 150
23	2 220	2 960	3 940	5 410	3 490	4 820	5 480	7 520
24	2 320	3 100	4 140	5 680	3 670	5 060	5 750	7 890
25	2 420	3 230	4 340	5 950	3 850	5 300	6 020	8 270
26	2 520	3 360	4 530	6 220	4 030	5 540	6 300	8 650
27	2 630	3 500	4 730	6 500	4 210	5 780	6 580	9 030
28	2 730	3 630	4 930	6 770	4 400	6 020	6 860	9 410
29	2 830	3 760	5 140	7 050	4 580	6 260	7 140	9 800
30	2 930	3 900	5 340	7 330	4 760	6 490	7 420	10 180

4.4.2 测量程序

将带安装在测量装置的两带轮上，施加规定的测量力，将带至少转动两圈以上，使带齿与轮齿啮合良好并使测量力均匀分配在带的两边；再使带至少转动一圈，测出两带轮之间的中心距，并按式(1)计算带的节线长 L_p。

$$L_p = 2a + C_p \qquad \cdots\cdots(1)$$

式中：

a ——中心距，单位为毫米(mm)；

C_p——带轮节圆周长，单位为毫米(mm)。

ICS 21.220.10
J 18

中华人民共和国国家标准

GB/T 28774—2012

同步带传动　米制节距 梯形齿同步带

Synchronous belt drives—Metric pitch—Trapezoidal toothed synchronous belts

2012-11-05 发布　　2013-03-01 实施

中华人民共和国国家质量监督检验检疫总局
中国国家标准化管理委员会　发布

前　言

本标准按照 GB/T 1.1—2009 给出的规则起草。

本标准使用重新起草法修改采用 DIN 7721-1:1989《同步带传动　米制节距　同步带》。

本标准与 DIN 7721-1:1989 相比存在技术性差异,这些差异涉及的条款已通过在其外侧页边空白位置的垂直单线(|)进行了标示,技术差异如下:

——引用文件中用修改采用的 GB/T 28775—2012 代替 DIN 7721-2:1989;

——修改了带标记方式(见 3.2);

——修改了带齿图,增加了对称双面齿同步带和节距表示方法(见图 1);

——删除了带宽系列的规定(见表 1);

——修改了带节线长系列,增加了节线长 3 620 mm～7 110 mm 的极限偏差(见表 2);

——删除了特长系列的规定;

——增加了带宽极限偏差与带长之间的关系(见表 3);

——增加了带长计算公式(见公式 1)。

本标准由中国机械工业联合会提出。

本标准由全国带轮与带标准化技术委员会(SAC/TC 428)归口。

本标准起草单位:宁波凯驰胶带有限公司、中机生产力促进中心、浙江三星胶带有限公司、宁波裕江特种胶带有限公司、宁波丰茂远东橡胶有限公司。

本标准主要起草人:胡志洪、应建丽、秦书安、周玉杰、周鹏、章金华、陈孝斌、俞旭明、王军成、邵旖磊。

同步带传动　米制节距
梯形齿同步带

1　范围

本标准规定了米制节距梯形齿同步带(以下简称带)的型号及标记、尺寸。

本标准适用于一般工业用同步带传动。

2　规范性引用文件

下列文件对于本文件的应用是必不可少的。凡是注日期的引用文件,仅注日期的版本适用于本文件。凡是不注日期的引用文件,其最新版本(包括所有的修改单)适用于本文件。

GB/T 28775—2012　同步带传动　米制节距　梯形齿同步带轮(DIN 7721-2:1989,MOD)

3　型号及标记

3.1　型号

米制节距梯形齿同步带按带齿节距分为 T2.5、T5、T10 和 T20 四种型号;按齿分布情况分为单面齿和双面齿同步带。

3.1.1　单面齿同步带

仅一面有齿的同步带。

3.1.2　双面齿同步带

双面都有齿的同步带。双面齿同步带的带齿节距和齿形与单面齿同步带的带齿节距和齿形相同。双面齿同步带根据齿的相对位置又分为对称和交错两种,对称双面齿同步带型式代号为 DA,交错双面齿同步带型式代号为 DB。

3.2　标记

带的标记由节线长、型号和带宽组成。双面齿同步带还应在前面加型式代号 DA 或 DB。

示例:

DA-1320-T10-50

带宽,mm

型号

节线长,mm

双面齿型式代号

4 尺寸

带齿尺寸见图 1 和表 1。

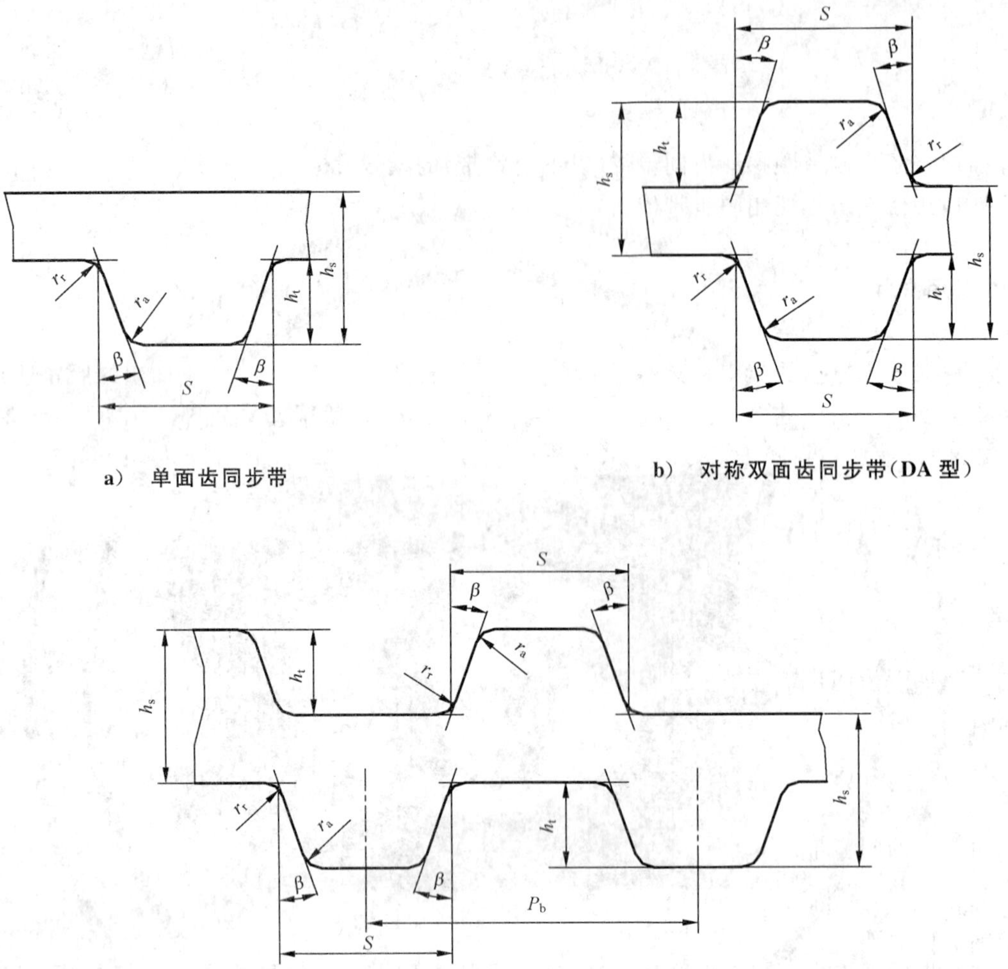

a) 单面齿同步带

b) 对称双面齿同步带(DA 型)

c) 交错双面齿同步带(DB 型)

图 1 带齿

表 1 带齿尺寸

单位为毫米

型号	带齿节距 P_b	齿形角 2β		齿根厚 S		齿高 h_t		带高 h_s		齿根圆角半径 r_r ±0.1	齿顶圆角半径 r_a min
		公称值	极限偏差	公称值	极限偏差	公称值	极限偏差	公称值	极限偏差		
T2.5	2.5	40°	±2°	1.50	±0.05	0.7	±0.05	1.3	±0.15	0.2	0.2
T5	5.0	40°	±2°	2.65	±0.05	1.2	±0.05	2.2	±0.15	0.4	0.4
T10	10.0	40°	±2°	5.30	±0.10	2.5	±0.10	4.5	±0.30	0.6	0.6
T20	20.0	40°	±2°	10.15	±0.15	5.0	±0.15	8.0	±0.45	0.8	0.8

4.1 带长

带长以节线长表示，其极限偏差见表2。

表2 节线长的极限偏差

单位为毫米

节线长 L_p	极限偏差	节线长 L_p	极限偏差
≤305	±0.28	>3 810～4 060	±1.52
>305～390	±0.32	≥4 060～4 320	±1.56
≥390～500	±0.36	>4 320～4 570	±1.62
>500～630	±0.42	≥4 570～4 830	±1.68
≥630～780	±0.48	>4 830～5 080	±1.74
>780～990	±0.56	≥5 080～5 330	±1.80
≥990～1 250	±0.64	>5 330～5 590	±1.86
>1 250～1 560	±0.76	≥5 590～5 840	±1.92
≥1 560～1 960	±0.88	>5 840～6 100	±1.98
>1 960～2 250	±1.04	≥6 100～6 350	±2.04
≥2 250～3 100	±1.22	>6 350～6 600	±2.10
>3 100～3 620	±1.46	≥6 600～6 860	±2.16
≥3 620～3 810	±1.48	>6 860～7 110	±2.22

4.2 带宽

带宽及极限偏差见表3。

表3 带宽及极限偏差

单位为毫米

型号	带宽基本尺寸	节线长 L_p		
		L_p≤840	840<L_p≤1 680	L_p>1 680
		极限偏差		
T2.5	4 6 10	+0.2 −0.3	—	—
T5	6 10 16 25	±0.3	±0.4	±0.4
T10	16 25 32 50	±0.4	±0.4	±0.5
T20	32 50 75 100	—	±0.8	±1.0

4.3 带长测量

4.3.1 测量装置

测量装置见图 2，由两个相同直径的带轮、测量力施加装置和中心距测量装置组成。两带轮均可自由转动，其中一个带轮的轴支架固定，另一个带轮的轴支架可沿两带轮中心连线移动。测量用带轮参数见表 4，具体尺寸要求应符合 GB/T 28775—2012 的规定。

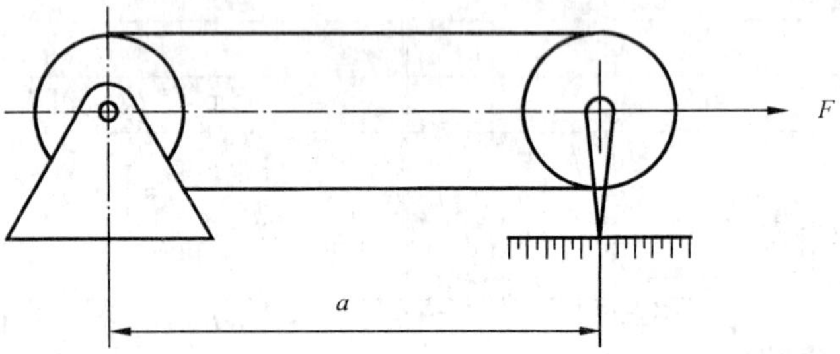

说明：

F —— 测量力；

a —— 中心距。

图 2　测量装置简图

表 4　测量带轮参数

单位为毫米

型 号	齿 数	节圆周长 C_p	外 径 d_0	最大径向跳动	最大端面跳动
T2.5	20	50	15.40	0.013	0.025
T5	20	100	31.00	0.013	0.025
T10	20	200	61.80	0.013	0.025
T20	20	400	124.50	0.013	0.050

4.3.2 测量程序

将带安装在测量装置的两带轮上，施加表 5 规定的测量力，将带至少转动两圈以上，使带齿与轮齿啮合良好并使测量力均匀分配在带的两边；再使带至少转动一圈，测出两带轮之间的中心距，并按式(1)计算带的节线长 L_p。

$$L_p = 2a + C_p \quad \cdots\cdots(1)$$

式中：

a ——中心距，单位为毫米(mm)；

C_p——测量带轮节圆周长，单位为毫米(mm)。

表 5　带的测量力

型 号	带宽基本尺寸/mm								
	4	6	10	16	25	32	50	75	100
	测 量 力 /N								
T2.5	6	10	20	—	—	—	—	—	—
T5	—	20	40	60	90	—	—	—	—
T10	—	—	—	90	140	170	270	—	—
T20	—	—	—	—	—	340	540	800	1 100

ICS 21.220.10
J 18

中华人民共和国国家标准

GB/T 28775—2012

同步带传动 米制节距 梯形齿同步带轮

Synchronous belt drives—Metric pitch—Trapezoidal toothed synchronous pulleys

2012-11-05 发布 2013-03-01 实施

中华人民共和国国家质量监督检验检疫总局
中国国家标准化管理委员会 发布

前　言

本标准按照 GB/T 1.1—2009 给出的规则起草。

本标准使用重新起草法修改采用 DIN 7721-2:1989《同步带传动　米制节距　同步带轮的齿槽轮廓》。

本标准与 DIN 7721-2:1989 相比存在技术性差异，这些差异涉及的条款已通过在其外侧页边空白位置的垂直单线(|)进行了标示，技术差异如下：

——增加引用了 GB/T 11357—2008(见第 2 章)；

——修改了带轮标记方式(见 3.2)；

——修改了节距偏差(见 4.2)；

——修改了带轮外径极限偏差 (见表 5)；

——增加了带轮挡圈最小厚度的规定(见表 6)；

——增加了带轮几何公差标注示意图(见图 4)；

——将带轮径向圆跳动 0.05 mm 修改为 0.08 mm(见表 7)；

——增加了带轮材质、表面粗糙度及平衡要求(见第 7 章)。

本标准由中国机械工业联合会提出。

本标准由全国带轮与带标准化技术委员会(SAC/TC 428)归口。

本标准起草单位：宁波伏龙同步带有限公司、中机生产力促进中心、浙江三星胶带有限公司、宁波凯驰胶带有限公司、宁波裕江特种胶带有限公司、宁波丰茂远东橡胶有限公司。

本标准主要起草人：潘海瑞、邓蓉萱、秦书安、周玉杰、章金华、陈孝斌、胡志洪、应建丽、愈旭明、王军成、邵旖磊。

同步带传动　米制节距梯形齿同步带轮

1　范围

本标准规定了米制节距梯形齿同步带轮(以下简称带轮)的型式及标记、轮齿尺寸、带轮尺寸、带轮几何公差和带轮材质、表面粗糙度及平衡。

本标准适用于一般工业用同步带传动。

2　规范性引用文件

下列文件对于本文件的应用是必不可少的。凡是注日期的引用文件，仅注日期的版本适用于本文件。凡是不注日期的引用文件，其最新版本(包括所有的修改单)适用于本文件。

GB/T 11357　带轮的材质、表面粗糙度及平衡(GB/T 11357—2008，ISO 254:1998，MOD)

3　型式及标记

3.1　型式

3.1.1　米制节距同步带传动使用梯形齿同步带轮。齿槽数不超过 20 的带轮采用 SE 型齿槽，齿槽数大于 20 的带轮采用 N 型齿槽。

3.1.2　米制节距同步带传动不宜采用渐开线齿形同步带轮。

3.2　标记

带轮标记由齿槽数、型号、轮宽和齿槽型式组成。

示例：

25-T2.5-7.5-N

- N —— 齿槽型式
- 7.5 —— 轮宽，mm
- T2.5 —— 型号
- 25 —— 齿槽数

4　轮齿尺寸

4.1　齿槽

齿槽尺寸见图 1 和表 1。

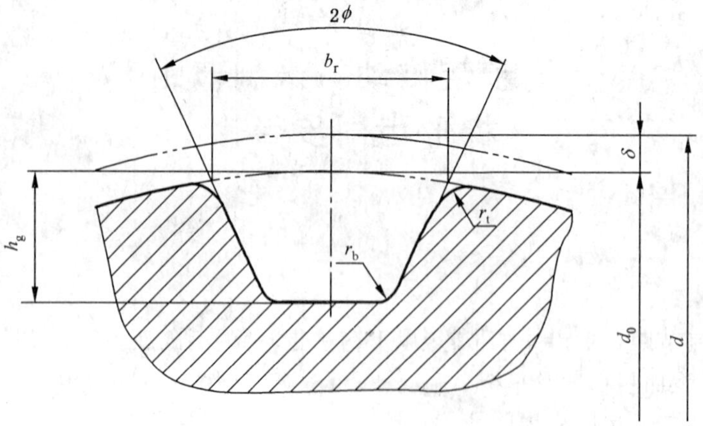

图 1　带轮齿槽

表 1　齿槽尺寸及极限偏差

单位为毫米

型号	齿槽顶宽 b_r		齿槽深 h_g [a]		齿槽角 $2\phi\pm3°$	齿根圆角半径 r_b	齿顶圆角半径 r_t	两倍节顶距 2δ
	SE 型	N 型	SE 型	N 型				
T2.5	$1.75^{+0.05}_{0}$	$1.83^{+0.05}_{0}$	$0.75^{+0.05}_{0}$	1.00	50°	≤0.2	$0.3^{+0.05}_{0}$	0.6
T5	$2.96^{+0.05}_{0}$	$3.32^{+0.05}_{0}$	$1.25^{+0.05}_{0}$	1.95	50°	≤0.4	$0.6^{+0.05}_{0}$	1.0
T10	$6.02^{+0.10}_{0}$	$6.57^{+0.10}_{0}$	$2.60^{+0.10}_{0}$	3.40	50°	≤0.6	$0.8^{+0.10}_{0}$	2.0
T20	$11.65^{+0.15}_{0}$	$12.60^{+0.15}_{0}$	$5.20^{+0.13}_{0}$	6.00	50°	≤0.8	$1.2^{+0.10}_{0}$	3.0

[a] 对 N 型为最小值。

4.2　节距偏差

带轮相邻齿间的节距偏差及 90°弧内的节距累计偏差见表 2。

表 2　节距偏差

单位为毫米

外　径 d_0	节距偏差	
	任意两相邻齿	90°弧内累积
$d_0\leqslant25$	±0.03	±0.05
$25<d_0\leqslant50$		±0.08
$50<d_0\leqslant100$		±0.10
$100<d_0\leqslant175$		±0.13
$175<d_0$		±0.15

5 带轮尺寸

5.1 轮宽

轮宽基本尺寸及允许最小实际轮宽见图 2 和表 3。有挡圈带轮包括单、双边挡圈带轮。当传动中带轮平行性得到足够控制时,无挡圈带轮最小轮宽可以减小,但不得小于有挡圈带轮的最小轮宽。

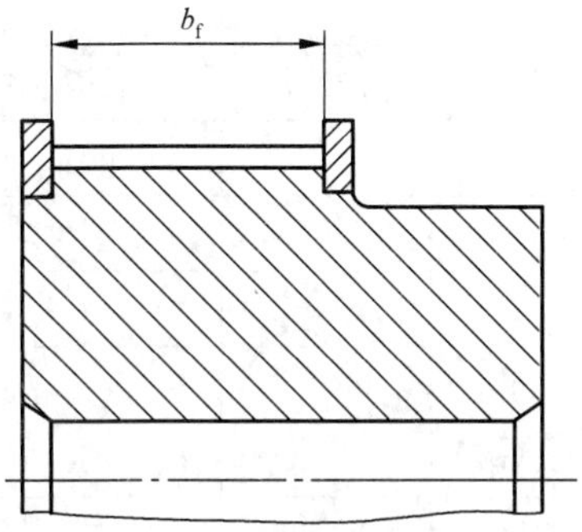

a) 有挡圈带轮

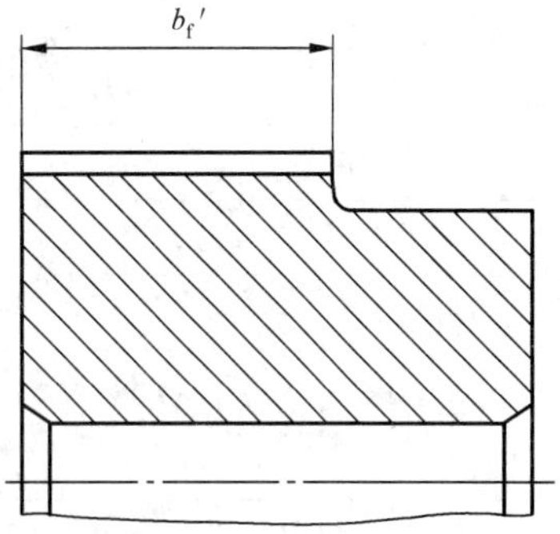

b) 无挡圈带轮

图 2 轮宽

表 3 轮宽尺寸

单位为毫米

型号	轮宽基本尺寸	最小轮宽	
		有挡圈 b_f	无挡圈 b_f'
T2.5	4	5.5	8
	6	7.5	10
	10	11.5	14
T5	6	7.5	10
	10	11.5	14
	16	17.5	20
	25	26.5	29
T10	16	18	21
	25	27	30
	32	34	37
	50	52	55
T20	32	34	38
	50	52	56
	75	77	81
	100	102	106

5.2 带轮直径

带轮直径见表 4,外径的极限偏差见表 5。

带轮外径 $d_0=d-2\delta$,节顶距 δ 值见表 1。

表 4 带轮直径

单位为毫米

齿数	型号							
	T2.5		T5		T10		T20	
	节径 d	外径 d_0	节径 d	外径 d_0	节径 d	外径 d_0	节径 d	外径 d_0
10	8.05	7.45	16.05	15.05	—	—	—	—
11	8.85	8.25	17.65	16.65	—	—	—	—
12	9.60	9.00	19.25	18.25	38.35	36.35	—	—
13	10.40	9.80	20.85	19.85	41.55	39.55	—	—
14	11.20	10.60	22.45	21.45	44.70	42.70	—	—
15	12.00	11.40	24.05	23.05	47.90	45.90	95.65	92.65
16	12.80	12.20	25.60	24.60	51.10	49.10	102.00	99.00
17	13.60	13.00	27.20	26.20	54.25	52.25	108.35	105.35
18	14.40	13.80	28.80	27.80	57.45	55.45	114.75	111.75
19	15.20	14.60	30.40	29.40	60.65	58.65	121.10	118.10
20	16.00	15.40	32.00	31.00	63.80	61.80	127.45	124.45
22	17.60	17.00	35.25	34.15	70.20	68.20	140.20	137.20
25	19.95	19.35	39.95	38.95	79.75	77.75	159.30	156.30
28	22.35	21.75	44.75	43.75	89.25	87.25	178.40	175.40
32	25.55	24.95	51.10	50.10	102.00	100.00	203.85	200.85
36	28.75	28.15	57.45	56.45	114.75	112.75	229.35	226.35
40	31.90	31.30	63.85	62.85	127.45	125.45	254.80	251.80
48	38.30	37.70	76.55	75.55	152.95	150.95	305.70	302.70
60	47.85	47.25	95.65	94.65	191.15	189.15	382.10	379.10
72	57.40	56.80	114.75	113.75	229.30	227.30	458.50	455.50
84	66.95	66.35	133.90	132.90	267.50	265.50	534.90	531.90
96	76.50	75.90	153.00	152.00	305.70	303.70	611.30	608.30

表 5 带轮外径的极限偏差

单位为毫米

外径 d_0	极限偏差
$d_0 \leqslant 50$	$^{0}_{-0.05}$
$50 < d_0 \leqslant 175$	$^{0}_{-0.08}$
$175 < d_0 \leqslant 500$	$^{0}_{-0.10}$
$d_0 > 500$	$^{0}_{-0.15}$

5.3 带轮挡圈尺寸见图3和表6。

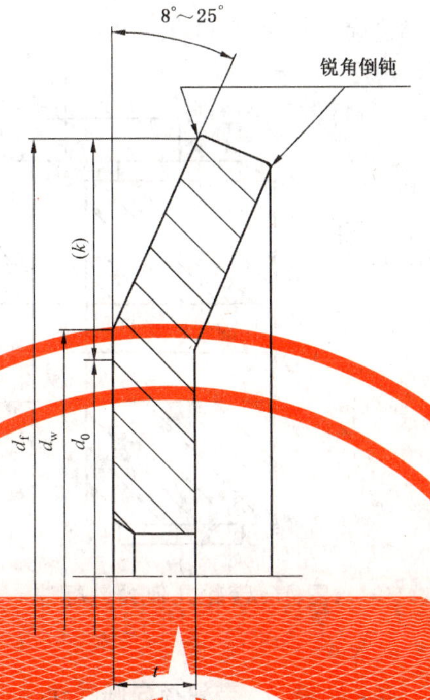

说明：

d_0——带轮外径，mm；

d_w——挡圈弯曲处直径，mm；

$d_w=(d_0+0.38)\pm0.25$；

d_f——挡圈外径，mm；

$d_f=d_0+2k$。

图3 带轮挡圈

表6 带轮挡圈尺寸

单位为毫米

型号	挡圈最小高度 k	挡圈最小厚度 t
T2.5	0.8	0.5
T5	1.2	1.0
T10	2.2	1.5
T20	3.2	4.0

6 带轮几何公差

6.1 圆柱度

带轮外径的圆柱度标注见图4，其公差 $t_1\leqslant0.001b$ mm。

b——轮宽，b_f、b_f'的总称。

6.2 圆跳动

带轮圆跳动标注见图4，公差见表7和表8。

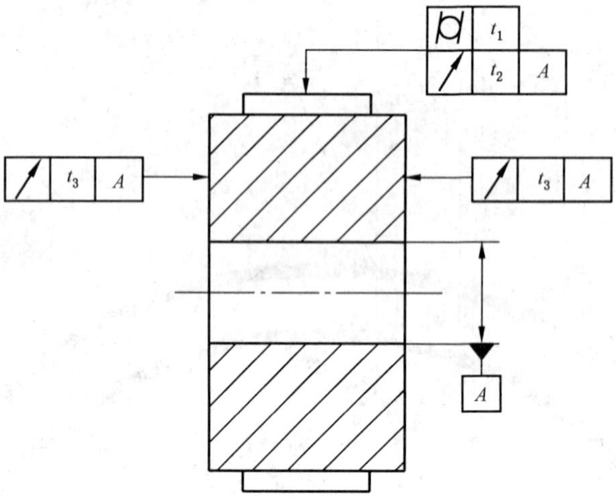

图4 带轮几何公差标注

表7 带轮径向圆跳动

单位为毫米

外 径 d_0	径向圆跳动公差 t_2
$d_0 \leqslant 200$	0.08
$d_0 > 200$	$0.08+0.000\,5(d_0-200)$

表8 带轮端面圆跳动

单位为毫米

外 径 d_0	端面圆跳动公差 t_3
$d_0 \leqslant 100$	0.10
$100 < d_0 \leqslant 250$	$0.001d_0$
$d_0 > 250$	$0.25+0.000\,5(d_0-250)$

6.3 平行度

齿槽应与轮孔的轴线平行，其平行度公差不大于 $0.001b$ mm。

b——轮宽，b_f、b_f' 的总称。

7 带轮材质、表面粗糙度及平衡

带轮材质、表面粗糙度及平衡应符合 GB/T 11357 的规定。

ICS 23.060.99
J 16

中华人民共和国国家标准

GB/T 28776—2012

石油和天然气工业用钢制闸阀、截止阀和止回阀(≤DN100)

Steel gate, globe and check valve for the petroleum and natural gas industries (for sizes DN100 and smaller)

(ISO 15761:2002, Steel gate, globe and check valve for sizes DN100 and smaller for the petroleum and natural gas industries, MOD)

2012-11-05 发布　　2013-03-01 实施

中华人民共和国国家质量监督检验检疫总局
中国国家标准化管理委员会　发布

前　言

本标准按照 GB/T 1.1—2009 给出的规则起草。

本标准修改采用 ISO 15761:2002《石油和天然气工业用公称尺寸小于或等于 DN100 的钢制闸阀、截止阀和止回阀》。

本标准根据 ISO 15761:2002 重新起草。本标准与 ISO 15761:2002 相比，主要变化如下：

——用我国标准代替国际标准中规范性引用的文件；

——删除了 ISO 15761:2002 上的术语，因该术语在我国相关标准上已有定义，且含义相同；

——将 ISO 15761:2002 中磅级改为 PN 级，有关单位也作相应修改；

——未采用 ISO 15761:2002 的 5.4.4.3 Class 1500 的阀门结构长度，按我国阀门标准的规定；

——未采用 ISO 15761:2002 的 5.4.5，按我国阀门标准的规定，厚壁管对焊端要求在附录中规定；

——未采用 ISO 15761:2002 的第 8 章，按我国已有的、适用于石油石化阀门检验试验的标准；

——增加了波纹管阀杆密封阀门的静压寿命试验次数要求；

——按我国产品检验的要求，增加了检验规则；

——增加了附录 A；

——将 ISO 15761:2002 附录 A、附录 D 放入正文，附录 B 和附录 C 合并后作为本标准的附录 B；

——将 ISO 15761:2002 对焊接端尺寸放在本标准附录 C 中；

——删除了附录 E 供货信息。

本标准由中国机械工业联合会提出。

本标准由全国阀门标准化技术委员会(SAC/TCS 188)归口。

本标准起草单位：合肥通用机械研究院、安徽省屯溪高压阀门有限公司、河南高山阀门有限公司、华东阀门有限公司、伯特利阀门集团有限公司、保一集团有限公司。

本标准主要起草人：王晓钧、曹耀华、杨全庆、金公元、金克雨、张晓忠、张继伟。

石油和天然气工业用钢制闸阀、截止阀和止回阀(≤DN100)

1 范围

本标准规定了石油和天然气工业用公称尺寸不大于DN100钢制闸阀、截止阀(包括节流阀)和止回阀(以下简称“阀门”)的结构形式、技术要求、材料、试验方法和检验规则、标志、包装和储运等要求。

本标准适用于公称压力PN20、PN50、PN100、PN250,公称尺寸DN8~DN100的法兰端阀门。

本标准适用于公称压力PN140、PN250,公称尺寸为DN8~DN65的承插焊或螺纹端的阀门。

本标准适用于公称压力PN20~PN250、公称尺寸为DN8~DN100的对接焊端的阀门。

本标准适用于波纹管阀杆密封结构的闸阀和截止阀。

注:公称压力PN20相当于Class150,公称压力PN50相当于Class300,公称压力PN100相当于Class600,公称压力PN140相当于Class800,公称压力PN250相当于Class1500。

2 规范性引用文件

下列文件对于本文件的应用是必不可少的。凡是注日期的引用文件,仅注日期的版本适用于本文件。凡是不注日期的引用文件,其最新版本(包括所有的修改单)适用于本文件。

GB 150 钢制压力容器

GB/T 196 普通螺纹 基本尺寸(GB/T 196—2003,ISO 724:1993,MOD)

GB/T 197 普通螺纹 公差(GB/T 197—2003,ISO 965-1:1998,MOD)

GB/T 228.1 金属材料 拉伸试验 第1部分:室温试验方法(GB/T 228.1—2010,ISO 6892-1:2009,MOD)

GB/T 898 双头螺柱 $b_m=1.25d$

GB/T 1220 不锈钢棒

GB/T 1221 耐热钢棒

GB/T 3077 合金结构钢

GB/T 5796.1 梯形螺纹 第1部分:牙型(GB/T 5796.1—2005,ISO 2901:1993,MOD)

GB/T 5796.2 梯形螺纹 第2部分:直径与螺距系列(GB/T 5796.2—2005,ISO 2902:1977,MOD)

GB/T 5796.3 梯形螺纹 第3部分:基本尺寸(GB/T 5796.3—2005,ISO 2904:1977,MOD)

GB/T 5796.4 梯形螺纹 第4部分:公差(GB/T 5796.4—2005,ISO 2903:1993,MOD)

GB/T 7306.2 55°密封管螺纹 第2部分 圆锥内螺纹与圆锥外螺纹(GB/T 7306.2—2000,eqv ISO 7-1:1994)

GB/T 9113 整体钢制管法兰

GB/T 12220 通用阀门 标志(GB/T 12220—1989,idt ISO 5209:1977)

GB/T 12221 金属阀门 结构长度(GB/T 12221—2005,ISO 5752:1982,MOD)

GB/T 12224 钢制阀门 一般要求

GB/T 12228 通用阀门 碳素钢锻件技术条件

GB/T 12229 通用阀门 碳素钢铸件技术条件

GB/T 12230　通用阀门　不锈钢铸件技术条件
GB/T 12716　60°密封管螺纹
GB/T 26480　阀门的检验和试验
JB/T 5300　工业用阀门材料　选用导则
JB/T 8858　闸阀　静压寿命试验规程
JB/T 8859　截止阀　静压寿命试验规程
ASME 1.5　梯形螺纹(ACME)
ASME 1.8　短牙梯形螺纹(Stub ACME)

3　结构形式

阀门典型结构形式及主要零件名称见图 1～图 5 所示。

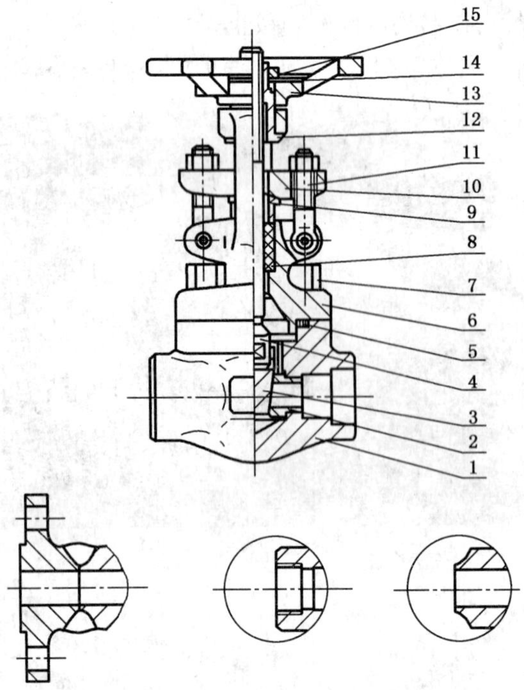

说明：

1——阀体；
2——阀座；
3——闸板；
4——阀杆；
5——垫片；
6——阀盖；
7——螺栓；
8——填料；
9——填料压套；
10——填料压板；
11——活节螺栓；
12——阀杆螺母；
13——手轮；
14——标牌；
15——手轮螺母。

图 1　明杆闸阀典型结构图

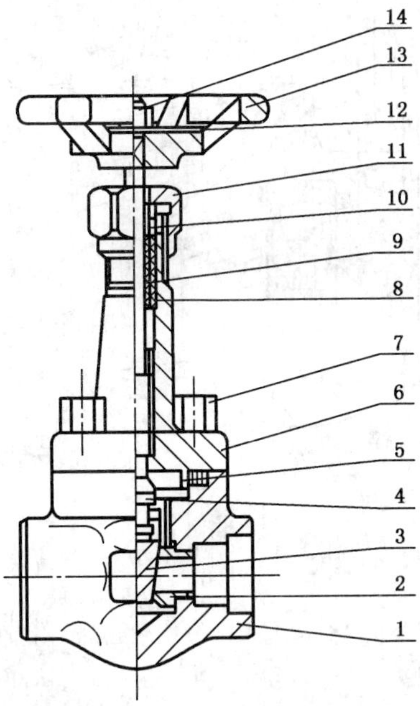

说明：

1——阀体；
2——阀座；
3——闸板；
4——阀杆；
5——垫片；
6——阀盖；
7——螺栓；
8——填料垫；
9——填料；
10——填料压套；
11——压套螺母；
12——标牌；
13——手轮；
14——手轮螺母。

图2　暗杆闸阀典型结构图

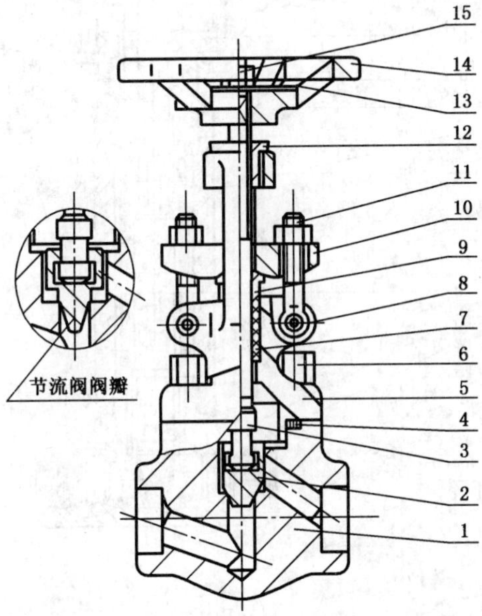

说明：

1——阀体；
2——阀瓣；
3——阀杆；
4——垫片；
5——阀盖；
6——螺栓；
7——填料；
8——无头铆钉；
9——填料压套；
10——填料压板；
11——活节螺栓；
12——阀杆螺母；
13——标牌；
14——手轮；
15——手轮螺母。

图3　截止阀、节流阀典型结构图

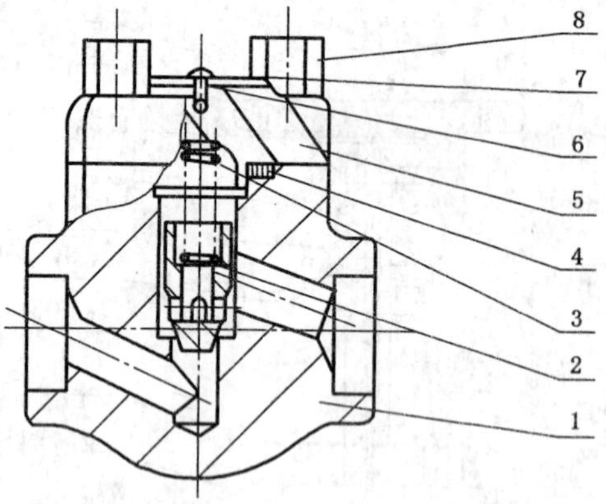

说明：

1——阀体；

2——阀瓣；

3——弹簧；

4——垫片；

5——阀盖；

6——铆钉；

7——标牌；

8——螺栓。

图 4　升降式止回阀典型结构图

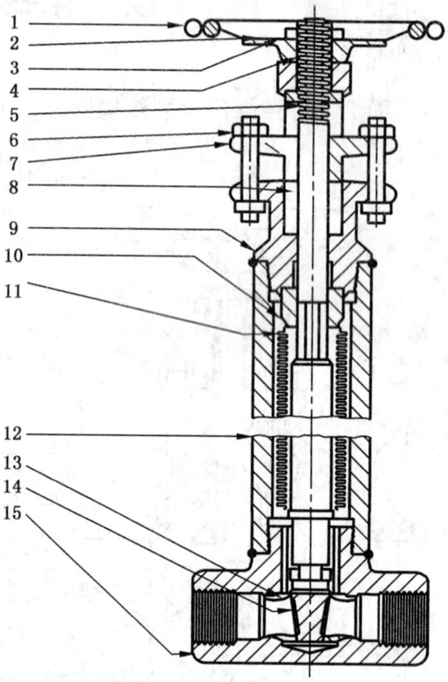

说明：

1——手轮；

2——标牌；

3——手轮螺母；

4——阀杆螺母；

5——阀杆；

6 ——压套螺栓；

7 ——填料压套；

8 ——填料；

9 ——阀盖；

10——波纹管连接件；

11——波纹管；

12——阀体/阀盖加长部分；

13——阀座；

14——闸板；

15——阀体。

图 5　波纹管闸阀典型结构图

4 技术要求

4.1 压力-温度额定值

4.1.1 公称压力不大于 PN100 的阀门,按 GB/T 12224 规定的阀门壳体材料,其压力-温度额定值按 GB/T 12224 的规定。

4.1.2 公称压力 PN140 的阀门,按 GB/T 12224 规定的阀门壳体材料,压力-温度额定值按式(1)计算确定。

$$p_{14} = \frac{1}{3} p_{10} + \frac{2}{3} p_{15} \quad \cdots\cdots (1)$$

式中:

p_{14}——PN140 的阀门在指定温度下的允许工作压力,单位为兆帕(MPa);

p_{10}——按 GB/T 12224 规定的 PN100 阀门在指定温度下的允许工作压力,单位为兆帕(MPa);

p_{15}——按 GB/T 12224 规定的 PN150 阀门在指定温度下的允许工作压力,单位为兆帕(MPa)。

4.1.3 公称压力 PN250 的阀门压力-温度额定值按附录 A 的规定。

4.2 使用温度限制

4.2.1 与允许使用压力相对应的温度是指阀门承压壳体的最高温度,此温度与其使用的介质温度相同,用户使用的最高温度和最低温度及对应的工作压力都不应超过阀门壳体材料压力-温度额定值的限制。

4.2.2 对于某些采用弹性密封副结构、特殊密封材料或波纹管密封结构,其允许使用的压力-温度额定值会有限制,应在铭牌上予以标明。

4.2.3 用户如使用阀门的温度低于承压壳体的压力-温度额定值允许的最低温度的,应考虑材料在低温时的性能;若是闸阀,在温度上升后应防止中腔的压力可能异常上升。用户应对此负责。

4.3 阀门的结构

4.3.1 订货合同没有特殊要求时,闸阀和截止阀,阀体和阀盖可以采用法兰连接、焊接连接、螺纹-密封焊连接;公称压力不大于 PN140 的阀门可以采用带螺纹的活接头螺母;螺纹带支架升降式阀杆结构。

4.3.2 公称压力不大于 PN140、公称尺寸不大于 DN65 的闸阀和截止阀可采用下螺纹升降式阀杆。

4.3.3 公称尺寸不大于 DN50 的阀门,阀体和阀盖应采用锻件。

4.3.4 波纹管阀杆密封的阀门按附录 B 的要求。

4.4 阀体的流道

阀体流道、阀座孔(孔口)及阀体的连接端,各处的内径应不小于表 1 的规定。

表 1 流道最小直径

单位为毫米

公称尺寸 DN	PN20、PN50、PN100、PN140 所有结构的阀门	PN250	
		闸阀	截止阀
8,10	6	6	5
15	9	9	8
20	12	12	9

表 1（续）

单位为毫米

公称尺寸 DN	PN20、PN50、PN100、PN140 所有结构的阀门	PN250	
		闸阀	截止阀
25	17	15	14
32	23	22	20
40	28	27	25
50	36	34	27
65	44	38	—
80	50	47	—
100	69	63	—

4.5 阀门壳体的壁厚

4.5.1 除填料函处外，阀体和阀盖的最小壁厚应符合表 2 的规定；阀体或阀盖加长的，加长的部位最小壁厚应符合表 3 的规定。

表 2 阀体和阀盖最小壁厚

单位为毫米

公称尺寸 DN	PN20、PN50、PN100、PN140	PN250
8	3.1	3.8
10	3.3	4.3
15	4.1	4.8
20	4.8	6.1
25	5.6	7.1
32	5.8	8.4
40	6.1	9.7
50	7.1	11.9
65	8.4	14.2
80	9.7	16.5
100	11.9	21.3

表 3 阀体或阀盖加长部位的最小壁厚

单位为毫米

填料函加长部分内径	PN20	PN50	PN100	PN140	PN250
15	3.1	3.3	3.6	4.0	4.8
16、17	3.2	3.4	3.8	4.3	5.1
18	3.3	3.5	3.9	4.4	5.3
19	3.4	3.6	4.0	4.6	5.5

表 3（续）

单位为毫米

填料函加长部分内径	PN20	PN50	PN100	PN140	PN250
20	3.4	3.6	4.1	4.7	5.7
25	3.8	4.1	4.5	5.4	6.7
30	4.2	4.6	5.0	6.0	7.9
35	4.6	5.1	5.4	6.4	9.0
40	4.9	5.5	5.7	6.7	9.9
50	5.5	6.3	6.3	7.3	11.8
60	5.7	6.6	6.6	8.1	13.6
70	5.9	6.9	7.3	9.0	15.5
80	6.1	7.2	8.0	9.9	17.3
90	6.3	7.5	8.6	10.8	19.1
100	6.5	7.8	9.3	11.8	21.0
110	6.5	8.0	10.0	12.7	22.8
120	6.7	8.3	10.7	13.6	24.7
130	6.8	8.7	11.4	14.5	26.5
140	7.0	9.0	12.0	15.5	28.4

4.5.2 除 4.5.1 的规定外，制造厂还应根据阀体和阀盖连接处的结构和载荷、阀门的刚性及操作等因素，确定需要增大壁厚。

4.6 阀门的连接端

4.6.1 承插焊端

4.6.1.1 承插焊端的结构形式如图 6 所示，端部尺寸应符合表 4 的规定，或按订货要求。

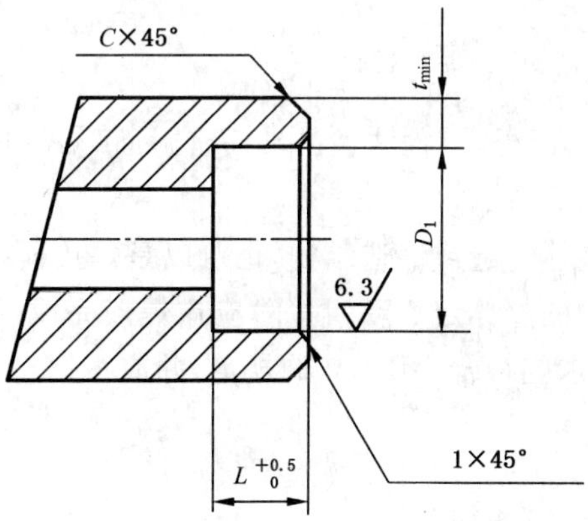

图 6 承插焊连接端部型式

表4　承插焊阀门端部尺寸

单位为毫米

<table>
<tr><td rowspan="2">公称尺寸</td><td colspan="3">承插口的内径和深度</td><td colspan="2">端部最小壁厚 t_{min}</td></tr>
<tr><td>内径 D_1 [a]</td><td>最小深度 L</td><td>倒角 C</td><td>PN140</td><td>PN250</td></tr>
<tr><td>DN8</td><td>14.2</td><td rowspan="3">10</td><td rowspan="4">2</td><td>3.3</td><td>4.1</td></tr>
<tr><td>DN10</td><td>17.6</td><td>3.6</td><td>4.4</td></tr>
<tr><td>DN15</td><td>21.8</td><td>4.1</td><td>5.3</td></tr>
<tr><td>DN20</td><td>27.2</td><td rowspan="4">13</td><td>4.4</td><td>6.1</td></tr>
<tr><td>DN25</td><td>33.9</td><td rowspan="5">3</td><td>5.1</td><td>6.9</td></tr>
<tr><td>DN32</td><td>42.7</td><td>5.3</td><td>8.1</td></tr>
<tr><td>DN40</td><td>48.8</td><td>5.9</td><td>8.9</td></tr>
<tr><td>DN50</td><td>61.2</td><td rowspan="2">16</td><td>6.9</td><td>10.7</td></tr>
<tr><td>DN65</td><td>73.9</td><td>7.8</td><td>12.5</td></tr>
<tr><td colspan="6">[a] 内径 D_1 的尺寸偏差为 $^{+0.5}_{0}$。</td></tr>
</table>

4.6.1.2　承插焊端口轴线应与端部入口轴线重合，端口端面应垂直于端口轴线。

4.6.2　螺纹端

4.6.2.1　螺纹端口的最小壁厚应符合表4端部最小壁厚 t_{min} 的规定；螺纹端的螺纹轴线应与端部入口轴线重合；每个螺纹端口应有约45°的导入倒角，其深度约为螺距的一半。

4.6.2.2　螺纹的尺寸应符合 GB/T 12716 或 GB/T 7306.2 的规定，或按订货要求。

4.6.3　对接焊端

4.6.3.1　焊接管道壁厚小于4.8 mm 的按 GB/T 12224 的规定，焊接管道壁厚不小于4.8 mm 的按附录C的要求，或按订货合同的要求。

4.6.3.2　对接焊端的内外表面应精加工，交界面应圆滑过度。

4.6.4　法兰端

4.6.4.1　除公称压力 PN140 的阀门外，其他法兰的端面密封面形式、尺寸应符合 GB/T 9113 的规定，或按订货要求。

4.6.4.2　端法兰与阀体可以是整体铸造或锻造结构，也可以是焊接连接。端法兰与阀体的焊接不允许用承插焊结构，为方便焊接而使用的整体定心环(衬环)应在焊接完成后切除。焊接部位的最终厚度不得小于表3的阀体壁厚。焊接要求应符合 GB 150 的规定，并应根据材料特性做相应的热处理。

4.7　结构长度

4.7.1　对接焊和法兰连接阀门的结构长度应符合 GB/T 12221 的规定，或按订货合同要求。

4.7.2　内螺纹和承插焊连接阀门的结构长度按表5的规定，或按订货合同要求。

表 5 内螺纹、承插焊阀门结构长度

单位为毫米

公称尺寸 DN	闸阀、旋启止回阀			截止阀、升降止回阀		
	PN140		PN250	PN140		PN250
	短系列	长系列	—	短系列	长系列	—
10	79	80	—	—	80	—
15	79	90	111	79	90	111
20	92	100	111	92	100	111
25	111	120	114	111	120	130
32	120	140	120	120	140	152
40	120	170	140	152	170	172
50	140	200	162	172	200	220
65	—	260	—	—	260	—
注：结构长度的偏差为±1.6 mm。						

4.8 阀座

4.8.1 奥氏体不锈钢材料的阀体，可以直接在阀体上加工阀座，或在单独的阀座圈上堆焊表面硬化材料，使用等离子喷焊或激光熔融焊工艺的硬化层材料，在加工后的厚度应不小于 0.5 mm；其他堆焊工艺的阀座硬化层在加工后厚度应不小于 1 mm。密封面应无锐角。

4.8.2 闸阀的阀座可以采用螺纹拧入阀体，或挤压到阀体中。截止阀和升降式止回阀的阀座，采用滚压或压入式的，应采用密封焊的方式。

4.8.3 阀座装配时，不允许使用密封剂或密封脂，允许使用黏度不大于煤油的润滑剂以防止密封面的磨损。

4.9 阀体和阀盖连接

4.9.1 阀体和阀盖可以采用法兰螺柱螺母连接、焊接连接、螺纹-密封焊接连接；公称压力不大于 PN140 的阀门可以采用带螺纹的活接头螺母。

4.9.2 垫片的安装设计应有径向方向的限位，可防止垫片过度受压。装配时，所有的垫片接触面应不含有重油、油脂和密封剂等。

4.9.3 适用温度为－29 ℃～540 ℃的阀门，除订货合同另有要求外，垫片应采用柔性石墨不锈钢金属缠绕式垫片，不锈钢带应是 18Cr-8Ni 或 18Cr-8Ni-Mo 系列材料。

4.9.4 阀体与阀盖连接螺栓的数量不少于 4 个，可采用双头螺柱或螺栓连接，双头螺柱应符合 GB/T 898 的规定，螺栓为带凸台的六角头螺栓。允许使用的最小螺栓规格为 M10。螺纹的基本尺寸按 GB/T 196 规定，公差按 GB/T 197 规定。

4.9.5 阀体与阀盖连接螺柱或螺栓的最小截面积要求见式(2)；A_b 值是对阀体与阀盖连接螺柱或螺栓的最小截面积要求，制造厂应根据压缩垫片所必要的力和使用条件等因素考虑增加螺栓截面积。

$$p_c \times \frac{A_g}{A_b} \leqslant 65.26 \times S_b \leqslant 9\,000 \quad \cdots\cdots(2)$$

式中：

S_b——螺栓在 38 ℃时的许用应力，单位为兆帕(MPa)(当许用应力大于 138 MPa 时，取 138 MPa)；

A_g——由垫片的有效周边所限定的面积，用与 A_b 相同的单位；

A_b——螺栓总抗拉应力有效面积，用与 A_g 相同的单位；

p_c——阀门的公称压力用磅级的标识数，如 PN140 时为 800。

4.9.6 阀体与阀盖螺纹连接的，螺纹的最小剪切面积要求见式(3)。A_g 值是对承压连接件(包括阀体与阀盖连接)螺纹面积的最低要求，未包括螺纹连接所承受的管道机械载荷。制造厂应根据压缩垫片所必要的力和使用条件等因素考虑增加螺纹剪切面积。

$$p_c \times \frac{A_g}{A_b} \leqslant 4\ 200 \qquad \cdots\cdots(3)$$

式中：

A_g——由垫片的有效周边所限定的面积，用与 A_b 相同的单位；

A_b——总有效螺纹剪切面积，用与 A_g 相同的单位；

p_c——阀门的公称压力用磅级的标识数，如 PN140 时为 800。

4.9.7 阀体与阀盖采用全焊缝结构焊接连接的阀门，焊缝焊接应不少于 2 层。焊接应符合 GB 150 的相关要求，并应根据材料特性做相应的热处理。

4.10 启闭件

4.10.1 密封面

启闭件的密封面可以在启闭件上直接加工或在表面堆焊合金材料，堆焊层在精加工后的厚度应不少于 1 mm。

4.10.2 闸阀的启闭件

4.10.2.1 闸板应为楔式单闸板结构。设计时应保证阀门全开时闸板不遮挡通道。闸板外表面不应有锐角，以防止闸板与阀座间的刮伤或划伤。

4.10.2.2 闸板的顶部应有槽口可与阀杆头部连接，闸板应有全行程比较精确导向结构保证闸板进入两个阀座之间；并可以防止闸板的转动。

4.10.2.3 在设计时应考虑闸板密封副的宽度，闸板密封面中心应高于阀体密封面中心，当密封副磨损时，闸板关闭位置下降，闸板与阀体密封面仍应完全吻合，闸板磨损行程示意见图 7，闸板的最小磨损余量按表 6 的规定。

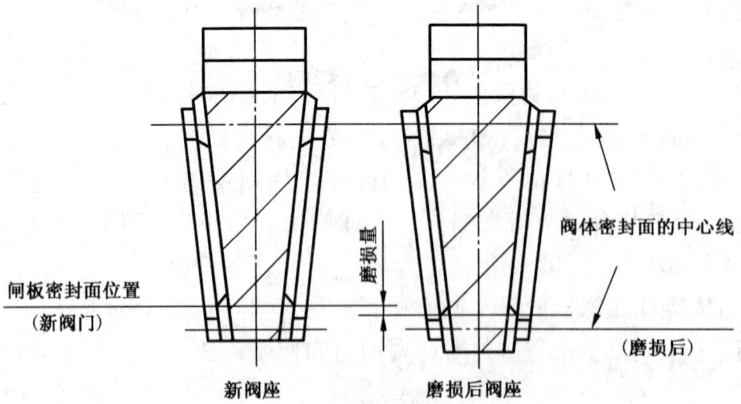

图 7 闸板磨损行程示意图

表 6　闸板最小磨损余量

单位为毫米

公称尺寸 DN	最小磨损余量
8～20	1.0
25～32	1.5
40～65	2.0
80～100	3.0

4.10.3　**截止阀的启闭件**

4.10.3.1　截止阀的阀瓣与阀杆应设计成非一体的结构，阀瓣应是圆锥形或平面的。

4.10.3.2　截止阀装配后，阀瓣与阀杆应保证在介质流动或振动时，阀瓣不会从阀杆上脱落；阀瓣与阀杆的连接应使阀瓣与阀座可灵活对中。

4.10.4　**止回阀的启闭件**

4.10.4.1　止回阀的阀瓣应是升降式的结构。

4.10.4.2　阀瓣在升降行程范围都应有足够的导向面；并且在阀瓣行程的顶部有阻尼。

4.11　**阀杆**

4.11.1　阀杆一般应设计成上螺纹结构。当订货合同另有要求时，公称压力 PN140、公称尺寸不大于 DN65 的闸阀和截止阀，可以设计成下螺纹结构。

4.11.2　阀杆应为整体材料，不允许采用拼接焊等方式。

4.11.3　与填料接触的部分的阀杆的最小直径应符合表 7 的规定。该值不是设计最小值，制造厂应根据阀杆材料、操作和使用条件确定需要的阀杆直径。与填料接触的部分，表面粗糙度应不超过 $Ra0.8\ \mu m$。

表 7　阀杆最小直径

单位为毫米

公称尺寸 DN	PN20、PN50、PN100、PN140 的闸阀和截止阀	PN250	
		闸阀	截止阀
8、10	7.0	10.0	10.0
15	8.5	10.0	10.0
20	9.5	11.0	11.0
25	11.0	14.0	14.0
32	12.5	15.5	15.5
40	14.0	15.5	15.5
50	15.5	16.5	16.5
65	17.5	19.0	—
80	19.0	25.0	—
100	22.0	28.5	—

4.11.4 阀杆应设计有上密封结构，在阀杆上有一个圆锥或球形凸台面，当关闭件处于全开位置时，此凸台面与阀盖上密封实现密封。

4.11.5 阀杆与阀杆螺母的螺纹应为梯形螺纹，其尺寸应符合 ASME 1.5、ASME 1.8 或 GB/T 5796.1～GB/T 5796.4 要求。梯形螺纹外径比表 6 规定的阀杆直径减小不应超过 1.5 mm。

4.11.6 阀杆与闸板或阀芯应连接可靠，在使用过程中不得发生脱节的现象。上螺纹阀杆的闸阀，阀杆应有一个 T 形头，T 形头与阀杆为整体材料制成，阀杆与闸板连接处应能防止阀杆旋转及阀杆与闸板脱离；下螺纹阀杆的闸阀和所有截止阀的阀杆都应有一个圆柱形台阶，并与阀杆为整体材料制成。

4.11.7 对于楔式闸阀，若发生闸板卡死事故时，阀杆的损坏应出现在闸阀承压区域之外。闸阀承压区域之内的阀杆与闸板的连接头、阀杆各部分的强度都应大于螺纹根部的强度。

4.11.8 截止阀的阀杆与阀芯的连接处应回转灵活、可以调心，保证阀杆在阀瓣上的推力是圆周状的。阀芯与阀杆的连接应可靠，在使用过程中和管道振动时不会松动脱落。

4.12 阀杆螺母或阀杆衬套

4.12.1 阀杆螺母或下阀杆内螺母应用梯形螺纹，其尺寸应符合 ASME 1.5、ASME 1.8 或 GB/T 5796.1～GB/T 5796.4 规定。

4.12.2 截止阀的阀杆螺母应用螺纹或其他方式安装固定在支架上并锁定。

4.13 填料、填料函和填料压盖

4.13.1 填料函的最小深度按表 8 的规定。

表 8 填料函最小深度

单位为毫米

公称尺寸 DN	PN20、PN50、PN100、PN140	PN250
8、10	12	22
15	15	22
20	15	25
25	25	30
32	25	38
40	28	38
50	28	38
65	31	44
80	38	47
100	44	50

4.13.2 填料函的表面粗糙度应不超过 $Ra3.2\ \mu m$，填料函底部应是平面的。

4.13.3 应使用填料压套压缩填料，单独的压套外端应有一个大于填料函孔的凸缘，以防止压套掉进填料函孔中。填料压套可以是单独自动对中的零件或与填料压盖一体的，不允许使用开口螺栓孔的填料压盖。

4.14 填料的压紧

4.14.1 对于上螺纹阀杆的阀门，填料和填料压盖应是用穿过填料压盖法兰两个孔的螺栓压紧。

4.14.2 压紧填料压盖的螺栓可以是活节螺栓、带头螺栓、双头螺柱，用六角螺母拧紧。

4.14.3 不允许使用角焊连接件或螺柱焊接销将闸阀或截止阀的填料压板固定在阀盖或支架上。

4.14.4 下螺纹阀杆的填料的压紧应通过直接拧到阀盖上的填料螺母压紧，或用4.13.1～4.13.2所述形式的填料压板和栓接。

4.15 手轮

4.15.1 闸阀和截止阀应配直接操作的手轮，顺时针旋转手轮为关闭阀门。

4.15.2 手轮为轮辐和轮缘结构，应具有足够的尺寸易于关闭。在轮缘上应有明显的指示关闭方向的箭头和“关”字，或开、关双向箭头及“开”、“关”两字。

4.15.3 应用带螺纹的手轮螺母将手轮固定在阀杆或阀杆螺母上。

5 材料

5.1 阀体、阀盖和阀门内件（阀座、闸板、阀瓣等）材料按GB/T 12228、GB/T12229、GB/T 12230规定制成。材料的压力-温度额定值应符合本标准的规定。主要零件材料可按表9或JB/T 5300的规定，或按订货合同要求。

表9 典型内件及阀盖连接螺栓/螺母材料

阀体材料	阀门内件材料	连接螺栓/螺母材料
25Mn	13Cr	$35CrM_0/35^{\#}$
0Cr18Ni9	0Cr18Ni9	0Cr18Ni9/0Cr18Ni9
0Cr17Ni12Mo2	0Cr17Ni12Mo2	0Cr17Ni12Mo2/0Cr17Ni12Mo2
1Cr5Mo	13Cr	35CrMoV/20CrMo
15CrMo	13Cr	35CrMoV/20CrMo
12Cr2Mo1	13Cr	35CrMoV/20CrMo
00Cr19Ni10	0Cr18Ni9	0Cr18Ni9/0Cr18Ni9
00Cr17Ni14Mo2	0Cr17Ni12Mo2	0Cr17Ni12Mo2/0Cr17Ni12Mo2

5.2 阀杆应采用不锈钢或耐热钢的材料制成，材料按GB/T 1220、GB/T 1221规定，材料应进行相应的热处理。

5.3 阀杆螺母应采用具有高度耐磨、耐腐蚀和最低熔点为945 ℃的材料制成。

5.4 手轮应采用碳钢、可锻铸铁或球墨铸铁制成，不允许使用灰铸铁。

5.5 填料不允许使用单根的石墨绳卷制成。

6 试验方法和检验规则

6.1 试验方法

6.1.1 阀门的压力试验

按GB/T 26480的规定。

6.1.2 波纹管阀门的试验

按附录B的规定。

6.1.3 壳体壁厚测量

用测厚仪或专用卡尺测量阀体流道、中腔及阀盖部位的壁厚。

6.1.4 阀杆直径测量

用游标卡尺测量与填料接触区域的阀杆直径及阀杆梯形螺纹外径。

6.1.5 阀杆硬度测量

用硬度计在阀杆两端部位测量，测量三点取平均值。

6.1.6 密封面硬度测量

用硬度计在闸板的两个密封面上的中心区域，各测量三点取平均值。

6.1.7 闸板磨损余量测量

闸阀关闭达到密封状态，测量阀体通道内下端部位闸板密封面超出阀座密封面的高度。

6.1.8 关闭件组合拉力试验

将楔式闸板、阀杆和阀杆螺母组合到一起，用专用夹具连接闸板中心、并用专用工装安装到阀杆螺母上(拉伸时，仅阀杆螺母的支撑面受力类似闸阀的安装使用状态)，用拉伸试验机夹紧两个工装夹具拉伸，直至拉断破坏。

6.1.9 材质成分分析

在阀体、阀盖和闸板的本体材料上用光谱法或化学法试验。

6.1.10 阀体材质力学性能

用阀体同炉号、同批热处理的试棒按GB/T 228.1规定的方法进行。

6.1.11 阀体标志检查

目测阀体表面铸造或打印标记内容。

6.1.12 铭牌内容检查

目测阀门铭牌上打印标记内容。

6.2 检验规则

6.2.1 出厂检验

阀门须逐台进行出厂检验和试验，合格后方可出厂。

6.2.2 检验项目

检验项目、技术要求和检验方法按表10的规定。

表 10　阀门检验项目、技术要求和检验方法

序号	检验项目	检验类别		技术要求	检验和试验方法
		出厂检验	型式试验		
1	阀门外观质量检查	√	√	符合 GB/T 26480	按 GB/T 26480
2	壳体试验	√	√	符合 GB/T 26480	按 GB/T 26480
3	高压密封试验	√	√	符合 GB/T 26480	按 GB/T 26480
4	低压密封试验	√	√	符合 GB/T 26480	按 GB/T 26480
5	上密封试验[a]	√	√	符合 GB/T 26480	按 GB/T 26480
6	阀体、阀盖最小壁厚	—	√	符合 4.5	按 6.1.3
7	阀杆直径	—	√	符合 4.11.3	用游标卡尺等量具
8	承压件材料[b]	—	√	符合 5.1	按 6.1.8
9	标志	√	√	符合第 7 章	按 6.1.10 和 6.1.11

[a] 止回阀无上密封试验要求。

[b] 主要承压件材料的化学成分、力学性能等要求可通过检查制造厂的材质报告等资料。

6.2.3　型式检验

6.2.3.1　有下列情况之一时，应对样机进行型式试验，型式试验合格后方可批量生产：

a)　新产品试制定型鉴定；

b)　正式生产后，如结构、材料、工艺有较大改变可能影响产品性能时；

c)　产品长期停产后恢复生产时。

6.2.3.2　有下列情况之一时，应抽样进行型式试验：

a)　正常生产时，定期或积累一定产量后，应进行周期性检验；

b)　国家质量监督机构提出进行型式检验的要求时。

6.2.4　抽样方法

6.2.4.1　抽样可以在生产线的终端经检验合格的产品中随机抽取，也可以在产品成品库中随机抽取，或者从已供给用户但未使用并保持出厂状态的产品中随机抽取。每一规格供抽样的最少基数为 5 台，抽取其中 1 台。到用户抽样时，供抽样的最少基数不受限制。对整个系列产品进行质量考核时，根据该系列范围大小情况从中抽取 2～3 个典型规格进行检验。

6.2.4.2　型式检验的全部检验项目都应符合表 12 中技术要求的规定。

7　标志

7.1　标志的内容

阀门应按 GB/T 12220 的规定进行标记，并应符合 7.2 和 7.3 的规定。

7.2　阀体和阀盖上的标志

7.2.1　在阀体上须注有下列的永久标记：

——制造厂名或商标标志；

——阀体材料或代号；
——公称压力或压力等级；
——公称尺寸或管道名义直径数；
——锻打批号或熔炼炉号；
——产品的生产系列编号。

7.2.2 在阀盖上须注有下列的永久标记：
——阀盖材料；
——锻打批号或熔炼炉号。

7.3 铭牌上的标志

在阀门的铭牌上应有如下的内容：
——制造厂名；
——公称压力或压力等级；
——公称尺寸或管道名义直径数；
——产品的生产系列编号；
——在 38 ℃时的最大工作压力；
——最高允许使用温度和对应的最大允许工作压力；
——材料(阀体、闸板、密封副等)；
——依据标准号。

7.4 单流向阀的标志

设计制造为单流向时，应在阀体上标注允许流向的永久标记，或用一个独立的流向铭牌牢固地钉到阀体与管道连接的法兰上。

8 包装和储运

8.1 除奥氏体不锈钢和高合金耐腐蚀不锈钢的阀门外，其他阀门的表面均应有防腐蚀、防锈蚀的表面处理；流道表面、螺纹连接端的螺纹应当涂以容易去除的防锈油脂。

8.2 应用木质材料、木质合成材料、塑料或金属材料的封盖，对阀门的连接管道的端口进行保护，封盖的形状应该是带凸耳边的。

附 录 A
（规范性附录）
公称压力 PN250 阀门的压力-温度额定值

公称压力 PN250 阀门的压力-温度额定值按表 A.1 的规定。

表 A.1 公称压力 PN250 阀门的压力-温度额定值

工作温度[a] ℃	材料						
	25Mn[b]	0Cr18Ni9	0Cr17Ni12Mo2	1Cr5Mo	15CrMo[c]	12Cr2Mo1	00Cr19Ni10 00Cr17Ni14Mo2
	最高允许工作压力/MPa						
−29～38	25.55	24.83	24.83	25.86	25.86	25.86	20.69
93.5	23.28	20.69	21.34	25.69	25.86	25.86	17.45
149	22.62	18.62	19.28	24.69	24.90	25.10	15.66
204.5	21.86	17.14	17.72	24.34	23.90	24.34	14.24
260	20.66	16.07	16.48	22.93	22.93	22.93	13.17
315.5	18.86	15.07	15.55	20.86	20.86	20.86	12.41
343.5	18.52	14.83	15.31	20.28	20.28	20.28	12.07
371	18.38	14.66	14.97	19.59	19.59	19.59	11.83
399	17.38	14.31	14.72	18.21	18.34	18.34	11.59
426.5	14.21	13.90	14.55	17.52	17.52	17.52	11.34
454.5	9.24	13.66	14.41	16.66	16.79	16.79	11.10
482	5.93	13.41	14.31	12.76	15.48	15.48	—
510	3.55	13.17	13.31	9.45	11.00	13.00	—
538	1.79	11.07	12.07	6.86	7.45	9.00	—
565.5	—	10.66	11.86	4.97	4.97	6.03	—
593.5	—	8.86	10.52	3.41	3.31	3.79	—
621	—	6.86	8.17	2.14	2.14	2.38	—
649	—	5.31	6.38	1.17	1.31	1.41	—
676.5	—	3.90	5.07	—	—	—	—
704.5	—	2.97	4.03	—	—	—	—
732.0	—	2.14	3.31	—	—	—	—
760.0	—	1.66	2.62	—	—	—	—
788.0	—	1.17	2	—	—	—	—
815.5	—	0.93	1.41	—	—	—	—

[a] 对于表中列出的允许在低温下工作的材料，在低于−29 ℃的任何温度下工作的压力额定值不得大于表中列出的−29 ℃～38 ℃的额定值。

[b] 允许但不推荐在高于 425 ℃时长期使用。

[c] 允许但不推荐在高于 595 ℃时长期使用。

附 录 B
（规范性附录）
波纹管阀杆密封阀门的要求

B.1 范围

本附录规定了波纹管阀杆密封的闸阀和截止阀的设计、材料、装配、试验和检验要求。适用于公称尺寸 DN15～DN100 的闸阀和截止阀。

B.2 设计和结构

B.2.1 波纹管应能承受阀门工作时的压力载荷，应能承受阀门 38 ℃时的最大允许工作压力。

B.2.2 波纹管阀杆密封的阀门，应设计为符合阀门 38 ℃时压力-温度额定值，并具有可承受 38 ℃时最大允许工作压力值的 1.5 倍的压力试验，且具有满足波纹管操作循环寿命的要求。

B.2.3 波纹管的压力-温度值应被限制，其值小于阀门壳体的规定，制造厂应在铭牌上予以明确的标示。波纹管阀杆密封的阀门限用温度应低于波纹管材料蠕变范围的工况。

B.2.4 具有波纹管阀杆密封结构的阀门，不能取消阀杆上密封和填料的结构。填料应正确和有效的安装，以防止当波纹管阀杆密封损坏时，能起到密封阀杆的作用。

B.2.5 波纹管的一端应采用焊接的方式连接在闸阀的阀杆上，或连接在截止阀阀瓣盖等零件上。波纹管的另一端应焊接在阀盖或阀体与阀盖的密封环上。当需要有较大的阀杆行程时，可以将几个波纹管焊接串联起来。

B.2.6 波纹管阀杆密封阀门的阀杆应设置有可靠的防止阀杆旋转的机构，以避免对波纹管有扭矩载荷。

B.2.7 波纹管连接组件在装配到阀体、阀盖内后，波纹管不会弯曲与阀体、阀盖、阀杆摩擦接触。

B.2.8 波纹管阀杆密封的阀门，阀杆和闸板的连接应为扣紧式或适合阀瓣沟槽的 T 形头端，阀杆应为整体结构，不允许采用两件或多件拼焊等方式的结构。

B.3 波纹管的阀盖或阀体的加长体

B.3.1 包覆波纹管的阀盖或阀体的加长部分，其最小壁厚应符合表 2 或表 3 规定的壁厚中的较大值，内径按加长部分实际内径的三分之二。如果选定的加长部分材料的压力-温度额定值小于阀体材料的压力-温度额定值时，应在结合整个材料温度范围的情况下，增加此部分的最小壁厚，以使其承压性能不小于阀体材料的压力-温度额定值。

B.3.2 包覆波纹管的阀盖或阀体加长部分应是一体的、螺纹连接后密封焊或直接采用焊接连接。直接焊接到阀盖或阀体上的加长部分应采用对接焊，焊接应符合 GB 150 的规定，并根据材料的性质，进行相应的热处理。

B.4 疲劳寿命型式试验

B.4.1 波纹管的每种典型设计及连接方式(包括连接焊)，应进行疲劳寿命型式试验；波纹管组件设计上的变更(如：波纹管的材料、波纹管的厚度、褶数、焊接几何形状、焊接程序)，则应进行一次全新的疲劳寿命的型式试验。

B.4.2 设计制造波纹管阀门,应使其不超过已通过型式试验验证合格的伸长比和压缩比。如果其褶数发生了变化(整个波纹管高度增加或减少)、所安装的波纹管其压缩和伸长的行程比小于或等于已通过评定合格的波纹管的行程比,则不需要再进行循环寿命的型式试验。行程比的计算公式按式(B.1)和式(B.2):

$$R_c = \frac{h_f - h_c}{h_f} \quad \cdots\cdots\cdots\cdots (B.1)$$

$$R_e = \frac{h_e - h_f}{h_f} \quad \cdots\cdots\cdots\cdots (B.2)$$

式中:

R_c ——波纹管的压缩比;

R_e ——波纹管的伸长比;

h_f ——自由状态时的波纹管的高度;

h_c ——安装后受压时的波纹管的高度;

h_e ——安装后伸长时的波纹管的高度。

B.5 材料

B.5.1 波纹管可使用奥氏体不锈钢等材料或其他合金材料,材料应符合相关标准的要求。

B.5.2 与波纹管端组焊的焊缝应避免有焊后热处理的要求。

B.5.3 除非订货合同另有规定,波纹管应为多层结构;波纹管可以是无缝结构,也可以是纵向对焊结构;不允许对波纹管进行补焊。

B.5.4 波纹管的包装和运输应能保证波纹管在装配前受损、受潮等现象。

B.6 试验和检验

B.6.1 每个波纹管或波纹管组件在装配前,应在标准大气压和常温下,用灵敏度 10^{-3} Pa·mm^3/s 氦质谱仪进行泄漏试验,或采用其他能证明具有相同泄漏检测灵敏度的方法,试验结果应无可检测到的泄漏。

B.6.2 波纹管制造厂要考虑到波纹管在压力试验期间失效的各种后果,波纹管阀杆密封阀门在压力试验时,应不安装阀杆填料或松开阀杆填料压紧螺栓使填料不会密封阀杆。波纹管密封的阀门不进行上密封试验。

B.6.3 用水介质进行奥氏体不锈钢波纹管阀门的压力试验时,水介质的氯离子的含量应不超过 100×10^{-6}。

B.7 波纹管阀门的型式试验

B.7.1 试验项目

试验包括常温试验和高温试验。常温试验压力是 38 ℃时阀门最大允许工作压力,高温试验压力是 425 ℃时阀门最大允许工作压力,或波纹管最高允许工作温度时的最大工作压力。

B.7.2 试验数量

评定合格的条件是分别对 3 个具有相同设计和材料的波纹管组件进行常温和高温型式试验,从正常生产的一个批次的波纹管组件中选定6个,所有的试验都应通过。

B.7.3 试验程序

B.7.3.1 待试验的波纹管组件样品应洁净。

B.7.3.2 测量每个波纹管在未受约束时的高度,随着试验记录下受压和拉伸时的长度,计算出被受压和拉伸的比率。

B.7.3.3 应用液体渗透无损检查每个波纹管组件的焊缝,应无任何开裂和焊接缺陷存在。

B.7.3.4 应用灵敏度不低于 10^{-3} Pa·mm^3/s 氦质谱仪检查每个波纹管组件,试验结果应无可检测到的泄漏。

B.7.4 压力试验

将波纹管固定在与阀门全开位置对应的拉伸长度位置,试验压力为38 ℃时阀门最大允许工作压力的1.5倍,试验压力作用于试验波纹管同一方向(波纹管的内部或外侧),试验压力的最短持续时间5 min,在试验期间应无可见渗漏。

B.7.5 循环试验

B.7.5.1 将波纹管安装在设计确定的阀门内(阀门不装填料),或一个模拟的试验夹具中,试验能使波纹管得到最大的伸长和压缩。

B.7.5.2 试验启闭循环的频率不超过每秒1次。一个完整的循环是波纹管从设计压缩位置到设计的伸展位置,然后回到压缩位置,相当于阀门的开启-关闭-开启位置。

B.7.5.3 室温循环试验在室温下进行,波纹管应承受38 ℃时阀门最大允许工作压力的试验压力;高温循环试验应在425 ℃或波纹管组件最高允许工作温度两者中较高的温度下进行,波纹管应承受试验温度所对应的允许工作压力的试验压力。高温试验可以是液体或气体,由制造厂选择。

B.7.5.4 每个波纹管组件按 JB/T 8858、JB/T 8859 的要求进行寿命试验。最低循环次数要求按表B.1的要求。

表B.1 波纹管组件最少循环次数

阀门的公称压力	最少循环次数/次	
	闸阀	截止阀
≤PN140	2 000	5 000
>PN140	2 000	2 000

B.7.5.5 试验后的检查

循环试验后,重复进行液体渗透检查,在液体渗透检查后,再进行下列的试验:

a) 在受压大于0.6 MPa气体压力下,将波纹管组件浸在水中5 min,检查有无渗漏;

b) 用灵敏度不低于 10^{-3} Pa·mm^3/s 氦质谱仪检查每个波纹管组件,试验结果应无可检测到的泄漏。

B.8 标记

波纹管材料应标记在阀门的铭牌上,波纹管组件应有材料标记。

附 录 C
（资料性附录）
对接焊端部尺寸

对接焊阀门连接端尺寸见图 C.1 和表 C.1。

单位为毫米

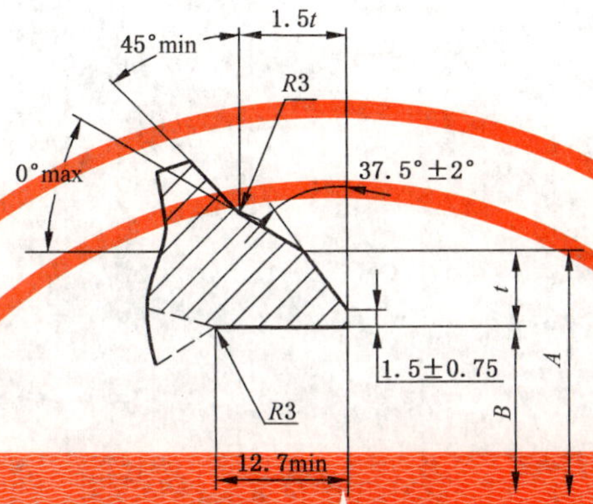

图 C.1 适用于焊接管壁厚(t)为 4.8 mm～17.1 mm 对焊端

表 C.1 尺寸表

单位为毫米

公称尺寸 DN	管道编号	外径 A	内径 B	壁厚 t
15	160	21	11.8	4.8
20	160	27	15.6	5.6
25	160	33	20.7	6.4
32	80	42	32.5	4.9
	160		29.5	6.4
40	80	48	38.1	5.1
	160		34.0	7.1
50	80	60	49.3	5.5
	160		42.9	8.7
65	40	73	63	5.15
	80		59	7
	160		54	9.55
80	40	89	78	5.54
	80		74	7.6
	160		67	11.15
100	40	114	102	6
	80		97	8.55
	120		92	11.15
	160		87	13.5

ICS 23.060.01
J 16

中华人民共和国国家标准

GB/T 28777—2012

石化工业用阀门的评定

Process valve qualification procedure for the petrochemical industry

2012-11-05 发布　　2013-03-01 实施

中华人民共和国国家质量监督检验检疫总局
中国国家标准化管理委员会　发布

前　言

本标准按照 GB/T 1.1—2009 给出的规则起草。

本标准修改采用 API 591:2008《阀门质量评定程序》。

本标准根据 API 591:2008 重新起草。本标准与 API 591:2008 相比，主要变化如下：

——用我国标准代替 API 标准中规范性引用的文件；

——删除了 API 591:2008 标准中的术语。如：验收标准、买方、质量保证等，这些术语不是本标准专用名词，在本标准中也无特殊含义；

——未采用 API 591:2008 第 5 章“制造厂质量保证程序”的内容，按我国法规、技术规范的有关要求；

——未采用 API 591:2008 6.4.12 螺栓硬度与材料拉伸强度关系的说明。

本标准由中国机械工业联合会提出。

本标准由全国阀门标准化技术委员会(SAC/TC 188)归口。

本标准主要起草单位：合肥通用机械研究院、合肥通用机电产品检测院、苏州纽威阀门有限公司、中国石化仪征化纤股份有限公司、安徽省屯溪高压阀门有限公司、保一集团有限公司、伯特利阀门集团有限公司。

本标准主要起草人：王晓钧、高开科、刘晓春、张瑞平、苏立功、张晓忠、金克雨。

石化工业用阀门的评定

1 范围

本标准规定了石化工业用闸阀、截止阀、球阀、止回阀、蝶阀、旋塞阀的双方责任、阀门评定、文件处理、阀门的重新评定等内容。

本标准作为评定阀门制造厂阀门结构和质量的评定程序,但不代替阀门产品出厂的验收标准。

本标准评定的阀门仅指被评定制造厂在其本地制造的阀门,不包括在其他地方的分厂制造的阀门。

其他类似结构的阀门可参照本标准的要求评定。

2 规范性引用文件

下列文件对于本文件的应用是必不可少的。凡是注日期的引用文件,仅注日期的版本适用于本文件。凡是不注日期的引用文件,其最新版本(包括所有的修改单)适用于本文件。

GB/T 12224 钢制阀门 一般要求(GB/T 12224—2005,ASME B16.34a—1998,NEQ)

GB/T 12234 石油、天然气工业用螺柱连接阀盖的钢制闸阀(GB/T 12234—2007,ISO 10434:2004/API 600:2001,NEQ)

GB/T 12235 石油、石化及相关工业用的钢制截止阀和升降式止回阀

GB/T 12237 石油、石化及相关工业用的钢制球阀(GB/T 12237—2007,ISO 17292:2004/API 608—2002,NEQ)

GB/T 12238 法兰和对夹连接弹性密封蝶阀

GB/T 22130 钢制旋塞阀

GB/T 26480 阀门的检验和试验(GB/T 26480—2011,API 598:2009,MOD)

JB/T 4730.2 承压设备无损检测 第2部分:射线检测

JB/T 4730.4 承压设备无损检测 第4部分:磁粉检测

JB/T 4730.5 承压设备无损检测 第5部分:渗透检测

JB/T 6440 阀门受压铸钢件射线照相检验

JB/T 7746 紧凑型钢制阀门

JB/T 7927 阀门铸钢件外观质量要求

JB/T 8527 金属密封蝶阀

JB/T 8937 对夹式止回阀

3 双方责任

3.1 买方的责任

买方或其代表可以对阀门制造厂进行调查,并可对阀门制造厂的铸造、锻造等外协厂进行检查,确认所购阀门的制造厂是否具有阀门的生产资质和能力。

3.2 制造厂的责任

应根据双方协定向买方提供检查的样品和相关的文件。

4 阀门评定

4.1 制造厂需要提供的资料

4.1.1 制造厂应提供不同公称尺寸、公称压力等级的阀门的总装图、材料表及性能规范表。总装图应清楚的显示阀门内部各零件及连接装配关系、密封形式等。材料表应有各零件的材料明细(包括紧固件、密封件等)。

4.1.2 如果阀门制造过程中,需要对其进行焊接(包括铸件焊补),应有相应的焊接工艺评定文件,操作人员应有相应的资质。

4.1.3 制造厂应当明确记录阀门壳体(阀体、阀盖等)及关闭件(闸板、阀瓣、球体等)等主要零件铸件和锻件的来源。记录表应记载有铸件和锻件的详细信息(追溯识别编号、制造厂及地址)。

4.1.4 制造厂应当提供所有阀门的操作力矩推荐值或在手柄上的操作力。

4.1.5 制造厂应当提供产品合格证明书,合格证明书上应有阀门的信息(公称尺寸、公称压力、材料牌号、执行标准等)。

4.1.6 若是经销商(不是制造厂产品品牌的专营者)提供产品的,经销商应提供阀门制造厂的相关的出厂证明文件,零件材料表、热处理、无损检测等报告。

4.2 阀门试验条件

4.2.1 制造厂应使用符合相关标准的试验检测设备和仪表进行检测,包括:无损检验、力学性能和化学分析等检测条件,检验人员应是机械等相关专业的人员。或由认可的实验室进行检测。

4.2.2 应有检验操作的程序方法文件、记录表格等。检验操作人员应熟悉阀门标准和技术规范。

4.3 试验阀门的选择

4.3.1 试验阀门应从制造厂或经销商的库存中、批量生产的产品中随机取样,或是买方指定阀门的产品,不应是专门试制的。

4.3.2 制造厂或经销商应有充足的基数供抽样选取。经双方确定后可以减少样品的数量。一旦评定和检测工作开始,样品不能被更换。抽样的品种、规格按附录A的规定。

4.3.3 铸造或锻造材料的阀体,应划分成三种类别的材料:碳钢、低铬合金钢(含1.25%～9%铬量)、不锈钢。有最高含铬量的低铬合金钢(含1.25%～9%铬量)的质量评定可以替代其他低铬合金钢。

4.4 检验和试验的要求

4.4.1 压力试验和操作扭矩

4.4.1.1 每台阀门均应按照GB/T 26480的相关规定进行压力试验。在密封试验过程中,阀体端部不得有影响密封面泄漏的外力。在试验过程中,应确保阀门关闭件不是处在影响密封效果的状态。密封试验(包括选择性的密封试验)时,密封面可以涂有黏度不大于煤油的润滑油以保护密封面。

4.4.1.2 应通过力矩扳手直接操作阀杆或通过齿轮传动装置操作阀杆的方式对阀门施加关闭力矩,该操作力矩应按制造厂推荐值。如果按制造厂推荐的操作力矩值不能满足密封要求时,可以增加操作力矩,直到泄漏量满足标准的要求,此操作力矩应不超过制造厂推荐力矩的1.25倍。测量并记录操作力矩值,所使用的力矩扳手应经过校验。

4.4.2 尺寸检查

每台阀门应进行下列项目的测量,测量结果应符合相应的标准及制造厂的制造图纸的要求:

a） 结构长度；
b） 包括螺栓孔位置在内的法兰尺寸；
c） 对焊连接端部尺寸；
d） 流道中心至阀门顶部最高点的尺寸(包括开和关两个位置)；
e） 手轮直径；
f） 凸面端法兰和中法兰密封面的表面粗糙度；
g） 螺栓的螺纹类型；
h） 阀体和阀盖最小壁厚；
i） 阀杆在填料接触区处的直径、阀杆梯形螺纹的大径和小径、表面粗糙度；
j） 闸阀的闸板磨损行程；
k） 阀门关闭位置阀杆的露头尺寸；
l） 中法兰螺栓的数量和规格；
m） 阀盖填料函的尺寸和表面粗糙度，填料压套的尺寸；
n） 承插焊端和螺纹端尺寸；
o） 中腔垫片尺寸；
p） 流道内径；
q） 上密封座内径和表面粗糙度；
r） 阀盖与阀体连接法兰的尺寸；
s） 阀杆的圆柱度和直线度。

4.4.3 目视检查

对阀门进行目视检查，应判定并书面记录下述各项的符合情况：
a） 阀门阀体上的标识是否符合相关标准的要求；
b） 铭牌是否满足相关标准的要求；
c） 阀门结构是否满足相关标准的要求；
d） 操作者俯视操作阀门的手轮或手柄，其顺时针方向操作是否为关闭阀门的方向；逆时针方向操作是否为开启阀门的方向；手轮或手柄上是否使用箭头标识和相应的“开”字样标识；
e） 手轮状态是否良好，手轮的材料及采用的制造方法；
f） 填料的类型、排列方式、尺寸和圈数，以及经过壳体强度试验以后还可以添加的填料圈数；
g） 阀座与阀体的连接方式；
h） 阀杆螺母润滑情况是否良好；
i） 除以润滑剂作为主密封的阀门外，阀门密封面是否涂有黏稠度大于煤油的润滑剂；
j） 阀门关闭件的结构类型；
k） 阀杆T形头与阀杆是否为整体式(非焊接式)；
l） 闸阀、旋塞阀和球阀在指示盘指示阀门处于完全打开位置时，其闸板、旋塞和球体是否为完全打开状态；
m） 旋启式止回阀的阀瓣螺母是否定位可靠；
n） 螺塞、注油器或堵头等承压零件的数量、位置和尺寸；
o） 阀杆螺纹的类型和旋向；
p） 中法兰连接螺栓是否按照相关规范的要求进行标识；
q） 手轮螺母的连接方法；
r） 在各种组件的安全性连接中是否采用了点焊；
s） 运输时采用的阀门端部保护措施；

t) 中腔垫片的形式和材料；

u) 阀杆是否有防脱出结构。

4.4.4 铸锻件表面质量检查

在所有的尺寸检查及目测检查后，除去阀体、阀盖上的油漆和密封剂，对每台阀门目测检查承压零件，判定下述情况：

a) 锻件表面是否有折皱和裂纹；

b) 铸件表面质量(包括阀体、阀盖等)是否符合 JB/T 7927 的相关要求。

并应提供一张拆散的阀门照片(包含各种零件)，照片上应有铭牌和标记等内容。

4.4.5 零件和材料检验

4.4.5.1 按表 1 中要求进行不少于 5 台样机的材料试验，并确保每个供应商所提供的阀体和阀盖及每个材料的各种材料均经抽样检验。

表 1 材料测试

试验项目	阀体	阀盖	阀座	阀瓣、阀芯、球体	阀杆	上密封	阀杆螺母[b]	中法兰RTJ垫	中法兰螺栓[c]
化学成分	√	√	√	√	√	√	√	√	√
抗拉强度	√[a]	√[a]	—	—	—	—	—	—	√
屈服强度	√[a]	√[a]	—	—	—	—	—	—	—
延伸率	√[a]	√[a]	—	—	—	—	—	—	—
断面收缩率	√[a]	√[a]	—	—	—	—	—	—	—
硬度(HB)	√	√	√	√	√	√	√	√	√

[a] 该结果可以从厂家的测试报告中获得。

[b] 仅针对闸阀和截止阀。

[c] 应选择四个不同规格的中法兰连接的螺栓和螺母，应根据附录 A 的表 A.3 和表 A.7 的规定，从样品中的两个最大规格阀门和两个最小的阀门中随机抽取。

4.4.5.2 材料的化学成分和硬度应采用非破坏性的方法进行检测，也可以从阀体、阀盖上取少量的试样，应保证如凸台、筋、法兰外圆等取样区域的完整性不受影响。

4.4.5.3 如果阀门密封面上堆焊其他合金材料，应对堆焊材料和基体材料均应进行化学成分分析；如果密封面是以薄板焊接的形式焊接在阀瓣上的，则阀瓣、薄板和焊接材料均应进行化学成分分析；密封面上任何形式的堆焊或焊接均应做着色渗透探伤，密封面不得有裂纹和焊接缺陷。

4.4.6 闸阀、球阀和蝶阀的阀杆-关闭件连接组合件应进行强度试验，试验样品数量按附录 A 的规定，试验方法和结果应按附录 B 的规定。

4.4.7 对所有的承压焊缝，应按 JB/T 4730.2 的要求进行射线探伤。对焊接端坡口按 JB/T 4730.4 的要求进行磁粉探伤或按 JB/T 4730.5 的要求进行渗透探伤。

4.4.8 对于铸钢件阀门，应按 JB/T 6440 中的要求进行射线探伤；样机数量的选取“4 台”和“所有数量的 25%”两者的较大数；对于由不同铸造厂铸造的阀门，应保证每个铸造厂的阀门至少有一台进行检验，检验程序参照 JB/T 6440；所提供的探伤报告应说明每张片子的缺陷的类型和级别，并附上存在缺陷分布简图。

4.4.9 从所有的样机中,取4个样机进行手轮锤击试验。试验时,应在与手轮平面垂直的角度锤击两个轮辐之间的手轮的外缘。锤击力为:不大于DN100的阀门用1.4 kg质量的锤子敲击;不小于DN150的阀门用4.5 kg质量的锤子敲击。试验结果应是手轮不被破坏。试验中产生的损坏情况应予以记录。

4.4.10 对选出的试验样机的手轮应进行力矩试验,所施加的力矩值应按制造厂推荐阀门关闭力矩值的3倍。试验时,应对手轮的中心加以固定,然后把计算所得的力施加到手轮轮辐连接处的手轮的边缘,试验结果应是手轮不被破坏。试验中产生的损坏情况应予以记录。

5 文件的处理

检验试验者应将检查和试验结果、记录等文件归纳整理成册。

6 阀门的重新评定

6.1.1 当设计变更而降低了阀门的强度和可操作性,或制造厂的厂址变迁,应重新进行试验检查。

6.1.2 当有以下所述的情况时,如果制造厂提前通知了买方并接受买方所提出的合理条件时,原试验认可仍然有效。

a) 材料等级发生了改变;

b) 制造商的所有权关系发生了改变;

c) 填料和垫片的材料或类型发生了改变;

d) 质量控制程序发生了改变。

6.1.3 如制造厂已经满足了4.4.4、4.4.5、4.4.8、4.4.9、4.4.10的各项要求,且所需检测零件的选择是按4.3的规定,检查和试验结果的文件的处理按第5章的规定,若当承压铸件、锻件的供应商或者供应商的厂址发生改变时,试验认可仍然有效。但制造厂应修改原先所有按照4.1.3所提供的信息并加以声明。

附 录 A
（规范性附录）
阀门样机的抽样方案

A.1 试验样机

A.1.1 指定试验的样机中至少应有阀体和阀盖不同供应商所生产的阀门1台和用每种材料组(碳钢、低铬合金钢和不锈钢)制造的阀门1台。

A.1.2 本标准没有覆盖到的阀门,其最少的抽样数量应当由制造厂和买方协商确定。

A.2 试验样机的数量

A.2.1 按JB/T 8937制造的对夹式止回阀,试验样机要求按表A.1的规定。

表 A.1 对夹式止回阀的试验样机

公称尺寸 DN	压力级	每种公称尺寸的样品数量 台
100、400	Class 150	1
80、300	Class 300	1

A.2.2 按GB/T 22130制造的钢制旋塞阀,试验样机要求按表A.2的规定。

表 A.2 钢制旋塞阀的试验样机

公称尺寸 DN	压力级	关闭件组合强度试验的阀门公称尺寸 DN	每种公称尺寸的样品数量 台
100、200	Class 150	200	1
80	Class 300	80	1
80、150	Class 600	—	1

A.2.3 按GB/T 12234制造的钢制闸阀,试验样机要求按表A.3的规定。

表 A.3 钢制闸阀的试验样机

公称尺寸 DN	压力级	关闭件组合强度试验的阀门公称尺寸 DN	每种公称尺寸的样品数量 台
100、300、600	Class 150	100、300	1
80、300	Class 300	80、300	1
80、300	Class 600	—	1
注：除非另有要求,一般选择法兰连接端阀门试验。			

A.2.4 按 JB/T 7746 制造的法兰连接端锻钢闸阀,试验样机要求按表 A.4 的规定。

表 A.4 法兰连接端锻钢闸阀的试验样机

公称尺寸 DN	压力级	关闭件组合强度试验的阀门公称尺寸[a] DN	每种公称尺寸的样品数量 台
20、25	Class 150	20	1
20、25	Class 300	20	1
40、50	Class 600	40	1
25、50	Class 1500	—	1

[a] 每种材料组别中只选取一个闸阀进行关闭件组合强度试验。

A.2.5 按 JB/T 7746 制造的螺纹或焊接连接端锻钢闸阀,试验样机要求按表 A.5 的规定。

表 A.5 螺纹或焊接连接端锻钢闸阀的试验样机

公称尺寸 DN	压力级	关闭件组合强度试验的阀门公称尺寸[a] DN	每种公称尺寸的样品数量[b] 台
15、25	Class 800	15	3
20	Class 800	20	6
25	Class 800	25	4
20、50	Class 1500	20	3
25、20	Class 1500	25	4

[a] 每种材料组别中只选取一个阀门。

[b] 除 Class 800-DN20 的锻钢闸阀,其中 2 个是承插焊端阀,其他提供螺纹端的阀试验;其他压力级-公称尺寸组的阀,其中 1 个是承插焊端的阀,其余的是螺纹端阀。

A.2.6 按 JB/T 7746 制造的锻钢截止阀和止回阀,试验样机要求按表 A.6 的规定。

表 A.6 锻钢截止阀和止回阀的试验样机

公称尺寸 DN	压力级	每种公称尺寸的样品数量 台		
		截止阀	升降式止回阀	旋启式止回阀
20	Class 800	2	1	1
25	Class 800	1	—	—
25	Class 1500	—	1	—
40	Class 1500	1	—	—

注:除非另有要求,一般选择螺纹连接端阀门试验。

A.2.7 按 GB/T 12224 制造的钢制闸阀,试验样机要求按表 A.7 的规定。

表 A.7 钢制闸阀的试验样机

公称尺寸 DN	压力级	阀杆-关闭件连接强度试验 DN	每种公称尺寸的样品数量 台
100、300、600	Class 150	100、300	1
80、300	Class 300	80、300	1
80、300	Class 600	—	1
注：除非另有要求，一般选择法兰连接端阀门试验。			

A.2.8 按 GB/T 12237 制造的钢制球阀，试验样机要求按表 A.8 的规定。

表 A.8 钢制球阀的试验样机

公称尺寸 DN	压力级	阀杆-关闭件连接强度试验 DN	每种公称尺寸的样品数量 台
100、200	Class 150	100	1
80、150	Class 300	150	1
注：不包含金属密封球阀。			

A.2.9 按 GB/T 12238 制造的中线对称型结构的蝶阀，试验样机要求按表 A.9 的规定。

表 A.9 中线对称型蝶阀的试验样机

公称尺寸 DN	压力级	每种公称尺寸的样品数量 台
200、300、600	Class 150	1
300、600	球墨铸铁	1
300、600	灰铸铁	1

A.2.10 按 GB/T 12238、JB/T 8527 制造的偏心结构的蝶阀，试验样机要求按表 A.10 的规定。

表 A.10 偏心结构蝶阀的试验样机

公称尺寸 DN	压力级	阀杆-关闭件连接强度试验 DN	每种公称尺寸的数量
200、300、600	Class 150	300	1
300、600	Class 300	300	1
300、600	Class 600	300	1
注：每个压力级的阀应选一个法兰和一个对夹连接端的阀。			

A.2.11 按 GB/T 12224、GB/T 12235 制造的钢制截止阀，试验样机要求按表 A.11 的规定。

表 A.11 钢制截止阀的试验样机

公称尺寸 DN	压力级	每种公称尺寸的样品数量 台
100	Class 150	1
80	Class 300	1
注：除非另有要求，一般选择法兰连接端阀门试验。		

附 录 B
（规范性附录）
阀杆-关闭件连接强度试验

B.1 钢制楔式闸板闸阀的阀杆-关闭件连接强度试验，应将拉力载荷直接施加于闸板-阀杆-阀杆螺母组件，如图B.1所示的固定加载方式。试验结果应是：断裂点在阀门承压边界的外部（阀杆螺纹处）；断裂时，断裂时的载荷力应大于阀杆材料热处理后的抗拉应力值与阀杆的最小截面积的乘积值。

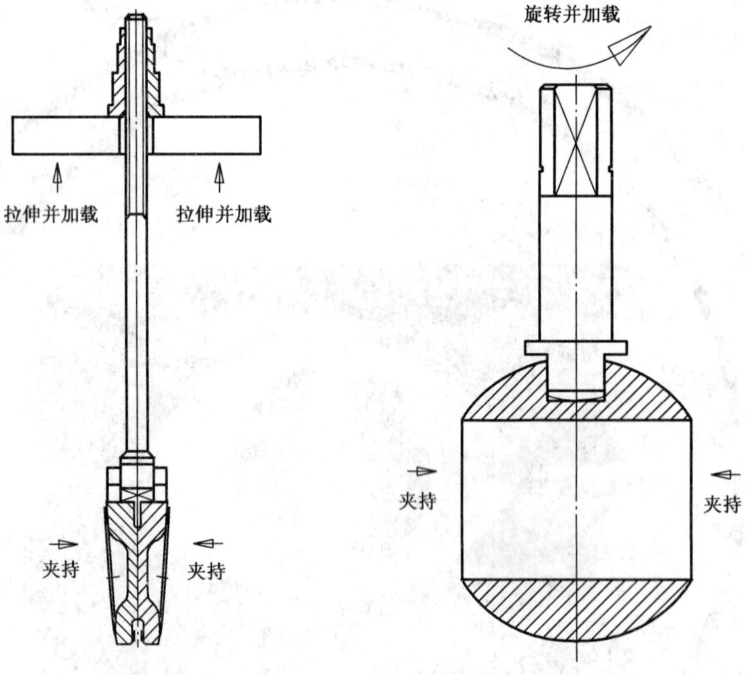

图B.1 阀杆-关闭件连接强度试验安装示意

B.2 球阀和偏心蝶阀的阀杆-关闭件连接强度试验，应将球体和偏心蝶板固定，力矩载荷直接施加于阀杆。试验结果应是：断裂点应发生在阀门承压边界的外部（阀门外部处）；断裂时，断裂时的载荷力应大于阀杆材料热处理后的剪切应力值与阀杆的最小截面积的乘积值。

B.3 如有任何一个受测组件不能满足以上两条所述的要求，则该类阀门所有的抽样样机均应进行阀杆-关闭件连接强度的试验。

B.4 各种公称尺寸阀门的阀杆-关闭件连接组件的尺寸分析，应表明其连接部分尺寸与试验的阀杆和关闭件的尺寸比例是相当的。在未进行试验的阀门中，如果有结构和材料机械性能与试验样机不同的阀门，则应对这些阀门追加阀杆-关闭件连接强度试验，以确定其结构和材料的可靠性。

ICS 23.060.99
J 16

中华人民共和国国家标准

GB/T 28778—2012

先导式安全阀

Pilot-operated safety valves

(ISO 4126-4:2004, Safety devices for protection against excessive pressure—Part 4: Pilot-operated safety valves, MOD)

2012-11-05 发布　　2013-03-01 实施

中华人民共和国国家质量监督检验检疫总局
中国国家标准化管理委员会　发布

前　言

本标准按照 GB/T 1.1—2009 给出的规则起草。

本标准修改采用 ISO 4126-4:2004《过压保护安全装置　第 4 部分:先导式安全阀》(英文版)。

本标准与 ISO 4126-4:2004 主要差异如下:

——本标准的结构和编写规则按照 GB/T 1.1 的要求,对 ISO 4126-4:2004 作了编辑性修改;

——ISO 4126-4:2004 中引用的有关材料和试验的国外规范在本标准中转化为相应的我国标准;

——ISO 4126-4:2004 采用的美制单位和计算公式在本标准中均转换为公制单位和计算公式;

——将 ISO 4126-4:2004 第 1 章范围中"本标准适用于整定压力不小于 0.01 MPa"修改为"本标准适用于整定压力不小于 0.1 MPa"。因标准内容主要是针对整定压力不小于 0.1 MPa,并不适用于整定压力在 0.01 MPa～0.1 MPa 的安全阀;

——将 ISO 4126-4:2004 第 4 章"符号及单位"改为规范性附录 A"符号及单位";

——删除了 ISO 4126-4:2004 中的大多数术语,因这些术语在 GB/T 12241、GB/T 21465 和 GB/T 1047 中已有规定,且含义一致;

——增加了"4.1.1　先导式安全阀的设计、材料和结构应满足 GB/T 12241 的规定",因 GB/T 12241 是安全阀的基础标准;

——将 ISO 4126-4:2004 的 5.1.6.4 中关于弹性密封面的主阀最大泄漏量由"5 气泡/min"修改为"0 气泡/min",因为我国相关标准规定弹性密封面不允许泄漏;

——删除了 ISO 4126-4:2004 的 5.2.2.4 中关于样机的部分内容,因为样机与产品的试验要求一致;

——删除 ISO 4126-4:2004 的 7.1.1。7.1.1 内容为"其他类型的先导式安全阀参见:第一部分,第五部分。"第一部分和第五部分指 ISO 4126-1 和 ISO 4126-5,不是本标准的内容;

——删除了 ISO 4126-4:2004 的附录 B 中 B.1 的例 2,因为例 2 与例 1 的参数除超过压力不同外,计算公式和计算过程完全一致;

——增加了资料性附录 C"引用标准对照";

——增加了资料性附录 D"本标准章条编号与 ISO 4126-4:2004 章条编号对照"。

本标准由中国机械工业联合会提出。

本标准由全国阀门标准化技术委员会(SAC/TC 188)归口。

本标准起草单位:合肥通用机械研究院、上海凯特阀门制造有限公司、乐山长仪阀门制造有限公司、沈阳三三牌阀门制造有限公司、上海阀门厂有限公司、杭州华惠阀门有限公司、浙江天正阀门有限公司。

本标准主要起草人:胡军、王德平、刘晓春、王晓钧、王元清、李明、李健、陈立龙、张显超。

先导式安全阀

1 范围

本标准规定了先导式安全阀的术语和定义，设计、材料和结构要求，试验，排量的确定，额定排量的计算和流道面积的确定，标志和铅封等。

本标准适用于整定压力不小于0.1 MPa，流道直径不小于6 mm的先导式安全阀。本标准对先导式安全阀的适用温度未作限定。

2 规范性引用文件

下列文件对于本文件的应用是必不可少的。凡是注日期的引用文件，仅注日期的版本适用于本文件。凡是不注日期的引用文件，其最新版本(包括所有的修改单)适用于本文件。

GB/T 7306.1 55°密封管螺纹 第1部分：圆柱内螺纹与圆锥外螺纹(GB/T 7306.1—2000，eqv ISO 7-1：1994)

GB/T 7306.2 55°密封管螺纹 第2部分：圆锥内螺纹与圆锥外螺纹(GB/T 7306.2—2000，eqv ISO 7-1：1994)

GB/T 9113 整体钢制管法兰

GB/T 12224 钢制阀门 一般要求(GB/T 12224—2005，ASME B16.34a：1998，NEQ)

GB/T 12241 安全阀 一般要求(GB/T 12241—2005，ISO 4126-1：1991，MOD)

GB/T 12716 60°密封管螺纹(GB/T 12716—2002，ASME B1.20.1：1992，EQV)

GB/T 17241.6 整体铸铁法兰

GB/T 21465 阀门 术语

JB/T 2769 阀门零部件 高压螺纹法兰

ISO 4126-7：2004 超压保护安全装置 第7部分：公共数据

3 术语和定义

GB/T 12241、GB/T 21465规定的以及下列术语和定义适用于本文件。

3.1 导阀类型

3.1.1

流动型导阀 flowing pilot

指先导式安全阀在泄压的整个过程中，导阀中有介质流动。

3.1.2

非流动型导阀 non-flowing pilot

指仅在先导式安全阀开启或关闭时，导阀中有介质流动。

3.2 先导式安全阀动作型式

3.2.1

开启/关闭 open/close

动作特征是稳定运行使主阀全开或全闭。

3.2.2

可调节型 modulating

动作特征是主阀阀瓣逐渐开启或关闭，其开启高度是进口压力的函数并成比例的关系，但这种比例关系不一定是线性关系。

3.3 压力

3.3.1

最高允许压力 maximum allowable pressure

在设计时规定的设备所能承受的最大压力值。

3.3.2

开启感应压力 opening sensing pressure

主阀达到整定压力时，导阀开始开启的压力。

3.4 排量

3.4.1

理论排量 theoretical discharge capacity

指流道截面积与先导式安全阀主阀流道面积相等的理想喷管的计算排量，用质量流量或者容积流量表示。

3.4.2

排量系数 coefficient of discharge

实际排量与理论排量的比值。

4 设计、材料和结构要求

4.1 总则

4.1.1 先导式安全阀的设计、材料和结构应满足 GB/T 12241 的规定。

4.1.2 应设计有导向机构以保证动作和密封的可靠性。

4.1.3 主阀的阀座与阀体可以为整体，也可以为分体。分体阀座应可靠地固定在阀体上，在阀门启闭时阀座不应松动。

4.1.4 应对所有的外部调节机构采取上锁或铅封措施，未经制造商许可不得对先导式安全阀进行调节。

4.1.5 对于开启高度有限制的主阀，应设置开启高度限位装置。该装置应不影响主阀的动作。如果开启高度限位装置为可调节的，则制造商在出厂前应对其进行固定或铅封。阀门的开启高度不小于1 mm。

4.1.6 用于有毒或易燃介质的先导式安全阀，介质应排放到安全的地方。

4.1.7 主阀在阀体内液体可能积聚的最低部位应设置排泄接口，除非有另外措施。

4.1.8 承压部件的设计应力应符合相关标准的规定。

4.1.9 在密封元件损坏的情况下，在被保护设备压力小于最高允许压力的 1.1 倍时，先导式安全阀的排量应达到额定排量。

4.1.10 导向面(如导向套、阀瓣、阀瓣座、阀杆)的材料应选择耐腐蚀、耐磨损和防咬合的材料。

4.1.11 在各种组件连接处有可预见的损坏的情况下，在被保护设备压力小于最高允许压力的 1.1 倍时，先导式安全阀的排量应达到额定排量。

4.1.12 如果附加背压力高于主阀进口处的压力，主阀将不能开启。

4.1.13 在任何情况下，与阀门和导阀连接在一起的辅助装置都不应阻碍阀门对受压系统的超压保护。

4.2 主要零部件

4.2.1 主要零部件名称见图1。

4.2.2 导阀的导管可以与主阀进口端连接在一起，也可以直接与受保护装置连接在一起。当导管没有与主阀的进口端连接在一起时，应考虑增加导管的长度以及导管的防护措施。

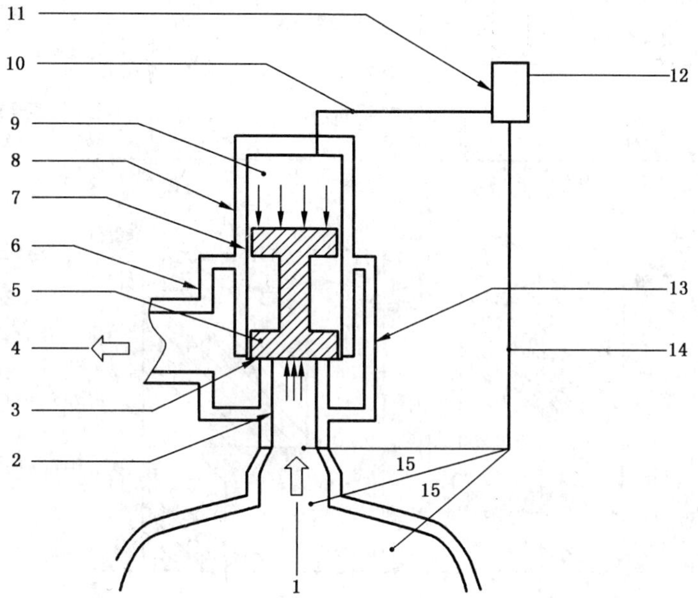

说明：

1——受保护装置；

2——进口；

3——主阀阀座；

4——主阀出口；

5——主阀阀瓣；

6——主阀；

7——导向面；

8——阀盖；

9——压力腔；

10——加压、卸压管；

11——导阀；

12——导阀出口；

13——主阀阀体；

14——感应导管；

15——感应导管连接装置。

图1 主要零部件名称

4.3 端部连接

4.3.1 连接形式

4.3.1.1 对焊连接按GB/T 12224的规定。

4.3.1.2 承插焊连接

a) 承插焊端应按图 2 所示的形状和表 1 规定的尺寸。

b) 平焊表面的宽度 C 应不低于管线壁厚的 0.81 倍或 3 mm，取二者中的较大值。

表 1 承插焊端尺寸

单位为毫米

公称尺寸		DN6	DN8	DN10	DN15	DN20	DN25	DN32	DN40	DN50	DN65
承口 ϕB	最大内径	11.15	14.60	18.05	22.20	27.55	34.30	43.05	49.15	61.60	77.40
	最小内径	10.65	14.10	17.55	21.70	27.05	33.80	42.55	48.65	61.10	76.80
承口最小深度 S		10.0	10.0	10.0	10.0	13.0	13.0	13.0	13.0	16.0	16.0

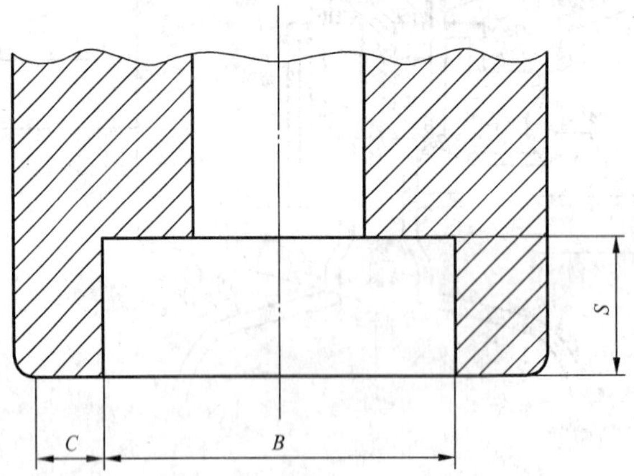

图 2 承插焊端

4.3.1.3 法兰连接按 GB/T 9113、GB/T 17241.6 或 JB/T 2769 的规定。

4.3.1.4 螺纹连接按 GB/T 7306.1、GB/T 7306.2 或 GB/T 12716 的规定。

4.3.1.5 其他类型的端部连接可按有关标准的规定或按订货合同的规定。

4.3.2 端部连接设计

先导式安全阀端部连接的设计，不论其形式如何，都应使连接管或支管连接的通道面积至少等于先导式安全阀进口的截面积，见图 3a)。

安全阀出口连接管连接的通道面积应至少等于先导式安全阀出口的截面积，但出口是内螺纹连接的除外，见图 3b)。

按照 5.2.1.4 规定，图 3b)所示结构的安全阀，其出口应在试验时安装合适的管件，管件的公称尺寸应与安全阀出口的公称尺寸相等。图 3c)所示结构的安全阀，其出口不需要在试验时安装管件。

注：参见第 5 章试验。

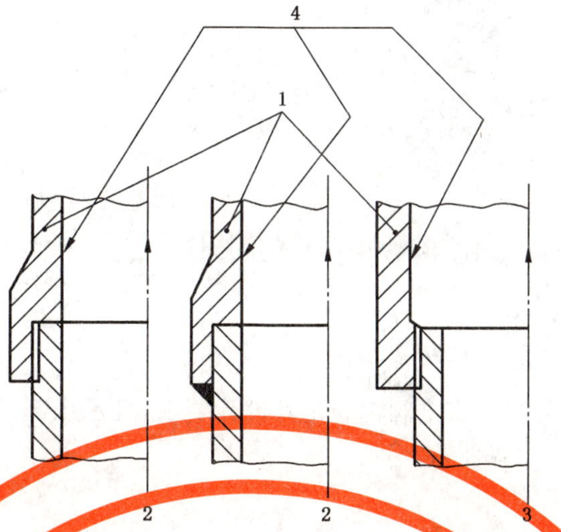

说明：
1——阀体进口；
2——符合；
3——不符合；
4——先导式安全阀正常动作所需的内径。

a） 安全阀进口

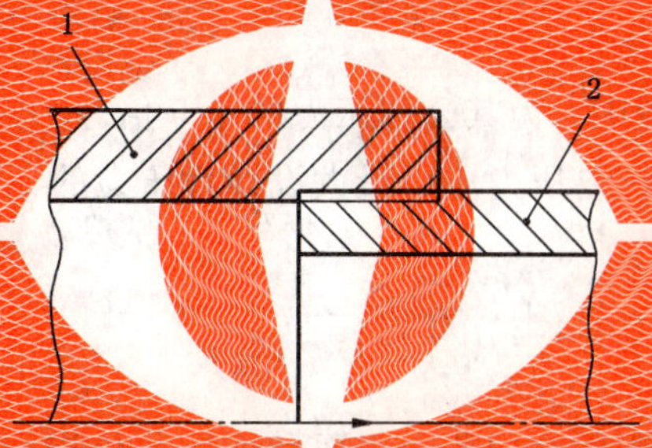

说明：
1——阀体出口；
2——管件。

b） 安全阀出口

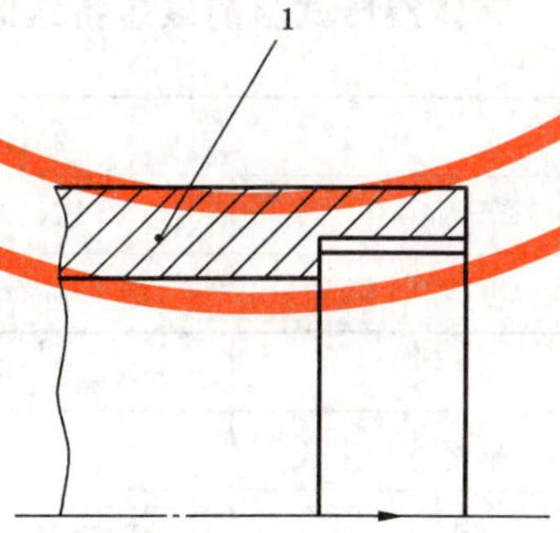

说明：
1——阀体出口。

c） 安全阀出口

图 3 端部连接设计

4.4 弹簧

先导式安全阀的弹簧按 GB/T 12241 的规定。

4.5 材料

阀体的材料按 GB/T 12241 的规定。

5 试验

5.1 出厂试验

5.1.1 目的

试验目的在于保证每台先导式安全阀都满足其设计要求，且承压部件或连接部位不发生任何形式的渗漏。

5.1.2 总则

所有临时用于试验的管道、连接件以及封闭装置应能承受试验压力。应除去所有临时焊接的附件并磨平焊疤，使之与金属基体齐平。磨平后的焊疤可用磁粉或液体渗透法进行检查。

5.1.3 壳体液压试验

5.1.3.1 试验压力

在主阀阀座进口侧施加的试验压力为其公称压力的 1.5 倍。

在排放侧进行液压试验时，其试验压力应为最大设计背压力的 1.5 倍，该试验压力可以不大于设计给定的出口端法兰的额定压力。

5.1.3.2 试验持续时间

试验的保压时间应足够长，以便对阀门各个表面和连接部位进行目视检查。试验压力的持续时间不得少于表 2 的规定。排放侧的试验压力的持续时间按 5.1.3.1 所规定的压力和出口公称尺寸来确定。

表 2 壳体液压试验的最短持续时间

公称尺寸 DN	公称压力		
	≤PN40	>PN40～PN63	>PN63
	最短持续时间/min		
≤50	2	2	3
>50～65	2	2	4
>65～80	2	3	4
>80～100	2	4	5
>100～125	2	4	6
>125～150	2	5	7
>150～200	3	5	9
>200～250	3	6	11
>250～300	4	7	13

表 2（续）

公称尺寸 DN	公称压力		
	≤PN40	>PN40～PN63	>PN63
	最短持续时间/min		
>300～350	4	8	15
>350～400	4	9	17
>400～450	4	9	19
>450～500	5	10	22
>500～600	5	12	24

5.1.3.3 判定标准

按 5.1.3.1 规定的试验部位无可见泄漏。

5.1.3.4 安全要求

通常用适度纯净的水作为试验介质，试验时应排除阀体及试验管路内的空气。当采用其他试验介质时，应根据实际情况增加相应的防护措施。

试验时，阀门或其部件不应承受任何形式的冲击载荷，例如锤击。

5.1.4 壳体气压试验

5.1.4.1 应用说明及试验压力和持续时间

应避免用空气或其他气体来进行壳体试验。经有关方同意后，在下列情况下可以用空气或其他合适的气体代替液压试验进行壳体压力试验：

a） 设计和结构上不适于充灌液体的阀门。

b） 使用工况不允许有任何微小水迹的阀门。

试验压力和加压方法按 5.1.3.1 的规定，试验持续时间和试验条件按 5.1.3.2 的规定。

5.1.4.2 安全要求和判定标准

应考虑到气压试验过程中存在的危险性，并采取充分的预防措施。对下列因素应特别注意：

a） 若在试验加压过程中的某个阶段阀门发生较大破裂时，将会释放相当大的能量，因此，在加压过程中不允许人员靠近阀门；

b） 在设计阶段应对试验条件下发生脆断的危险性进行充分评估，在选择要进行气压试验阀门的材料时，应避免在试验中发生脆断；

c） 当储罐的高压气体减压至阀门试验压力时，应注意到温度会下降；

d） 进行气压试验的阀门，不得受到任何形式的冲击载荷；

e） 当在试验过程中产生的压力超过试验压力时，应注意采取防护措施。

壳体气压试验的试验部位无可见泄漏。

5.1.5 冷态试验差压力的调整

先导式安全阀应调整到设计给定的冷态试验差压力或整定压力。

如果先导式安全阀没有通过5.1.3或5.1.4规定的壳体试验，则不允许用空气或其他气体作为试验介质对先导式安全阀的冷态试验差压力或整定压力进行调整。

允许仅通过调节导阀来设定整定压力或冷态试验差压力。在这种情况下，应当证明导阀在此开启感应压力下能使主阀达到需要的整定压力。

5.1.6 阀座泄漏量试验

5.1.6.1 总则

先导式安全阀的阀座泄漏量试验应在冷态试验差压力或整定压力调整好后进行。试验程序和泄漏量要求按5.1.6.2和5.1.6.3及5.1.6.4的规定，也可由制造商与买家商定。

5.1.6.2 试验程序

a) 导阀和主阀的泄漏量试验可以分别进行。首先将阀门出口侧封闭，用空气(或氮气)为试验介质，当整定压力大于0.35 MPa时，试验压力为90%整定压力；当整定压力不大于0.35 MPa时，试验压力为整定压力减去0.035 MPa。其泄漏量按5.1.6.3和5.1.6.4的规定。当整定压力大于7.0 MPa时，其泄漏量随压力增加而成比例增加。
b) 当导阀的排放侧与主阀的出口侧连接起来时，泄漏量试验可以直接在主阀的出口部位测量总的泄漏量。总泄漏量为导阀与主阀的泄漏量之和。
c) 泄漏量的测量应使用一根内径为6 mm的管子来测量。管子的出口应置于一定体积的水中，且低于水面13 mm并应垂直于水面。

5.1.6.3 导阀最大泄漏量

——弹性密封面：0气泡/min；
——金属密封面：20气泡/min。

5.1.6.4 主阀最大泄漏量

——弹性密封面：0气泡/min；
——金属密封面：20气泡/min。

5.1.7 气密封试验

阀门与所有加压、卸压管以及感应导管之间的连接部位都应进行气密封试验。用空气或氮气为试验介质，当整定压力大于0.35 MPa时，试验压力为90%整定压力；当整定压力不大于0.35 MPa时，试验压力为整定压力减去0.035 MPa；保压时间至少1 min，不允许有任何可见泄漏。

5.2 动作性能和排量试验

5.2.1 总则

5.2.1.1 试验要求

动作性能试验按5.2.2的规定执行，排量试验按5.2.3的规定执行。当这些试验分别进行时，对介质流动有影响的部件应完整地安装在阀门中。

试验程序、试验台架和试验设备应保证排放压力的可操作性，并保证在背压条件下能够确定排量。

5.2.1.2 试验目的

试验目的是为了测定在具体工作条件下，阀门开启、排放及回座时的各种特性，如下所示：

a) 整定压力；
b) 排放压力或超过压力；
c) 回座压力或启闭压差；
d) 阀门动作的重复性；
e) 用目视或听觉来确定阀门的机械特性，如良好的回座性能，有无频跳、颤振、卡阻或有害的振动；
f) 超过压力下的开启高度。

5.2.1.3 试验程序

试验目的是为了提供必要的数据以确定阀门的动作性能和排量。对于图 3 b)所示的在出口处为内螺纹连接的结构，试验时，应安装一根厚度合适的管子，管长至少是管径的 5 倍。

5.2.1.4 基于试验的计算结果

理论排量的计算见 6.3 或 6.4 以及 6.5，然后用此计算值和在排放压力下的实测排量一起来计算排量系数(见 6.1)。

5.2.1.5 设计更改

当先导式安全阀的设计更改以致影响到阀门的流道、开启高度或者性能时，应按照第 5 章规定重新进行试验。

5.2.2 动作性能试验

5.2.2.1 试验要求

用于空气或其他气体介质的阀门，可用过热度至少为 10 ℃的蒸汽、空气或其他性质已知的气体进行试验。用于蒸汽介质的阀门可用蒸汽、空气或其他性质已知气体进行试验。用于液体的阀门，应采用水或其他性质已知的液体进行试验。

阀门动作特性适用的偏差或极限值如下：

a) 整定压力偏差：取±3%整定压力或±0.015 MPa 两者中较大值。
b) 若导阀的整定压力设定是单独进行的，导阀的开启感应压力可能与阀门的整定压力不一致。制造商应对此进行说明，并声明调整好的导阀的开启感应压力能使主阀的整定压力保持在规定的偏差范围内。
c) 开启高度：不小于制造商标示的规定值。
d) 超过压力：该值可由制造商规定，但应不超过 10%整定压力或 0.01 MPa 中的较大值。
e) 启闭压差：应不大于制造商的规定值，但应在下列的规定范围内：
  ——可压缩性介质：
    1) 最小值为 2.0%整定压力(根据 5.2.2.1g)，不适用于可调节型的先导式安全阀)；
    2) 最大值为 15%整定压力或 0.03 MPa 中的较大值；
  ——不可压缩性介质：
    1) 最小值为 2.5%整定压力(根据 5.2.2.1g)，不适用于可调节型的先导式安全阀)；
    2) 最大值为 20%整定压力或 0.06 MPa 中的较大值。
f) 开启高度有限制的先导式安全阀，其超过压力和启闭压差的偏差或界限应该与开启高度无限制的先导式安全阀一样。
g) 对于可调节型先导式安全阀的超过压力和启闭压差应进行验证，并在制造商规定最小和最大开启高度间的任一开启高度下，其超过压力和启闭压差应稳定。应建立曲线以显示主阀的开启高度与超过压力之间的关系。

5.2.2.2 动作特性

制造商应该说明导阀的类型和先导式安全阀的动作型式。

5.2.2.3 试验设备

试验所用压力测量仪器的误差应不大于仪表量程的0.6%。所有试验用的波顿管压力计或其他类似的压力表，其压力值的选取应按下列规则：

a) 最小工作压力应不小于仪表量程的35%；

b) 最大工作压力应不大于仪表量程最大值的75%。

5.2.2.4 用于试验的阀门

试验用的先导式安全阀应能代表要求动作性能的那些阀门的设计、压力和规格系列。主阀的进口面积与流道面积之比以及流道面积与主阀的出口面积之比都应加以考虑。

当一个阀门系列所包含的规格数不小于7种时，应取3种规格的阀门进行试验。若该系列所包含的规格数不大于6种，则进行试验规格数可减为2种。

当一个系列的规格范围扩大，以致于先前试验的先导式安全阀不再能代表整个规格系列时，则应增加试验进行的规格数。

导阀与主阀应一起进行试验，对每一规格的被试阀门，导阀应采用3种有较大差别的压力来进行。当需要对一个规格的阀门进行3种压力的试验时，可以在一台阀门上用3种有较大差别的弹簧来进行，也可以在3台同样规格的阀门上用3种有较大差别的弹簧来进行试验。为了确定其性能有满意的重复性，每一试验应至少进行3次。

对于仅仅一个规格而有多个整定压力的先导式安全阀，应当用能代表该阀门使用压力范围的4种不同的弹簧进行试验。

所有的动作性能试验，测定的整定压力应是导阀所用弹簧设计的最小整定压力。

5.2.3 排量试验

5.2.3.1 试验要求

当动作性能符合要求后，除使用介质为液体的阀门外，允许使用蒸汽、空气或其他性质已知的气体为介质进行排量试验。使用介质为液体的先导式安全阀应用水或其他性质已知的液体为介质进行试验。测定排量时，阀门的状况应与在选定的超过压力下进行动作性能试验时所确定的相一致，主阀阀瓣应保持最小开启高度。

5.2.3.2 用于试验的阀门

试验所用的先导式安全阀的主阀应与进行动作性能试验的阀门相同(见5.2.2.4)。

5.2.3.3 试验程序

5.2.3.3.1 试验条件

a) 在试验之前，试验程序、试验台架和试验设备应经过检验方可使用。

b) 在有背压的试验工况下，试验程序、试验台架和试验设备应能测定超过压力下的排量。

c) 有无导阀均可进行试验。

5.2.3.3.2 试验次数

对一给定的主阀应用3种规格来进行试验，每一规格应以3种不同的压力来进行试验。当该系列所包含的规格数不大于6种时，则试验的规格数可以减少为2种。

当一个系列所包含的规格数不小于7时，应用3种规格的阀门进行试验(共9次试验)。

对于新设计或者特殊设计的阀门，仅制造一种规格，多种整定压力时，应在4种不同的整定压力下进行试验。这些试验压力应能覆盖阀门使用的压力范围，或由试验设备的能力来决定。

5.2.3.3.3 开启高度有限制的阀门

对开启高度有限制的阀门，应在全开启高度下进行排量试验，然后直接进行开启高度限制的排量试验。

对开启高度有限制的阀门，至少选用4点，并通过这4点在所有的试验压力下建立排量系数与阀门开启高度的试验曲线。

5.2.3.3.4 试验压力

每一公称尺寸的阀门应进行3次试验，出口绝对背压力与进口绝对排放压力的比值应小于0.25，这些试验应在向空排放的背压下进行。

对于可压缩性介质，当出口绝对背压力与进口绝对排放压力的比值大于0.25时(主阀排量的大小与该比值有关)。试验应在比值0.25与最大比值之间进行，并根据试验的排量系数 K_d 同出口绝对背压力与进口绝对排放压力之比的关系，获取最大压力比的曲线，该曲线应被延伸并覆盖于压力比值小于0.25。

所有的外部调整的位置应与向空排放背压下的试验一致。

5.2.3.3.5 排量试验的验收误差

所有的排量试验方法中，最终试验结果的平均误差应在±5%范围内。

对于试验误差超过±5%的情况，当绝对背压力与绝对排放压力之比大于0.25时，对于试验主阀系列该误差也能接受。当比值大于0.25时生成的排量系数曲线，用来描述该比值下的最低排量系数。

5.2.3.4 试验中阀门的调节

试验进行过程中，不应对主阀或导阀进行任何调节。当试验工况有任何变动或者偏离时，应给予足够的时间使流量、温度和压力达到稳定后再读取测量值。

5.2.3.5 试验记录和试验结果

试验记录应包括对试验项目的观察、测量、仪表读数和仪表校准记录(如果需要)。原始的试验记录应由进行试验的机构保存管理。全部试验记录的副本应提供给试验有关的各个部门。修改部分和修正的数值应分别列入试验记录。

5.2.3.6 排量试验设备

试验设备的设计和操作，应使试验测定的实际排量的误差保持在±2%以内。

5.2.4 排量系数的确定

排量系数 K_d 的确定见6.1。

5.2.5 额定排量系数

额定排量系数 K_{dr} 应不大于试验测定的排量系数 K_d 的0.9倍，按式(1)计算：

$$K_{dr}=0.9K_d \qquad \cdots\cdots(1)$$

注：本标准公式中的符号含义及单位见附录A。

由于排量系数和额定排量系数由试验确定(见5.2.3)且与特定的超过压力有关，故不能用来计算较低超过压力下的排量，但可用于进行较高超过压力下的排量计算。

6 理论排量的确定

6.1 排量系数的确定

排量系数 K_d 可按式(2)计算：

$$K_d=\frac{\sum_{1}^{n}\left(\frac{q'_m}{q_m}\right)}{n} \qquad \cdots\cdots(2)$$

K_d 的计算结果应保留到小数点后3位。

6.2 临界流动和亚临界流动

在达到临界流动之前，气体或蒸汽通过一个孔口(如安全阀的流道)的流量是随着下游压力的减小而增加的，一旦达到临界流动，下游压力的进一步减小将不会使流量继续增加。

满足式(3)的条件为临界流动：

$$\frac{p_b}{p_o}\leqslant\left(\frac{2}{k+1}\right)^{k/(k-1)} \qquad \cdots\cdots(3)$$

满足式(4)的条件为亚临界流动：

$$\frac{p_b}{p_o}>\left(\frac{2}{k+1}\right)^{k/(k-1)} \qquad \cdots\cdots(4)$$

6.3 临界流动下的理论排量

6.3.1 蒸汽排量按式(5)计算：

$$q_m=0.288\,3C\sqrt{\frac{10p_o}{v_o}} \qquad \cdots\cdots(5)$$

其中：$0.288\,3=\frac{\sqrt{R}}{10}=\frac{\sqrt{8.314\,3}}{10}$

式(5)适用于干饱和蒸汽和过热蒸汽。干饱和蒸汽是指最小干度为98%或最大过热度为10 ℃的蒸汽，过热蒸汽是指过热度大于10 ℃的蒸汽。其中 C 是在排放条件下的绝热指数 k 的函数，按式(6)计算：

$$C=3.948\sqrt{k\left(\frac{2}{k+1}\right)^{(k+1)/(k-1)}} \qquad \cdots\cdots(6)$$

其中：$3.948=\frac{3\,600}{\sqrt{10^5}\sqrt{R}}$

应以排放时安全阀进口处的实际排量为基准来确定 C 的 k 值，与 k 值对应的 C 值见ISO 4126-7:2004表1。

6.3.2 任意气体在临界流动条件下的排量按式(7)计算：

$$q_m = 10p_o C\sqrt{\frac{M}{ZT_o}} = 0.288\ 3C\sqrt{\frac{10p_o}{v_o}} \quad\cdots\cdots(7)$$

注：参见 ISO 4126-7:2004 表 2 中的圆整数。

6.4 亚临界流动下的理论排量

亚临界流动下的排量按式(8)、式(9)计算：

$$q_m = 10p_o CK_b\sqrt{\frac{M}{ZT_o}} = 0.288\ 3CK_b\sqrt{\frac{10p_o}{v_o}} \quad\cdots\cdots(8)$$

$$K_b = \sqrt{\frac{\frac{2k}{k-1}\left[\left(\frac{p_b}{p_o}\right)^{2/k} - \left(\frac{p_b}{p_o}\right)^{(k+1)/k}\right]}{k\left(\frac{2}{k+1}\right)^{(k+1)/(k-1)}}} \quad\cdots\cdots(9)$$

6.5 紊流区的雷诺数不小于 80 000 时的理论排量

试验介质为非闪蒸液体，紊流区的雷诺数不小于 80 000 时的排量按式(10)计算：

$$q_m = 1.61\sqrt{\frac{10(p_o - p_b)}{v_o}} \quad\cdots\cdots(10)$$

其中：$1.61 = \frac{3\ 600\sqrt{2}}{10\sqrt{10^5}}$

7 额定排量的计算和流道面积的计算示例

7.1 总则

当超过压力小于排量试验时的超过压力时，不允许应用下列排量计算公式。只有当超过压力不小于排量试验时的超过压力时，才可以用下列的计算公式来计算排量(见 5.2.5)。

阀门在试验背压力下达到临界流动时所确定的额定排量系数可能不同于在较高背压力下的排量系数(见 5.2.3.3.4)。

7.2 额定排量的计算[1)]

7.2.1 临界流动下饱和蒸汽或过热蒸汽的排量按式(11)计算：

$$Q_m = 0.288\ 3CAK_{dr}\sqrt{\frac{10p_o}{v_o}} \quad\cdots\cdots(11)$$

7.2.2 干度不小于 90% 的单一湿蒸汽的排量按式(12)计算：

$$Q_m = \frac{0.288\ 3CAK_{dr}\sqrt{\frac{10p_o}{v_o}}}{\sqrt{x_o}} \quad\cdots\cdots(12)$$

7.2.3 临界流动下的气体介质的排量和流道面积分别按式(13)、式(14)计算：

$$Q_m = 10p_o CAK_{dr}\sqrt{\frac{M}{ZT_o}} = 0.288\ 3CAK_{dr}\sqrt{\frac{10p_o}{v_o}} \quad\cdots\cdots(13)$$

$$A = \frac{Q_m}{10p_o CK_{dr}\sqrt{\frac{M}{ZT_o}}} = \frac{Q_m}{0.288\ 3CK_{dr}\sqrt{\frac{10p_o}{v_o}}} \quad\cdots\cdots(14)$$

---

1) 根据不同的排放流体选用不同的公式，参见附录 B 的计算公式。

7.2.4 亚临界流动下的气体介质的排量按式(15)计算：

$$Q_m = 10p_o CAK_{dr}K_b\sqrt{\frac{M}{ZT_o}} = 0.288\,3CAK_{dr}K_b\sqrt{\frac{10p_o}{v_o}} \quad \cdots\cdots\cdots\cdots\cdots\cdots (15)$$

注：K_b 的确定见 6.4 式(9)和 ISO 4126-7:2004 的表 3。

7.2.5 液体的排量按式(16)计算：

$$Q_m = 1.61K_{dr}K_v A\sqrt{\frac{10(p_o - p_b)}{v_o}} \quad \cdots\cdots\cdots\cdots\cdots\cdots (16)$$

当雷诺数不小于 80 000 时，$K_v = 1$。

7.3 流道面积的计算示例

流道面积的计算示例见附录 B。

8 标志与铅封

8.1 标志

8.1.1 主阀阀体上的标志

标志可与主阀阀体一起做出或标在铭牌上，铭牌固定于主阀阀体上。在所有先导式安全阀的阀体上至少应标明下列内容：

a) 公称尺寸 DN，如 DN xxx；

b) 阀体材料或代号；

c) 制造商名或商标；

d) 当进口与出口连接的尺寸或压力级相同时，应标有介质流向的箭头；

e) 产品序列号。

8.1.2 导阀阀体上的标志

标志可以和导阀一起做出或标在铭牌上，铭牌固定在导阀上。在所有先导式安全阀导阀的阀体上至少应标明下列内容：

a) 制造商名或其他能鉴别制造商的标记；

b) 产品序列号；

c) 导阀阀体材料或代号；

d) 整定压力；

e) 阀体上各种进出口的标记。

8.1.3 铭牌的标志

固定于先导式安全阀的铭牌至少应标明下列内容：

a) 整定压力，MPa；

b) 依据的标准编号；

c) 产品型号；

d) 基准流体代号(G 表示气体，S 表示蒸汽，L 表示液体)的额定排量系数或额定排量。基准流体

代号可置于额定排量系数或额定排量之前或之后。如:G—0.815 或 G—100 000 kg/h;

e) 流道面积,mm^2;

f) 开启高度,mm,以及相应的超过压力(用整定压力的百分数表示);

g) 极限工作温度。

8.2 铅封

先导式安全阀的所有置于外部的调节装置应进行铅封,导阀应与主阀一起铅封。

附 录 A
（规范性附录）
符号含义及单位

本标准正文和附录中的公式符号的含义和单位按表 A.1 的规定。

表 A.1 符号含义及单位

符号	说 明	单 位
A	流道面积(非帘面积)	mm^2
C	绝热指数 k 的函数	1
K_b	亚临界流动下的理论排量修正系数	1
K_d	排量系数[a]	1
K_{dr}	额定排量系数($K_d \times 0.9$)[a]	1
K_v	黏度修正系数	1
k	绝热指数	1
M	分子量	kg/kmol
n	试验次数	1
p_o	排放压力	MPa(绝压值)
p_b	背压力	MPa(绝压值)
p_c	临界压力	MPa(绝压值)
Q_m	排量(额定排量)	kg/h
q_m	理论排量	$kg/(h \cdot mm^2)$
q'_m	实际排量	$kg/(h \cdot mm^2)$
R	通用气体常数	1
T_o	排放温度	K
T_c	实际临界温度	K
μ	动力黏度	$Pa \cdot s$
v_o	实际排放压力和排放温度下的比容[b]	m^3/kg
x_o	实际排放压力和温度下阀门进口端的湿蒸汽干度系数[b]	1
Z	压缩系数	1

[a] K_d 和 K_{dr} 值取小数点后三位。

[b] v_o 和 x_o 值取小数点后二位。

附 录 B
（资料性附录）
不同介质的流道面积的计算示例

B.1 临界流动下气体介质的流道面积的计算

示例 1：最高允许压力为 5.5 MPa，介质为氮气，计算安全阀的流道面积。

已知参数：安全阀额定排量系数 K_{dr}：0.87，超过压力为 10%；

气体相对分子质量 M：28.02；

绝热指数 k：1.40；

排放温度 T_o：20 ℃；

排量 Q_m：18 000 kg/h；

整定压力：5.5 MPa；

背压力：大气压。

$T_o=(20+273)K=293K$

$p_{oabs}=[(5.5\times1.1)+0.1]\text{MPa}=6.15\text{ MPa}$

因为 $\frac{p_b}{p_o}\leqslant\left(\frac{2}{k+1}\right)^{k/(k-1)}$，所以为临界流动。

流道面积按式(B.1)计算：

$$A=\frac{Q_m}{10p_oCK_{dr}\sqrt{\frac{M}{ZT_o}}} \quad\cdots\cdots\cdots\cdots\text{(B.1)}$$

其中：$C=3.948\sqrt{1.4\times\left(\frac{2}{1.4+1}\right)^{(1.4+1)/(1.4-1)}}=2.7$

压缩系数可以从公共数据中查到。

计算过程如下所示：

对比压力按式(B.2)计算：

$$p_r=\frac{p_o}{p_c} \quad\cdots\cdots\cdots\cdots\text{(B.2)}$$

式中：

p_c——临界压力，值为 3.394 MPa（该值来自热力学手册）；

对比温度按式(B.3)计算：

$$T_r=\frac{T_o}{T_c} \quad\cdots\cdots\cdots\cdots\text{(B.3)}$$

式中：

T_c——临界温度，值为 126.05 K（该值来自热力学手册）；

$p_r=6.15/3.394=1.81$

$T_r=293/126.05=2.32$

$Z=0.975$（该值来自 ISO 4126-7:2004 图 1）

$$A=\frac{18\,000}{10\times6.15\times2.7\times0.87\times\sqrt{\frac{28.02}{0.975\times293}}}=397.85\text{ mm}^2$$

B.2 亚临界流动下气体介质的流道面积计算

示例 2：背压力为 3.6 MPa（表压），额定排量系数为 0.8，仍使用 B.1 示例中的已知参数的数据。

因为$\frac{p_b}{p_o}>\left(\frac{2}{k+1}\right)^{k/(k-1)}$，所以为亚临界流动。

注：$\frac{p_b}{p_o}=\frac{3.6+0.1}{(5.5\times1.1)+0.1}$

流道面积按式(B.4)计算：

$$A=\frac{Q_m}{10p_oCK_{dr}K_b\sqrt{\frac{M}{ZT_o}}} \qquad \text{(B.4)}$$

$$K_b=\sqrt{\frac{\frac{2k}{k-1}\left[\left(\frac{p_b}{p_o}\right)^{(2/k)}-\left(\frac{p_b}{p_o}\right)^{(k+1)/k}\right]}{k\left(\frac{2}{k+1}\right)^{(k+1)/(k-1)}}}=0.989 \qquad \text{(B.5)}$$

K_b 可以通过式(B.5)计算获得，也可以通过 ISO 4126-7:2004 的表 3 查到。

$$A=\frac{18\ 000}{10\times6.15\times2.7\times0.989\times\sqrt{\frac{28.02}{0.975\times293}}}=437.471\ \text{mm}^2$$

B.3 液体介质的流道面积计算

示例 3：在给定排放介质为油的条件下，计算阀门的流道面积。

已知参数：安全阀额定排量系数 $K_{dr}=0.65$，超过压力为 10%；

超过压力为 10%的油介质的排量 $Q_m=45\ 000$ kg/h；

比容积 $v=0.00\ 107\ 527\ \text{m}^3/\text{kg}$；

动力黏度 $\mu=0.5$ Pa·s；

整定压力：3.0 MPa(表压)；

背压力：0.3MPa(表压)。

应用式(B.6)计算：

$$Q_m=1.61K_{dr}K_vA\sqrt{\frac{10(p_o-p_b)}{p_o}} \qquad \text{(B.6)}$$

假设是无黏度的介质(即忽略黏度)，按式(B.7)计算流道面积。

$K_v=1$

$$A=\left(\frac{Q_m}{1.61K_{dr}}\right)\sqrt{\frac{v_o}{10(p_o-p_b)}} \qquad \text{(B.7)}$$

$p_o-p_b=(3.0\times1.1+0.1)-(0.3+0.1)=3$ MPa

$A=\left(\frac{45\ 000}{1.61\times0.65}\right)\sqrt{\frac{0.000\ 107\ 527}{10\times3}}=257.43\ \text{mm}^2$。

a) 按相关标准选择一个比计算值 A 次大的标准流道面积 $A'=380\ \text{mm}^2$，按式(B.8)得到黏度修正系数的最小值。

$$K_v=\frac{A}{A'} \qquad \text{(B.8)}$$

最小值：$K_{vm}=\frac{257.43}{380}=0.68$。

b) 按式(B.9)计算在给定排量和选定的流道面积下的雷诺数 Re：

$$Re=\left(\frac{Q_m}{3.6\mu}\right)\sqrt{\frac{4}{\pi A'}}=\left(\frac{45\ 000}{3.6\times0.5}\right)\sqrt{\frac{4}{\pi\times380}}=1\ 447 \qquad \text{(B.9)}$$

从 ISO 4126-7:2004 的图中查得：

$K_v=0.92>0.68$。

c) 如上例计算所示，若最小值 $K_{vm}\leqslant K_v$，则选定的流道面积能够满足给定的排量；若结果相反，则需要重复上述计算。

附　录　C
（资料性附录）
引用标准对照

表C.1给出了ISO 4126-4:2004中的引用文件与本标准规范性引用文件的对照。

表C.1　引用标准对照

ISO 4126-4:2004引用文件	本标准规范性引用文件	说明
EN 1092-1	GB/T 9113,GB/T 17241.6或JB/T 2769	
EN 1092-2	GB/T 9113,GB/T 17241.6或JB/T 2769	
EN 1092-3	GB/T 9113,GB/T 17241.6或JB/T 2769	
prEN 1759-1	GB/T 9113,GB/T 17241.6或JB/T 2769	
EN 12516-3	GB/T 12224	
EN 12627	GB/T 12241	
EN 12760	—	将引用本标准中的内容部分写入了标准中
EN ISO 6708		与GB/T 1047一致
ISO 7-1	GB/T 7306.1～GB/T 7306.2	
ASME B1.20.1	GB/T 12716	
ISO 4126-7	ISO 4126-7	
	GB/T 21465	

附　录　D
（资料性附录）
本标准章条编号与 ISO 4126-4:2004 章条编号对照

表 D.1 给出了本标准章条编号与 ISO 4126-4:2004 的章条编号对照。

表 D.1　章条编号对照

本标准章条编号	对应的 ISO 4126-4:2004 的章条编号
1	1
2	2
3	3
3.1.1～3.1.2	3.1.1.1～3.1.1.2
3.2.1～3.2.2	3.1.2.1～3.1.2.2
—	3.3.1
3.3.1～3.3.2	3.3.2～3.3.3
—	3.3.4～3.3.9
3.3.3	3.3.10
—	3.4～3.6
3.4.1～3.4.3	3.7.1～3.7.3
3.5	3.8
4.1	5.1
4.1.1	—
4.1.2～4.1.13	5.1.1～5.1.12
4.2、4.2.1～4.2.2	3.2
4.3.1.1～4.3.1.5	5.2.1
4.3.2	5.2.2
4.4～4.5	5.3～5.4
5.1	—
5.1.1～5.1.2	6.1～6.2
5.1.3	6.3
5.1.3.1～5.1.3.4	6.3.1～6.3.4
5.1.4	6.4
5.1.4.1～5.1.4.2	6.4.1～6.4.2
5.1.5	6.5
5.1.6	6.6
5.1.6.1～5.1.6.4	6.6.1～6.6.4
5.1.7	6.7

表 D.1（续）

本标准章条编号	对应的 ISO 4126-4:2004 的章条编号
5.2	—
5.2.1	7.1
5.2.1.1～5.2.1.5	7.1.1～7.1.6
5.2.2	7.2
5.2.2.1～5.2.2.4	7.2.1～7.2.4
5.2.3	7.3
5.2.3.1～5.2.3.4	7.3.1～7.3.6
5.2.4～5.2.5	7.4～7.5
6.1～6.2	8.1～8.2
6.3	8.3
6.3.1～6.3.2	8.3.1～8.3.2
6.4～6.5	8.4～8.5
7.1	9.1～9.2
7.2	9.3
7.2.1～7.2.5	9.3.1～9.3.4
7.3	—
8.1	10.1
8.1.1～8.1.3	10.1.1～10.1.3
8.2	10.2
附录 A	4
附录 B	附录 A
附录 C	—
附录 D	—

ICS 21.100.20
J 11

中华人民共和国国家标准

GB/T 28779—2012

滚动轴承 带座外球面球轴承 分类

Rolling bearings—Insert bearing units—Classification

2012-11-05 发布

2013-03-01 实施

中华人民共和国国家质量监督检验检疫总局
中国国家标准化管理委员会 发布

前言

本标准按照 GB/T 1.1—2009 给出的规则起草。

本标准由中国机械工业联合会提出。

本标准由全国滚动轴承标准化技术委员会(SAC/TC 98)归口。

本标准起草单位:洛阳轴承研究所有限公司、南安轴承有限责任公司、东莞市 TR 轴承有限公司、浙江新昌皮尔轴承有限公司、中山市盈科轴承制造有限公司。

本标准主要起草人:马素青、杨荣谋、李建林、樊新英、王冰。

滚动轴承 带座外球面球轴承 分类

1 范围

本标准规定了带座外球面球轴承(以下简称带座轴承)的分类方法、分类及其结构型式。

本标准适用于带座外球面球轴承的分类。

2 规范性引用文件

下列文件对于本文件的应用是必不可少的。凡是注日期的引用文件,仅注日期的版本适用于本文件。凡是不注日期的引用文件,其最新版本(包括所有的修改单)适用于本文件。

GB/T 6930—2002 滚动轴承 词汇

GB/T 7810—1995 滚动轴承 带座外球面球轴承外形尺寸

GB/T 27554—2011 滚动轴承 带座外球面球轴承 代号方法

JB/T 5303—2002 带座外球面球轴承补充结构 外形尺寸

3 术语和定义

GB/T 6930—2002 界定的术语和定义适用于本文件。

4 带座轴承的分类方法

4.1 带座轴承按轴承座的加工方式,分为:

a) 带铸造座轴承;

b) 带冲压座轴承。

4.2 带座轴承按轴承座的形状,分为:

a) 带立式座轴承;

b) 带方形座轴承;

c) 带菱形座轴承;

d) 带圆形座轴承;

e) 带滑块座轴承;

f) 带环形座轴承;

g) 带悬挂式座轴承;

h) 带悬吊式座轴承;

i) 带三角形座轴承。

4.3 带座轴承按座内的轴承结构型式,分为:

a) 带座顶丝外球面球轴承;

b) 带座偏心套外球面球轴承;

c) 带座紧定套外球面球轴承。

4.4 带座轴承按轴承座的材料，分为：

a) 带铸铁座轴承；

b) 带铸钢座轴承；

c) 带不锈钢座轴承；

d) 带钢板座轴承；

e) 带塑料座轴承。

5 带座轴承分类

带座轴承按其轴承座的加工方式、形状及座内外球面球轴承的结构型式分为若干类，见表1。

表1 带座轴承分类

带铸造座轴承	带立式座轴承	带立式座顶丝外球面球轴承 带立式座偏心套外球面球轴承 带立式座紧定套外球面球轴承
		带高中心立式座顶丝外球面球轴承 带高中心立式座偏心套外球面球轴承 带高中心立式座紧定套外球面球轴承
		带窄立式座顶丝外球面球轴承 带窄立式座偏心套外球面球轴承 带窄立式座紧定套外球面球轴承
	带方形座轴承	带方形座顶丝外球面球轴承 带方形座偏心套外球面球轴承 带方形座紧定套外球面球轴承
		带凸台方形座顶丝外球面球轴承 带凸台方形座偏心套外球面球轴承 带凸台方形座紧定套外球面球轴承
	带菱形座轴承	带菱形座顶丝外球面球轴承 带菱形座偏心套外球面球轴承 带菱形座紧定套外球面球轴承
		带可调菱形座顶丝外球面球轴承 带可调菱形座偏心套外球面球轴承 带可调菱形座紧定套外球面球轴承
	带圆形座轴承	带凸台圆形座顶丝外球面球轴承 带凸台圆形座偏心套外球面球轴承 带凸台圆形座紧定套外球面球轴承
	带滑块座轴承	带滑块座顶丝外球面球轴承 带滑块座偏心套外球面球轴承 带滑块座紧定套外球面球轴承
	带环形座轴承	带环形座顶丝外球面球轴承 带环形座偏心套外球面球轴承
	带悬挂式座轴承	带悬挂式座顶丝外球面球轴承 带悬挂式座偏心套外球面球轴承 带悬挂式座紧定套外球面球轴承

表 1（续）

带铸造座轴承	带悬吊式座轴承	带悬吊式座顶丝外球面球轴承 带悬吊式座偏心套外球面球轴承 带悬吊式座紧定套外球面球轴承
带冲压座轴承	带冲压立式座轴承	带冲压立式座一端平头顶丝外球面球轴承 带冲压立式座轻型偏心套外球面球轴承
	带冲压圆形座轴承	带冲压圆形座一端平头顶丝外球面球轴承 带冲压圆形座轻型偏心套外球面球轴承
	带冲压菱形座轴承	带冲压菱形座一端平头顶丝外球面球轴承 带冲压菱形座轻型偏心套外球面球轴承
	带冲压三角形座轴承	带冲压三角形座一端平头顶丝外球面球轴承 带冲压三角形座轻型偏心套外球面球轴承
注：同种带座轴承按其座的结构变型或轴承的润滑方式、密封、防尘的不同可分为多种结构型式。		

6 带座轴承结构型式、代号

带座轴承结构型式、代号见表 2。

表 2 带座轴承结构型式及代号

序号	简　图	结构型式名称	结构型式代号	标准号
带铸造座轴承				
1	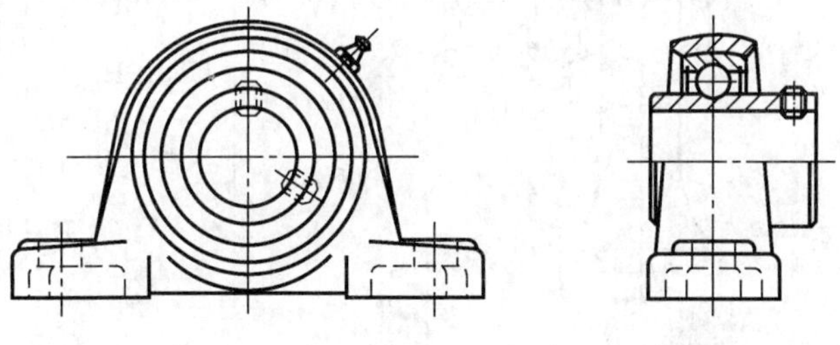	带立式座顶丝外球面球轴承	UCP 型	GB/T 7810—1995
2	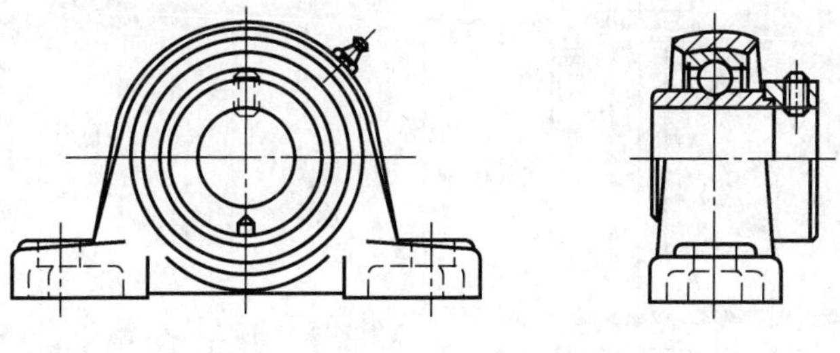	带立式座偏心套外球面球轴承	UELP 型	GB/T 7810—1995

表 2（续）

序号	简　图	结构型式名称	结构型式代号	标准号
3	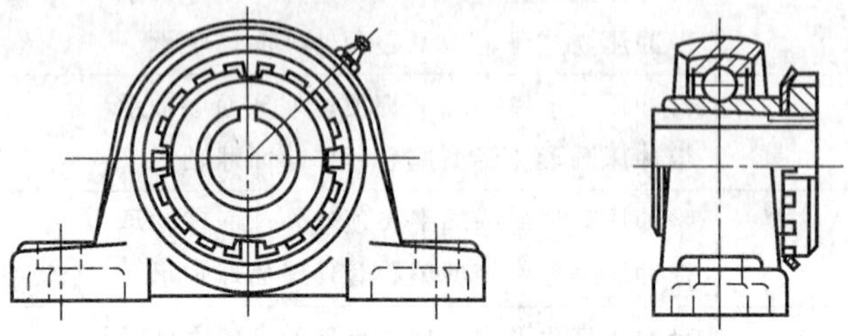	带立式座紧定套外球面球轴承	UKP＋H 型	GB/T 7810—1995
4	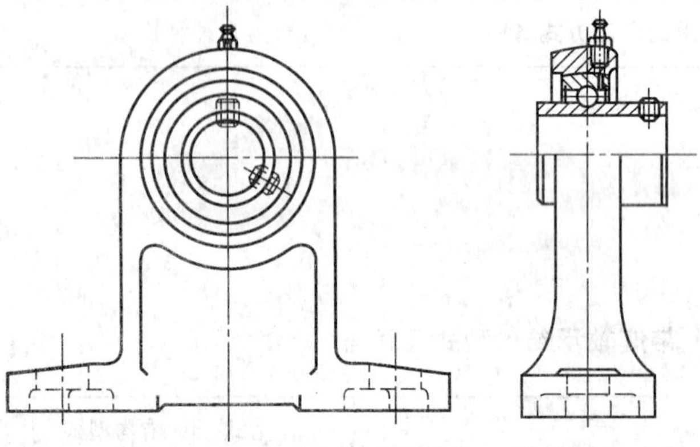	带高中心立式座顶丝外球面球轴承	UCPH 型	JB/T 5303—2002
5	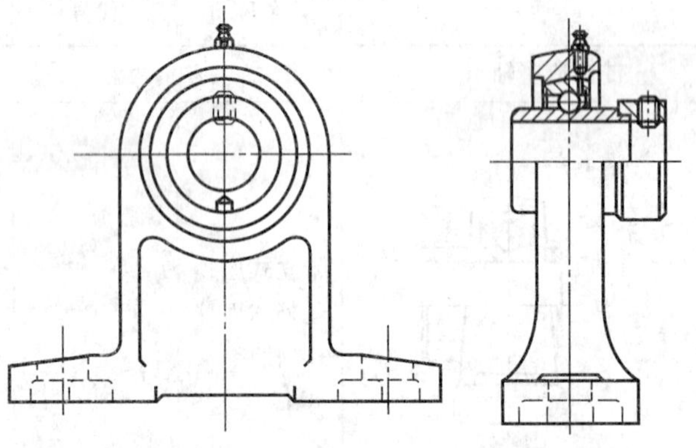	带高中心立式座偏心套外球面球轴承	UELPH 型	JB/T 5303—2002
6	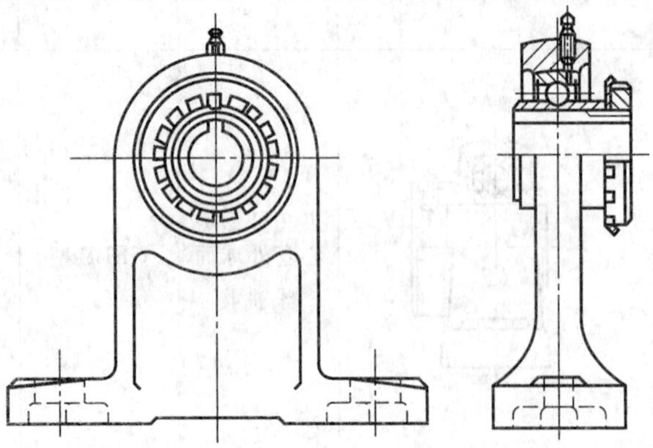	带高中心立式座紧定套外球面球轴承	UKPH＋H 型	JB/T 5303—2002

表 2（续）

序号	简　图	结构型式名称	结构型式代号	标准号
7	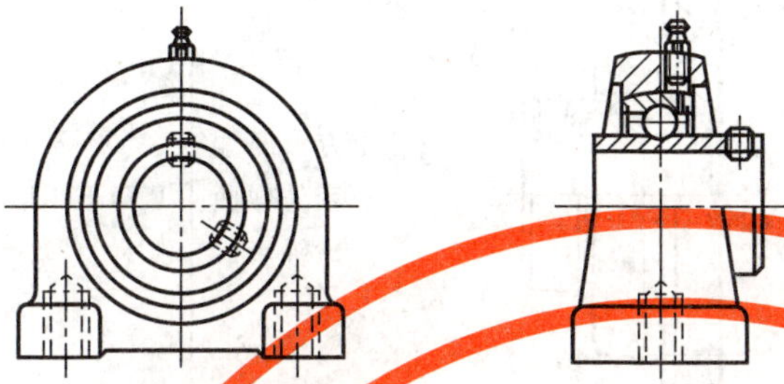	带窄立式座顶丝外球面球轴承	UCPA 型	JB/T 5303—2002
8		带窄立式座偏心套外球面球轴承	UELPA 型	JB/T 5303—2002
9		带窄立式座紧定套外球面球轴承	UKPA+H 型	JB/T 5303—2002
10	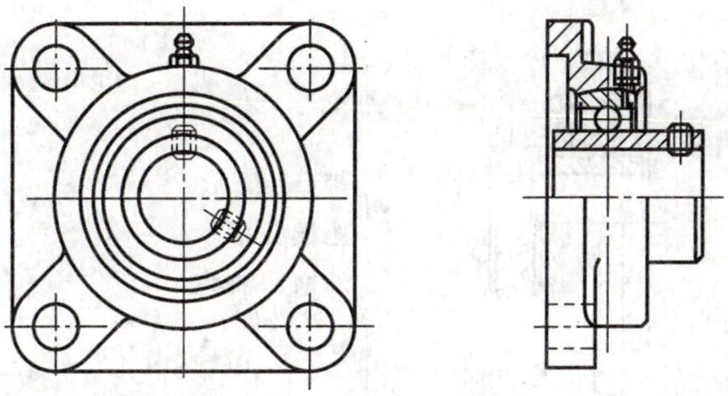	带方形座顶丝外球面球轴承	UCFU 型	GB/T 7810—1995

表 2（续）

序号	简　图	结构型式名称	结构型式代号	标准号
11	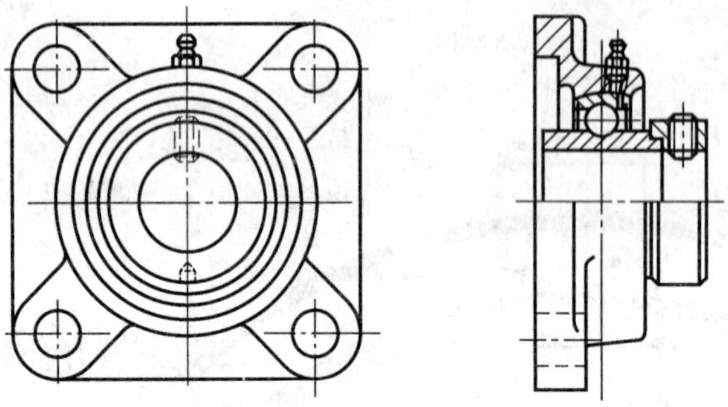	带方形座偏心套外球面球轴承	UELFU 型	GB/T 7810—1995
12	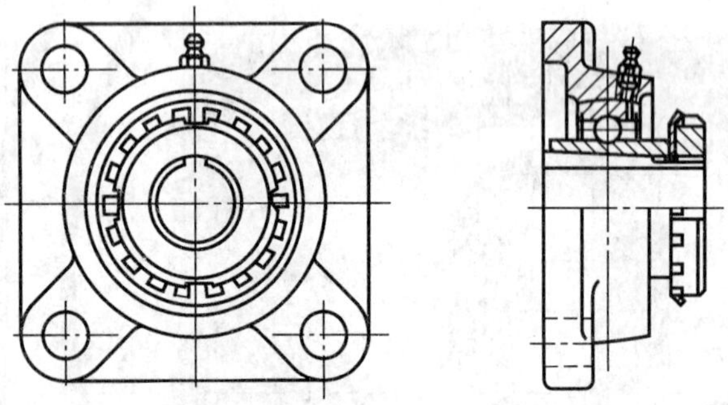	带方形座紧定套外球面球轴承	UKFU＋H 型	GB/T 7810—1995
13	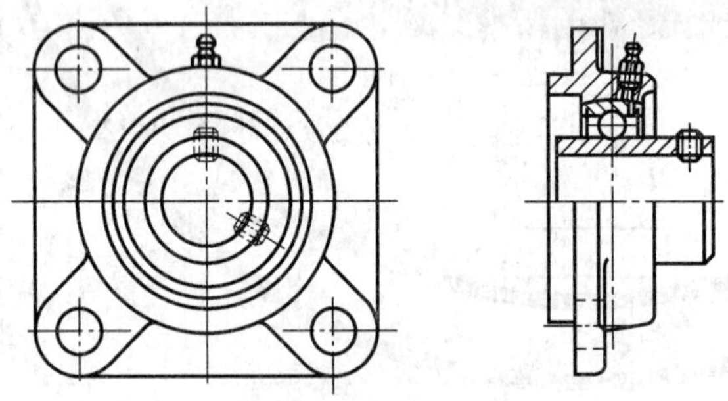	带凸台方形座顶丝外球面球轴承	UCFS 型	—
14	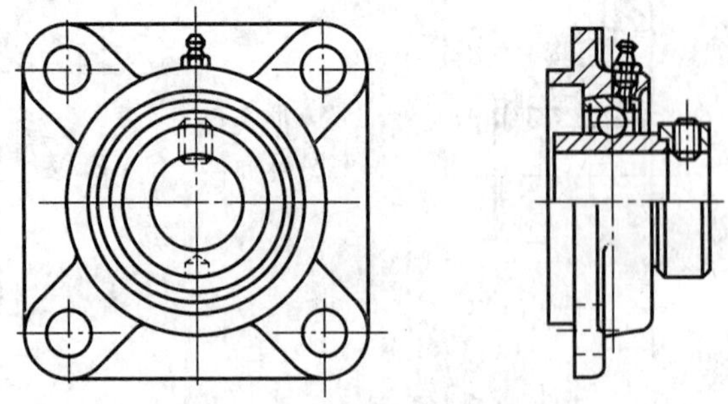	带凸台方形座偏心套外球面球轴承	UELFS 型	—

表 2（续）

序号	简　　图	结构型式名称	结构型式代号	标准号
15	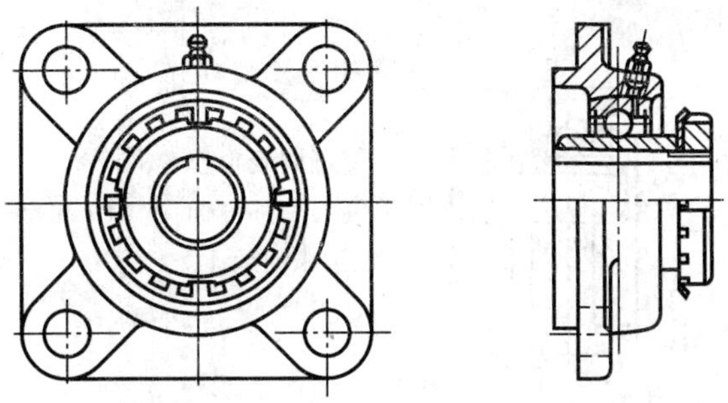	带凸台方形座紧定套外球面球轴承	UKFS＋H 型	—
16	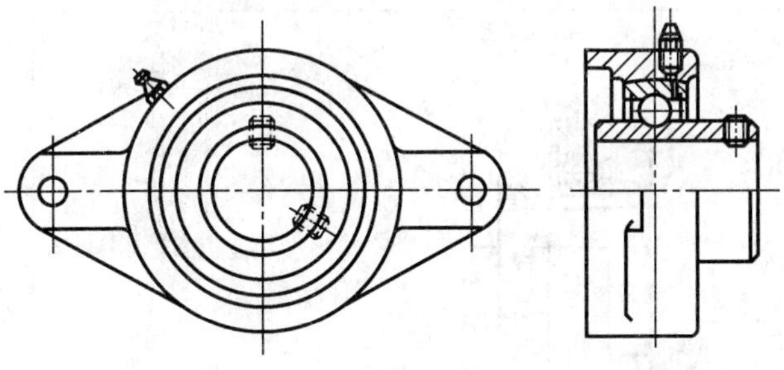	带菱形座顶丝外球面球轴承	UCFLU 型	GB/T 7810—1995
17	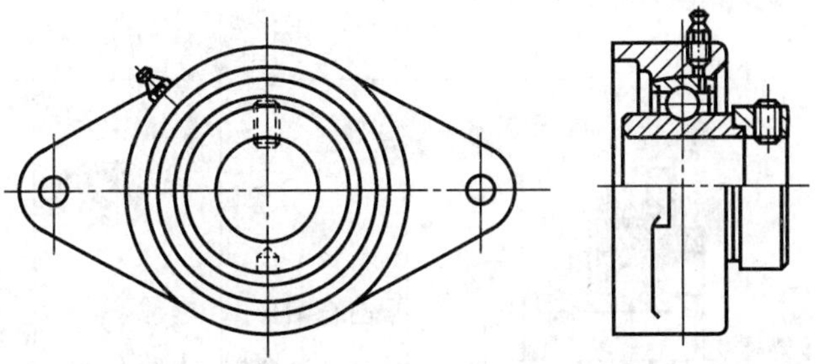	带菱形座偏心套外球面球轴承	UELFLU 型	GB/T 7810—1995
18	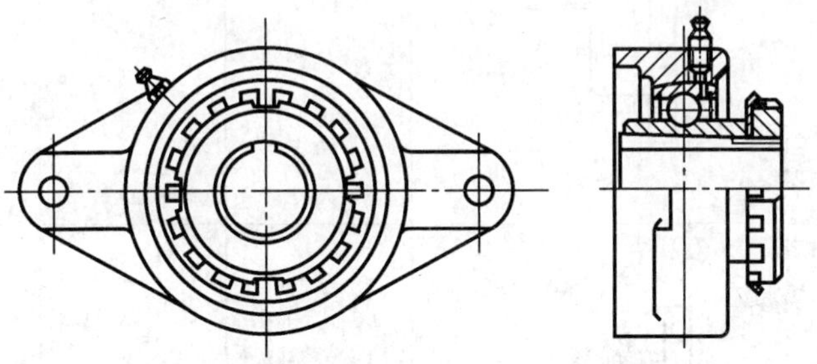	带菱形座紧定套外球面球轴承	UKFLU＋H 型	GB/T 7810—1995
19	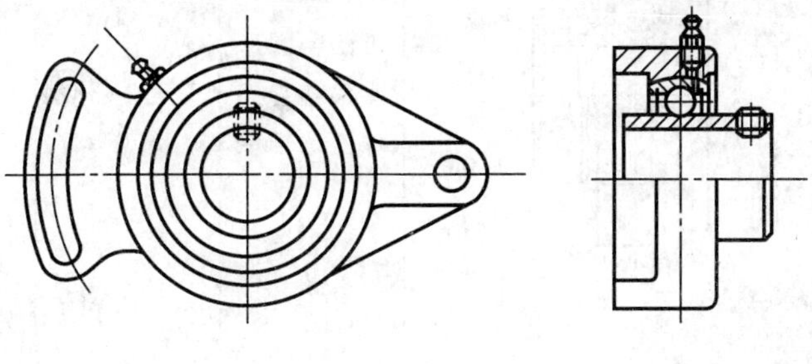	带可调菱形座顶丝外球面球轴承	UCFA 型	JB/T 5303—2002

表 2（续）

序号	简　图	结构型式名称	结构型式代号	标准号
20	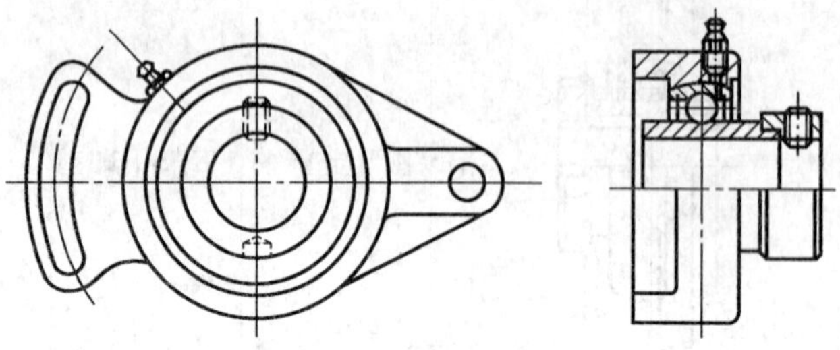	带可调菱形座偏心套外球面球轴承	UELFA 型	JB/T 5303—2002
21	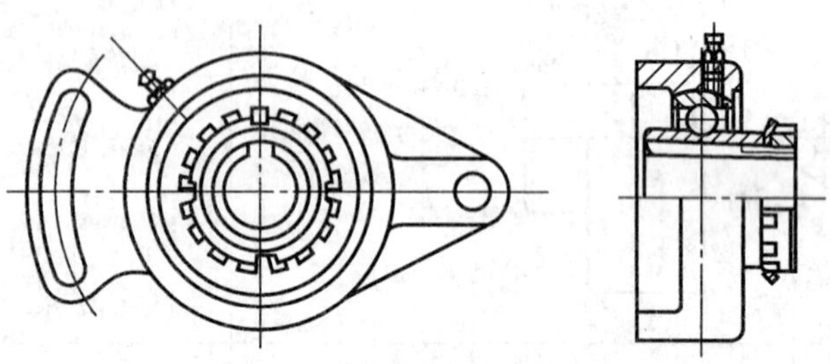	带可调菱形座紧定套外球面球轴承	UKFA＋H 型	JB/T 5303—2002
22	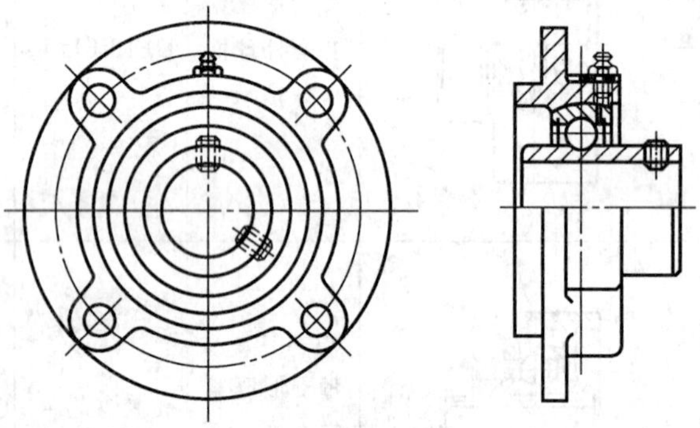	带凸台圆形座顶丝外球面球轴承	UCFC 型	GB/T 7810—1995
23	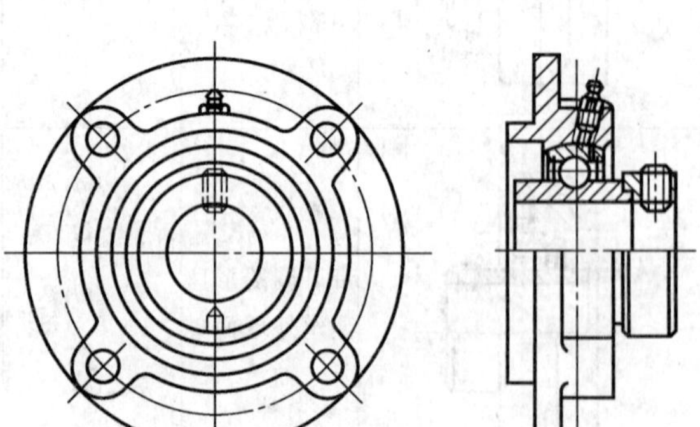	带凸台圆形座偏心套外球面球轴承	UELFC 型	GB/T 7810—1995

表 2（续）

序号	简　　图	结构型式名称	结构型式代号	标准号
24	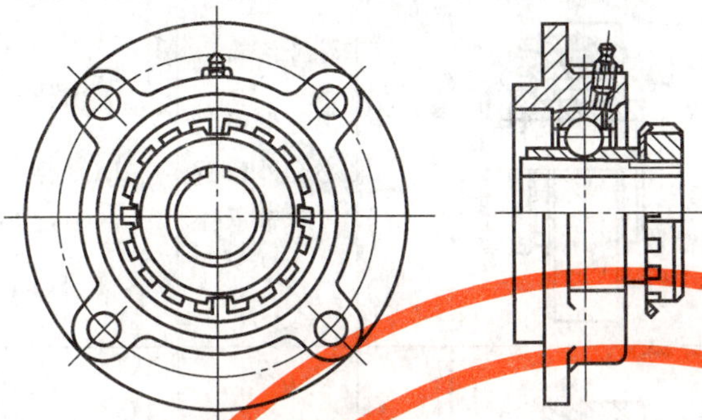	带凸台圆形座紧定套外球面球轴承	UKFC+H 型	GB/T 7810—1995
25		带滑块座顶丝外球面球轴承	UCK 型	GB/T 7810—1995
26	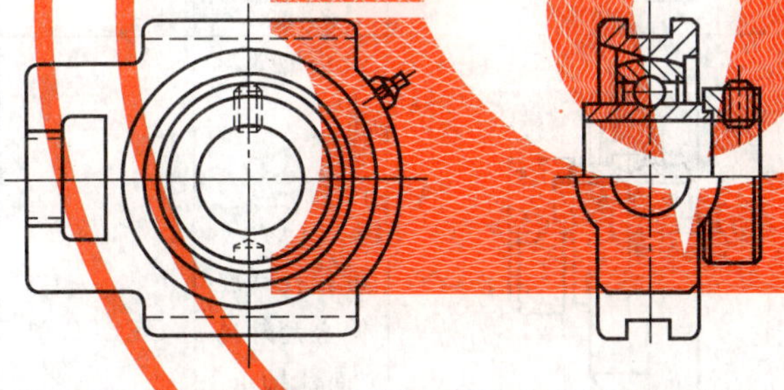	带滑块座偏心套外球面球轴承	UELK 型	GB/T 7810—1995
27	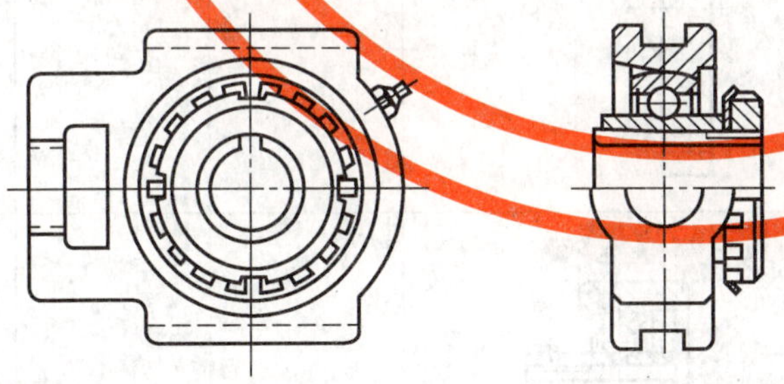	带滑块座紧定套外球面球轴承	UKK+H 型	GB/T 7810—1995
28	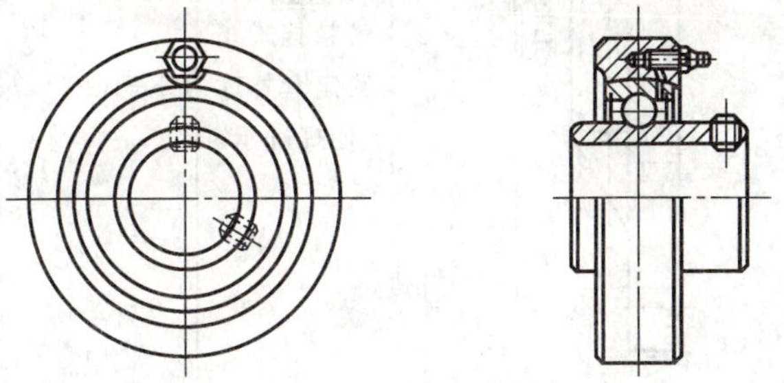	带环形座顶丝外球面球轴承	UCC 型	GB/T 7810—1995

表 2（续）

序号	简　图	结构型式名称	结构型式代号	标准号
29	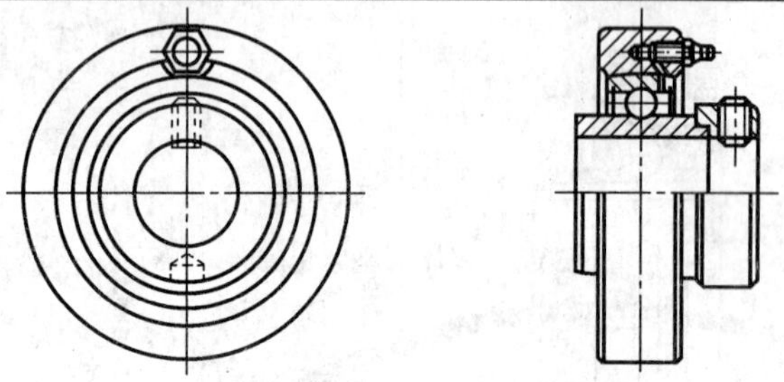	带环形座偏心套外球面球轴承	UELC 型	GB/T 7810—1995
30	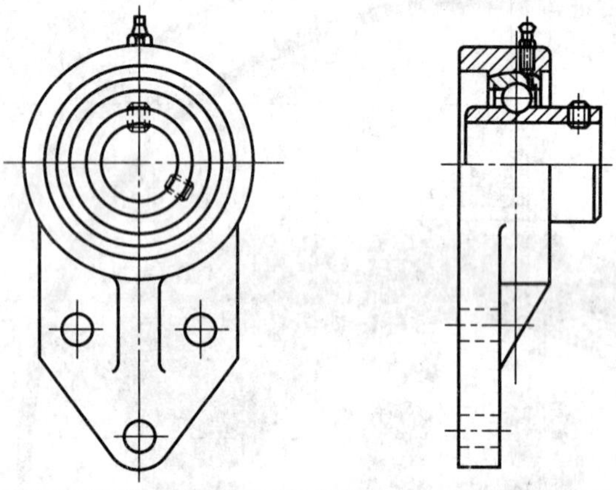	带悬挂式座顶丝外球面球轴承	UCFB 型	JB/T 5303—2002
31	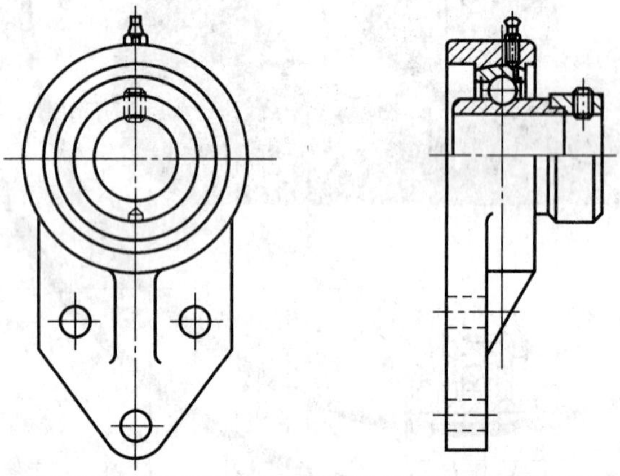	带悬挂式座偏心套外球面球轴承	UELFB 型	JB/T 5303—2002
32	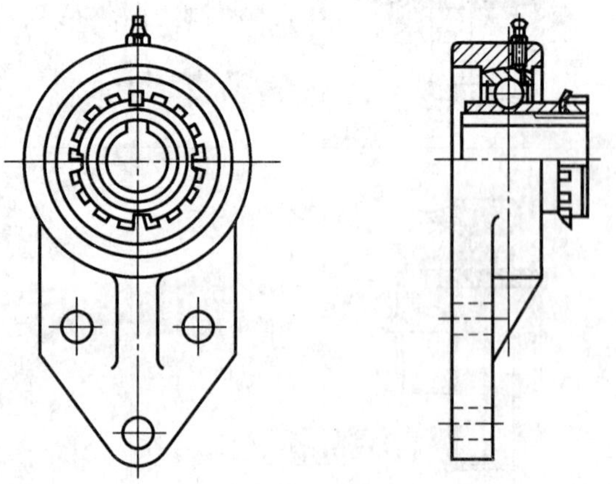	带悬挂式座紧定套外球面球轴承	UKFB＋H 型	JB/T 5303—2002

表 2（续）

序号	简　图	结构型式名称	结构型式代号	标准号
33	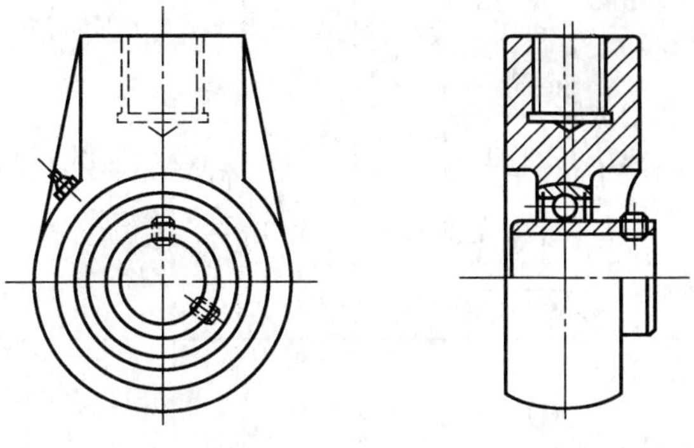	带悬吊式座顶丝外球面球轴承	UCHA 型	JB/T 5303—2002
34	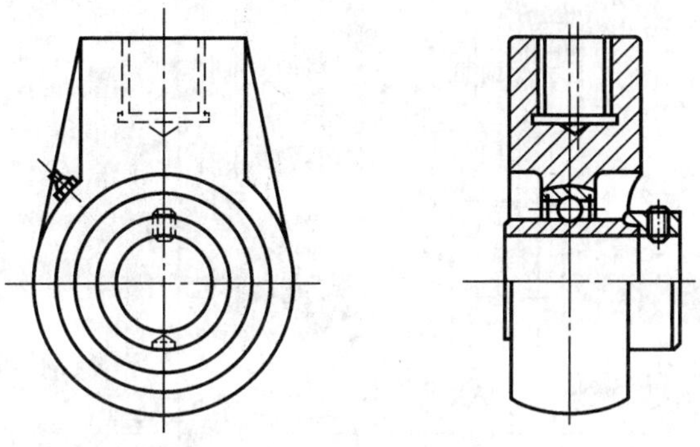	带悬吊式座偏心套外球面球轴承	UELHA 型	JB/T 5303—2002
35	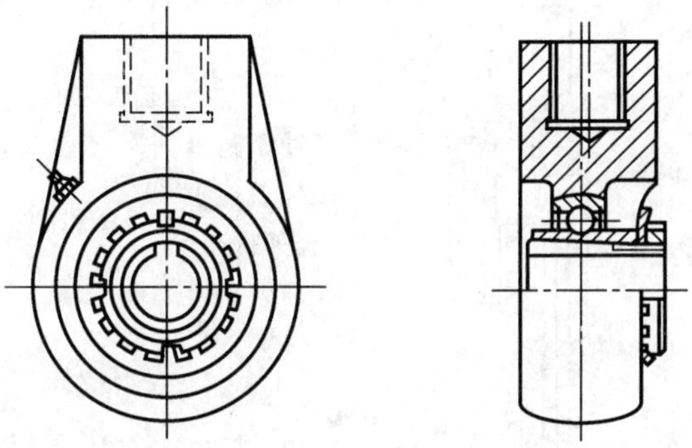	带悬吊式座紧定套外球面球轴承	UKHA+H 型	JB/T 5303—2002
带冲压座轴承				
36	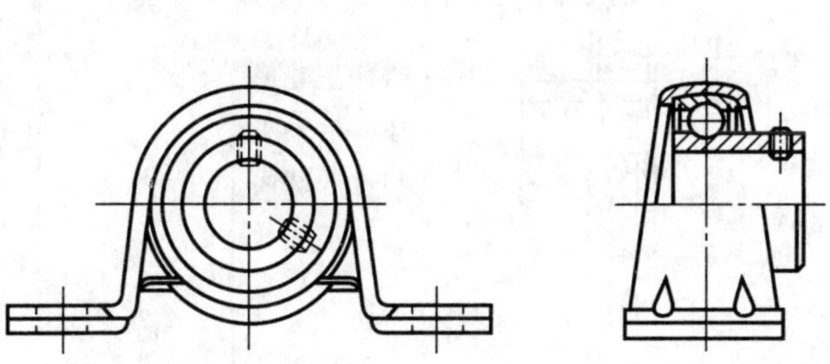	带冲压立式座一端平头顶丝外球面球轴承	UBPP 型	GB/T 7810—1995

表 2（续）

序号	简　图	结构型式名称	结构型式代号	标准号
37	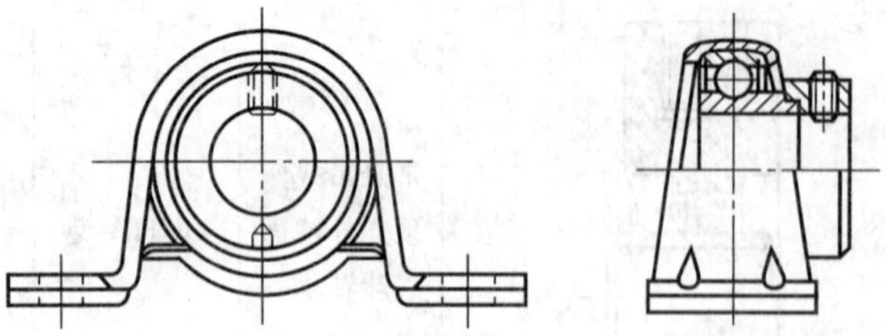	带冲压立式座轻型偏心套外球面球轴承	UEPP 型	GB/T 7810—1995
38	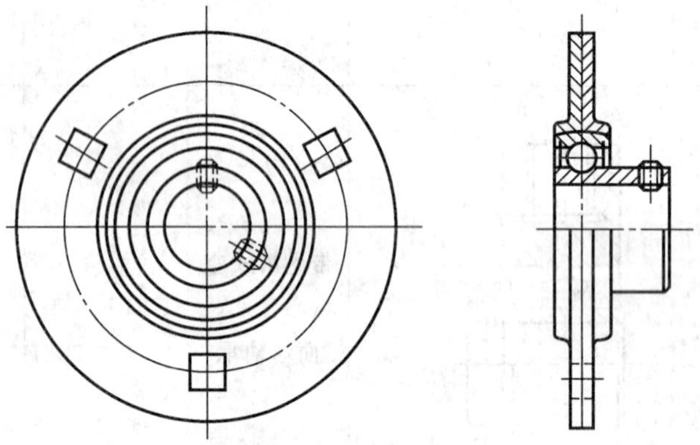	带冲压圆形座一端平头顶丝外球面球轴承	UBPF 型	GB/T 7810—1995
39	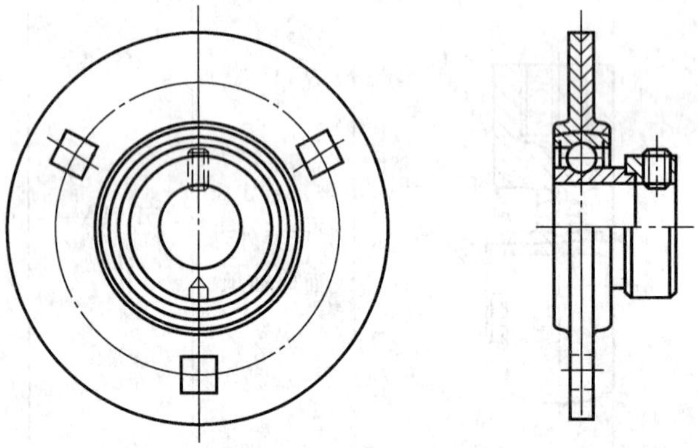	带冲压圆形座轻型偏心套外球面球轴承	UEPF 型	GB/T 7810—1995
40	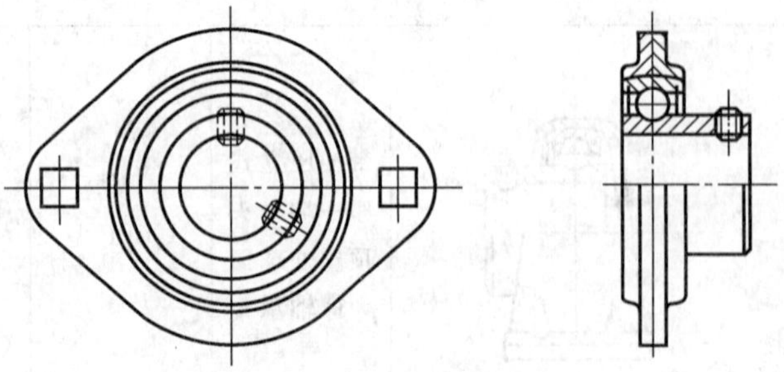	带冲压菱形座一端平头顶丝外球面球轴承	UBPFL 型	GB/T 7810—1995

表 2（续）

序号	简　　图	结构型式名称	结构型式代号	标准号
41	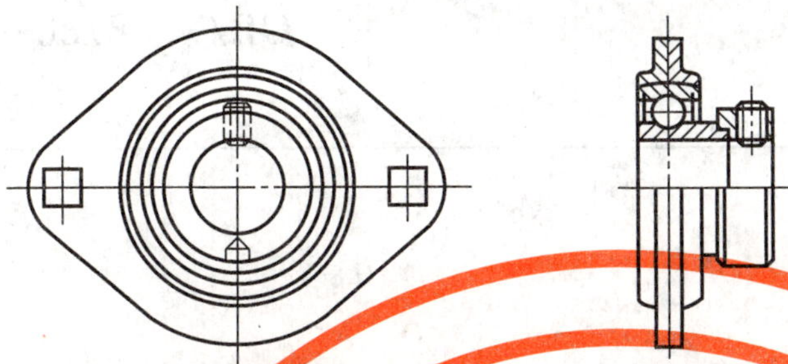	带冲压菱形座轻型偏心套外球面球轴承	UEPFL 型	GB/T 7810—1995
42		带冲压三角形座一端平头顶丝外球面球轴承	UBPFT 型	GB/T 7810—1995
43	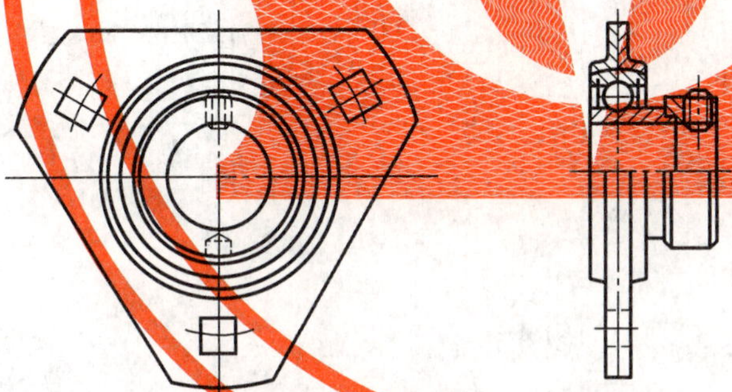	带冲压三角形座轻型偏心套外球面球轴承	UEPFT 型	GB/T 7810—1995
结构型式代号按 GB/T 27554—2011 的规定。				

ICS 13.110
J 09

中华人民共和国国家标准

GB/T 28780—2012

机械安全　机器的整体照明

Safety of machinery—Integral lighting of machines

2012-11-05 发布　　2013-03-01 实施

中华人民共和国国家质量监督检验检疫总局
中国国家标准化管理委员会　发布

前　言

本标准按照 GB/T 1.1—2009 给出的规则起草。

本标准等同采用欧洲标准 EN 1837:1999《机械安全　机器的整体照明》(英文版)。

本标准使用等同翻译法等同 EN 1837:1999《机械安全　机器的整体照明》编制。与 EN 1837:1999 一致性程度为等同。为便于使用,本标准做了下列编辑性修改:

——按照 GB/T 1.1—2009 的要求修改了范围中条款的表述,并增加了标准的适用范围;

——用 GB/T 15706—2012 代替了规范性引用文件中的 EN 292-1,EN 292-2 和 EN 1070;

——将附录 B 改为参考文献;

——删除了资料性附录 ZA。

本标准由全国机械安全标准化技术委员会(SAC/TC 208)提出并归口。

本标准主要起草单位:深圳市华测检测技术股份有限公司、机械科学研究总院、南京林业大学光机电仪工程研究所、山东省产品质量监督检验研究院。

本标准主要起草人:朱平、王立、赵素梅、张晓飞、孙华山、宋小宁、刘英。

引　言

机械领域安全标准的结构如下：

——A类标准(基础安全标准),给出适用于所有机械的基本概念、设计原则和一般特征；

——B类标准(通用安全标准),涉及在机械的一种安全特征或使用范围较宽的一类安全装置：

- B1类,特定的安全特征(如安全距离、表面温度、噪声)标准；
- B2类,安全装置(如双手操纵装置、联锁装置、压敏装置、防护装置)标准。

——C类标准(机器安全标准),对一种特定的机器或一组机器规定出详细的安全要求的标准。

根据GB/T 15706,本标准属于B类标准。

C类标准可补充或修改本标准中的条款。

对于按照C类标准设计和构造的机器,如果C类标准中的条款与A类或B类标准不一致时,优先采用C类标准。

为了照亮机械内外的视觉工作,需要使用整体照明系统(设在机械内部或外部)。这些整体照明系统需要特定的性能来确保操作者在操作、维修保养时安全使用机器,并高效的进行视觉工作。

机械安全　机器的整体照明

1　范围

本标准规定了整体照明系统的参数，该系统设计用于提供固定式机械和移动式机器的内外照明，从而确保机器的安全使用以及机械内外视觉工作的效率。

本标准没有规定在以下环境中运行的照明系统的附加要求：

——在恶劣条件下(极端的环境条件，如冷冻设备、高温等)；

——特殊环境条件(如爆炸性环境)；

——能见度因环境条件(如烟、水雾等)而降低。

本标准适用于机器的整体照明系统。

本标准不适用于安装在机器上专门用于该机器外部的视觉作业照明系统。系统的功能和要求在工作场所照明的相关标准中予以规定。

2　规范性引用文件

下列文件对于本文件的应用是必不可少的。凡是注日期的引用文件，仅注日期的版本适用于本文件。凡是不注日期的引用文件，其最新版本(包括所有的修改单)适用于本文件。

GB 7000(所有部分)　灯具[IEC 60598(所有部分)]

GB/T 15706—2012　机械安全　设计通则　风险评估与风险减小(ISO 12100:2010，IDT)

EN 12464　照明设施　工作场所的照明(Lighting application—Lighting of work places)

EN 12665　照明设施　详细规定照明的基本术语和准则(Lighting application—Basic terms and criteria for specifying lighting requirements)

3　术语和定义

EN 12665 中界定的以及下列术语和定义适用于本文件。

3.1

机械　machinery

机器　machine

由若干个零、部件连接构成并具有特定应用目的的组合，其中至少有一个零、部件是可运动的，并且配备或预定配备动力系统。

注：术语“机械”也包括为了同一应用目的，将其安排、控制得像一台完整机器那样发挥它们功能的若干台机器的组合。

[GB/T 15706—2012，3.1]

3.2

(机器的)整体照明系统　integral lighting system (of a machine)

由灯、灯具和构成机器永久部分的关联机械和电气控制装置的照明系统，设计用于提供机器内外的照明。

4 照明要求

4.1 概述

为机器安排照明时，应考虑人类工效学原则和照明工程原则。

在机器内外的视觉作业随尺寸、对比度、位置和运动速度的不同而变化。因此，为了获得良好的视觉环境，应根据详细的任务分析来确定所需的精确照明条件。

本标准规定的照明要求是以在操作、维修保养时工作场所视觉作业遇到的一般困难为基础。

对特定任务，应参照工作场所照明的有关标准(如 EN 12464)。

4.2 照度

所需照度取决于视觉作业，照度应足够高且均匀，以保障视觉作业各环节的安全性和舒适性。

通常应提供至少 500 lx 的维持照度，作业区最小均匀性($E_{\min}/\overline{E}$)为 0.7，紧邻工作区的周围最小均匀性为 0.3。

使用机器需要视觉辅助或保护面罩时，照度应乘以此类装置透射比的倒数。如果透射比未知，则照度应至少增加 50%。

在控制舱内或受到光影响的过程，可以减少上述照度。

4.3 眩光

整体照明系统应避免对机器操作者和邻近区域其他工人造成直接眩光。任何反射眩光应尽可能避免。

注：通过灯的适当遮挡，调整灯具的位置和方向，或灯具表面处理达到避免眩光的目的。

4.4 方向性

照明系统的设计和调整应避免视觉工作的干扰阴影。

照明系统的方向应确保感知形式适合于视觉作业。

4.5 颜色质量

灯的显色性能和色貌应适合于视觉作业中的颜色辨别，保障操作的舒适性。

4.6 频闪效应

照明系统的设计应避免频闪效应，频闪效应会引起对机械的旋转或往复运动的错误感知而导致危险状况。

注：通常可以避免频闪效应，如使用直流电或使用高频率(约 30 kHz)白炽灯或放电灯。

5 照明设备和安装

5.1 灯

应选择可安全操作且对机器操作者无危险的灯。

注：通常情况下，建议将灯防护起来，以免操作者受到损坏的灯、过热或有害辐射排放等造成的伤害。

5.2 灯具

灯具的设计应：

a) 提供工作需要的照明；

b) 尽量减少灯具及光源表面的灰尘积累；

c) 尽量减少光学元件过早老化；

d) 方便维修保养；

e) 符合 GB 7000；

f) 与机器兼容，如能承受振动、辐射等。

5.3 安装

灯具应按以下方式安装：

a) 提供工作需要的照明；

b) 避免对工作的干扰和对操作者的危害；

c) 尽量减少灯具及光源表面的灰尘积累；

d) 方便维修保养。

上述原则可能的解决方案的示例在附录 A 中给出。

5.4 照明的有效性

机器整体照明系统失效可引起危险状况时，照明系统应包含一个以上光源。其中有一个光源应使用后备电源。

5.5 电源

照明系统应与电源连接，确保即使在关掉机器时也能运行。

6 验证程序

具有整体照明的机器的制造商应：

a) 测量照度、检查工作区及工作区周围的均匀性($E_{min}/\overline{E}$)。宜使用有余弦和 V(λ)修正的光电池的照度计来测量照度；

b) 通过视觉检查眩光的控制、方向、颜色质量和频闪控制是否令人满意；

c) 提供照明系统试验报告；

d) 提供测试和维护时间表。

7 使用信息

应根据 6d)的要求定期检查照明系统的性能，一年至少一次，并且应采取相应的措施。

应按照符合 6d)的维护时间表清洁和维护照明系统。

附 录 A
（资料性附录）
示 例

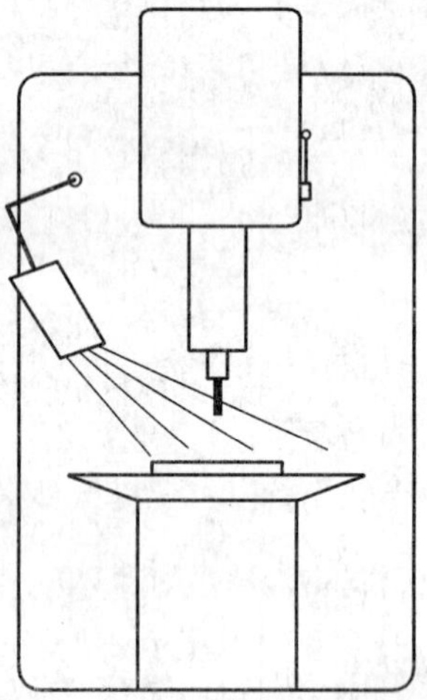

图 A.1 单侧无眩光的钻床

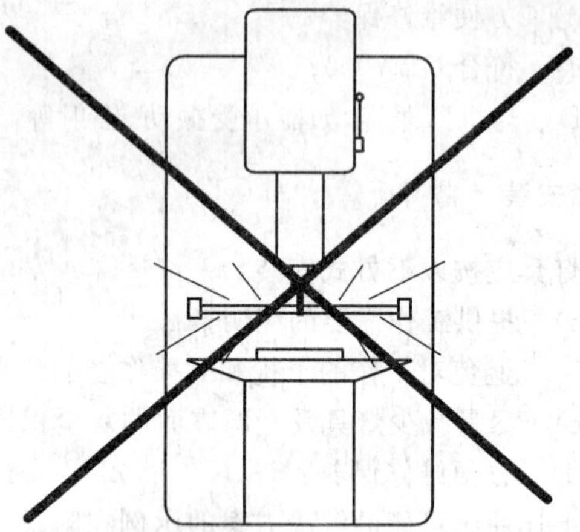

图 A.2 灯管无遮挡的钻床，导致眩光

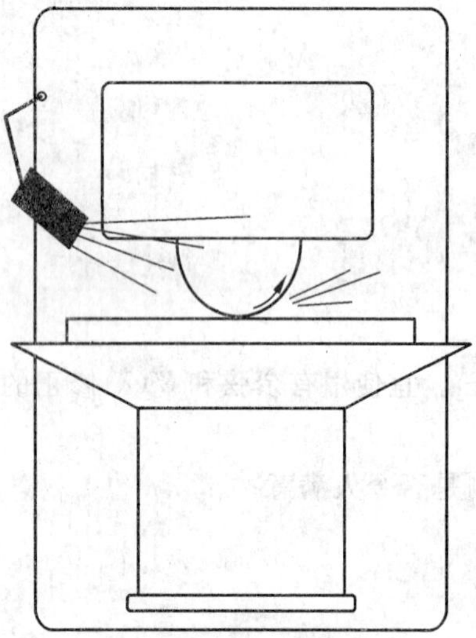

图 A.3 单侧无眩光的磨床。正确放置以防止灯具过度污染

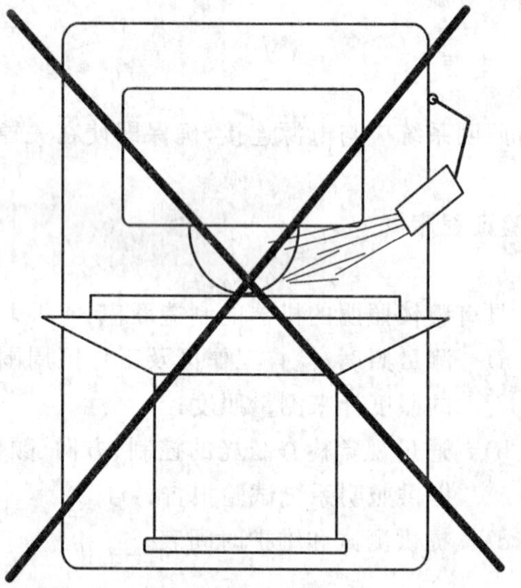

图 A.4 单侧照明的磨床。灯具暴露在过度污染中

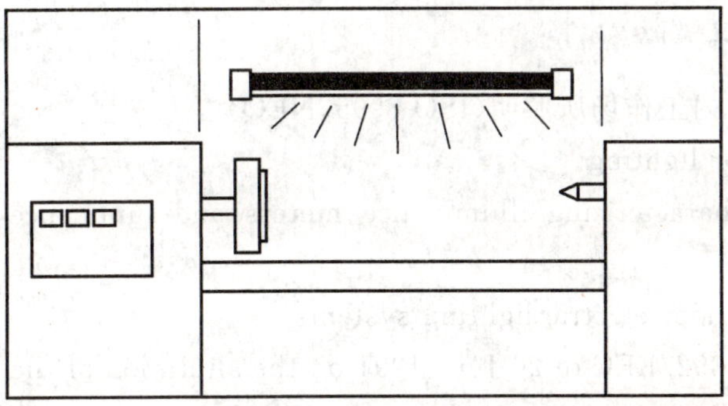

图 A.5 灯管有遮挡的车床。便于清洁，使灯免于污染和损坏

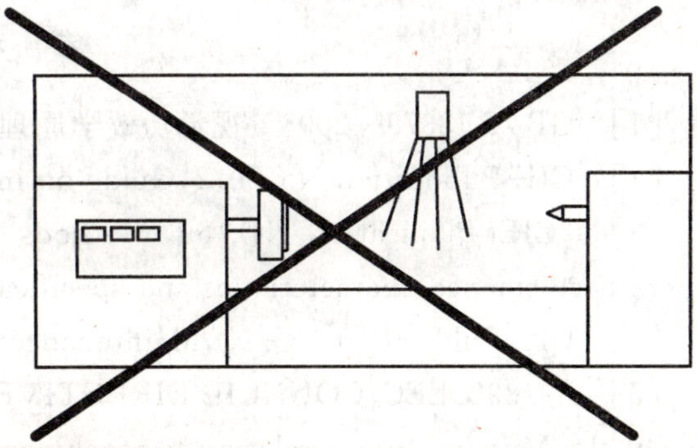

图 A.6 窄带状光源的车床。不能调整且不能照到整个工作区

参 考 文 献

［1］ GB/T 13379—2008 视觉功效学原理 室内工作场所照明(ISO 8995,NEQ)

［2］ CIE Publication No. 29. 2,Guide on interior lighting

［3］ CIE Publication NO. 69, Methods of characterizing illuminance meters and luminance meters performance,characteristics and specification

［4］ CIE Publication NO. 97,Maintenance of indoor electric lighting systems

［5］ 89/392/EEC,COUNCIL DIRECTIVE 89/392/EEC of 20 June 1991 on the alteration of the laws of the Member States relating to machinery

［6］ 91/368/EEC,COUCIL DIRECTIVE 91/368/EEC of 20 June 1991 on the alteration of Directive 89/392/EEC on the approximation of the laws of the Member States relating to machinery

ICS 23.100.20
J 20

中华人民共和国国家标准

GB/T 28781—2012/ISO 21287:2004

气动 缸内径 20 mm 至 100 mm 的紧凑型气缸 基本尺寸、安装尺寸

Pneumatic fluid power—Compact cylinders, bores from 20 mm to 100 mm—Basic dimensions and mounting dimensions

[ISO 21287:2004, Pneumatic fluid power—Cylinders—Compact cylinders, 1 000 kPa(10 bar) series, bores from 20 mm to 100 mm, IDT]

2012-11-05 发布　　2013-03-01 实施

中华人民共和国国家质量监督检验检疫总局
中国国家标准化管理委员会　发布

前　言

本标准按照 GB/T 1.1—2009 给出的规则起草。

本标准使用翻译法等同采用 ISO 21287:2004《气压传动　缸　1 000 kPa(10 bar)系列,缸内径 20 mm至 100 mm 的紧凑型气缸》。

与本标准中规范性引用的国际文件有一致性对应关系的我国文件如下:

——GB/T 2348—1993　液压气动系统及元件　缸内径及活塞杆外径(neq ISO 3320:1987);

——GB/T 2349—1980　液压气动系统及元件　缸活塞行程系列(eqv ISO 4393:1978);

——GB/T 9094—2006　液压缸气缸安装尺寸和安装型式代号(ISO 6099:2001,IDT);

——GB/T 14038—2008　气动连接　气口和螺柱端(ISO 16030:2001/Amd.1:2005,IDT);

——GB/T 17446—2012　流体传动系统及元件　词汇(ISO 5598:2008,IDT)。

本标准做了下列编辑性修改:

——为与现有标准系列一致,将标准名称改为《气动　缸内径 20 mm 至 100 mm 的紧凑型气缸　基本尺寸、安装尺寸》;

——压力单位“kPa”改用“MPa”;

——删除了表中的代号“AL”;

——制图标准按我国国家标准执行。

本标准由中国机械工业联合会提出。

本标准由全国液压气动标准化技术委员会(SAC/TC 3)归口。

本标准起草单位:烟台未来自动装备有限责任公司、广东省肇庆方大气动有限公司、威海博胜气动液压有限公司、费斯托(中国)有限公司、宁波佳尔灵气动机械有限公司。

本标准主要起草人:郭学敬、曹常贞、陈定芝、林伟强、张志清、王雄耀、单军波。

引　言

在气动系统中,动力是通过回路中的压缩气体来传递与控制的。

气缸是气动系统的元件之一,它是将气体压力转化为直线运动和输出力的装置。

紧凑型气缸应用于安装空间受到限制的场合。

气动 缸内径 20 mm 至 100 mm 的紧凑型气缸 基本尺寸、安装尺寸

1 范围

本标准规定了最大工作压力为 1 MPa，缸内径 20 mm 至 100 mm 的单杆紧凑型气缸（带有或不带有磁性）的基本尺寸和安装尺寸。

本系列气缸未配备可调缓冲装置，因此仅限于应用在不要求可调缓冲装置的系统中。

缸内径 20 mm 和 25 mm 的气缸可采用符合本标准的端盖安装件。缸内径 32 mm 至 100 mm 的气缸可采用符合 ISO 15552 的安装脚架。上述缸内径的气缸均可采用符合 ISO 8139 或 ISO 8140 的活塞杆连接件。

2 规范性引用文件

下列文件对于本文件的应用是必不可少的。凡是注日期的引用文件，仅注日期的版本适用于本文件。凡是不注日期的引用文件，其最新版本（包括所有的修改单）适用于本文件。

ISO 3320 流体传动系统和元件 缸内径和活塞杆直径 米制系列（Fluid power systems and components—Cylinder bores and piston rod diameters—Metric series）

ISO 4393 流体传动系统和元件 缸 活塞行程基本系列（Fluid power systems and components—Cylinders—Basic series of piston strokes）

ISO 5598 流体传动系统和元件 词汇（Fluid power systems and components—Vocabulary）

ISO 6099 流体传动系统和元件 缸 安装尺寸和安装型式的标注代号（Fluid power systems and components—Cylinders—Identi-fication code for mounting dimensions and mounting types）

ISO 8139 气压传动 缸，1 000 kPa（10 bar）系列 杆端球面耳环 安装尺寸（Pneumatic fluid power—Cylinders, 1 000 kPa (10 bar) series—Rod end spherical eyes—Mounting dimensions）

ISO 8140 气压传动 缸，1 000 kPa（10 bar）系列 杆端环叉 安装尺寸（Pneumatic fluid power—Cylinders 1 000 kPa (10 bar)—Rod end clevis—Mounting dimensions）

ISO 15552 气压传动 带可拆卸安装的 1 000 kPa(10 bar)系列，缸内径自 32 mm 至 320 mm 的气缸 基本尺寸，安装尺寸和附件尺寸（Pneumatic fluid power—Cylinders with detachable mountings, 1 000 kPa (10 bar) series, bores from 32 mm to 320 mm—Basic, mounting and accessories dimensions）

ISO 16030 气压传动 连接件 气口和螺柱端（Pneumatic fluid power—Connections—Ports and stud ends）

3 术语和定义

ISO 5598 界定的术语和定义适用于本文件。

4 缸内径规格

本标准包括以下符合 ISO 3320 的缸内径尺寸（单位为毫米）系列的气缸：

20—25—32—40—50—63—80—100

5 公称行程

5.1 公称行程(如图 1 所示)应从 ISO 4393 所给出的推荐数值中选取,最大行程长度不超过 500 mm。

5.2 公称行程公差在表 1 中给出。

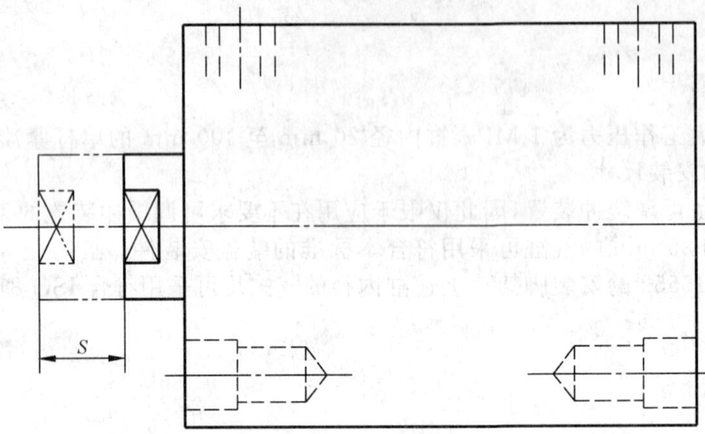

图 1 行程 *S*

表 1 公称行程公差

单位为毫米

缸内径	公称行程公差
20 25	$^{+1.5}_{0}$
32 40 50	$^{+2}_{0}$
63 80 100	$^{+2.5}_{0}$

6 尺寸

6.1 气缸基本尺寸应符合图 2 和表 2 中给出的要求。

6.2 安装尺寸应符合图 3～图 5 和表 3～表 5 中给出的要求。

可供选择:带外螺纹

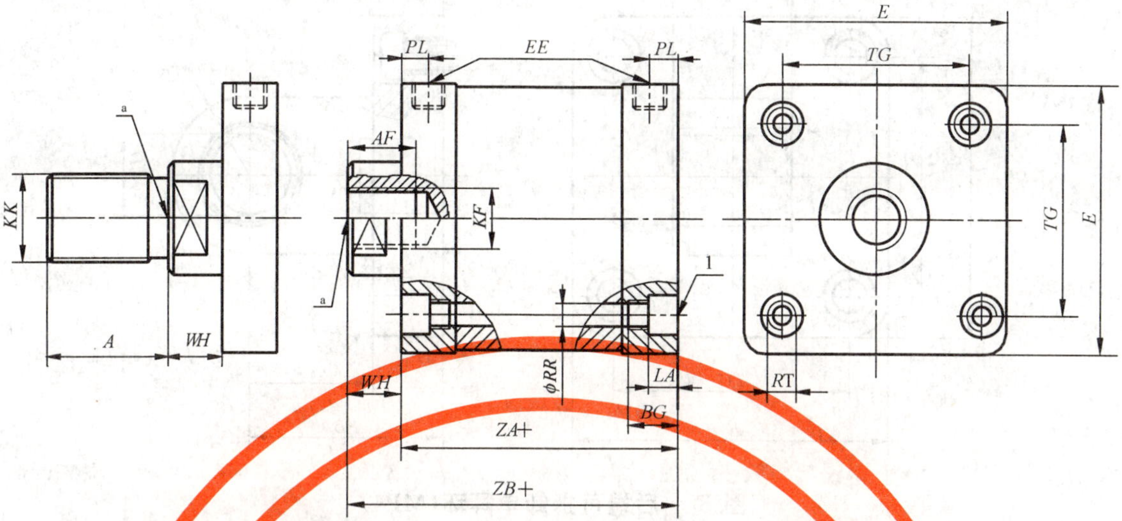

说明:

1——安装螺孔。

a 理论参照点,按照 ISO 6099。

图 2 基本尺寸

表 2 基本尺寸

单位为毫米

缸内径	AF 最小	A 0 −0.5	WH 名义	WH 公差	ZA 名义	ZA 公差	ZB[a]	KF	KK	EE[b]	BG 最小	RR 最小	TG 名义	TG 公差	E 最大	RT	LA 最大	PL 最小
20	10	16	6	±1.4	37	±0.5	43	M6	M8×1.25	M5	15	4.1	22	±0.4	38	M5	5	5
25	10	16	6	±1.4	39	±0.5	45	M6	M8×1.25	M5	15	4.1	26	±0.4	41	M5	5	5
32	12	19	7	±1.6	44	±0.5	51	M8	M10×1.25	G1/8	16	5.1	32.5	±0.5	50	M6	5	7.5
40	12	19	7	±1.6	45	±0.7	52	M8	M10×1.25	G1/8	16	5.1	38	±0.5	58	M6	5	7.5
50	16	22	8	±1.6	45	±0.7	53	M10	M12×1.25	G1/8	16	6.4	46.5	±0.6	70	M8	5	7.5
63	16	22	8	±1.6	49	±0.8	57	M10	M12×1.25	G1/8	16	6.4	56.5	±0.7	80	M8	5	7.5
80	20	28	10	±2.0	54	±0.8	64	M12	M16×1.5	G1/8	17	8.4	72	±0.7	96	M10	5	7.5
100	20	28	10	±2.0	67	±1.0	77	M12	M16×1.5	G1/8	17	8.4	89	±0.7	116	M10	5	7.5

注 1:WH、ZA+和 ZB+是由于行程终点有弹性缓冲垫的变形而形成非缓冲气缸时的数值。

注 2:行程 $S \leqslant 500$。

a 供参考。

b 按照 ISO 16030。

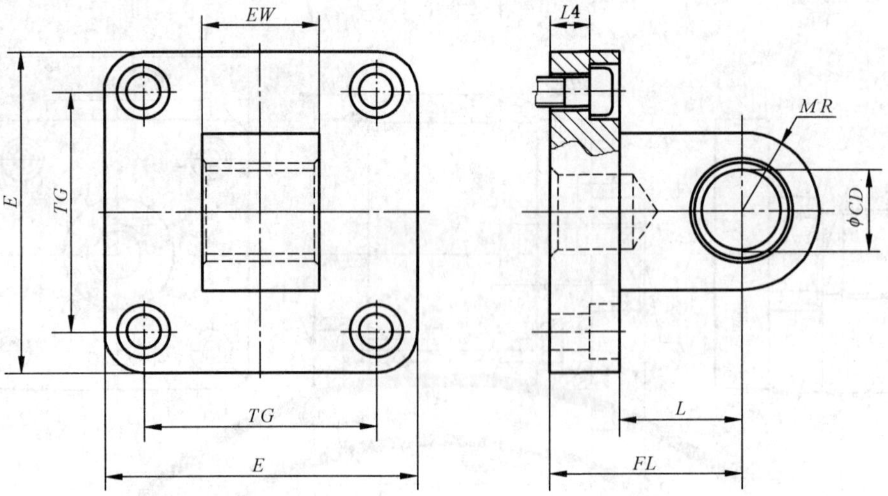

图 3　后端可拆卸单耳环(MP4)

表 3　后端可拆卸单耳环(MP4)安装尺寸

单位为毫米

缸内径	E 最大	EW −0.2 −0.6	TG ±0.2	FL ±0.2	L 最小	L4 +0.3 0	CD H9	MR 最大	螺钉规格	XD
20	38	16	22	20	12	3	8	9	M5×16	63
25	41	16	26	20	12	3	8	9	M5×16	65

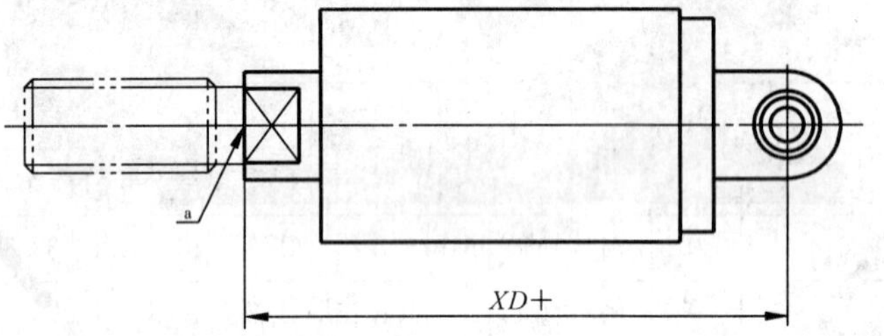

[a] 理论参照点。

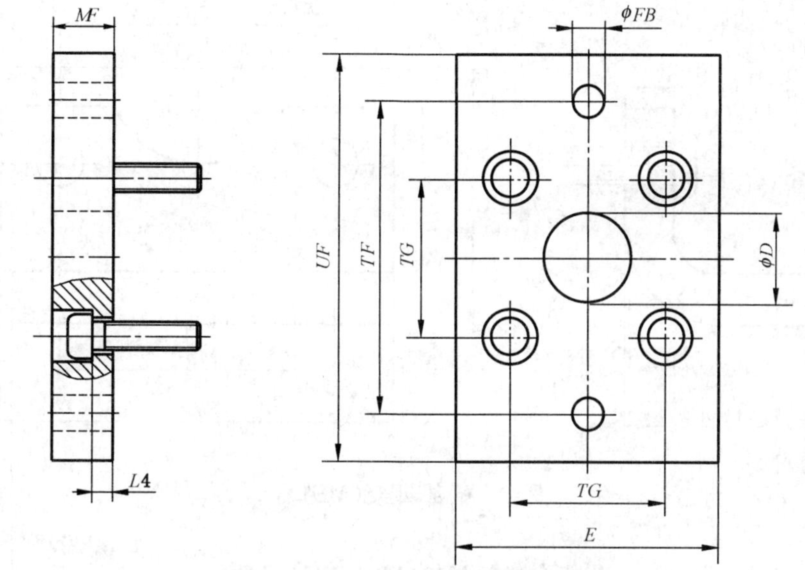

图 4　前端矩形法兰(MF1)和后端矩形法兰(MF2)

表 4　前端矩形法兰(MF1)和后端矩形法兰(MF2)安装尺寸

单位为毫米

缸 内径	*D* H11	*FB* H13	*TG* ±0.2	*E* 最大	*MF* Js14	*TF* Js13	*UF* 最大	*L*4 0 −0.5	螺钉规格	*W* 参考值	*ZF*	*ZB*
20	16	6.6	22	38	8	55	70	3	M5×16	2	51	43
25	16	6.6	26	41	8	60	76	3	M5×16	2	53	45

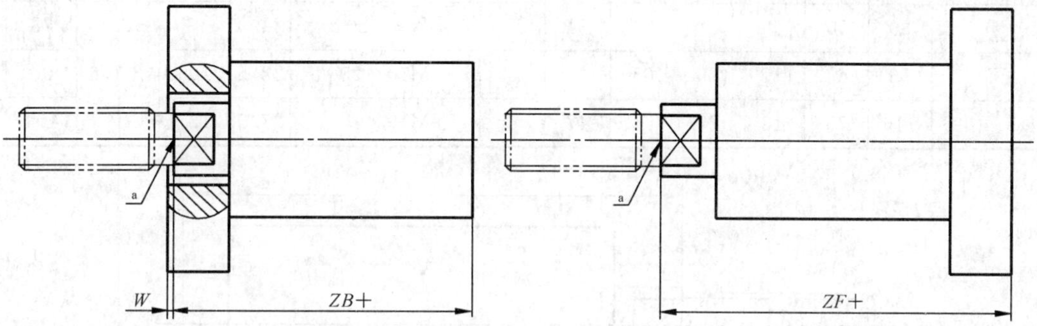

[a] 理论参照点。

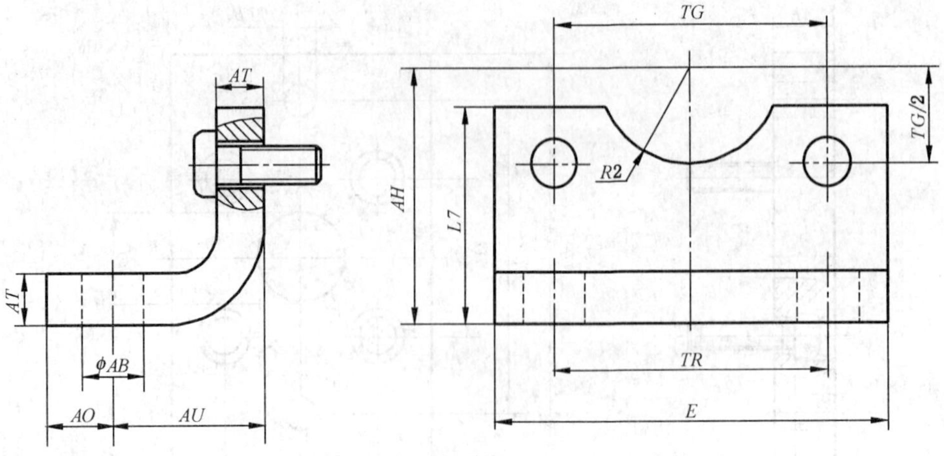

图 5　端部脚架(MS1)

表 5　端部脚架(MS1)安装尺寸　　　　单位为毫米

缸内径	AB H14	TG ±0.2	E 最大	TR Js14	AO 最大	AU ±0.2	AH Js16	L7 ±2	AT ±0.5	螺钉规格	R2	SA		XA	
												名义	公差	名义	公差
20	7	22	38	22	7	16	27	22	4	M5×16	—	69		59	
25	7	26	41	26	7	16	29	22	4	M5×16	—	71		61	
32	7	32.5	50	32	7	16	33.5	24.5	4	M6×16	15	76	±1.25	67	±1.25
40	10	38	58	36	9	18	38	26	4	M6×16	17.5	81		70	
50	10	46.5	70	45	9	21	45	31	5	M8×20	20	87		74	
63	10	56.5	80	50	9	21	50	31	5	M8×20	22.5	91		78	
80	12	72	96	63	11	26	63	40.5	6	M10×20	22.5	106	±1.6	90	±1.6
100	14.5	89	116	75	13	27	74	47	6	M10×20	27.5	121		104	

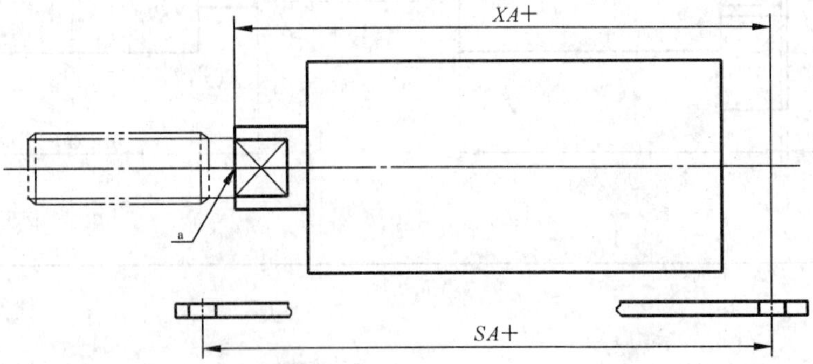

[a] 理论参照点。

7　安装型式

本标准包括下列符合 ISO 6099 的安装型式：

——MP4 后端可拆卸单耳环(见图 3 和表 3)；

——MF1 前端矩形法兰(见图 4 和表 4);
——MF2 后端矩形法兰(见图 4 和表 4);
——MS1 端部脚架(见图 5 和表 5)。

8 标注说明

当遵守本标准时,制造商可在测试报告,产品样本和销售文件中使用以下说明:
"紧凑型气缸尺寸符合 GB/T 28781—2012。"

ICS 23.100.01
J 20

中华人民共和国国家标准

GB/T 28782.2—2012

液压传动测量技术　第2部分：密闭回路中平均稳态压力的测量

Hydraulic fluid power—Measurement techniques—Part 2: Measurement of average steady-state pressure in a closed conduit

(ISO 9110-2:1990,MOD)

2012-11-05 发布　　2013-03-01 实施

中华人民共和国国家质量监督检验检疫总局
中国国家标准化管理委员会　发布

前　言

GB/T 28782《液压传动测量技术》已经或计划发布以下部分：

——第1部分：通则；

——第2部分：密闭回路中平均稳态压力的测量。

本部分为GB/T 28782的第2部分。

本部分按照GB/T 1.1—2009给出的规则起草。

本部分使用重新起草法修改采用ISO 9110-2：1990《液压传动　测量技术　第2部分：密闭回路中平均稳态压力的测量》(英文版)。

本部分与ISO 9110-2：1990的技术性差异如下：

——在第2章"规范性引用文件"中，用修改采用国际标准的JB/T 7033—2007代替了ISO 9110-1：1990；

——修正系数 δ_{p_1}、δ_{p_2} 的单位由bar改为MPa，公式作相应调整；

——更正公式(7)，将公式中的 d^2 改为 d。

本部分做了下列编辑性修改：

——增加公式编号；

——第9章公式(8)中，小写字母 a、b、c、d 改变为大写字母 A、B、C、D。

本部分由中国机械工业联合会提出。

本部分由全国液压气动标准化技术委员会(SAC/TC 3)归口。

本部分负责起草单位：北京华德液压工业集团有限责任公司。

本部分参加起草单位：中船重工集团七〇七研究所九江分部、济南液压泵有限责任公司。

本部分主要起草人：康青、孙晓光、吕树平、魏兴乔、胡华兵、徐福刚、叶继英。

液压传动测量技术　第2部分：密闭回路中平均稳态压力的测量

1　范围

GB/T 28782的本部分规定了液压传动回路中平均稳态压力的测量程序，并给出了计算给定压力测量中总不确定度的公式。

本部分适用于测量内径大于3 mm，传递液压功率时，平均流速小于25 m/s，平均稳态静压力小于70 MPa的密闭回路中平均稳态压力。

本部分不适用于嵌入式安装或者与密闭流体管壁连成一体的传感器。

2　规范性引用文件

下列文件对于本文件的应用是必不可少的。凡是注日期的引用文件，仅注日期的版本适用于本文件。凡是不注日期的引用文件，其最新版本(包括所有的修改单)适用于本文件。

JB/T 7033—2007　液压传动　测量技术通则(ISO 9110-1:1990,MOD)

3　术语与定义

JB/T 7033—2007界定的以及下列术语和定义适用于本文件。

3.1

不确定度半值　half-range uncertainty

不确定度数值的一半。例如，当随机不确定度为$\pm R$时，则不确定度半值为R。

3.2

脉冲阻尼器　pulsation damper

一种固定或可变节流装置，内置于压力测量仪表的管路中，以防止由于流体压力波动造成压力测量仪表机械损坏。

3.3

总不确定度　total uncertainty

在相同的条件下，对同一值进行大量测量时，其95%的测量值所在的范围。

3.4

工作仪表　working instrument

用参考标准仪器校准的测量仪表。

4　测量仪器读数不确定度的评定

4.1　总则

本章规定了由于观察者不能准确地读取被测参量指示值所致不确定度的确定程序。

4.2 模拟量测量仪器—读数不确定度 *RE* 的计算

4.2.1 装有指示器和减小视差装置的测量仪器的读数不确定度(*RE*)由式(1)计算：

$$RE=\frac{最小刻度值}{RF_1\times RF_2+2} \quad \cdots\cdots(1)$$

式中：

RF_1 和 RF_2 由读出装置的特性决定，参照4.2.1.1和4.2.1.2。

4.2.1.1 规定两刻度线的间距为 w，单位为毫米(mm)，精确到10%以内，由式(2)计算 RF_1：

$$当\ w\geqslant 0.5\ \mathrm{mm}, RF_1=3(1-\varepsilon^{0.5-1.1w}) \quad \cdots\cdots(2)$$

$$当\ w<0.5\ \mathrm{mm},\ RF_1=0$$

式中：

ε——重复不确定度，按照JB/T 7033—2007中5.5的规定。

4.2.1.2 估算指针指示数据部分的指针宽度，近似到0.25 mm。两刻度线的间距 w(见4.2.1.1)与指针宽度的比值为 α。由式(3)计算 RF_2：

$$当\ \alpha\geqslant 1, RF_2=1-\varepsilon^{0.6(1-\alpha)} \quad \cdots\cdots(3)$$

$$当\ \alpha<1, RF_2=0$$

4.3 数字式测量仪器—读数不确定度 *RE* 的计算

用下式计算读数不确定度系数：

RE=最低有效位的最小变化值

注：在一些数字显示装置中最低有效位不显示十个离散整数，在这种情况下，最小整数变化值，因读数装置而异。

5 工作仪表的校准

5.1 工作仪表应按照5.2～5.11的规定进行校准。

5.2 选择一个按JB/T 7033—2007中6.3规定的校准周期进行了可溯源性校准的参考标准仪器，并且该仪器无任何物理损坏，除非在其证书中有特别说明。

5.3 参考标准仪器应按鉴定书指定或仪器制造商推荐的方式安装。

5.4 按制造商推荐的方式或测量时所希望的位置来安装工作仪表。

5.5 断开负载，检查工作仪表的零值点。

5.6 连接工作仪表和参考标准仪器。

5.7 对于完整校准，至少记录5次试验的参考值和工作仪器的显示值，并且每次试验要在有效量程内的至少20个等距点上，使用同一组参考值测试。

允许局部校准。局部校准时，可根据应用情况和使用环境决定校准点数，并尽可能多的采用与完整校准时相同的参考值。

如果工作仪表受到迟滞的影响，校准时应增加或减少参考值。

5.8 使用由参考标准仪器校准得到的修正图表或数学模型，以减少参考标准仪器的不确定度影响。

5.9 在校准工作仪表时，由于存在系统误差，应对参考值进行修正。例如与物理量和可变的物理量(可测量)密切相关的环境因素的影响。

5.10 记录仪器的所有异常现象。

5.11 校准数据表应注明日期并签字后作为永久性文件安全保存。这些记录将是工作仪表的合格证明材料。

6 校准不确定度的确定

6.1 总则

本章给出了推导工作仪表的数学模型及评价环境因素对校准和测量不确定度影响的方法。

6.2 校准不确定度

从6.3中给出的三种数学模型中选择一种适合的数学模型。在大多数仪表中，预期的校准不确定度将决定于所选择的数学模型。模型越复杂，得出的不确定度越小。

6.3 数学模型

6.3.1 模型1

数学模型1是用于没有任何修正的读数装置的显示值。显示值与参考值的最大偏差，作为校准不确定度。把这个校准不确定度填入仪表的标签或记录下来。

6.3.2 模型2

6.3.2.1 数学模型2，假定显示值 p_i 与物理变量的实际值 p_a 和各种环境影响因素有关，并如式(4)所示：

$$p_a = b_0 + p_i^k \sum_{k=1}^{m} b_i k + \sum_{i=1}^{n} a_i f(E_i) \quad \cdots\cdots (4)$$

式中：

a_i ——线性增益系数，它表示影响的程度；

b_0, b_i, k ——需要确定的。

E_i ——n 个环境影响因素之一；

$f(E_i)$ ——影响测量实际值的 E_i 的函数式；

6.3.2.2 用下列方法的任一组合确定 $f(E_i)$：

a) 在校准工作仪表时，用公认的理论建立描述环境影响的函数，并对在受控试验中测到的试验数据进行线性回归，确定系数值。

b) 使用制造商的数据。例如，由于温度引起的零漂，由于结构因素产生的非线性。

注：如果测量时的环境与校准时的环境基本一致，则环境因素可忽略。

6.3.2.3 检查所有数据，在校准工作仪器所用到的每个参考点上，用数学模型计算出预测值，找出显示值与预测值的最大偏差。把这个最大偏差作为校准不确定度，填入仪表牌或记录下来。

6.3.2.4 使用数学模型时，把测试中的显示值与环境因素代入公式，所得结果是测试实际值的估算值。

6.3.3 模型3

6.3.3.1 当测试时的显示值处于校准时各数据点之间时，假定修正是线性的，数学模型3采用逐点修正。

6.3.3.2 估算校准不确定度。

6.3.3.3 对校准时的每一参考值 p_r 及5次试验的每个测量值，计算误差 $p_r - p_i$。

6.3.3.4 对每一参考值，计算6.3.3.3中5次试验的误差值的平均值。

6.3.3.5 对于每一个参考值，计算5个误差值中的每一个与平均值的差。误差值在6.3.3.3中计算，平均值在6.3.3.4中确定。

6.3.3.6 取6.3.3.5中的最大值,把它作为校准不确定度记录下来。

6.3.3.7 使用数学模型,由每个参考点的5次试验中,得出6.3.3.4中确定的平均值相对于显示平均值的曲线。

6.3.3.8 为了获得实际值的最佳估算值,使用6.3.3.7中曲线去修正测量时得到的显示值。假设记录的离散数据之间采用线性插值法。

6.3.3.9 用下述方式考虑环境因素:

a) 选择使用一个数学模型,它包括了环境因素影响;

b) 所用仪表不受环境因素明显影响;

c) 检查测量时的环境因素与校准时的环境因素的一致性。

6.4 仪表记录或标签

6.4.1 为工作仪表准备一个标签或其他的记录,以记载下列信息:

a) 校准日期;

b) 用于工作仪表校准的参考标准仪器的鉴定信息;

c) 按照6.3.1、6.3.2或6.3.3建立的数学模型确定的工作仪表的校准不确定度;

d) 如果适用,根据第4章确定读数不确定度;

e) 工作仪表校准负责人的标识。

6.4.2 当使用标签时,要保证读出装置与工作仪表连接可靠,且标签不致偶然脱落和妨碍读数。

7 设备选择与安装

7.1 选择

7.1.1 应选择按第5章校准过的工作仪表,将其连接或配置一个读出装置,该装置应按第4章进行过评定。工作仪表带有按6.4.2填写好的标签或记录。

7.1.2 仪表应由按第6章推出的数学模型来描述。

7.2 测压点

7.2.1 按照图1选择和设置测压点。去除管壁内径可见毛刺。如果测压孔的结构不确定,将增加不确定度(见8.3测压点不确定度计算)。

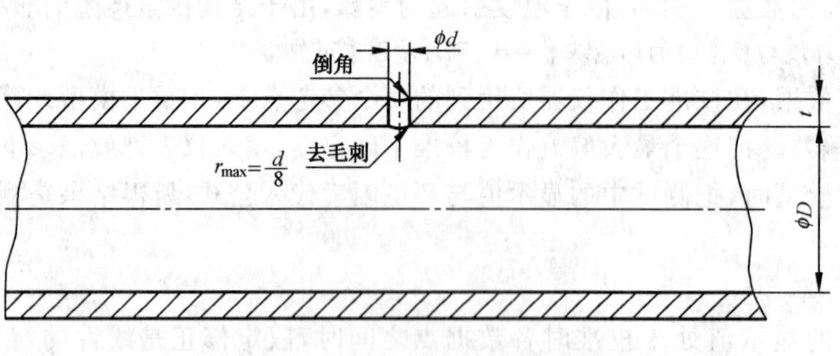

说明:在管道同一截面上仅允许设置一个测压孔,并垂直于管道中心线钻孔,$t/d \geqslant 1.5$。

图1 测压点详图

7.2.2 测压点距上下游扰动点的位置,应设置在距上游扰动点至少5D处,距下游扰动点至少10D处,或符合适用的元件或系统标准。

7.3 测试装置

7.3.1 在安装和测试时，应采取必要的预防措施以保证人员和设备的安全。

7.3.2 工作仪表的安装方式应与校准时一致。

7.3.3 应排除工作仪表中的空气，管道连接点应尽量靠近工作仪表。

7.3.4 对温度敏感的工作仪表，其安装方式应使温度效应对测量无显著的影响。当其他方法无效时，为达到足够的隔热效果，可在测量点和工作仪表之间增加长度 250 mm 的管路。

7.3.5 工作仪表的环境温度宜保持在其校准时的环境温度的±10 ℃之内。

7.3.6 建议压力测量装置管路长度不宜是泵基振频率波长 1/4 的奇数倍。

在液压油中，波长宜按式(5)计算：

$$\lambda = \frac{c}{f} \qquad \cdots\cdots(5)$$

式中：

λ ——波长，单位为米(m)；

c ——传播速度，单位为米每秒(m/s)，在刚性管中，近似为 1 100 m/s；在软管中，近似为 600 m/s；

f ——泵基振频率，单位为赫兹(Hz)。

7.4 脉冲阻尼器

7.4.1 如果使用脉冲阻尼器，阻尼器的首选安装位置应尽量接近测压点，利用管道和工作仪表的液容所形成的阻尼。

注：有些阻尼器由于液阻不对称而引起测量误差。

7.4.2 在测试系统工作时调节阻尼器。关闭阻尼器，使指针的可视摆动停止。然后，慢慢打开阻尼器直到指针重新开始动作，但不应让指针摆动过度。

8 测试数据的获取和测压点不确定度影响的计算

8.1 测试读数

仅在测量系统和测试系统达到稳定工况后读取测试值。

8.2 压力头修正

8.2.1 由于工作仪表和测压点之间的流体高度差引起的压力头效应，应对每个压力读数进行修正。压力修正值 δ_{p_1}，单位为兆帕(MPa)，由式(6)确定：

$$\delta_{p_1} = g\rho h \times 10^{-6} \qquad \cdots\cdots(6)$$

式中：

g ——重力加速度(9.81 m/s^2)，单位为米每二次方秒(m/s^2)；

ρ ——流体密度，单位为千克每立方米(kg/m^3)；

h ——流体压头，单位为米(m)。

8.2.2 若测试期间流体高度变化，8.2.1 的不确定度影响计算必须使用可能产生的最大高度差。

8.3 测压点引起的不确定度

利用压力修正值 δ_{p_2}，单位为兆帕(MPa)，估算因测压点缺陷引起的不确定度，由式(7)确定：

$$\delta_{p_2} = KV_e^2 d \quad \cdots\cdots(7)$$

式中：

K ——经验常数，例如下列值：

$K=0.25\times10^{-4}$，用于符合 7.2 的测压点；

$K=1.44\times10^{-4}$，适用于测压孔的半径不能确定，但其他符合 7.2 的测压点；

$K=4.07\times10^{-4}$，用于不符合 7.2 的测压点；

V_e ——测试期间的最大流体速度，单位为米每秒(m/s)；

d ——流体比重，单位为千克每立方米(kg/m^3)。

9 总的测量不确定度

用工作仪表和测量工况的各不确定度分量计算总的压力测量不确定度。为此，按式(8)求所有项的几何和：

$$总不确定度 = \sqrt{A^2 + B^2 + C^2 + D^2} \quad \cdots\cdots(8)$$

式中：

A ——校准不确定度(见第 6 章)；

B ——读数不确定度 RE(见 4.2 或 4.3)；

C ——流体压头不确定度(见 8.2)；

D ——测压点引起的不确定度(见 8.3)。

ICS 23.100.01
J 20

中华人民共和国国家标准

GB/T 28783—2012/ISO 8778:2003

气动 标准参考大气

Pneumatic fluid power—Standard reference atmosphere

(ISO 8778:2003,IDT)

2012-11-05 发布 2013-03-01 实施

中华人民共和国国家质量监督检验检疫总局
中国国家标准化管理委员会 发布

前　　言

本标准按照 GB/T 1.1—2009 给出的规则起草。

本标准使用翻译法等同采用国际标准 ISO 8778:2003《气压传动　标准参考大气》(英文版)。

与本标准中规范性引用的国际文件有一致性对应关系的我国文件如下：

——GB/T 17446—2013　流体传动系统及元件　词汇(ISO 5598:2008,IDT)。

本标准做了下列编辑性修改：

——删除了"表 1"中的"注：与 ISO 8778:1990 给出的标准参考大气的定义相同。"；

——在"A.4.1"中，将"m^2/s^2K"改为"$m^2/(s^2K)$"。

本标准由中国机械工业联合会提出。

本标准由全国液压气动标准化技术委员会(SAC/TC 3)归口。

本标准负责起草单位：无锡气动技术研究所有限公司。

本标准参加起草单位：宁波星箭航天机械厂、威海博胜气动液压有限公司、清华大学。

本标准主要起草人：陈明、杨燧然、高泽普、黄小春、张志清、何枫。

引　言

在气动系统中，动力是通过回路中的压缩气体来传递和控制的。当使用压缩气体的气动元件、设备或系统表示其特性时，需要有一个标准参考大气，以便在不同气压条件下得到的数据可以进行比较。

气动 标准参考大气

1 范围

本标准确定了一个标准大气参考值,用于在气动技术中表示元件和系统的性能数据。

2 规范性引用文件

下列文件对于本文件的应用是必不可少的。凡是注日期的引用文件,仅注日期的版本适用于本文件。凡是不注日期的引用文件,其最新版本(包括所有的修改单)适用于本文件。

ISO 5598 流体传动系统及元件 词汇(Fluid power systems and components—Vocabulary)

3 术语和定义

ISO 5598 界定的以及下列术语和定义适用于本文件。

3.1

大气 atmosphere

由温度、相对湿度、气压中的一个或者几个定义的环境条件。

3.2

参考大气 reference atmosphere

通过适当的换算因子可以把在其他大气下确定的条件与其关联起来的大气。

注 1:术语“其他大气”可以指加压或者真空条件。

注 2:参见附录 A 中关于另一种参考大气的讨论。

3.3

标准参考大气 standard referencd atmosphere

气压接近于海平面大气压,温度为典型的室温,相对湿度被任意确定的大气。

4 标准参考大气

4.1 标准参考大气的定义见表 1。

表 1 标准参考大气的定义

气压	温度	相对湿度
100 kPa(1 bar)	20 ℃	65%

4.2 当以自由气体状态来表示气体的量值时,用缩略语 ANR(标准参考大气)加括号表示,它应置于单位而不是数值之后,如:

$$q_v = \chi m^3/s(ANR)$$

5 标注说明

当选择遵守本标准时,建议在检验报告、产品样本和销售文件中采用以下说明:

“标准参考大气符合 GB/T 28783—2012/ISO 8778:2003。”

附 录 A
(资料性附录)
其他参考大气和湿度、密度的测定

A.1 简介

本附录给出另外可选择的两种参考大气。此外,给出了计算湿度和密度的方程。

A.2 可选择的两种参考大气的描述和应用

A.2.1 转换参考大气

转换参考大气:气压是海平面的大气压,其气温是典型的室温,计算相对湿度使其等于进行转换所处条件下的湿度(见表 A.1)。转换参考大气用于气压换算和密度计算被认为是最精确的。

A.2.2 工程参考大气

工程参考大气:为了换算方便将气压数值取为整数,其气温是典型的室温,相对湿度假设为 0%。工程参考大气的最典型的应用是在湿度被忽略的情况下。

A.3 两种参考大气的规范

转换参考大气和工程参考大气定义如表 A.1 所示。

表 A.1 转换参考大气和工程参考大气的定义

参考大气类型	气压	温度	相对湿度
转换参考大气 (ACR-RH%)	760 mm Hg 绝对 100.96 kPa[a](1.009 6 bar)	20 ℃	等于转换开始时所处条件的湿度
工程参考大气 (AER)	100 kPa(1 bar)	20 ℃	0%

[a] 数值 100.96 是采用 20 ℃水银的密度,从 760 mmHg 换算过来的。

A.4 在大气条件下等价相对湿度和密度的确定

A.4.1 符号和常量

在大气条件下,下列符号和常量用来确定等价相对湿度和密度。

注:所有的气压为绝对值。

p_0 ——大气气压;

p_1 ——压缩状态下的气压;

p_{s0} ——大气温度下的水蒸气的饱和压强;

p_{s1} ——压缩状态的温度下的水蒸气的饱和压强；

R_a ——287 $m^2/(s^2K)$（干燥气体的气体常数）；

R_{wv} ——461.45 $m^2/(s^2K)$（水蒸气的气体常数）；

T_0 ——大气绝对温度；

ϕ_0 ——在大气条件下，假设含有压缩状态下所有水蒸气的空气的相对湿度；

ϕ_1 ——压缩状态下空气的相对湿度。

A.4.2 等价相对湿度

假设水蒸气没有冷凝，压缩状态下气体的相对湿度同大气条件下的相对湿度的关系可以按式(1)表示：

$$\phi_0 = \phi_1 \left(\frac{p_0}{p_1}\right)\left(\frac{p_{s1}}{p_{s0}}\right) \qquad \text{(A.1)}$$

如果计算结果大于100%，有水蒸气冷凝，其计算结果规定为100%。

A.4.3 大气条件下的密度

气体从压缩状态（线性条件）膨胀到大气条件状态，包括在线性条件下的相对湿度转化到大气条件下（假设没有水蒸气冷凝），密度按式(A.2)表示：

$$\rho_0 = \frac{p_0}{R_a T_0} - \phi_1 \left(\frac{p_0}{p_1}\right)\frac{p_{s1}}{T_0}\left(\frac{1}{R_a} - \frac{1}{R_{wv}}\right) \qquad \text{(A.2)}$$

A.5 误差分析

在工程参考大气中，由于压强数值的取整导致了大约1%的误差。然而，在压强项可能是非线性的实际应用中，例如在流动和热力学的问题中，需要评估误差。

附录B描述了由于考虑相对湿度引起的误差。

附 录 B
（资料性附录）
相对湿度、密度的方程推导和误差分析

B.1 问题描述

在容器或者管道中的压缩气体换算成大气条件下的气体时，水蒸气含量一般是被忽略的。然而，状态改变将会影响大气条件下的密度，虽然密度的变化不影响一个等效状态的计算（压强和温度），若变化影响系统计算时，水蒸气含量在这些计算中就非常重要，例如一个干燥过程。

下面的分析给出了压缩条件下的空气和水蒸气的混合气体，在大气条件下的相对湿度和密度以及求解方程的推导。

B.2 符号和常量

下列符号和常量将在方程中用到：

注：所有的气压和温度为绝对值。

M_a ——28.967 g/mole（干燥空气的摩尔质量）；

M_{wv} ——18.016 g/mole（水蒸气的摩尔质量）；

m ——混合气体的质量；

m_a ——干燥空气的质量；

m_{wv} ——水蒸气的质量；

p_0 ——大气条件下混合气体的压强（空气和水蒸气的混合气体）；

p_1 ——压缩状态的空气和水蒸气混合气体的压强；

p_{a0} ——大气条件下的干燥空气分压；

p_{a1} ——压缩条件下的干燥空气的分压；

p_{wv1} ——压缩条件下的水蒸气的分压；

p_{wv0} ——大气条件下的水蒸气的分压，假设含有压缩状态下的混合气体中所有水蒸气；

p_{s0} ——大气温度下的水蒸气饱和压强；

p_{s1} ——压缩状态温度下水蒸气的饱和压强；

R_a ——287 $m^2/(s^2K)$（干燥空气的气体常数）；

R_{wv} ——461.45 $m^2/(s^2K)$（水蒸气的气体常数）；

T_0 ——大气温度；

T_1 ——压缩状态的温度；

V ——混合气体的体积；

ϕ_0 ——大气条件下的相对湿度，假设包含压缩状态下混合气体中所有水蒸气；

ϕ_1 ——压缩状态的气体的相对湿度；

ϕ_0' ——在大气压强下任意指定的空气相对湿度；

ρ_0 ——在大气压强下混合气体的密度，相对湿度等于压缩状态下的相对湿度；

ρ_0' ——在任意相对湿度下大气条件下密度。

B.3 相对湿度

通常，水蒸气和空气的混合气体的气压是两种混合物的气压总和：

$$p_{混合}=p_{干燥空气}+p_{水蒸气}$$

使用上面给出的符号和常量，在压缩状态和大气压条件下，方程可以写成式(B.1)：

$$p_{a1}=p_1-p_{wv1} \text{ 和 } p_{a0}=p_0-p_{wv0} \qquad \cdots\cdots(B.1)$$

根据相对湿度的定义(在压缩状态和大气压条件下)：

$$\phi_1=p_{wv1}/p_{s1} \text{ 和 } \phi_0=p_{wv0}/p_{s0}$$

水蒸气的分压可以用式(B.2)表示：

$$p_{wv1}=\phi_1 p_{s1} \text{ 和 } p_{wv0}=\phi_0 p_{s0} \qquad \cdots\cdots(B.2)$$

假设没有水蒸气冷凝，那么在压缩状态和大气条件下的湿度相同，方程为：

$$\frac{p_{wv1}M_{wv}}{p_{a1}M_a}=\frac{p_{wv0}M_{wv}}{p_{a0}M_a}$$

把式(B.1)和式(B.2)代入上式，求得 ϕ_0：

$$\phi_0=\phi_1(p_0/p_1)(p_{s1}/p_{s0}) \qquad \cdots\cdots(B.3)$$

如果没有冷凝的假设不成立，那么上面的结果将会大于100%，这表示计算无效，在这种情况，相对湿度确定为100%。

B.4 密度

大气条件下，混合气体的密度由两部分组成，状态方程分别为：

$$p_{a0}V=m_aR_aT_0 \text{ 和 } p_{wv0}V=m_{wv}R_{wv}T_0$$

混合气体的总质量等于每个分量之和：

$$m=m_a+m_{wv}=\frac{p_{a0}V}{R_aT_0}+\frac{p_{wv0}V}{R_{wv}T_0} \text{ 和 } \frac{m}{V}=\rho_0=\frac{p_{a0}}{R_aT_0}+\frac{p_{wv0}}{R_{wv}T_0}$$

把式(B.1)和式(B.2)代入上式可以得到：

$$\rho_0=\frac{p_0}{R_aT_0}-\frac{\phi_0 p_{s0}}{T_0}\left(\frac{1}{R_a}-\frac{1}{R_{wv}}\right) \qquad \cdots\cdots(B.4)$$

最后，把压缩状态的相对湿度表达式(B.3)代入上式得到：

$$\rho_0=\frac{p_0}{R_aT_0}-\phi_1\left(\frac{p_0}{p_1}\right)\left(\frac{p_{s1}}{T_0}\right)\left(\frac{1}{R_a}-\frac{1}{R_{wv}}\right) \qquad \cdots\cdots(B.5)$$

B.5 误差分析

方程(B.5)给出混合气体在大气条件下的密度，如果在大气条件下用任意的相对湿度值，评估误差的定义为：

$$百分比误差=\frac{偏差}{准确值}(100)=\frac{\rho_0-\rho_0'}{\rho_0}(100)=\left(1-\frac{\rho_0'}{\rho_0}\right)(100)$$

根据方程(B.4)大气条件下任意相对湿度下混合气体的密度是：

$$\rho_0'=\frac{p_0}{R_aT_0}-\phi_0'\left(\frac{p_{s0}}{T_0}\right)\left(\frac{1}{R_a}-\frac{1}{R_{wv}}\right)$$

把上式代入方程(B.5)，可以得到误差公式：

$$百分比误差=\left[1-\frac{1-\phi_0'\left(\frac{p_{s0}}{p_0}\right)\left(1-\frac{R_a}{R_{wv}}\right)}{1-\phi_1\left(\frac{p_{s1}}{p_1}\right)\left(1-\frac{R_a}{R_{wv}}\right)}\right](100) \qquad \cdots\cdots(B.6)$$

假设大气压强为 760 mmHg，对任意相对湿度为 $\varphi_0'=65\%$ 和 $\varphi_0'=0\%$，表 B.1 中给出了样本密度误差计算。

表 B.1 样本密度误差计算

假设稳压状态下					在气压 700 mmHg 和 20 ℃温度条件下计算			
p_1/ mmHg 绝对	p_1/ mbar 表压	T_1/ ℃	ϕ_1/ % 相对湿度	p_{s1}/ mmHg 绝对	p_{s0}/ mm Hg 绝对	ϕ_0/ % 相对湿度	%计算误差 at 65% 相对湿度	%计算误差 at 0% 相对湿度
8 500	10 280	20	100	17.5	17.5	8.94	0.488	−0.078
5 500	6 300	20	100	17.5	17.5	13.82	0.446	−0.120
2 300	2 050	20	100	17.5	17.5	33.04	0.279	−0.288
1 000	320	20	100	17.5	17.5	76.00	−0.096	−0.666
8 500	10 280	40	100	55.1	17.5	28.15	0.322	−0.246
5 500	6 300	40	100	55.1	17.5	43.51	0.188	−0.380
2 300	2 050	40	100	55.1	17.5	104.04	−0.343	−0.914
1 000	320	40	100	55.1	17.5	239.29	−1.550	−2.127
8 500	10 280	60	100	149	17.5	76.13	−0.098	−0.667
5 500	6 300	60	100	149	17.5	117.65	−0.463	−1.035
2 300	2 050	60	100	149	17.5	281.34	−1.931	−2.511
1 000	320	60	100	149	17.5	647.09	−5.370	−5.970
8 500	10 280	20	75	17.5	17.5	6.71	0.508	−0.058
5 500	6 300	20	75	17.5	17.5	10.36	0.476	−0.090
2 300	2 050	20	75	17.5	17.5	24.78	0.351	−0.216
1 000	320	20	75	17.5	17.5	57.00	0.070	−0.499
8 500	10 280	40	75	55.1	17.5	21.11	0.383	−0.184
5 500	6 300	40	75	55.1	17.5	32.63	0.283	−0.285
2 300	2 050	40	75	55.1	17.5	78.03	−0.114	−0.684
1 000	320	40	75	55.1	17.5	179.47	−1.012	−1.587
8 500	10 280	60	75	149	17.5	57.10	0.069	−0.500
5 500	6 300	60	75	149	17.5	88.24	−0.204	−0.774
2 300	2 050	60	75	149	17.5	211.01	−1.295	−1.871
1 000	320	60	75	149	17.5	485.31	−3.820	−4.411
8 500	10 280	20	50	17.5	17.5	4.47	0.527	−0.039
5 500	6 300	20	50	17.5	17.5	6.91	0.506	−0.060
2 300	2 050	20	50	17.5	17.5	16.52	0.423	−0.144
1 000	320	20	50	17.5	17.5	38.00	0.236	−0.332
8 500	10 280	40	50	55.1	17.5	14.08	0.444	−0.123
5 500	6 300	40	50	55.1	17.5	21.75	0.377	−0.190
2 300	2 050	40	50	55.1	17.5	52.02	0.114	−0.455
1 000	320	40	50	55.1	17.5	119.65	−0.481	−1.053
8 500	10 280	60	50	149	17.5	38.06	0.235	−0.332
5 500	6 300	60	50	149	17.5	58.83	0.054	−0.515
2 300	2 050	60	50	149	17.5	140.67	−0.667	−1.240
1 000	320	60	50	149	17.5	323.54	−2.316	−2.898

表 B.1（续）

假设稳压状态下					在气压 700 mmHg 和 20 ℃温度条件下计算			
p_1/ mmHg 绝对	p_1/ mbar 表压	T_1/ ℃	ϕ_1/ % 相对湿度	p_{s1}/ mmHg 绝对	p_{s0}/ mmHg 绝对	ϕ_0/ % 相对湿度	%计算误差 at 65% 相对湿度	%计算误差 at 0% 相对湿度
8 500	10 280	20	25	17.5	17.5	2.24	0.547	−0.019
5 500	6 300	20	25	17.5	17.5	3.45	0.536	−0.030
2 300	2 050	20	25	17.5	17.5	8.25	0.494	−0.072
1 000	320	20	25	17.5	17.5	19.00	0.401	−0.166
8 500	10 280	40	25	55.1	17.5	7.04	0.505	−0.061
5 500	6 300	40	25	55.1	17.5	10.88	0.472	−0.095
2 300	2 050	40	25	55.1	17.5	26.01	0.340	−0.227
1 000	320	40	25	55.1	17.5	59.82	0.045	−0.524
8 500	10 280	60	25	149	17.5	19.03	0.401	−0.166
5 500	6 300	60	25	149	17.5	29.41	0.311	−0.257
2 300	2 050	60	25	149	17.5	70.34	−0.047	−0.616
1 000	320	60	25	149	17.5	161.77	−0.854	−1.428
8 500	10 280	20	10	17.5	17.5	0.89	0.558	−0.008
5 500	6 300	20	10	17.5	17.5	1.38	0.554	−0.012
2 300	2 050	20	10	17.5	17.5	3.30	0.537	−0.029
1 000	320	20	10	17.5	17.5	7.60	0.500	−0.066
8 500	10 280	40	10	55.1	17.5	2.82	0.541	−0.025
5 500	6 300	40	10	55.1	17.5	4.35	0.528	−0.038
2 300	2 050	40	10	55.1	17.5	10.40	0.476	−0.091
1 000	320	40	10	55.1	17.5	23.93	0.358	−0.209
8 500	10 280	60	10	149	17.5	7.61	0.500	−0.066
5 500	6 300	60	10	149	17.5	11.77	0.464	−0.103
2 300	2 050	60	10	149	17.5	28.13	0.322	−0.246
1 000	320	60	10	149	17.5	64.71	0.003	−0.567

B.6 评述

压缩气体等价转换到大气条件，在任意的相对湿度下，本分析给出了误差分析结果。表 B.1 最后两列说明了在本标准定义的两种条件下这种转换引起的误差。

表 B.1 中每四行为一组，每组为不同的压缩状态下的温度或相对湿度。在每组中的压强是从高到低。

表 B.1 中的阴影单元强调的是转换到大气条件时相对湿度已经超过了 100%了，这将导致水蒸气的冷凝。这表明了压缩状态下的水蒸气含量相等的假设的局限性。

误差值为正数，表明任意的变化引起密度减小。误差为负数表示引起密度增大。

B.7 结论

通常，相对湿度大、温度比较高的压缩气体膨胀到大气条件时，会出现水蒸气冷凝，这种情况下，方程的应用就会受到限制。

对于等价状态计算时，若实际空气没有膨胀，对于任意两种不同的相对湿度，密度误差还是比较小的。然而要注意的是，这些只是在抽样计算下的结论，实际应用可能会有所不同。

参 考 文 献

[1] ISO 554:1976 Standard atmospheres for conditioning and/or testing—Specifications.
[2] ISO 558:1980 Conditioning and testing—Standard atmospheres—Definitions.
[3] ISO 8573-3:1999 Compressed air—Part 3:Test methods for measurement of humidity.

ICS 17.160
J 04

中华人民共和国国家标准

GB/T 28784.3—2012/ISO 20283-3:2006

机械振动　船舶振动测量
第3部分:船上设备安装前的振动测量

Mechanical vibration—Measurement of vibration on ships—
Part 3:Pre-installation vibration measurement of shipboard equipment

(ISO 20283-3:2006,IDT)

2012-11-05 发布　　2013-03-01 实施

中华人民共和国国家质量监督检验检疫总局
中国国家标准化管理委员会　发布

前　言

GB/T 28784《机械振动　船舶振动测量》分为四个部分：

——第1部分：一般指南；

——第2部分：结构振动测量；

——第3部分：船上设备安装前的振动测量；

——第4部分：船舶推进装置振动的测量和评价。

本部分是GB/T 28784的第3部分。

本部分按照GB/T 1.1—2009、GB/T 20000.2—2009给出的规则起草。

本部分使用翻译法等同采用ISO 20283-3:2006《机械振动　船舶振动测量　第3部分：船上设备安装前的振动测量》。

与本部分中规范性引用的国际文件有一致性对应关系的我国文件如下：

——GB 3102.7—1993　声学的量和单位(ISO 31-7:1992,EQV)

——GB/T 2298—2010　机械振动、冲击与状态监测　词汇(ISO 2041:2009,IDT)

——GB/T 3238—1982　声学量的级及其基准值(ISO 1683:1983,NEQ)

——GB/T 14412—2005　机械振动与冲击　加速度计的机械安装(ISO 5348:1998,IDT)

本部分做了下列编辑性修改：

——修改了部分公式的表达方式及公式编号。

本部分由全国机械振动、冲击与状态监测标准化技术委员会(SAC/TC 53)提出并归口。

本部分起草单位：中船重工集团公司第七〇二研究所、中船重工集团公司第七〇三研究所、中船重工集团公司第七〇四研究所、中船重工集团公司第七一一研究所、中船重工集团公司第七一九研究所、武汉理工大学。

本部分主要起草人：郭列、尹逊民、祝华、张泉南、彭旭、严新平。

引　言

船上的机器和设备运行时会产生振动和过大的结构噪声，从而可能会使船员和乘客舱室内的噪声超过与船东约定的声压级限值。由此可知，机器产生的结构噪声会影响舱室内的噪声，采用本部分可达到选择低振动机器的目的。

按标准规程对单个设备进行振动测量并与合约确定的验收准则进行比较，为造船商选择和安装合适的设备提供必需的信息。

机械振动　船舶振动测量
第3部分:船上设备安装前的振动测量

1　范围

GB/T 28784的本部分规定了对不同类型船上设备产生的振动(该振动以结构噪声形式在船舶结构中传递)进行测量的指南、要求和规程,该测量是设备工厂验收试验(Factory Acceptance Test,FAT)的一部分。本部分对有明确运行和安装条件设备的测量进行了详细说明,比如在供应商的试验台上。

本部分是一个提供典型测试结果的框架标准,适用于客船、商船、游艇、高速艇上的船上设备。

由于旋转方向的振动对结构噪声贡献不大,本部分只涉及平移方向的振动,但不提出设备振动或结构噪声的限值。

2　规范性引用文件

下列文件对于本文件的应用是必不可少的。凡是注日期的引用文件,仅注日期的版本适用于本文件。凡是不注日期的引用文件,其最新版本(包括所有的修改单)适用于本文件。

ISO 31-7　声学的量和单位(Quantities and units—Part7:Acoustics)

ISO 1683　声学量的级及其基准值(Acoustics—Preferred reference quantities for acoustic levels)

ISO 2041　机械振动、冲击与状态监测　词汇(Mechanical vibration,shock and condition monitoring—Vocabulary)

ISO 5348　机械振动与冲击　加速度计的机械安装(Mechanical vibration and shock—Mechanical mounting of accelerometers)

ISO/TR 13298　船舶技术　一般术语(Ships and marine technology—Vocabulary of general terms)

3　术语和定义

在ISO 31-7、ISO 2041、ISO/TR 13298中界定的以及下列术语和定义适用于本文件。

3.1

设备　equipment

能够产生振动并将要安装在船舶上的任何机器、系统、子系统或零部件。

示例1　主推进装置:柴油机、燃气轮机、主减速齿轮、推进电机;

示例2　机械通风以及采暖、通风和空调(HVAC)系统:送排气风机、空调机组、空调水冷单元、淡水泵等;

示例3　辅助设备:柴油机或燃气涡轮发电机、液压装置、电机等。

注:不包括直接安装在减速齿轮、柴油机等装置上的泵,直接安装在推进电机、发电机、电机等装置上的风机,以及大型机组上需要前期测试的任何其他辅助设备。

3.2

弹性支座　resilient mount

具有弹性并用于减少结构振动传递的装置。

注:弹性支座是在部件联接点隔断处使用的具有特殊形状的橡胶块或类似的弹性材料块,目的是支承部件以及为部

件与基础或支承结构之间提供隔振作用。弹性支座的使用可在较宽的频率范围内接近准自由状态(见3.12)。

3.3

复合支座　compound mount

双层隔振　double-resilient mount

由一个中间质量、其总数与安装设备相匹配的两组弹性元件组成的三元系统。

注：复合支座能够比简式弹性支座达到更多的振动衰减。该被隔离设备由三元系统支撑。

3.4

刚性安装设备　rigidly mounted equipment

刚性连接在支承结构上的设备。

3.5

支承结构　support structure

用于安装设备的各类机械结构。

3.5.1

安装夹具　mounting fixture

安装在弹性支座上方，主要作为测试刚性安装设备振动的相对轻型框架或结构的支承结构。

例：普通基架。

注：安装夹具也可用于需振动测试的弹性安装设备。

3.5.2

基础　foundation

用在弹性支座下的支承结构，可以类似或不类似于船舶结构。

3.5.3

基座　subbase

基座面板　bedplate

船上设备安装所需的用于一个或多个部件排列成直线的支承结构。

3.5.4

试验台　testbed

通常是可放置整个设备组件、支座和支承结构的大质量钢筋混凝土支承结构。

3.6

测试频率范围　test frequency range

10 Hz至10 kHz之间的1/3倍频程频带中心频率范围。

注：根据被测设备，可由供需双方协商，合理修改该频率范围。

3.7

结构噪声　structure-borne sound

由某一振源在测试频率范围内引起的固体结构内的机械振动。

注1：主机、辅机可作为结构噪声源。

注2：高于16 Hz频率范围内的结构噪声是可听见的。

3.8

加速度级　acceleration level

L_a

振动加速度级测量值由式(1)得到：

$$L_a = 20\lg \frac{a}{a_0} \quad \text{dB} \qquad \cdots\cdots(1)$$

式中：

a ——测得的加速度均方根值(r. m. s)，单位为米每二次方米(m/s^2)；

a_0——ISO 1683 中规定的加速度基准值，这里 $a_0=10^{-6}\ m/s^2$。

注：当说明加速度级时，必须指出其基准值，即 dB 基于基准值 $10^{-6}\ m/s^2$。

3.9

速度级 velocity level

L_v

振动速度级测量值由式(2)得到：

$$L_v=20\lg\frac{v}{v_0}\quad dB \qquad (2)$$

式中：

v ——测得的速度均方根值(r. m. s)，单位为米每秒(m/s)；

v_0——ISO 1683 中规定的速度基准值，这里 $v_0=10^{-9}\ m/s$。

注：当说明速度级时，必须指出其基准值，即 dB 基于基准值 $10^{-9}\ m/s$。

3.10

机械阻抗 impedance

Z

机械系统作简谐运动时，某一特定点的激励力 F 与速度 v 的复数比：

$$Z=F/v \qquad (3)$$

注 1：阻抗的单位为 N·s/m，关于阻抗的详细内容参考 ISO 2041。

注 2：在测试刚性安装设备的情况下，基础的机械阻抗或机械导纳(3.11)信息是必需的。

3.11

机械导纳 mobility

M

机械系统作简谐运动时，某一特定点的速度 v 与激励力 F 的复数比。

$$M=v/F \qquad (4)$$

注 1：导纳的单位为 m/(N·s)，关于导纳的详细内容参考 ISO 2041。

注 2：在测试刚性安装设备的情况下，基础的机械导纳或机械阻抗(3.10)信息是必需的。

3.12

准自由状态 practically free condition

在大部分或整个测试频率范围内可作为自由悬挂的设备安装形态。

注 1：在设备和支承结构的联接点之间使用非常柔软的弹簧(弹性支座)可达到这样的状态。设备安装后的第一阶垂向谐振频率不宜超过 10 Hz，或远低于设备的最低扰动频率，该第一阶垂向谐振频率等于支座刚度与支座上设备及支承结构总质量之比值的平方根再除以 2π。对于质量小于或等于 100 kg 的设备，可使用刚性大些的支座，只要满足安装后其第一阶垂向谐振频率不超过 15 Hz，且任何基础的局部静刚度应至少高于支座动刚度的 10 倍。完整的装配，包括设备、支承结构、弹性支座和任何基础，应支承在刚性大质量试验台上，刚性大质量意味着该试验台能有效隔离环境造成的干扰振动，即高于约 7 Hz 的振动。

注 2：供需双方可对测试方法及测试要求进行协商以预防或解决由于测试位置的限制而产生的矛盾。

3.13

插入损失 insertion loss

在传输系统中由于一个元件的插入而造成的能量损耗，是在插入元件之前和之后系统相同部位上的能量传递比值。

4 测量要求和规程

4.1 总则

供需双方应协商确定需要测试的单个设备，也可以确定设备振动限值或可能的结构噪声限值

(见5)。测试之前,双方有必要在测试范围(如测试位置、运行状态等)上协商一致以避免误解。除非双方提出其他工况,本部分所要求测量的应为设备在稳态运行工况下的振动加速度(见4.8)。对于有些设备,瞬态运行工况下的测量及瞬态测量技术可由供需双方共同确定。

在准自由状态下,机器或其他设备联接点处的振动测量可作为结构噪声源提供给船厂,可与实际支座(若安装过程中使用支座)和船上实际基础的机械阻抗联系起来以预报设备产生的结构噪声。准自由状态可通过在安装测量仪器的联接点下使用软支座获得(见3.2的注)。某些情况下实际支座和(或)基座面板可与设备一起交付使用(见4.2和4.7)。

4.2 测点位置

对于包含机脚的简式和复合支座设备,应在机脚处进行测量,或在设备底部测量。应在所有支座和隔振器上面进行测量,也就是说,对于简式和复合支座设备,应在被测设备的机脚或底部进行测量。

阀门的测量点应置于除入口之外的所有出口法兰或喷嘴以及其他任何结构联接处。

供需双方应协商确定没有明确联接点的设备的测量位置(见4.7.1)。

注:对于传感器位置更详细的说明,供需双方可参考ISO 9611协商。但是,ISO 9611中的要求更适合于实验室研究,包括旋转方向振动的测量,本部分认为旋转方向的振动不是产生结构噪声的主要原因。

4.3 传感器方位和安装

测量应由供需双方确定具体位置(见4.2),测量在三个正交方向上进行,其中之一是垂直方向。对于阀门,要求测量两个方向,即垂直于和平行于出口法兰或喷嘴的流向的方向。

注:在买方同意的情况下,供方可根据经验减少测量内容,例如只进行垂向振动测试。

传感器应按ISO 5348中的规定或加速度计制造商的说明进行安装,最好能通过螺纹连接转接盘并固定在设备上。由于安装方法在很大程度上限制测量频率的上限,因此,除非难以安装或出于效率的需要,否则不得使用磁性材料、蜂蜡、胶带或手持的安装方法。

4.4 测量频率分析

4.4.1 总则

4.4.2中的1/3倍频带测量应在4.2规定的测量位置进行。在供需双方同意的情况下,为了诊断,可按照4.4.3进行窄带测量。

4.4.2 1/3倍频带测量

1/3倍频带加速度级 L_a(或者供需双方确定的速度级 L_v)应在环境(非运行)状态和4.8状态下,中心频率为10 Hz~10 kHz或由供需双方确定的测试频率范围内测量。

4.4.3 窄带测量

窄带加速度级 L_a 可通过恒绝对或者恒相对带宽分析仪测量,频率范围和分析带宽宜根据设备振动特性(共振,主要工作频率及其谐波)和供需双方的意见进行选择。恒绝对带宽不宜大于 $N_f=2.5$ Hz,而恒相对带宽不宜大于1/24倍频程。

4.5 标定

4.5.1 实验室标定

振动传感器的标定可在其每次使用前的两年内按ISO 5347或ISO 16063中规定的任一适当方法进行。除供需双方另作商定外,整个振动测量系统的每一通道都应在至少两个频率下进行标定:一个是频率范围下限(如 160 Hz);另一个是频率范围上限(如 6.3 kHz)。应在电压值等于传感器输出值时进行标定,例如对加速度计,相应的在 90 dB、110 dB、130 dB 和 150 dB(基于 10^{-6} m/s^2)时进行标定,以校验幅值的线性度。

4.5.2 现场检验

在每天设备测量开始和结束时,应使用加速度计标定装置至少在一个频率点对包括传感器在内的整个振动测量系统进行检验。现场检验应精确到 2 dB 以内。

4.6 环境振动及其影响

除供需双方另做商定外,环境振动级宜低于运行中设备的振动级 10 dB。可以采取改进措施来减少环境振动对被测设备振动的影响。设备振动的测量级不因环境振动的影响而作调整。

若环境振动的影响不能排除,如测试系统或测量过程(工作时间以外)产生的振动,环境振动和运行中设备振动的窄带分析可从设备振动中分离出环境振动,在这种情况下,振动级应予以修正。

4.7 测试系统

4.7.1 设备安装

设备可通过多种方式安装在船上,最常见的方式包括:

a) 刚性安装在基础上。

b) 刚性安装在基座面板上,基座面板:

——刚性安装在基础上;或者

——弹性安装在基础上。

c) 弹性安装在基础上。

d) 弹性安装在基座面板上,基座面板:

——刚性安装在基础上;或者

——弹性安装在基础上。

运送到测试地点的设备可能包括用于船上的部分或全部的安装部件。

然而,应用振动测量确定设备的振源强度特性时,要求设备支承在准自由状态上,或者使用弹性支座使其尽量处于准自由状态(见 3.12)。在某些情况下这是不可能的,例如由于不能直接使用弹性支座,机器只能刚性安装在基座面板或安装夹具上,这种情况可见 4.7.2.3 和 4.7.2.4。

注 1:柴油发电机组需要特别考虑。如附录 A 中所示,发电机和发动机之间的安装和连接有几种方式。当一个或者两个组件弹性安装在公用基座上时,需要一个柔性联轴器(见图 A.2 和图 A.4)。当两个组件同时刚性安装在基础上时,在设计中就不需要考虑柔性联轴器(见图 A.1 和图 A.3)。若两个组件分别用弹性支架安装时不能对中,测试过程中就不能采用这种安装方式,而需要将全部设备刚性安装在一个基座面板(基座)上。实际上,该基座面板通常是输出系统的一部分,因此需要在整个系统与基座面板的联接处进行振动测量。在发动机弹性安装(安装系统的一部分)而发电机刚性安装(见图 A.4)处,对发动机的测量需要在支座下的基座面板上进行,而对发电机的测量需要在发电机上的联接点处进行。

无论在船上采用何种配置,设备必须定位在正常位置上并弹性安装。当设备在船上弹性安装时,测试时所使用的弹性支座及可能的支承结构应与船上安装时所使用的相同。但是,齿轮箱和推进主机,例如二冲程柴油机通常刚性安装在试验台上。

注 2:特殊情况下,齿轮箱和推进主机可采用弹性安装。

测试时,整个装备要安装在试验台上。实际上,无论是在船上还是在工厂试验台上,系统的实际配置与理想配置并不一致。因此,附录 B 给出了满足本部分要求的典型测试系统配置。

测试系统的设计要确保支承结构所产生的振动不对测量造成影响。若不可避免,在最后的测量结果中应考虑其影响。为了避免影响,支承结构的机械阻抗宜与船上基础的机械阻抗类似,否则需要进行修正(见 4.7.3)。

当设备及其支座一起交付时,供需双方可协商确定在试验台或基础上低于支座的位置进行附加测量,该位置应尽可能靠近联接点并在支承结构足够刚性的部位上。对于这种情况,在这些测量位置上需要进行机械阻抗测量。

4.7.2 支承结构

4.7.2.1 总则

支承结构(根据 4.7.2.2 至 4.7.2.4)的刚性基础固有频率不宜接近被测设备的基本旋转频率或其他主要的强迫频率,以避免共振造成被测振动级的增大。任何基础的局部静刚度应至少高于其支座动刚度的十倍。

在供需双方同意设备刚性安装的情况下,在联接点处的基础或基座面板振动响应特性应采用频率范围最高为 1 kHz 的基础或基座面板的机械阻抗或机械导纳来描述。

对于弹性安装的设备,若合同规定在设备弹性支座下进行附加测量,才需要测量支承结构的机械阻抗或机械导纳。

4.7.2.2 试验台

完整的装备,包括设备、支承结构、弹性支座及基础,宜支承在一刚性大质量试验台上。该试验台可以刚性或弹性固定,其垂向谐振频率最高为 5 Hz。

4.7.2.3 基座、基座面板

只有在试验台刚性固定的情况下,基座面板结构才应弹性安装(垂向谐振频率最高为 5 Hz)在基础上。刚性安装在基础上的齿轮箱和推进主机除外(见 4.7.1)。

在弹性安装设备的情况下,公用基座可能包括设备支座下的钢梁。该公用基座应牢固连接到基础或者试验台上。若合同规定在设备弹性支座下进行附加测量,才需要测量基础的机械阻抗或机械导纳。

4.7.2.4 安装夹具

由相对较轻框架或结构元件组成且刚性固定在船上的设备(如控制器、操纵室、非旋转或非往复式设备),当其刚性固定在一弹性固定的设备,即安装夹具上时,需要进行测试。该安装夹具弹性安装在基础上部而非基座上(见 3.12 的注 1)。这些元件安装到船上时,应在元件的正常联接点处连接到安装夹具上。

4.7.3 机械阻抗测量

为了确定支承结构与船上基础是否相类似,并获取基准机械阻抗值以达到与船上实际基础比较的目的,应进行支承结构(包括基座面板、基础或其两者)机械阻抗的测量。基于该支承结构机械阻抗测量的修正及其相关修正都是允许的。

4.7.4 非准自由状态的修正

当准自由状态安装要求无法满足时,供需双方可协商采取以下方案的一种或选择其他:

a) 更换支座以确保准自由状态。

b) 保留原支座并在其上进行测量,同时对测量值进行机械阻抗修正以考虑原支座的作用。支座的插入损失可按图 1 中的测试方法或供需双方协商的其他方法确定,内容包括:

——设备刚性安装在支承结构上的测量;以及

——设备用支座安装在支承结构上的测量。

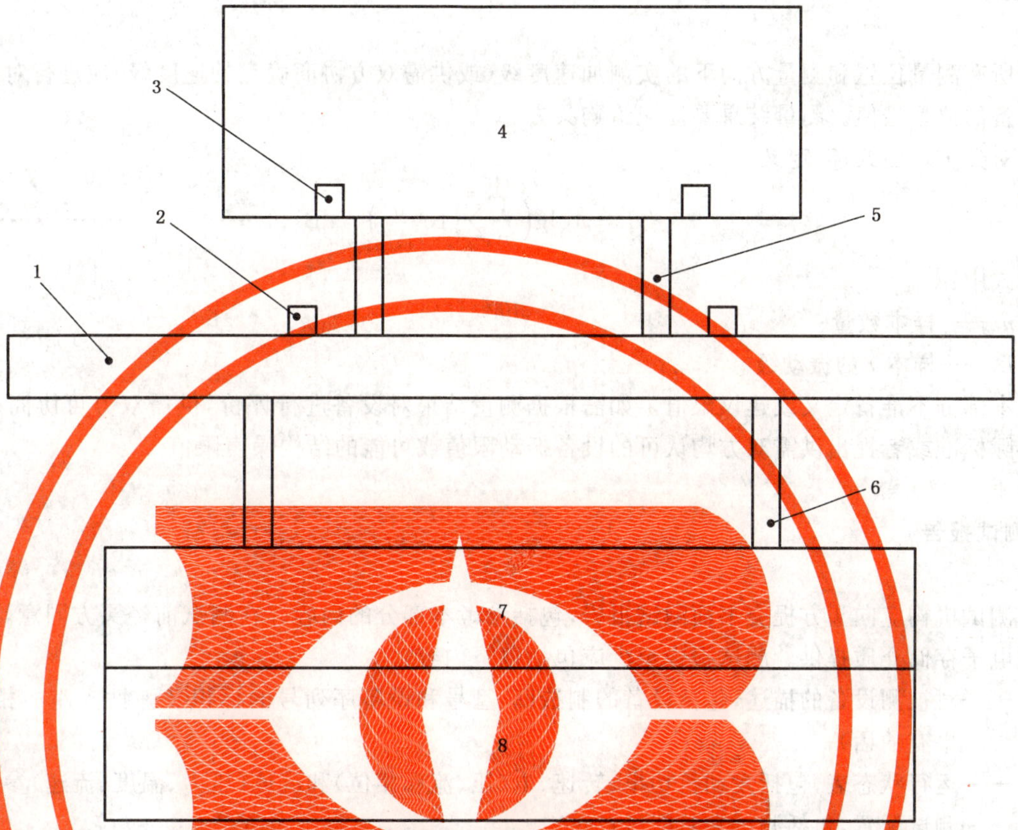

说明:

1——基座,基座面板;

2——用于插入损失测量的加速度计;

3——设备上的加速度计;

4——设备;

5——供应方提供的支座;

6——软支座,最高为 5 Hz;

7——基础;

8——大质量混凝土试验台。

图 1 用于插入损失测量的测试系统和配置

4.8 设备运行状态

被测设备应在正常通电运行状态下运行,这些正常通电运行状态应由供需双方协商确定。多转速设备应在每一个运行转速下进行测量,变速设备应在最大和最小正常转速以及中间转速下进行运行和测量,最小转速应不小于最大正常运行转速的 5%。

设备组件(如风机和泵)在测量过程中应处于运行状态。变流量设备(如节流阀)应在最大和最小正常流速以及中间流速下运行,最小正常运行流速应不小于最大正常运行流速的 5%。

对于变速和变流量设备,在振动监测时应从最小到最大缓慢改变其转速或流速以检查共振或结构噪声峰值。当设备在发生明显共振的转速或者流速下运行时,应测量其振动级。

供需双方可协商确定其他运行状态(如启动和停机)、改变运行模式或者其他特定运行循环等。

注：动力传输设备通常在无负荷或低负荷状态下测量，例如参见 ISO 8579-2。

5 数据评价

所有测量位置和测量方向下的实测加速度级(或供需双方协商确定的速度级)应进行对数平均以得到设备的典型谱值。测量结果要提交给购买方。

对数平均由式(5)定义：

$$L=10\lg\left(\frac{1}{n}\sum_{i}^{n}10^{0.1L_i}\right)\quad \text{dB} \qquad (5)$$

式中：

n——样本数量；

L_i——样本 i 的振动级。

本部分不准备定义或建议限值。如需根据测量结果对设备进行评价，供需双方可协商确定参考其他国际标准或者提出供需双方均认可的设备振动限值或可能的结构噪声限值。

6 测试报告

测试机构应向买方提交书面测试报告，包括参考本部分的内容。在测试前经买方同意，测量结果可通过电子存储介质提供。测试报告至少应包括以下内容：

——对被测设备的描述，包括设备的制造商、型号和设备序列号的标识及弹性支座的相关信息(如果有的话)；

——运行状态表，包括发动机功率、转速、电(压、流和相位)和流体(压力、温度、流速)参数；

——测试配置，包括测试夹具图纸；

——对仪器、传感器位置和方向的描述；

——标定数据；

——环境振动级；

——供需双方确定的测量数据(对数平均谱值，倍频程或窄带下的加速度级 L_a 或速度级 L_v 的最大可选择包络线)；

——被测基础的机械阻抗或机械导纳测量结果；

——由购买方和测试机构协商确定的测试程序、分析等因素引起的偏差；

——测试机构，测试地点，日期及人员的标识。

附　录　A
（资料性附录）
发电机组的典型配置

往复式内燃机和发电机的安装方式有很多种。图 A.1～图 A.6 给出了一些典型配置的示例。

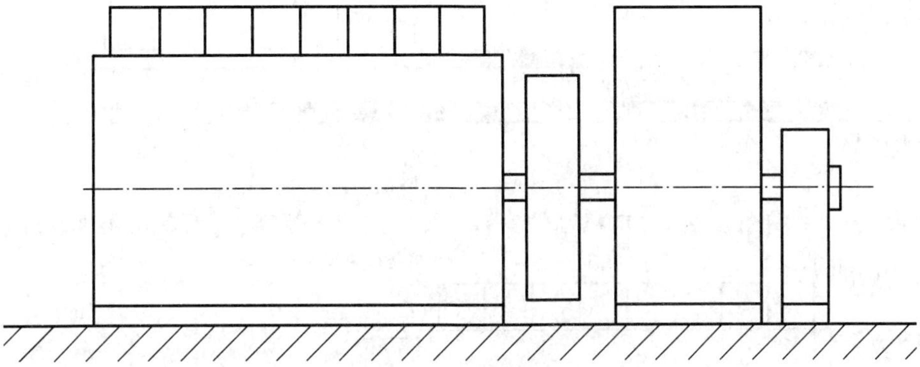

图 A.1　发动机和发电机刚性安装

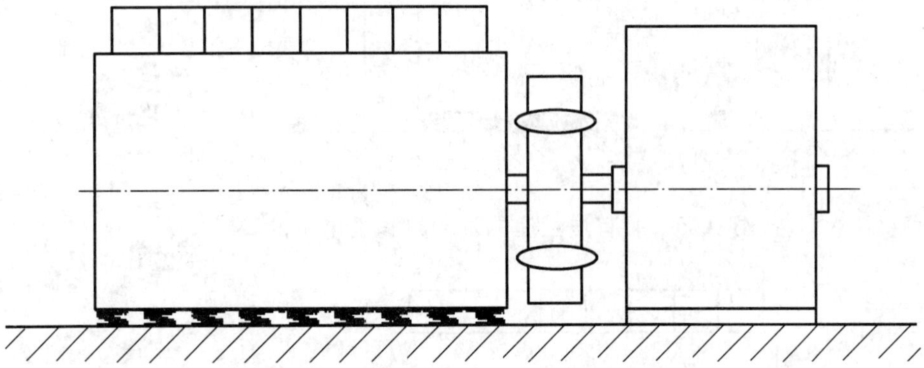

图 A.2　发动机弹性安装，发电机刚性安装，两者由柔性联轴器连接

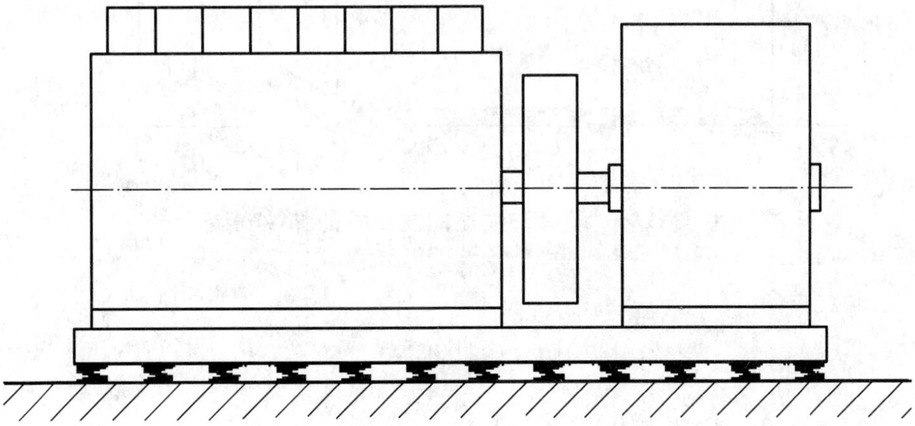

图 A.3　发动机和发电机刚性安装在弹性支承的基架上

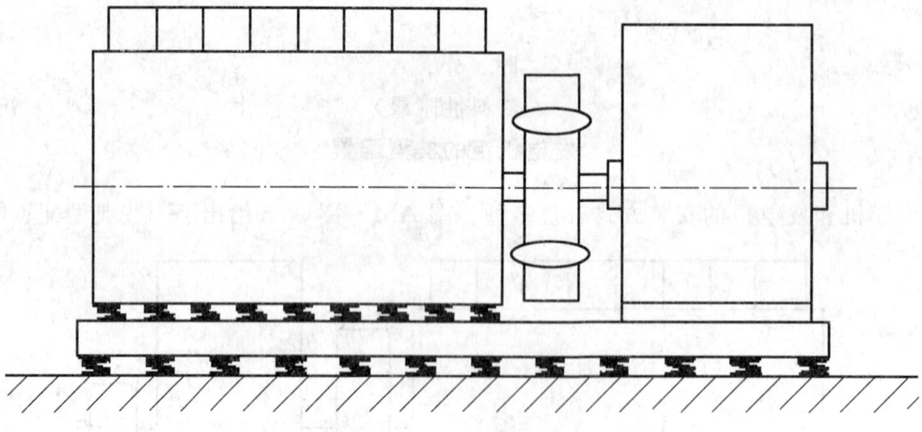

图 A.4 发动机弹性安装,发电机刚性安装在弹性支承的基架上,两者由柔性联轴器连接

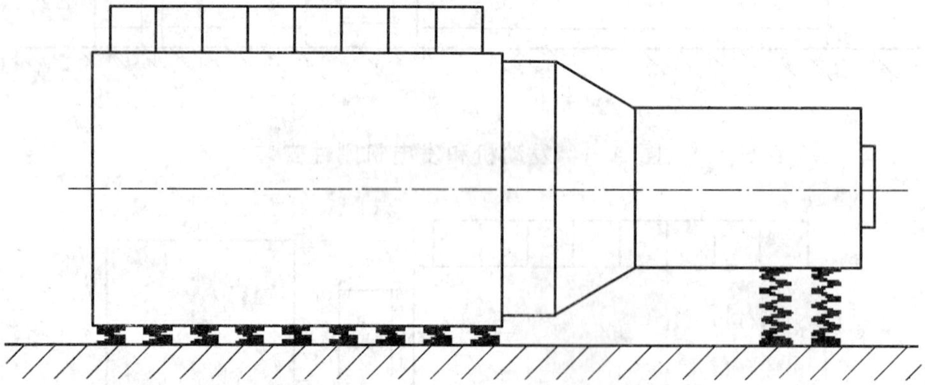

图 A.5 装有法兰座的发动机和发电机的弹性安装

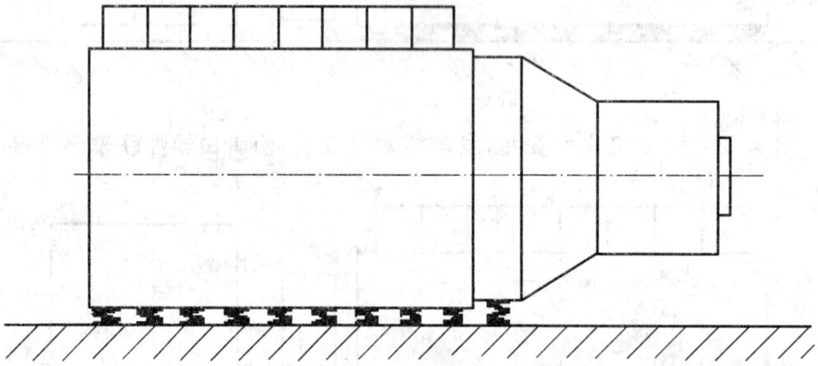

图 A.6 装有法兰座的发动机的弹性安装

附 录 B
（资料性附录）
测试系统的典型配置

本附录给出了满足本部分要求的测试系统典型配置。图 B.1～图 B.4 显示了弹性支承设备的不同支承结构。图 B.5～图 B.8 显示了装有安装夹具的设备的支承结构。图 B.9～图 B.12 显示了齿轮箱和推进主机的支承结构。

说明：

1——地面；

2——柱，壁；

3——工作台；

4——需测试的船上设备；

5——需测试船上设备的弹性支座[a]；

6——支承结构或公用基座[b]；

7——支承结构或公用基座的弹性支座[c]；

8——刚性大质量试验台[d]；

9——试验台刚性固定在地面上。

[a] 选择需测试船上设备的弹性支座时，应选择能使其达到准自由状态的弹性支座（见 3.12），若准自由状态难以实现，见 4.7.4。

[b] 支承结构或公用基座的局部静刚度应至少高于需测试船上设备支座以及支承结构或公用基座支座动刚度的 10 倍（见 3.12 和 4.7.2.1）。

[c] 所选择的支承结构或公用基座的弹性支座，其垂向谐振频率最高为 5 Hz（见 4.7.2.3）。

[d] 基础的局部静刚度应至少高于支承结构弹性支座动刚度的 10 倍（见 4.7.2.1 和 4.7.2.3）。

图 B.1 刚性固定试验台的支承结构

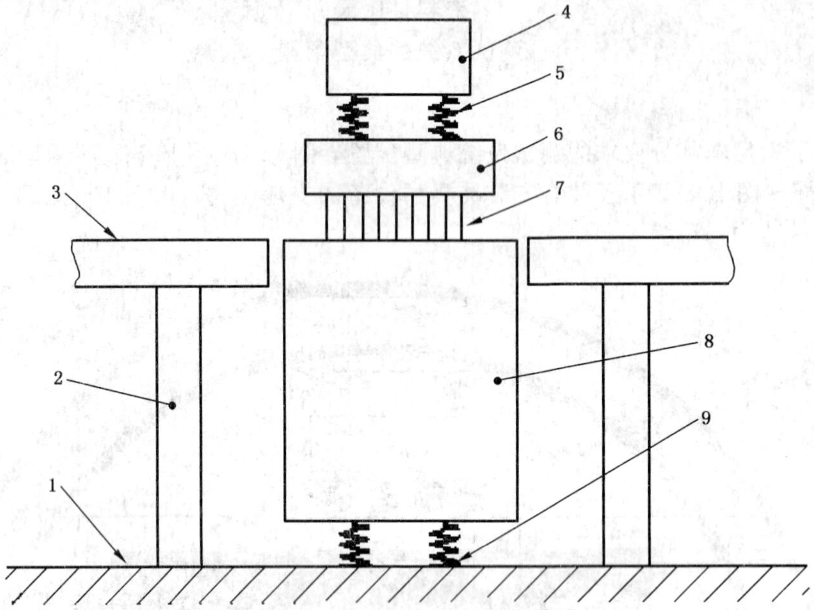

说明:

1——地面;

2——柱,壁;

3——工作台;

4——需测试的船上设备;

5——需测试船上设备的弹性支座[a];

6——支承结构或公用基座[b];

7——试验台上支承结构/公用基座的刚性安装夹具(见 4.7.2.3);

8——刚性大质量试验台[c];

9——试验台弹性固定在地面上[d]。

[a] 选择需测试船上设备的弹性支座时,应选择能使其达到准自由状态的弹性支座(见 3.12),若准自由状态难以实现,见 4.7.4。

[b] 支承结构或公用基座的局部静刚度应至少高于需测试船上设备弹性支座动刚度的 10 倍(见 3.12 和 4.7.2.1)。

[c] 基础的局部静刚度应至少高于基础弹性支座动刚度的 10 倍(见 3.12 和 4.7.2.1)。

[d] 所选择的试验台弹性支座,其垂向谐振频率最高为 5 Hz(见 4.7.2.2)。

图 B.2　弹性固定试验台的支承结构

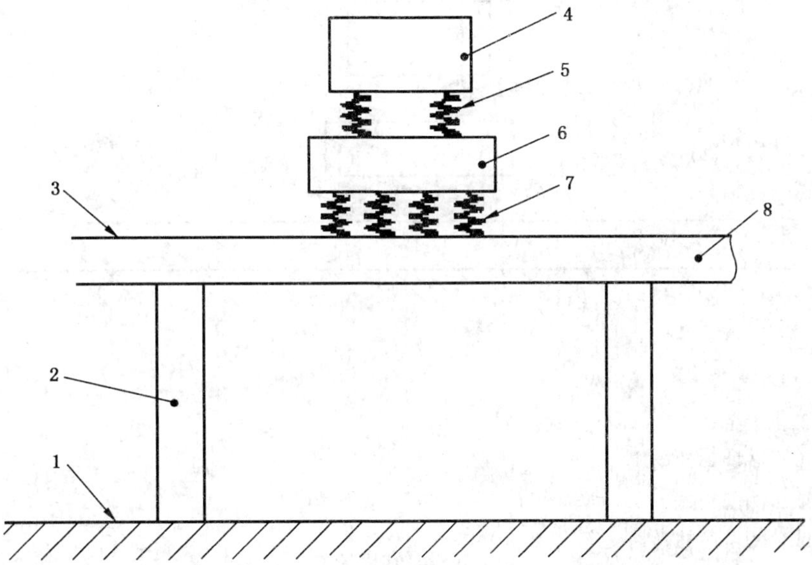

说明：

1——地面；

2——柱，壁；

3——工作台；

4——需测试的船上设备；

5——需测试船上设备的弹性支座[a]；

6——支承结构或公用基座[b]；

7——支承结构或公用基座的弹性支座[c]；

8——基础[d]。

[a] 选择需测试船上设备的弹性支座时，应选择能使其达到准自由状态的弹性支座(见 3.12)，若准自由状态难以实现，见 4.7.4。

[b] 支承结构或公用基座的局部静刚度应至少高于需测试船上设备弹性支座动刚度的 10 倍(见 3.12 和 4.7.2.1)。

[c] 所选择的支承结构或公用基座的弹性支座，其垂向谐振频率最高为 5 Hz(见 4.7.2.3)。

[d] 基础包括重型混凝土工作台，该工作台的局部静刚度应至少高于支承结构弹性支座动刚度的 10 倍(见 4.7.2.3)。工作台的最小固有频率应已知，应防止其与需测试船上设备的最低强迫频率一致以避免共振(见 4.7.2.1)。

图 B.3　重型混凝土工作台固定在立柱上的支承结构

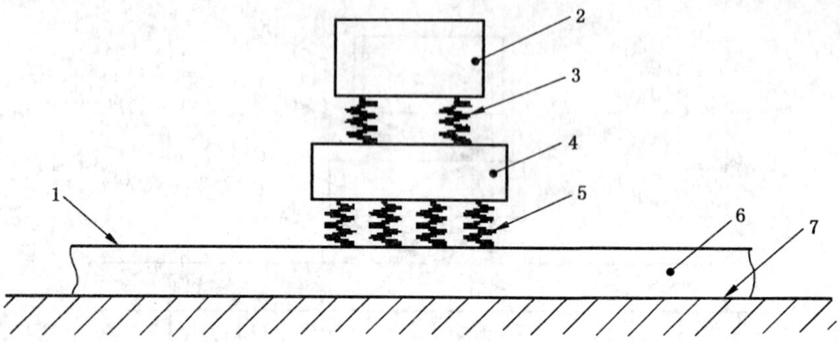

说明：

1——工作台；

2——需测试的船上设备；

3——需测试船上设备的弹性支座[a]；

4——支承结构或公用基座[b]；

5——支承结构或公用基座的弹性支座[c]；

6——基础[d]；

7——地面。

[a] 选择需测试船上设备的弹性支座时，应选择能使其达到准自由状态的弹性支座(见3.12)，若准自由状态难以实现，见4.7.4。

[b] 支承结构或公用基座的局部静刚度应至少高于需测试船上设备弹性支座动刚度的10倍(见3.12和4.7.2.1)。

[c] 所选择的支承结构或公用基座的弹性支座，其垂向谐振频率最高为5 Hz(见4.7.2.3)。

[d] 基础包括重型混凝土工作台，该工作台的局部静刚度应至少高于支承结构弹性支座动刚度的10倍(见4.7.2.1和4.7.2.3)。

图 B.4　重型混凝土工作台固定在地面上的支承结构

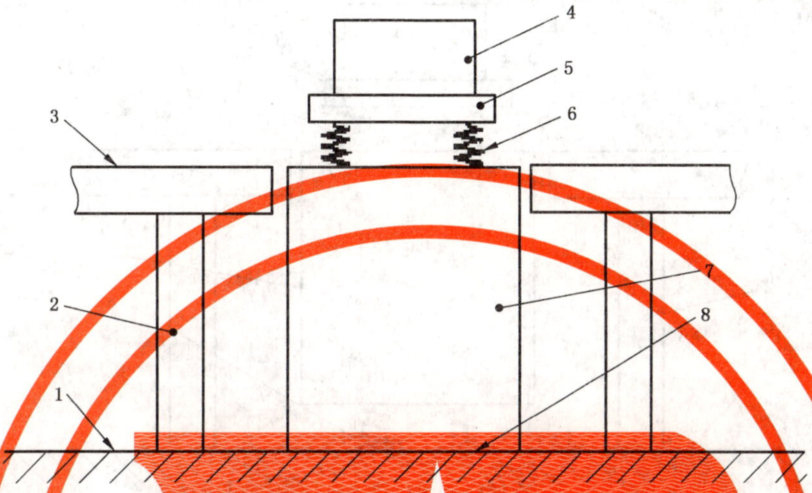

说明：

1——地面；

2——柱，壁；

3——工作台；

4——需测试的船上设备[a]；

5——安装夹具[b]；

6——安装夹具的弹性支座[c]；

7——刚性大质量试验台[d]；

8——试验台刚性固定在地面上。

[a] 见 4.7.2.4。

[b] 安装夹具的局部静刚度应至少高于安装夹具弹性支座动刚度的 10 倍(见 3.12 和 4.7.2.1)。

[c] 所选择的安装夹具弹性支座，其垂向谐振频率最高为 10 Hz(准自由状态，见 3.12)。

[d] 基础的局部静刚度应至少高于安装夹具弹性支座动刚度的 10 倍(见 3.12 和 4.7.2.1)。

图 B.5 刚性固定试验台上的安装夹具

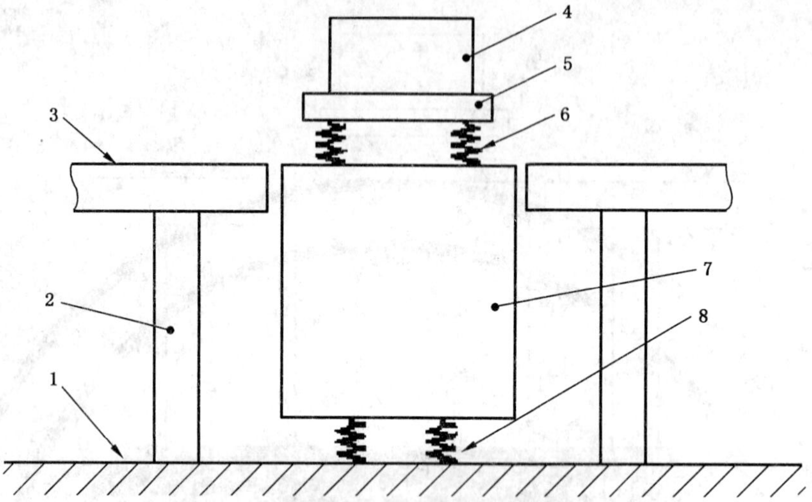

说明：

1——地面；

2——柱，壁；

3——工作台；

4——需测试的船上设备(见 4.7.2.4)；

5——安装夹具[a]；

6——安装夹具的弹性支座(准自由状态)[b]；

7——刚性大质量试验台[c]；

8——试验台弹性固定在地面上[d]。

[a] 安装夹具的局部静刚度应至少高于需测试船上设备支座动刚度的 10 倍(见 3.12 和 4.7.2.1)。

[b] 所选择的安装夹具的弹性支座，其垂向谐振频率最高为 10 Hz(准自由状态，见 3.12)。

[c] 基础的局部静刚度应至少高于安装夹具和基础的弹性支座动刚度的 10 倍(见 3.12 和 4.7.2.1)。

[d] 所选择的试验台的弹性支座，其垂向谐振频率最高为 5 Hz(见 3.12 和 4.7.2.2)。

图 B.6　弹性固定试验台上的安装夹具

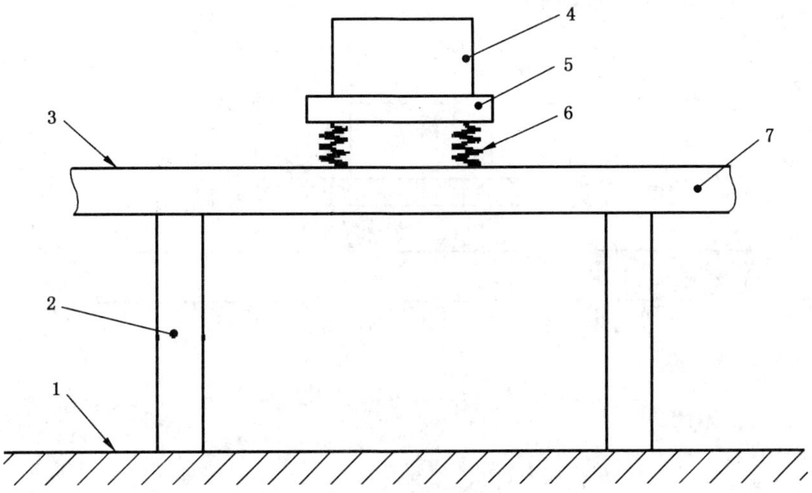

说明：

1——地面；

2——柱，壁；

3——工作台；

4——需测试的船上设备[a]；

5——安装夹具[b]；

6——安装夹具的弹性支座(准自由状态)[c]；

7——基础[d]。

[a] 见 4.7.2.4。

[b] 安装夹具的局部静刚度应至少高于安装夹具弹性支座动刚度的 10 倍(见 3.12 和 4.7.2.1)。

[c] 所选择的安装夹具的弹性支座，其垂向谐振频率最高为 10 Hz(准自由状态，见 3.12)。

[d] 基础包括重型混凝土工作台，该工作台的局部静刚度应至少高于安装夹具弹性支座动刚度的 10 倍(见 3.12 和 4.7.2.1)。工作台的最小固有频率应已知，应防止其与安装夹具弹性支座的第一阶垂向谐振频率一致以避免共振。

图 B.7　重型混凝土工作台固定在立柱上的安装夹具

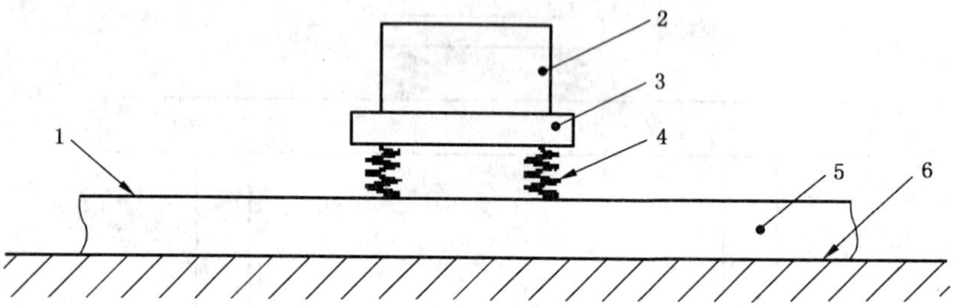

说明：

1——工作台；

2——需测试的船上设备[a]；

3——安装夹具[b]；

4——安装夹具的弹性支座(准自由状态)[c]；

5——基础[d]；

6——地面。

[a] 见 4.7.2.4。

[b] 安装夹具的局部静刚度应至少高于安装夹具弹性支座动刚度的 10 倍(见 3.12 和 4.7.2.1)。

[c] 所选择的安装夹具的弹性支座，其垂向谐振频率最高为 10 Hz(准自由状态，见 3.12)。

[d] 基础包括重型混凝土工作台，该工作台的局部静刚度应至少高于安装夹具弹性支座动刚度的 10 倍(见 3.12 和 4.7.2.1)。

图 B.8 重型混凝土工作台固定在地面上的安装夹具

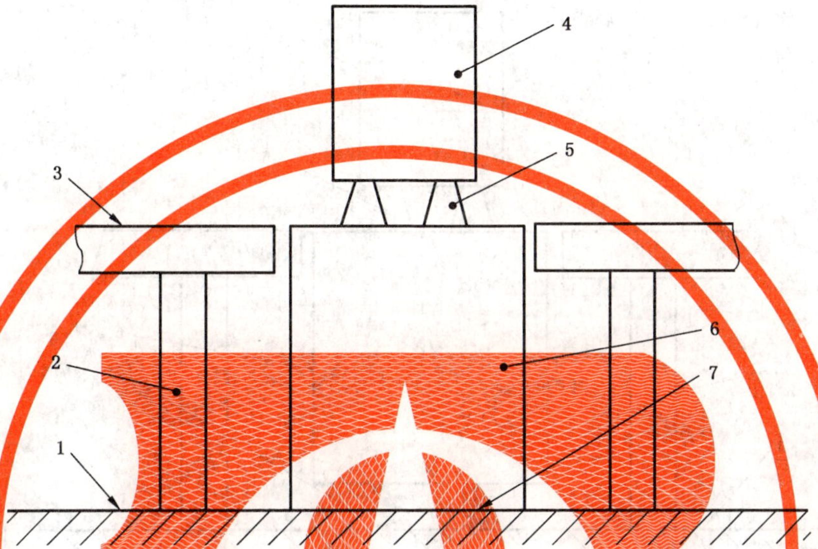

说明：

1——地面；

2——柱，壁；

3——工作台；

4——需测试的重型船上设备[a]；

5——基础上需测试重型船上设备的刚性支座(见 4.7.2.3)；

6——刚性大质量试验台(见 4.7.2.1)；

7——试验台刚性固定在地面上。

[a] 见 4.7.1 和 4.7.2.3。

图 B.9　刚性固定试验台上的齿轮箱和推进主机安装

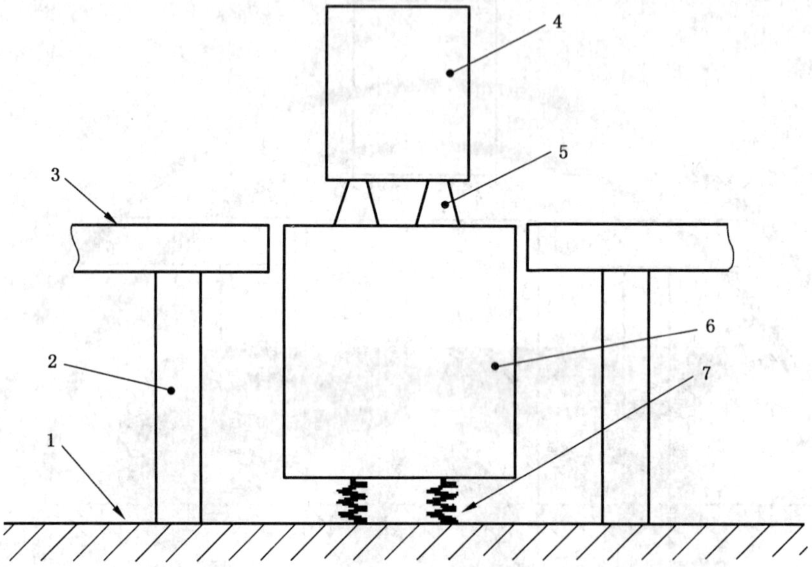

说明：

1——地面；

2——柱，壁；

3——工作台；

4——需测试的重型船上设备[a]；

5——基础上需测试重型船上设备的刚性支座[b]；

6——刚性大质量试验台[c]；

7——试验台的弹性支座[d]。

[a] 见 4.7.1 和 4.7.2.3。

[b] 见 4.7.2.3。

[c] 基础的局部静刚度应至少高于基础弹性支座动刚度的 10 倍(见 3.12 和 4.7.2.1)。

[d] 试验台弹性安装在地面上，所选择的这些支座，其垂向谐振频率最高为 5 Hz(见 4.7.2.2)。

图 B.10 齿轮箱和推进主机在弹性安装的试验台上

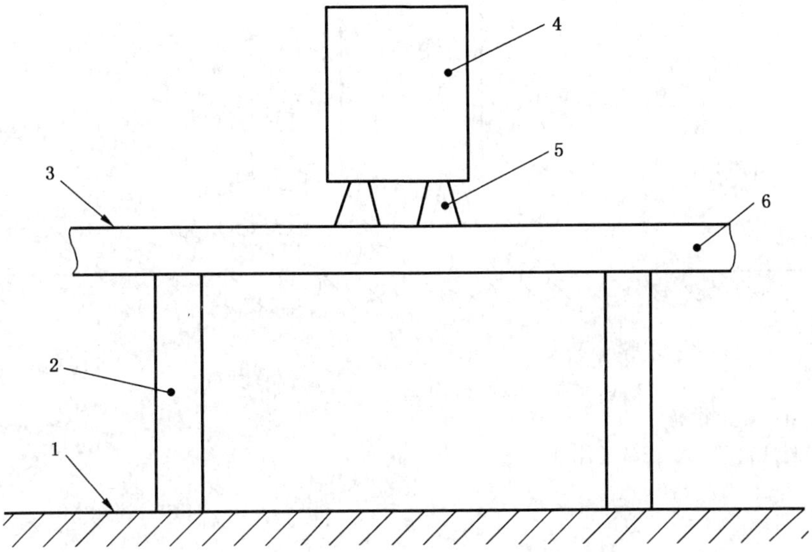

说明：
1——地面；
2——柱，壁；
3——工作台；
4——需测试的重型船上设备[a]；
5——基础上需测试重型船上设备的刚性支座[b]；
6——基础[c]。

[a] 见4.7.1和4.7.2.3。

[b] 见4.7.2.3。

[c] 基础包括重型混凝土工作台。应已知工作台的最小固有频率，并防止其与需测试重型船上设备的最低扰动频率一致以避免共振。

图B.11 齿轮箱和推进主机安装在固定立柱上的重型混凝土工作台上

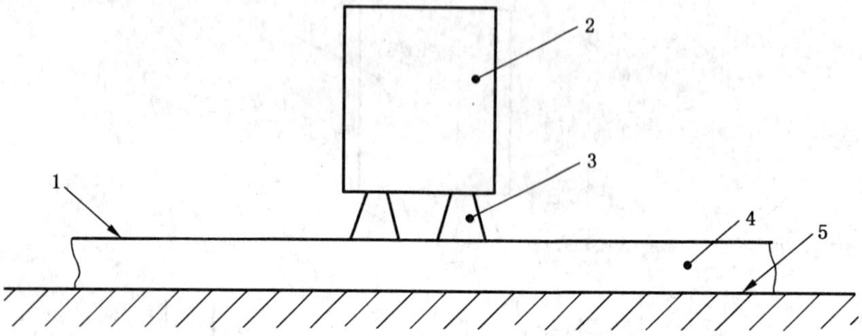

说明：

1——工作台；

2——需测试的重型船上设备[a]

3——基础上需测试重型船上设备的刚性支座；

4——基础[b]；

5——地面。

[a] 见4.7.1和4.7.2.3。

[b] 基础包括重型混凝土工作台(见4.7.2.1)

图 B.12　齿轮箱和推进主机安装在地面上的重型混凝土工作台上

参 考 文 献

[1] ISO 2017-1,Mechanical vibration and shock—Resilient mounting systems—Part 1:Technical information to be exchanged for the application of isolation systems

[2] ISO 4867,Code for the measurement and reporting of shipboard vibration data

[3] ISO 4868,Code for the measurement and reporting of local vibration data of ship structures and equipment

[4] ISO 5347(all parts),Methods for the calibration of vibration and shock pick-ups

[5] ISO 6954,Mechanical vibration—Guidelines for the measurement,reporting and evaluation of vibration with regard to habitability on passenger and merchant ships

[6] ISO 7626(all parts),Vibration and shock—Experimental determination of mechanical mobility

[7] ISO 8528-9,Reciprocating internal combustion engine driven alternating current generating sets—Part 9:Measurement and evaluation of mechanical vibrations

[8] ISO 8579-2,Acceptance code for gearunits—Part 2:Determination of mechanical vibration of gear units during acceptance testing

[9] ISO 9611,Acoustics—Characterization of sources of structure—borne sound with respect to sound radiation from connected structures—Measurement of velocity at the contact points of machinery when resiliently mounted

[10] ISO 10055,Mechanical vibration—Vibration testing requirements for shipboard equipment and machinery components

[11] ISO 10816(all parts),Mechanical vibration—Evaluation of machine vibration by measurements on non-rotating parts

[12] ISO 10846(all parts),Acoustics and vibration—Laboratory measurement of vibro-acoustic transfer properties of resilient elements

[13] ISO 13373(all parts),Condition monitoring and diagnostics of machines—Vibration condition monitoring

[14] ISO 14694,Industrial fans—Specifications for balance quality and vibration levels

[15] ISO 14695,Industrial fans—Method of measurement of fan vibration

[16] ISO 16063(all parts),Methods for the calibration of vibration and shock transducers

[17] IEC 60034-14,Rotating electrical machines—Part 14:Mechanical vibration of certain machines with shaft heights 56 mm and higher—Measurement,evaluation and limits of vibration severity

[18] International code for safety for high-speed craft(HSC code),IMO International Maritime Organization[1)]

1) 4 Albert Embankment,London SE1 7SR,www.imo.org

ICS 17.160
J 04

中华人民共和国国家标准

GB/T 28785—2012/ISO 20806:2009

机械振动 大中型转子现场平衡的准则和防护

Mechanical vibration—Criteria and safeguards for the in-situ balancing of medium and large rotors

(ISO 20806:2009,IDT)

2012-11-05 发布 2013-03-01 实施

中华人民共和国国家质量监督检验检疫总局
中国国家标准化管理委员会 发布

前　言

本部分按照 GB/T 1.1—2009 和 GB/T 20000.2—2009 给出的规则起草。

本部分使用翻译法等同采用 ISO 20806:2009《机械振动　大中型转子现场平衡的准则和防护》。

与本部分中规范性引用的国际文件有一致性对应关系的我国文件如下：

——GB/T 2298—2010　机械振动、冲击和状态监测　词汇(ISO 2041:2009,IDT)

——GB/T 6075(所有部分)　机械振动　在非旋转部件上测量和评价机器的机械振动(ISO 10816,IDT)

——GB/T 6444—2008　机械振动　平衡词汇(ISO 1925:2001,IDT)

——GB/T 9239.1—2006　机械振动　恒态(刚性)转子平衡品质要求　第1部分:规范与平衡允差的检验(ISO 1940-1:2003,IDT)

——GB/T 11348(所有部分)　机械振动　在旋转轴上测量评价机器的振动(ISO 7919,IDT)

——GB/T 21487.1—2008　转轴振动测量系统　第1部分:径向振动的相对和绝对测量(ISO 10817-1:1998,IDT)

——GB/T 13824—1992　对振动烈度测量仪的要求(eqv ISO 2954:1987)

本标准由全国机械振动、冲击与状态监测标准化技术委员会(SAC/TC 53)提出并归口。

本标准起草单位:郑州机械研究所、东南大学火电机组振动工程研究中心、陕西电力科学研究院、河南电力试验研究院、北京北重汽轮电机公司、南阳防爆集团股份有限公司、中国测试技术研究院。

本标准主要起草人:马卫平、王义翠、黄润华、慎政、傅行军、郭平英、罗剑斌、安胜利、王泽威、朱沙。

引　言

平衡是检验一个转子的质量分布，必要时对其进行校正，使剩余不平衡量或轴承/支承的振动和/或轴承上的力在规定限值内的过程。很多转子在安装到机器现场轴承位之前已经在专门指定的平衡设备上进行过平衡。然而，如果修复工作在现场进行或不能用平衡机，那么转子现场平衡就越来越普遍了。

与在平衡机上进行平衡不同，现场平衡的优点是转子安装在其工作环境中进行的。因此现场平衡时既不损害转子的轴承和支承机构的动态性能，也不受转子轴系其他因素的影响。现场平衡的缺点是不方便进入机器和需要开动整个机器。不方便进入机器就不便在校正平面上加校正质量，开动整个机器就会有停工和运行成本的经济损失。在一个转子存在很大的不平衡量时，由于不方便接近平衡面和校正质量尺寸的限制，现场平衡就有可能完不成。

ISO 19499[4]给出了与转子机械平衡有关的标准的一般指南，ISO 1940-1 涵盖了恒态(刚性)转子的特性，ISO 11342[3]涵盖了弹性轴(挠性转子)的特性。

机械振动
大中型转子现场平衡的准则和防护

1 范围

本标准规定了大中型转子在其自身轴承中现场平衡的程序。阐述了适合做现场平衡的条件、所需的仪器、安全措施的内容以及报告和维护记录的要求。

本标准可用作规定现场平衡合同的基础。

本标准不提供从测得的振动数据计算校正质量方法的指南。

注：本标准规定的程序适合大中型机器。但很多原理同样适用于小型机器，比如说保持一个好的振动状态记录和校正质量的配置。

2 规范性引用文件

下列文件对于本文件的应用是必不可少的。凡是注日期的引用文件，仅注日期的版本适用于本文件。凡是不注日期的引用文件，其最新版本(包括所有的修改单)适用于本文件。

ISO 1925 机械振动 平衡词汇(Mechanical vibration—Balancing—Vocabulary)

ISO 1940-1 机械振动 恒态(刚性)转子平衡品质要求 第1部分:规范与平衡允差的检验(Mechanical vibration—Balance quality requirements for rotors in a constant(rigid) state—Part 1: Specification and verification of balance tolerances)

ISO 2041 机械振动、冲击和状态监测 词汇(Mechanical vibration, shock and condition monitoring—Vocabulary)

ISO 2954 旋转与往复机器的振动 对振动烈度测量仪的要求(Mechanical vibration of rotating and reciprocating machinery—Requirements for instruments for measuring vibration severity)

ISO 7919 机械振动 在旋转轴上测量评价机器的振动(Mechanical vibration—Evaluation of machine vibration by measurements on rotating shafts)

ISO 10816 机械振动 在非旋转部件上测量评价机器的振动(Mechanical vibration—Evaluation of machine vibration by measurements on non-rotating parts)

ISO 10817-1 转轴振动测量系统 第1部分:径向振动的相对和绝对检测(Rotating shaft vibration measuring systems—Part 1: Relative and absolute sensing of radial vibration)

3 术语和定义

ISO 1925 和 ISO 2041 中界定的以及下列的术语和定义适用本文件。

3.1

现场平衡 In-situ balancing

在转子自身的轴承和支承结构上而不是在平衡机上进行平衡的过程。

4 现场平衡

4.1 总则

现场平衡，就是在转子上有限个便于实施和可接近的位置施加校正质量。通过平衡试验，使轴或/

和座的振动量值或/和剩余不平衡量减小到规定的数值内，使机器能够在整个运行范围内安全运行。作为成功的平衡的一部分，对固定转速机组可能会把机器的瞬态转速的振动作某些折衷，以得到容许的正常运行转速下的振动。

注：在某些情况下，对不平衡很灵敏的机器不能在整个运行范围内成功地平衡。这种情况一般出现在机器运行在转速接近一个小阻尼系统模态下(见 ISO 10814)，并且不平衡量和负载有关的时候。

相对平衡仪器来说，大部分场合的测量仪器以及数据处理的能力都很有限，这种情况下进行现场平衡就需要另外的仪器。另外也应考虑到施加校正质量后转子运转的安全问题。

4.2 现场平衡的原因

4.2.1 尽管单个的转子在高速或低速的平衡机上已经做过平衡，但当转子安装到现场连成轴系以后，可能还需进行现场平衡，这可能因为转子在实际机器中与在平衡机上被隔离的环境中不同，包括：

a) 平衡设备和实际机器的转子支承系统动态特性的不同；

b) 无法发现和校正的安装误差；

c) 转子系统在组装前无法平衡；

d) 转子在满负荷运行工况下转子不平衡特性的改变。

4.2.2 转子在使用中的变化可能也需要平衡补偿，包括：

a) 磨损；

b) 零部件的损耗，例如转子叶片碰磨壳体；

c) 更换零部件的维修工作；

d) 转子轴系中零部件(例如联轴器、燃气轮机的轮盘和发电机的端环)的移动引起的不平衡。

注：转子叶片通常作为平衡的加重位置，如果只有少量叶片被更换就可能达不到平衡要求。

4.2.3 由于一些经济和技术的因素也可能需要进行现场平衡，包括：

a) 在没有必要购买平衡机时；

b) 在需要做平衡的场合，没有合适的平衡机可用时；

c) 在拆卸机器、运输转子到合适的平衡设备不太经济时。

4.2.4 机器在正常运行和/或转速改变时(经维修后或投产后)，振动量值相比经验值、合同要求或国家标准(例如 ISO 10816 所有部分和 ISO 7919 所有部分)的规定不能达到要求。在很多情况下可能可以通过现场平衡使振动值到容许值以内。

4.3 现场平衡的目的

现场平衡的目的是将机器的振动量值减小到机器长期运行的容许值以内。对大多数机器，通频振动量值的限值宜根据经验或者 ISO 10816 和 ISO 7919 的相应部分分别对轴承座和轴振动的要求来制定。

在关注剩余不平衡量的量值的场合，剩余不平衡量要减小到许用值以内(详见 ISO 1940-1)。

5 实施现场平衡的准则

在进行现场平衡之前，应作一个可行性研究来评估可用的校正平面是否会对被观测的振动产生影响，如果校正平面无法接近或在完全内置的机器上振动测点无法布置，就不能进行现场平衡。在尽可能的情况下，宜利用以前现场平衡的经验，有时还需进行模态分析。

现场平衡仅在下列情况下才能尝试：

a) 认为振动大的原因是明确的，且从源头无法消除；

b) 经过振动特性分析,断定现场平衡是安全有效的途径;

c) 在要求的正常运行工况下,在现场平衡之前以及现场平衡的过程中,振动矢量稳定且具有重复性;

d) 加校正质量只能影响振动的基频分量,因此只有基频分量是通频振动量值的主要成分时,才能进行现场平衡。

在特殊情况下,机器正常运行时振动的基频成分会发生变化(例如发电机转子的热弯曲),通过加校正质量可能使机器在运行范围内达到许用的平衡结果。这时为使全速满负荷时的振动值合格,可能会使无负荷的振动值增大。再一次强调,只有认为振动原因是不平衡时才能进行现场平衡。

注:当系统运行状态非线性时,校正质量能影响其他振动分量,包括次谐波和高谐波分量。

振动的基频成分可能并非来自不平衡,而是由系统受外力产生,例如来自液压泵和电动机等。很多安装误差如轴安装不对中、可倾轴承等也会产生基频振动。这些影响通常不应该用平衡来校正,因为平衡只在单一转速下有效,并且可能会掩盖系统的真实故障。

轴的基频振动矢量宜足够稳定,足以使幅值变化量相对平均振动矢量的幅值不大。

如果有足够的转子系统设计数据可用,转子的动力学模型可以帮助选择合适的平衡平面和校正质量的组合。

6 安全防护

6.1 总则

警告:现场平衡仅应由技术熟练的团队来完成,其中包括用户和供应商,这些人员要清楚加上试加质量和校正质量的后果,而且要有操作机器的经验。如果操作失误将对整个机器和人员产生风险。

6.2 操作人员接近转轴时的安全

在进行现场平衡时,机器需在特定的工况下运行,允许接近旋转部件加试加质量和最终校正质量,应有严格的安全程序确保人员接近转轴时机器不能旋转,也不能有临时使用的设备工具靠近转轴以防止轴转动时缠绕进去。

6.3 现场平衡的特殊运行范围

在进行平衡时,机器要多次快速启动和停止及在非正常的负荷工况下运行等,可能超出机器正常运行范围。附录A中给出了几种需考虑防护的具体机器的例子。按附录A操作不会对整个机器的完整性或寿命造成损害。

然而由于没有涵盖所有机器类型情况的通用列表,故需要单独检查每次现场平衡的完整性要求。

6.4 校正质量及其安装的设计和完整性

在加试加质量和校正质量时,应确保它们紧固连接,其固定件应能承担要求的载荷。校正质量不能妨碍机器的正常运行,例如由于轴的膨胀,校正质量会与静止部件接触等。如果有说明书,校正质量应按照制造商的说明书安装。

校正质量通常采用螺栓或焊接固定,应确保螺栓孔和焊接过程不会损害连接校正质量的转子部件的完整性或功能,例如冷却的功能。此外校正质量应与其所在的运行环境相适应,例如温度和大气的化学成分。

如果可能,通过合并以前平衡的校正质量使每个校正平面上的总校准质量最小。但是由于特殊原因加的质量(例如用来平衡单个圆盘或抵消叶片根部偏心误差的配重)不宜改变。

当校正质量加在非整体的旋转部件上时,应在这些零件上做对应标记,这样能够保持合适的装配方位。

6.5 具体机器安全的含义

现场平衡的一般安全要求在6.2～6.4中已经论述,但还应考虑到附录A中具体类型机器的预防和防护措施。然而由于没有涵盖所有机器类型安全预防措施的通用列表,故需要单独检查每次现场平衡的安全要求。

7 测量

7.1 振动测量设备

通过直接测量转轴评价振动的基本步骤应遵照ISO 7919-1,测量系统应遵照ISO 10817-1。传感器安装在机座上的测量步骤应遵照ISO 10816-1,测量系统遵照ISO 2954。任一测量系统应该有足够的频率范围来采集需平衡机器的整个转速范围的数据。传感器应有必要的灵敏度且应安装在适当的位置以测量校正质量的效应。

对于弹性支承结构,测量机座的振动就能得到好结果。对刚性支承,测量轴相对振动的传感器可能更灵敏。可根据以往的经验和转子动力学模型获得最合适测量系统的指导。当用非接触式电涡流传感器测轴的相对运动时,所测信号会受到测量位置电和/或机械偏摆的影响(详见ISO 7919-1和ISO 10817-1)。当这些效应严重影响到真值读数时,宜隔离干扰信号源和采取适当的校正措施。如果可能,应采用轴振动的绝对测量,绝对测量能够测得轴与机座运动无关的绝对位置。

ISO 7919(所有部分)和ISO 10816(所有部分)主要是关于机器在稳态工况下运行可接受的通频振动值的标准。对于平衡,振动测量设备应有提取振动基频分量的附加功能,包括基频振动的幅值和相位。另外ISO 7919(所有部分)和ISO 10816(所有部分)适用于所有轴承支承的径向测量和仅限推力轴承的轴向测量。而在某些特殊工况,其他轴承的轴向振动也应测量。

进行现场平衡通常是为了减小机器运行转速下的振动值以及升降速过程中系统过共振时的振动值。测量设备应具有足够的动态范围以测量全转速范围和所关心的运转转速下的幅值和相位。

振动应在选定需要减小振动值的位置测量。平衡可以改善某些位置或方向的振动值而可能会使其他位置或方向的振动值增大。因此建议在邻近的转子或轴承上安装另外的传感器进行振动监测。对振动监测来说尽管测量一个方向的振动已经足够,而对现场平衡如有可能测量两个正交方向的振动更为合适。

如果使用永久安装的传感器,平衡前检查校准其幅值和相位是可取的。永久安装的轴用相对位移传感器通常不检查,但建议检查相位和轴偏摆。检查轴用相对传感器的相位通过确保传感器信号的极性正确就足够了。如果方便,机座用的传感器应与便携式测量设备对比检查。

注:在某些情况下,测量振动的完全轨迹是有用的,这时需要两个传感器安装在沿轴向选定的测量位置,更确切地说,需要两个非平行安装的传感器描绘振动轨迹,通常使用两个正交安装的传感器。

7.2 测量误差

任何测量都有误差,它是测量值与真实值之间的差异,这种差异叫做测量误差。在平衡测量中,测量误差由系统误差、随机误差和标量误差综合引起。系统误差是对不平衡幅值和相位产生的影响,可以通过计算或测量进行评估的误差。随机误差是引起不平衡幅值和相位不可预见的变化的误差。标量误差是对不平衡幅值产生的影响可以评估或估算而对相位影响不能确定的误差。

ISO 1940-2[1]给出了可能发生在平衡领域中典型误差实例以及确定这些误差的方法步骤，其中一些实例是对平衡机的，但很多也适用于现场平衡。

当供应商与用户达成一致意见时(见 4.3)，这些误差的限值应与现场平衡验收准则相适应。

7.3 相位参考信号

7.3.1 总则

相位参考标记(例如键槽或反光带等)通常布置在轴或与轴同步旋转的部件上，用安装在非旋转部件上(例如轴承座)的传感器检测得到一个用于测量振动相位的每转一次的参照信号。

有时参考标记是永久安装的，这样的参考标记(像键槽或在轴上做的标记)应明确记录下来，如果可能应该是可见的，以便可准确地施加校正质量。

另外应确定轴的旋转方向，以便振动相位角(同向或反向)转换成校正质量的角度位置。如果测量的角度与转向相同(相位超前)，校正质量应加在从相位标记触发沿开始沿转速方向相应的角度上。如果测量的角度与转向相反(相位滞后)，校正质量应加在从相位标记触发沿开始转速反方向相应的角度上。

这两种相位定义都可以采用，但所用系统必须明确规定。使确定校正质量位置的相位角与基频振动的相位角保持一致是个好做法。

7.3.2 重复使用相位参考数据需要的信息

轴上相位参考标记的位置应始终如一并保持准确的记录，以便以前和将来的现场平衡数据能够比较(见第 9 章)。相位标记产生的脉冲应该是尖的，以便不同的触发电平都能获得精准的相位测量。正弦信号(见图 1)使触发时间取决于触发电平的设置，而尖脉冲(见图 2)使触发时间和触发电压设置无关。无论脉冲的上升沿还是下降沿(正斜坡或负斜坡)都是前沿触发。由于脉冲的宽度可能不反映相位标记的宽度，而是取决于脉冲信号的适调，所以后沿触发可能会产生显著的相位误差。

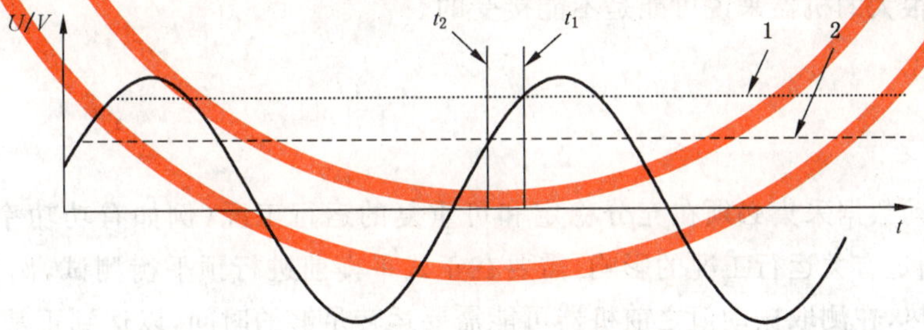

说明：

t ——时间；

t_1 ——触发电平 1 的触发时间；

t_2 ——触发电平 2 的触发时间；

U ——转速计信号；

1 ——触发电平 1；

2 ——触发电平 2。

图 1　不好的相位参考信号

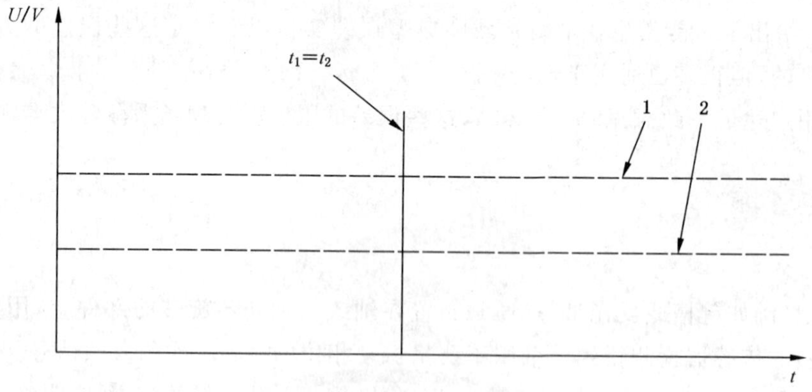

说明：

t ——时间；

t_1 ——触发电平 1 的触发时间；

t_2 ——触发电平 2 的触发时间；

U ——转速计信号；

1 ——触发电平 1；

2 ——触发电平 2。

图 2 好的相位参考信号

7.3.3 使用试加质量的相位的作为相位参考

如果现场平衡用一个或一组试加质量作初始运转，以后所有的运转都会以此为参照，如 7.3.2 所述，也不必要了解详尽的相位参考信号的知识。所有校正质量的位置都是相对于试加质量的位置，而且由测量系统引起的误差也很小。

如果使用试加质量相位参考方法，在整个现场平衡的过程中必须使用相同的测量设备和触发设置，相位数据和以前或以后的相位没有太大关系。另外，初始试加质量的位置可能会使振动值加大，这对一个运行时振动值就很大的机器来说可能是不能接受的。

8 运行工况

平衡工作的振动数据采集必须在充分稳定和可重复的运行工况（例如有功功率、流量、电流、压力等）下进行。为了确定有关运行工况的影响，需要在正式平衡前进行预平衡测试，例如机器在初始启动的过程中会瞬时发热，在测取振动值之前机器可能需要运转足够的时间，以达到正常的运行工况。

注 1：如果怀疑存在非线性振动，可能需要做附加的测试。在这种情况下，轴基频振动向量的变化相对校正质量的位置和大小是非线性的。

注 2：如果在瞬态转速条件下进行数据采集，速度变化率（速度增加或减少）会影响测量的振动值。

9 报告

9.1 总则

报告的等级取决于平衡机器的类型，本章规定了应报告的信息。表 1 提供与需平衡机器类型相对应的标准等级报告的一般指南。风扇和大的涡轮发电机组的平衡报告实例分别在附录 B 和附录 C 中。

表 1 现场平衡报告的报告等级

机器类型	功率	背景	机器详情	测量仪器详情	结果			
					校正质量	表格	图形	
							矢量	特征
条款		9.2.1	9.2.3	9.3	9.4.2	9.4.3	9.4.4.1	9.4.4.2
锅炉鼓风机	<1MW	是	—	—	是	是	—	—
	>1 MW	是	—	是[a]	是	是	是	—
主锅炉供给泵	<1 MW	是	—	—	是	是	—	—
	>1 MW	是	—	是[a]	是	是	是	—
电动机	<1 MW	是	—	—	是	是	—	—
	>1 MW	是	是	是	是	是	是	—
燃气轮机	<50 MW	是	是	是	是	是	是	—
	>50 MW	是	是	是	是	是	是	是
蒸汽轮机	<50 MW	是	是	是	是	是	是	—
	>50 MW	是	是	是	是	是	是	是
发电机	<10 MW	是	是	是	是	是	是	—
	>10 MW	是	是	是	是	是	是	是

[a] 如果有补充的设备用于平衡，该设备的详情应在报告中描述。

平衡应准确地报告转子施加校正质量的记录。这在转子拆走维修时特别重要，以便于区分校正转子系中安装缺陷所加的校正质量和转子单独平衡所加的校正质量。

好的平衡记录也是必要的，它可以帮助了解机器的特性，能够预测它对加校正质量的响应。这简化了以后平衡的步骤，而且当有问题发生时可以帮助识别故障的位置。

即便是小的、价格低廉的机器，也应保持加校正质量的记录和方式，以便识别机械设备一般的或特异性问题。

在进行现场平衡之前，应该知道做现场平衡是需要加校正质量的。如果可能，平衡报告宜包括不平衡的原因和得到这一结论用到的信息。

9.2 报告绪言

9.2.1 背景

任何有关的机器履历都应强调，还应特别关注最近运行状况和维修工作。

9.2.2 目标

任何类型机器的报告都应明确指出现场平衡的目标。通常平衡的原因是减小振动到许用值。但特殊情况下，可能是要减小不平衡量到许用值。

9.2.3 机器详情

在某些情况下，宜提供一个需要平衡的整个机器的简图，该图应包括转子、推力轴承和支承轴承的位置，应清楚地显示出所有振动传感器及相位参考标记的位置和方向，还应包括轴的旋转方向及沿轴观测的方向。

机器设计中包含的影响机器平衡状态的更复杂的特性应着重描述。

9.3 振动测量设备

所有测量振动的设备都应详细列出。所使用的传感器也应明确描述:包括型号、系列号、灵敏度、校准日期、位置和方向等。

9.4 结果

9.4.1 测量单位

所有提供的数据都应当带测量单位一同表示,例如:

a) 振动位移峰-峰值,微米(μm);

b) 振动速度均方根值,毫米每秒(mm/s);

c) 校正质量,克或千克(g 或 kg);

d) 校正质量半径,毫米或米(mm 或 m)。

9.4.2 校正质量

应该提交完整的每个校正质量的配置,包括:

a) 轴向位置;

b) 径向位置;

c) 加的校正质量的量值;

d) 相对相位参考位置的角度。

这些可以识别所有存在的校正质量(如果存在)的数据可以用图形或表格的形式表示。必须提供最终配置的校正质量的数据;对复杂的平衡可能需要机器若干次运转,提交每次运转配置的校正质量可能是比较合适的,这取决于供应商和用户之间的协议。

应定义施加校正质量相位角(超前或滞后)的约定。

9.4.3 表格数据——振动结果和校正质量的配置

初始运转的振动测量数据和至少还应有的最终运转的振动测量数据应以表格的形式提交,包括每个测点的振动通频值及基频幅值和相位。包括正常运行转速下的数据以及任何所关心转速下的数据,通常是通过临界转速时的数据。复杂的平衡可能需要机器若干次运转,提交每次运转的振动数据和配置的校正质量可能是比较合适的,这取决于供应商和用户之间的协议。

应定义施加校正质量和振动矢量相位角(超前或滞后)的约定。

9.4.4 图形数据

9.4.4.1 振动矢量的变化

根据机器的类型和功率(见表1),显示从初始平衡到最终平衡基频振动矢量变化的极坐标图在幅值和相位上可以完善每个相关测点的表格数据。如果有多次平衡工作,在极坐标显示每次矢量渐进的变化可能是合适的,这取决于供应商和用户之间的协议。对固定转速的机器,在正常运行转速下振动矢量的变化(从初始到最终平衡工作)应呈现,如果其他转速重要,例如通过轴的临界转速,也有必要呈现该矢量的变化。

在特殊情况下,可能需要提交影响系数,这取决于供应商和用户之间的协议。

9.4.4.2 振动特征

在可能的情况下,反映基频振动幅值和相位的平衡前和平衡后的数据宜包括相关测点所有运行状态(包括升速、加载、稳态和降速等)下的数据。另外,通常要提交振动的通频幅值,以确认基频振动的减小已足以确保满足通频验收准则。

9.5 文本信息

9.5.1 总则

报告中叙述性的文字宜尽可能少,但足以说明所提交的数据。

9.5.2 讨论

报告中应有关于说明和总结施加校正质量的步骤和突出平衡过程中发生的重要事件的讨论。

9.5.3 结论

报告中应陈述重要的结果以及平衡后结果与相应验收准则的对比。

9.5.4 建议

报告中应突出从现场平衡中得出的所有建议措施。

附 录 A
（规范性附录）
具体类型机器现场平衡的预防和防护措施

规定与所有旋转机械现场平衡有关的预防措施是不可能的，但对具体类型机器的一些需考虑的关键因素在表A.1中重点列出。

表A.1 具体类型机器的预防措施

机器类型	实 例	考 虑 因 素
涡轮机	蒸汽和燃气涡轮机	在一个涡轮机停下来加校正质量和确定相位参考信号之前，应确保采取正确的步骤措施，防止轴产生弯曲。这通常包括盘车一段时间，以降低轴的温度。 机器的启动次数影响转子的寿命，故需要考虑现场平衡要求启动的次数
电动机	大型风机用电动机	有些电动机每小时启动的次数有限制，且不允许超出。 电动机可以没有中间控制从零转速直接启动到满转速。试加质量的大小不应损害机器，即使加在错误的位置
泵	锅炉给水主泵	一些泵为了安全运行需要充满流体，现场平衡工作时也不能例外
大型风机	大型强制引风机	在现场平衡工作时，由风机引起的气流应正确处置。例如可能需要关闭风机的风门，这可能将风机置于失速状态。 风机可能传送热或有害的流体，必须等到风机内部环境安全时，工作人员才能允许进入内部加校正质量
发电机	大型氢冷蒸汽或燃气涡轮发电机	有关涡轮机需注意的因素也适用于发电机。 为了便于接近内部的现场平衡面，可能需要发电机在空气中而不在氢气中运转，但是大多数发电机对最高运行转速和在空气中的运行时间甚至无电压和无负载等方面都有限制，而且不允许超过限制。 当发电机在空气中运行时，应确保密封油系统能够提供充分的轴密封润滑。 为了便于接近内部的场平衡校正面，可能需要拆掉一些内部冷却回路的隔流板。当做这些改动时，应考虑对发电机冷却和洁净方面的影响

附　录　B
（资料性附录）
小于1 MW锅炉风机现场平衡报告实例

档案号：
日　期：

送：　委托单位、负责人

编写：　项目执行者、负责人

审核：　第三方、负责人

项目名称：某电站某锅炉风机现场平衡　某年某月某日

结论：　某号锅炉风机经过现场平衡，振动值减少到GB/T 6057.3第二组刚性支承B区域。

抄送：　某电站（委托单位）

任务号：
页　数：4
表格数：4
图形数：1

背景

某风机叶片末端曾经磨蚀，碎片积聚在叶片内侧。现在风机叶片经过清理、叶片端部修复后，需要进行现场平衡对由此带来的不平衡进行校正。

目标

减小机座的振动到可持续长期运行的值。

仪器

用便携式仪器和一个传感器对所有的位置进行振动测量、平衡计算。

振动传感器

制造商	型号	序列号	灵敏度	校准日期	位置	方向

键相传感器

制造商	型号	序列号	位置	方向

分析系统

制造商	型号	序列号	最后的校准日期

结果　某风机平衡的数据

日期	时间	转速	非驱动端机座						驱动端机座						校正质量 校正半径 0.7 m	
			垂直			水平			垂直			水平				
		r/min	通频	基频		通频	基频		通频	基频		通频	基频			
			mm/s (r. m. s.)	mm/s (r. m. s.)	相位滞后(°)	mm/s (r. m. s.)	mm/s (r. m. s.)	相位滞后(°)	mm/s (r. m. s.)	mm/s (r. m. s.)	相位滞后(°)	mm/s (r. m. s.)	mm/s (r. m. s.)	相位滞后(°)	kg	相位滞后(°)
2002-01-10	20:05	600	13.5	13.3	8	8.9	8.7	264	12.9	12.6	9	8.1	7.9	264	—	—
2002-01-10	21:50	600	9.3	9.2	343	7.2	7.0	236	9.1	9.0	340	6.3	6.1	235	3	220
2002-01-10	23:30	600	2.4	2.3	7	1.8	1.6	265	1.7	1.6	11	1.0	0.9	262	5	180

注：相位参考信号和水平振动传感器在同一方向。

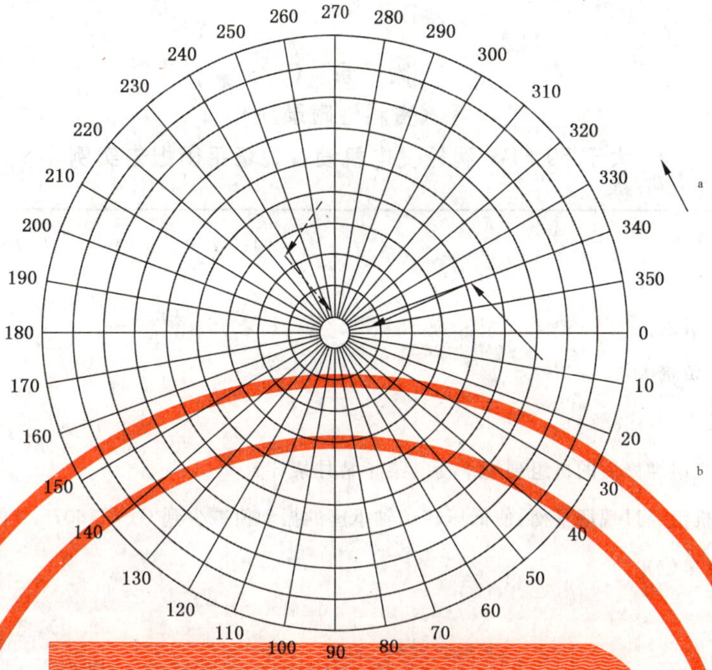

说明：

——→——驱动端水平；

- - - -→——驱动端垂直。

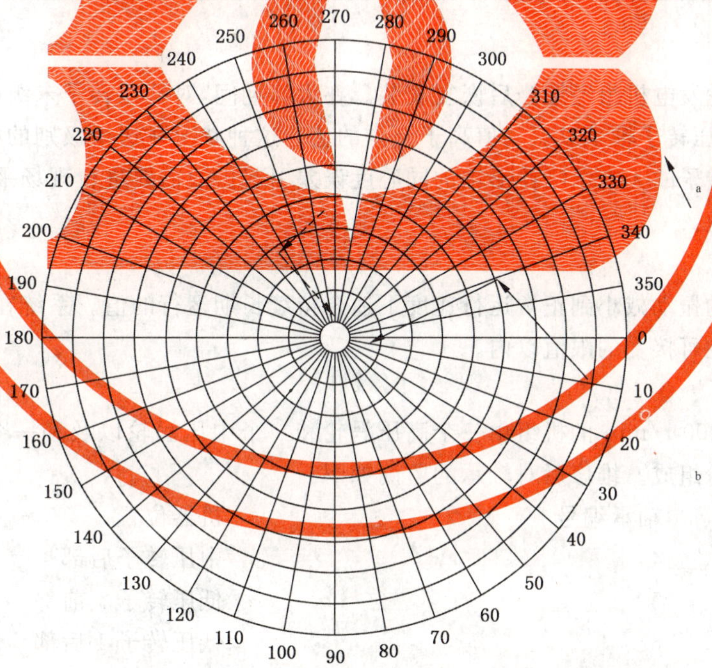

说明：

——→——非驱动端水平；

- - - -→——非驱动端垂直。

最大半径表示 15 mm/s(r. m. s.)。

该大小的风机一般不需要极坐标图形表示。振动矢量表示了从初始运转到最后运转振动渐进的变化。

[a] 旋转方向。

[b] 相位滞后角度。

驱动端和非驱动端机座振动

附　录　C
（资料性附录）
大于50 MW涡轮发电机设备现场平衡报告实例

	档案号：
	日　期：
送：	委托单位、负责人
编写：	项目执行者、负责人
审核：	第三方、负责人
项目名称：	某电站2号机组维修后的机组现场平衡　某年某月某日
结论：	某电站2号机组经过现场平衡，使低压转子轴承座的振动值减少到GB/T 6075.2的B区域内。
抄送：	某电站(委托单位)
	任务号：
	页　数:6
	表格数:3
	图形数:3

背景

某电站2号汽轮发电机组经维修后恢复安装。在大修期间，对低压转子末级叶片进行了修理，虽然经过低速平衡，但低压转子轴承座振动值高于允许的值。这种状况在这个级别的机器上比较常见，通常是由连接两个低压转子的无支承哑铃形轴的同心度误差引起。故需要进行现场平衡对该同心度误差引起的不平衡进行校正。

目标

将机座上测量的振动减小到正常运行速度下适合持续长期运行的值。系统在过共振时瞬时速度下的振动值也应保持在可接受的限值以内。

机器详情

该350 MW、3 000 r/min的机组由一个高压涡轮和一个中压涡轮以及和一个氢冷发电机、励磁机相连的两个低压涡轮组成。维修后对轴承的监测如下：

轴承编号	机器位置
4	中压转子后部
5	低压转子1前部
6	低压转子1后部
7	低压转子2前部
8	低压转子2后部
9	发电机前部

测量仪器

用一个便携式数据采集器对由临时安装的速度传感器所采集的数据进行分析和储存，该仪器具有实时分析和存档两种功能，可以提供振动的通频值和基频值及相位。

键相使用励磁机轴上固定安装的相位参考，从高压转子尾端看，位于励磁机右手边的水平方向。该旋转方向与从同一端看逆时针方向相同。

分析仪型号＿＿＿＿＿＿ 分析仪序列号＿＿＿＿＿＿ 最后的校准日期＿＿＿＿＿＿

振动传感器

通道	制造商	型号	序列号	灵敏度	校准日期	位置（轴承号）	方位[a]
1						4	垂直
2						4	水平
3						5	垂直
4						5	水平
5						6	垂直
6						6	水平
7						7	垂直
8						7	水平
9						8	垂直
10						8	水平
11						9	垂直
12						9	水平

[a] 水平方向指的是从高压转子尾端看，机器右手侧的半结合面的方向，键相传感器与此方向一致。垂直方向指轴承的顶部方向。

键相传感器

制造商	型号	序列号	位置	方位
			毗邻励磁机轴承	水平

结果

校正质量

最终的校正质量配置：6 号轴承末端哑铃形联轴器 300 mm 校正半径上加 0.6 kg；7 号轴承末端 300 mm 校正半径上加 2 kg，两者角度都在相对轴标记的 0 度位置。该位置没有发现以前的校正质量。

注：这只是针对本实例的一个简单报告，并非预期的整个报告。

表格数据

日期	时间	状态	转速	7 号轴承					
				垂直			水平		
				通频	基频		通频	基频	
			r/min	mm/s (r. m. s.)	mm/s (r. m. s.)	相位滞后 (°)	mm/s (r. m. s.)	mm/s (r. m. s.)	相位滞后 (°)
2002-01-10	20:50	初始	3000	14.0	13.7	310			
2002-01-11	8:05	最终	3000	3.7	3.3	302			

矢量变化

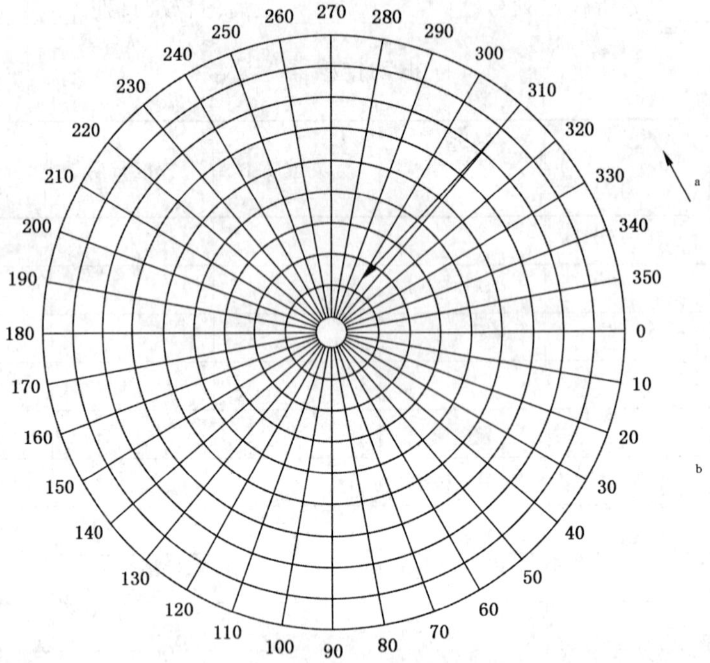

说明：

———►——7 号轴承垂直。

最大半径表示 15 mm/s(r. m. s.)。

[a] 旋转方向；

[b] 相位滞后角度。

7 号轴承垂直方向振动矢量的变化

振动特征

在某些情况下，可能需要显示整个加载过程振动的变化，包括升速、在正常转速下加载到满载荷和随后的降速过程。这里仅呈现降速的过程。

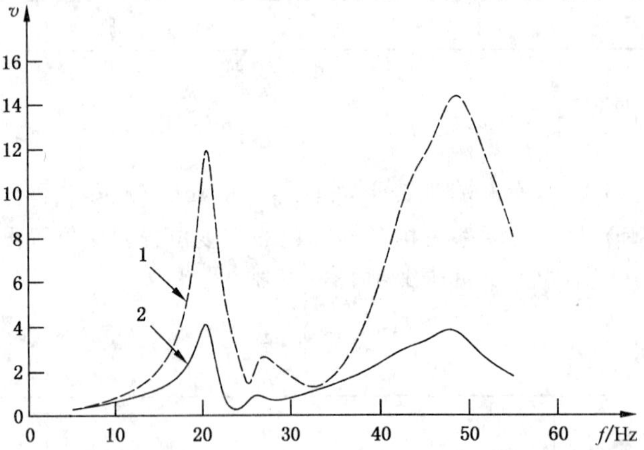

说明：

f ——频率；

v ——幅值 mm/s(r. m. s.)；

1 ——平衡前；

2 ——平衡后。

7 号轴承垂直方向降速过程的振动幅值

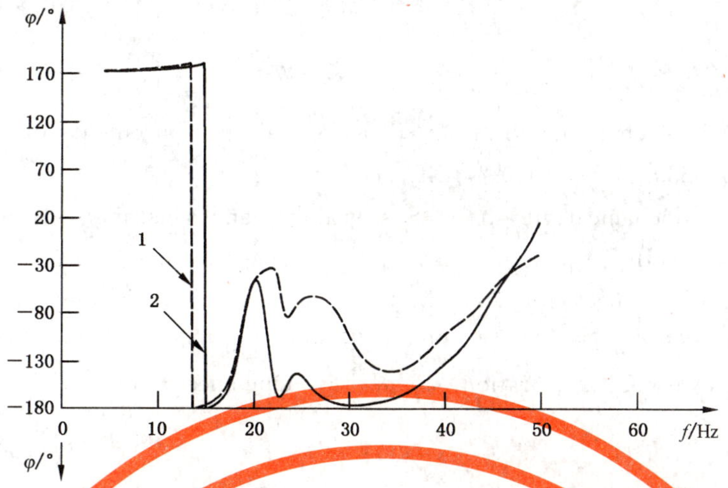

说明：

f ——频率；

φ ——相位,(°)；

1 ——平衡前；

2 ——平衡后。

7号轴承垂直方向降速过程的振动相位

讨论

该机器的关键问题是在降速过程中大约 1 200 r/min(20 Hz)和 2 880 r/min(48 Hz)时的高幅值。现场平衡成功地减小了这两个峰值和 3 000 r/min(50 Hz)下正常运行时的振动值。

参考文献

[1] ISO 1940-2, Mechanical vibration—Balance quality requirements of rigid rotors—Part 2: Balance errors(GB/T 9239.2, ISO 1940-2, IDT)

[2] ISO 10814, Mechanical vibration—Susceptibility and sensitivity of machines to unbalance (GB/T 19874, ISO 10814, IDT)

[3] ISO 11342, Mechanical vibration—Methods and criteria for the mechanical balancing of flexible rotors(GB/T 6557—2009, ISO 11342:1998, IDT)

[4] ISO 19499, Mechanical vibration—Balancing—Guidance on the use and application of balancing standards

ICS 23.160
J 78

中华人民共和国国家标准

GB/T 28786—2012

真空技术 真空镀膜层结合强度测量方法 胶带粘贴法

Vacuum technology—Methods of bonding strength measurement for vacuum coating film—Measuring adhesion by tape test

2012-11-05 发布 2013-03-01 实施

中华人民共和国国家质量监督检验检疫总局
中国国家标准化管理委员会 发布

前言

本标准按照GB/T 1.1—2009给出的规则起草。

本标准由中国机械工业联合会提出。

本标准由全国真空技术标准化技术委员会(SAC/TC 18)归口。

本标准负责起草单位:东莞劲胜精密组件股份有限公司。

本标准参加起草单位:合肥工业大学、成都南光机器有限公司、安徽皖仪科技股份有限公司、沈阳真空技术研究所。

本标准主要起草人:王长明、张学章、欧胤、胡冰、王旭迪、胡焕林、彭宏、靳毅、黄文平、刘磊、李春影、王玲玲。

真空技术 真空镀膜层结合强度测量方法 胶带粘贴法

1 范围

本标准规定了用胶带粘贴检测真空镀膜膜层结合强度的测试方法，对试验工具、样本的采集要求和步骤、结果评估与评定等内容作了规定，适用于膜层与塑料基片之间的结合强度测试。

本标准适用于在 10^{-4} Pa～10 Pa 的压力范围内，用蒸发、溅射、离子镀等真空镀膜方式在聚甲基丙烯酸甲酯(PMMA)、聚对苯二甲酸乙二醇脂(PET)和聚碳酸酯(PC)等塑料基片上制备金属膜层和非金属膜层，也适用于其他真空镀膜方法制备的膜层。

2 规范性引用文件

下列文件对于本文件的应用是必不可少的。凡是注日期的引用文件，仅注日期的版本适用于本文件。凡是不注日期的引用文件，其最新版本(包括所有的修改单)适用于本文件。

GB/T 2547—2008 塑料 取样方法

GB/T 2918—1998 塑料试样状态调节和试验的标准环境(ISO 291:1997)

GB/T 3163—2007 真空技术 术语(ISO 3529:1981)

IEC 60454-2:2007 电工用压敏粘带 第2部分:试验方法(Pressure-sensitive adhesive tapes for electrical purposes—Part 2:Methods of test)

3 术语和定义

GB/T 3163—2007 界定的以及下列术语和定义适用于本文件。

3.1

真空镀膜 vacuum coating

真空环境下，在基片上制取膜层的一种方法。

3.2

基片 substrate

膜层承受体。

3.3

膜层样本 coated sample

已制备的真空镀膜膜层测试样品或产品。

3.4

真空蒸镀 vacuum evaporation coating

使膜层材料蒸发到基片上的真空镀膜过程。

3.5

真空溅射 vacuum sputtering

真空环境下，惰性气体离子从靶表面轰击出原子(分子)或原子团在基片上成膜的过程。

3.6

离子镀 ion plating

真空环境下，利用气体放电使气体或被蒸发物质部分电离，在气体离子或被蒸发物质离子轰击作用的同时，将蒸发物质或其反应物沉积在基片上的过程。

3.7

膜层结合强度 bonding strength of coated film

真空镀膜的膜层和基片之间的附着力。

3.8

胶带粘贴法 measuring adhesion by tape test

通过在试样的测试区域以网格图形切割膜层穿透至基片，利用压敏胶带粘贴剥离膜层，以膜层脱落程度定性判别结合强度的一种测试方法。

3.9

重复性 repeatability

指在相同测量条件下，对同一被测量对象进行连续多次测量所得结果之间的一致性。

3.10

再现性 reproducibility

又称复现性。指在改变了测量条件下，同一被测量对象的测量结果之间的一致性。

4 试验工具

4.1 切割工具

4.1.1 一般要求

确保所使用的切割工具符合4.1.2和4.1.3的规定。

在所有情形下优先选用单刃切割工具。

4.1.2和4.1.3中规定的工具适用于手工操作，这是较常用的方法，刀具也可以安装在切割线条更均匀的电动驱动装置上。

4.1.2 单刃切割工具

单刃切割工具的刀刃为20°～30°，刀刃厚度为0.43 mm±0.03 mm，如图1a)所示。当刀尖磨损0.1 mm时，应将其重新研磨。

4.1.3 多刃切割工具

多刃切割工具至少具有六个切割刀，刀刃间隔为1 mm、2 mm或3 mm，见图1b)。

六刃的宽度为L，刀刃间隔为1 mm时L为5 mm，刀刃间隔为2 mm时L为10 mm，刀刃间隔为3 mm时L为15 mm。

单位为毫米

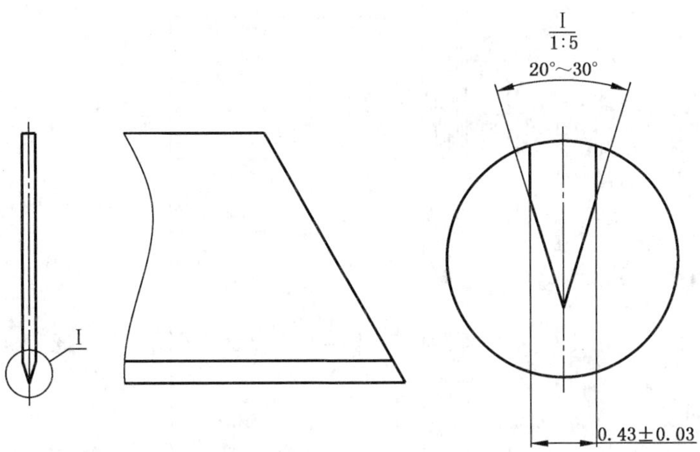

a） 单刃切割工具

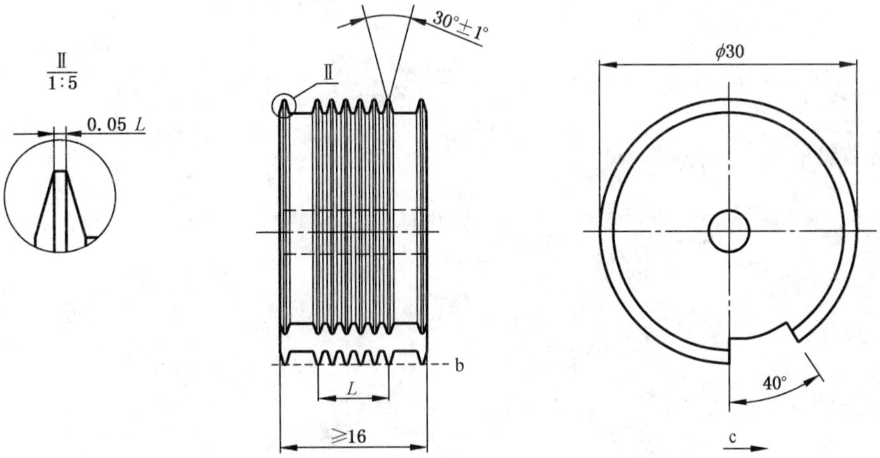

b） 多刃切割工具

说明：

L ——表示六个切割刀刃的宽度。

b ——表示所有的切割刀刃须落在同一水平面上；

c ——表示切割方向。

当刀尖磨损 0.1 mm 时重新研磨。

图 1 切割工具

4.2 导向与刀刃间隔工具

为了把间隔切割得正确，当用单刃切割工具时，需要一系列导向和刀刃间隔装置，如图 2 所示。

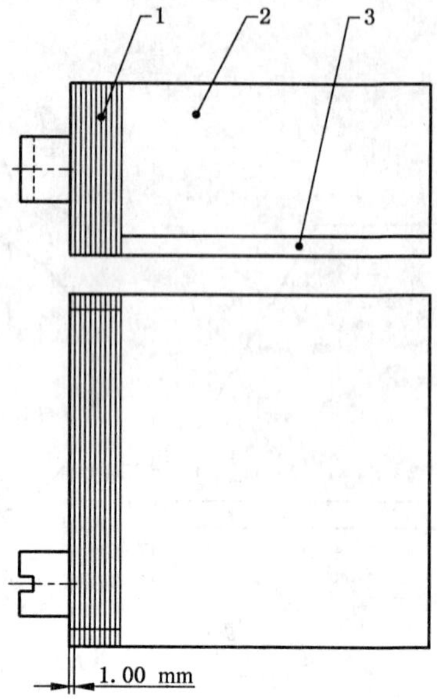

说明：

1——间距 1 mm 的 10 条边；

2——层状塑料或钢；

3——橡胶。

图 2　刀口间距系列

4.3　透明的压敏粘胶带

采用粘着力 6 N/25 mm^2～10 N/25 mm^2（按照 IEC 60454-2：2007 的要求测定）的透明压敏粘胶带。此粘胶带的宽度应在 50 mm 以上。

4.4　放大镜

使用手持式放大镜，放大倍数为 2 倍或 3 倍。

5　采样

按 GB/T 2547—2008 的规定取受试产品的代表性试样。

6　样本

6.1　基片选定

基片应平整，无变形、折痕、污物、划伤等缺陷，基片的长度不小于 150 mm，宽度不小于 100 mm。

6.2　试样制备

用蒸发、溅射、离子镀等真空镀膜方式制备试样。

7 胶带粘贴试验

7.1 试验原理

首先通过在试样的测试区域以网格图形切割膜层穿透至基片，然后在膜层切割区粘贴和剥离压敏粘胶带的方式，对膜层与塑料基片之间的结合强度进行测试。

7.2 试验要求

7.2.1 试验条件

按照 GB/T 2918—1998 的规定，试样在 23 ℃±2 ℃和相对湿度 50%±5%的环境中进行测试。

7.2.2 切割数

在相互垂直的两个方向上切割数量应各为 11 条。

7.2.3 切割间距

每个方向上的切割间距应相等，且切割间距以 1 mm 或 2 mm 为宜。

7.2.4 测定次数

至少在 3 个不同位置对试样进行试验。如果 3 个测试位置的试验结果偏差大于一个等级，则需在同一试样的另外 3 个位置进行重复试验。

7.3 手动切割法

7.3.1 将制备好的试样放置在坚硬的平面上，以防试样在试验过程中变形。

7.3.2 在试验前，检查刀具的切割刀刃，并通过研磨或更换刀片使其符合 4.1.2 和 4.1.3 的要求。

7.3.3 握住切割刀具使刀刃垂直于试样表面，使用间距导向装置(参考 4.2)，对刀具均匀施力并以均匀的切割速率在真空镀膜层上形成规定的切割数，每条切割线都需划透至基片。

7.3.4 重复 7.3.3 操作，再切割相同数量的平行线，与原先切割线成 90°角相交，形成网格图形。

7.3.5 用软毛刷将试样测试区域内切割后的碎屑清扫干净。

7.3.6 对试样进行粘贴前，应将透明压敏粘胶带前 2 圈拉取出并丢弃。再以均匀速度拉取出后面的一段粘胶带，切取长度约 75 mm。

7.3.7 将切取的粘胶带的中心置于网格上方，并与其中的一组切割线平行，如图 3 所示，然后用手指压平粘胶带网格上方的部位，粘胶带长度至少超过网格 20 mm。

7.3.8 为了确保粘胶带与真空镀膜层接触良好，用橡皮擦来回压粘胶带至目视切割区域的胶带与镀膜层完全贴合。

7.3.9 在贴上胶带后应将试样静置 5 min，再抓住胶带的一端，并以约 60°的角度，在 0.5 s～1 s 内匀速地剥离胶带(见图 3)。

7.3.10 试验完成后，建议保留胶带以作参考。

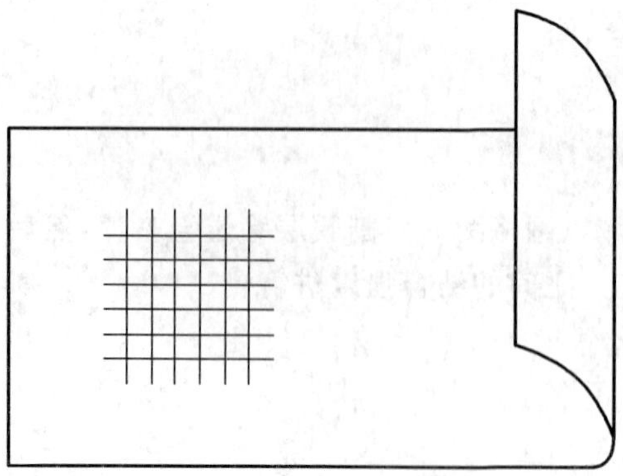

a） 根据网格定粘胶带位置

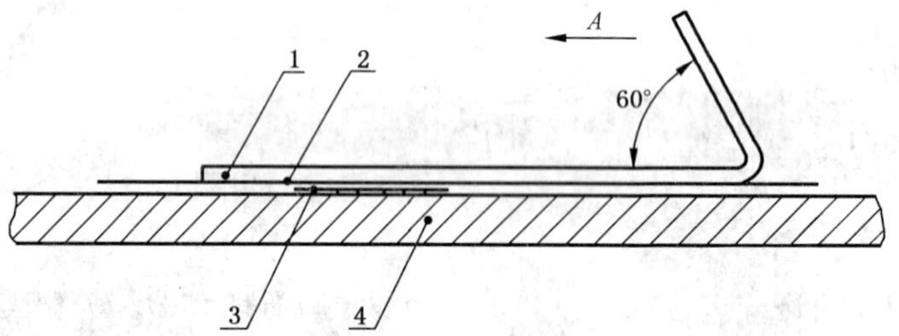

b） 直接从网格上撕离前的位置

说明：
1 ——胶带；
2 ——膜层；
3 ——切割线；
4 ——基片。
A ——撕离方向。

图 3 粘胶带定位及剥离

8 结果评估与评定

按附录 A 的规定对测试结果进行评估与评定。

附　录　A
（规范性附录）
结果评估与评定

A.1　评估

在 600 lx～1 000 lx 照明环境下，用手持放大镜(4.4)仔细检查试样的测试区域。在观察过程中转动试样，使操作者对测试区域的观察不局限于一个方向。

以类似方式检查胶带也是有效的。

将测试后的试样测试区域状况与表 A.1 进行对比，对试验结果进行评估，并按照表 A.1 中给出的六个级别进行分级。

表 A.1　试验结果分级

分　级	说　明	发生脱落的十字交叉切割区的表面外观（以六条平行切割线为例）
0	切割边缘完全光滑，无一格脱落	—
1	在切割交叉处有少许膜层脱落，交叉切割面积受影响不能大于 5%	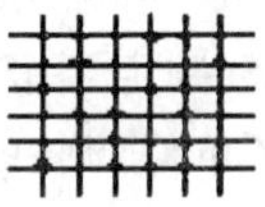
2	切割边缘和/或交叉处有膜层脱落，受影响的切割面积大于 5%，但小于 15%	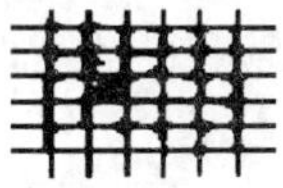
3	膜层沿切割边缘部分或全部以大碎片脱落，或在格子不同部位部分或全部脱落，受影响切割面积大于或等于 15%，但小于 35%	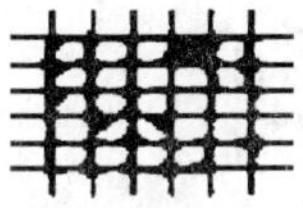
4	膜层沿切割边缘部分或全部大片脱落，或一些格子部分或全部脱落，受影响切割面积大于或等于 35%，但小于 65%	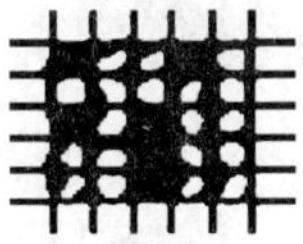
5	超过等级 4 的任何程度的脱落	—

A.2　精度

A.2.1　重复性限 r

3.9 中的“一致性”是定量的，可以用重复性条件下对同一量进行多次测量所得结果的分散性来表示。而表示测量结果分散性的量，最为常用的是实验标准〔偏〕差。在重复性条件下按贝塞尔(Bessel)公式算得的实验标准〔偏〕差被称为“重复性标准差”，并记以 S_r。下标 r 被称为“重复性限”，它是重复性条件下两次测量结果之差以 95% 的概率所存在的区间，即两次测量结果之差落于 r 这个区间内或这

个差小于或等于 r 的概率为95%。假定多次测量所得结果呈正态分布,而且算得的 S_r 充分可靠(自由度充分大),则可求得,即重复性限约为重复性标准差的3倍。观测者通常可以利用重复性限,来了解测量方法导致的不确定度,并用于评定测量结果是否符合要求。

A.2.2 再现性限 *R*

当给出再现性时,应说明哪些条件是变化的。可改变的条件包括:测量原理、测量方法、观测人员、测量仪器、参考测量标准、地点、使用条件和时间。再现性用实验标准偏差表达,并称之为再现性标准偏差 S_R(reproducibility standard deviation)。在给定再现性条件下,两测量结果之间的差以95%的概率不致被超出的范围称为再现性限 R(reproducibility limit)。当 S_R 充分可靠的条件下,$R \approx 2.83S_R$。

A.3 试验报告

试验报告应至少包括以下内容:

a) 识别受试产品所需的所有信息;
b) 注明参照本标准;
c) 使用切割刀具的类型;
d) 与规定步骤的任何不同之处;
e) 试验中观察到的任何不同寻常的特征;
f) 试验结果(判定等级);
g) 报告出具单位、测试人员、试验日期。

ICS 35.100.70;35.240.60
L 79

中华人民共和国国家标准

GB/T 28787—2012

城市公共交通调度车载信息终端与调度中心间数据通信协议

Data communication protocol between on-board information terminal of urban public transit dispatching and control center

2012-11-05 发布　　2013-04-01 实施

中华人民共和国国家质量监督检验检疫总局
中国国家标准化管理委员会　发布

前　言

本标准按照 GB/T 1.1—2009 给出的规则起草。

本标准由全国智能运输系统标准化技术委员会(SAC/TC 268)提出并归口。

本标准主要起草单位:青岛海信网络科技股份有限公司、北京公共交通控股(集团)有限公司、上海交通投资信息科技有限公司。

本标准主要起草人:万思军、朱中、陈维强、管德永、李月高、林正、陈岳川、陈效文、罗大明、翟志强、杨金东、吴风炎、杨涛。

城市公共交通调度车载信息终端与调度中心间数据通信协议

1 范围

本标准规定了城市公共交通车载信息终端与调度中心间进行数据通信的体系结构以及应遵守的通信协议。

本标准适用于通过无线传输通道，进行车载信息终端与调度中心间数据通信。

2 规范性引用文件

下列文件对于本文件的应用是必不可少的。凡是注日期的引用文件，仅注日期的版本适用于本文件。凡是不注日期的引用文件，其最新版本(包括所有的修改单)适用于本文件。

GB/T 5655—1985 城市公共交通常用名词术语

GB/T 7408—2005 数据元和交换格式 信息交换 日期和时间表示法

GB/T 8226—2008 道路运输术语

GB/T 26766—2011 城市公共交通调度车载信息终端

CJJ/T 119—2008 城市公共交通工程术语标准

RFC 0791 网络协议

RFC 0793 传输控制协议

3 术语、定义和缩略语

3.1 术语和定义

GB/T 5655—1985、GB/T 8226—2008、GB/T 7408—2005、GB/T 26766—2011、CJJ/T 119—2008 界定的以及下列术语和定义适用于本文件。

3.1.1

上行 upword run

运营车沿末站向首站运行。

3.1.2

下行 downword run

运营车沿首站向末站方向运行。

3.1.3

环行 loop run

运营车环绕起止站合一的某一区域运行。

3.1.4

场站编号 stop number

城市内所有的沿线车站以及提供保养、停放、加油、加气等服务的中心站或场所进行统一编码，能够惟一标识一个车站或者场所。

3.1.5

车站序号　series number of stop

从公共交通线路的首站开始，顺序对沿线各车站所作的编号，也可简称站号。

示例：上下行线路的车站序号编排示意见图1。环行线路类似于上行或下行的编排方式。

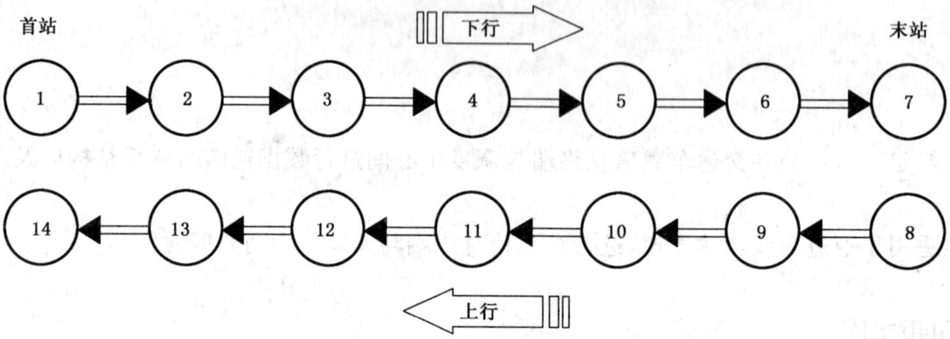

图1　上下行线路的车站序号编排示意

3.1.6

车次　serial number of bus run

一条线路在一天中，按时间顺序编排的各运营车往返运行的次序数，也称班次。

3.1.7

协调世界时　Coordinated Universal Time；UTC

由国际计量局和国际地球自转服务(IERS)维护的时间标度，是各标准频率和时间信号协调播发的基准。

3.1.8

应用领域　business area

标准所定义的一个业务功能组合。

注：将标准中的信息定义分割成不同的部分，分别对应不同的公交专业领域。标准中所有的会话、消息帧、数据帧和数据元素都归属于一个应用领域。

3.1.9

公交基础信息　common public transportation

其他业务领域所使用的公共信息。

注：应用领域的一种。

3.1.10

调度中心　dispatch center

对多条线路的运营车进行远程调度的场所，也是公交智能调度系统的数据通信中心、信息处理中心、图像显示中心。

注：应用领域的一种。

3.1.11

运营计划　operation scheduling

公共交通的运输和经营计划。

注：应用领域的一种。

3.1.12

空间位置表示　spatial representation

地理位置信息的表示方法。

注：应用领域的一种。

3.1.13

公交信号优先　transit signal priority

实现公共汽车优先于其他车辆通行,简称公交优先。

注:应用领域的一种。

3.2 缩略语

下列缩略语适用于本文件。

BA　应用领域(Business Area)

CDMA　码分多址(Code-Division Multiple Access)

CPT　公交基础信息(Common Public Transportation)

CRC　循环冗余校验(Cyclic Redundancy Check)

DC　调度中心(Dispatch Center)

GPRS　通用无线分组业务(General Packet Radio Service)

GPS　全球定位系统(Global Positioning System)

ISO　国际标准化组织(International Organization for Standardization)

OS　运营计划(Operation Scheduling)

PTV　公交车(Public Transit Vehicle)

SP　空间位置表示(Spatial Representation)

TSP　公交信号优先(Transit Signal Priority)

UTC　协调世界时(Coordinated Universal Time)

4 语义、语法和帧结构

4.1 分层模型

本协议参照ISO开放系统互联(OSI)七层参考模型的方式表示,将通信分为四个主要层(见图2)。

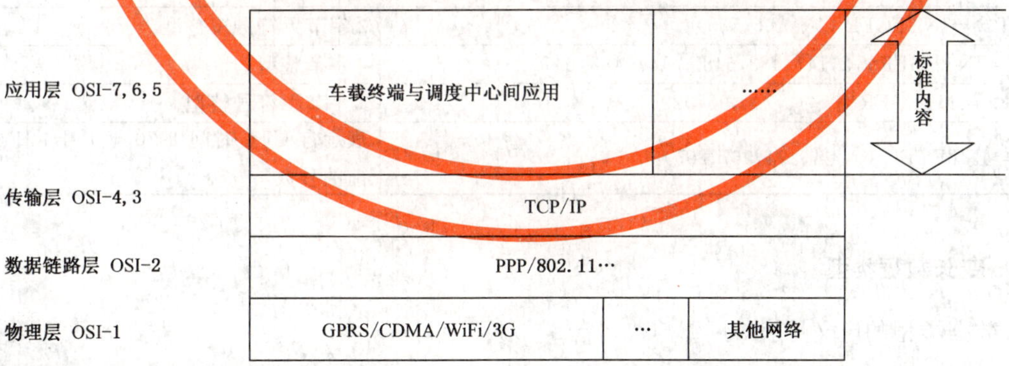

图2　分层模型

第四层是应用层。应用层定义数据包结构和会话管理的标准,对应ISO的应用层、表示层和会话层。本标准中,应用层定义了车载信息终端与调度中心间应用,对应调度中心这一应用领域。

第三层是传输层。传输层定义数据包拆分、组装和路由的标准,完全采用已有的TCP/IP标准,对应于ISO的传输层和网络层。

第二层是数据链路层。数据链路层定义数据包传输方法标准,完全采用已有的标准,对应于ISO的链路层。

第一层是物理层。定义了数据通信的传输媒体及互联设备,完全采用已有的标准(例如 GPRS、CDMA、WiFi、3G 等无线传输网络的物理层),对应于 ISO 的物理层。

4.2 数据类型定义

4.2.1 ASN.1 数据类型

本标准使用表 1 的 ASN.1 数据类型做为基本类型来定义数据。

表 1 采用的 ASN.1 数据类型

ASN.1 类型	说明
BOOLEAN	布尔类型,具有两个值(TRUE 和 FALSE)的简单类型
INTEGER	整数类型,值是零、正整数或负整数的简单类型
UTF8String	UTF8 串类型,用来定义支持 UTF8 编码的字符串
Numeric String	UTF8 串类型,但限定只能为数字
OCTET String	八位位组串类型

4.2.2 子类型定义

4.2.2.1 定长数据类型

定长数据类型的定义见表 2。

表 2 定长数据类型

类型定义	字节数	说明
BOOLEAN::=BOOLEAN	1	布尔型
BYTE::=INTEGER(-128..127)	1	1 字节字符
UBYTE::=INTEGER (0..225)	1	1 字节无符号字符
SHORT::=INTEGER(-32,768 .. 32,767)	2	2 字节整型
USHORT::=INTEGER (0 .. 65,535)	2	2 字节无符号短整型
LONG::=INTEGER (-2,147,483,648.. 147,483,647)	4	4 字节整型
ULONG::=INTEGER (0 ..4,294,967,295)	4	4 字节无符号整型
TIME::=INTEGER (0 ..4,294,967,295)	4	表示自 UTC 时间 1970 年 1 月 1 日 0 时到当前的秒数

4.2.2.2 变长数据类型

变长数据类型的定义见表 3。

表 3 变长数据类型

类型定义	字节数	说明
NAME::=UTF8String (SIZE (1..100))	n	专用于名称的文本,最多 100 个字符,UTF8 编码
FOOTNOTE::=UTF8String (SIZE(1..255))	n	短文本,最多 255 个字符,UTF8 编码
TELEPHONE::=NUMERIC STRING (SIZE(1..16))	n	电话号码,最多 16 个数字字符,UTF8 编码
MEMLONG::=OCTET STRING (SIZE(1..2,000,000)	n	超长文本,最多 200 万个字节

4.2.3 数据标识符

4.2.3.1 标示符命名

每个数据元素、数据帧和消息帧都有对应的标识符，使用英文表示。标识符的命名约定如下：

- 数据元素的标识符由全大写的应用领域缩写、连字符(-)和名称构成；
- 数据帧以全大写的应用领域缩写和名称构成；
- 消息帧以首字母大写的应用领域缩写和名称构成；
- 标识符中不允许出现空格。

标识符命名约定见表4。

表4 标识符命名约定示例

数据类型	命名约定	例子
数据元素(DataElement)	BA-DataElement	CPT-StopType
数据帧(DataFrame)	BADataFrame	CPTVehicleIden
消息帧(Message)	BaMessage	DcLoginReport

4.2.3.2 数据元素标识符

标准中定义的数据元素标识符见表5，数据元素的具体定义见附录A。

表5 数据元素标识符

名称	标识符	数据类型	说　　明
登录类型	PTV-LoginType	UBYTE	用于区分车载信息终端与调度中心建立连接时的设备状态
业务类型	OS-ServiceType	UBYTE	用于定义出车类型
调度类型	OS-ControlType	UBYTE	用于定义调度类型
人员类型	OS-EmployeeType	UBYTE	用于定义不同的人员类别
短信分类	OS-MessageType	UBYTE	用于定义短信类别，不同类别的短信系统应提供不同的处理方式，例如不同声音提示
预定义短信	CPT-MsgCode	UBYTE	用于定义标准短信文本，每个短信赋予一个短信编码，在发送时可以只发送短信编码
场站类型	CPT-StopType	UBYTE	用于定义首末站、中间站、停车场、维修厂、加油站等运营场所
违规类型	CPT-ViolationType	UBYTE	用于定义车辆自行检测或调度中心检测出来的车辆违规行为
事件类型	CPT-LocRepReason	UBYTE	用于定义行车途中业务状态变化而产生的各种事件分类
语音通话控制	CPT-TeleRestrict	UBYTE	用于定义电话本中电话号码的呼入呼出限制
回应代码	CPT-AckCode	UBYTE	用于定义回应请求的处理结果

4.3 协议帧构成

4.3.1 协议帧构成图

协议帧的构成见图 3。

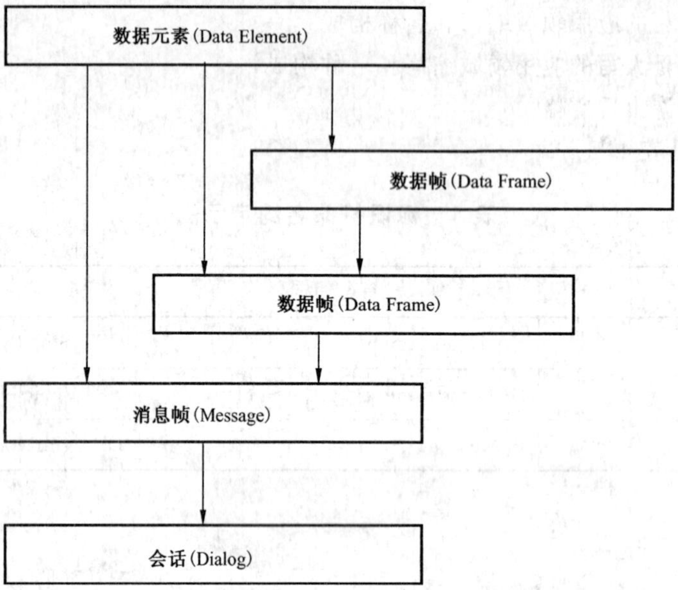

图 3 协议帧构成

4.3.2 数据元素

数据元素是描述人、地点、物体或其他概念的最小不可分割的原子信息。

4.3.3 数据帧

数据帧是由数据元素或别的数据帧组成,可以嵌套,用来描述更复杂的概念,相同的数据帧可以被用在不同的消息中,通过可选数据项控制这种灵活性。

注:数据项是构成数据帧和消息帧的元素,代表数据元素和数据帧。

4.3.4 消息帧

消息帧是数据元素和数据帧的集合,用来描述一个更大的和更复杂的结构。使用应用领域缩写和消息编号来惟一标识一个消息帧。

4.3.5 会话

会话定义了一个应用领域内用来进行消息传递的一组消息序列。会话定义了消息或状态的开始、保持和终止。

4.4 编码规范

4.4.1 字节编码

字节用八位表示,高位("b7")在最左侧,低位("b0")在最右边。

4.4.2 定长数据元素编码

固定长度数据元素以“Big Endian”格式编码。最低位地址存放高位字节，可称高位优先，内存从最低地址开始按顺序存放(高数位数字先写)。最高位字节放最前面。

4.4.3 可变长度数据元素编码

可变长度数据元素的编码方式见图 4。

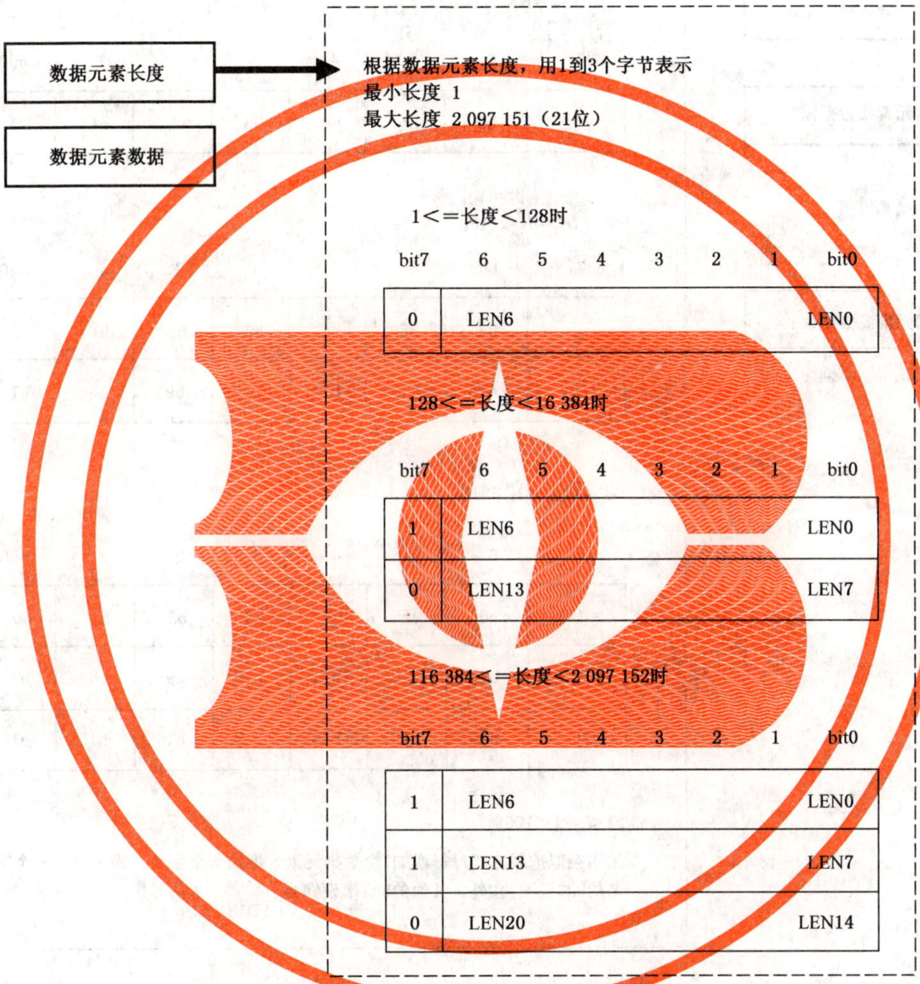

图 4 可变长度数据元素的编码方式

4.4.4 数据帧编码

数据帧由数据元素或其他数据帧组成，用来描述更加复杂的概念。数据帧的编码方式见图 5。

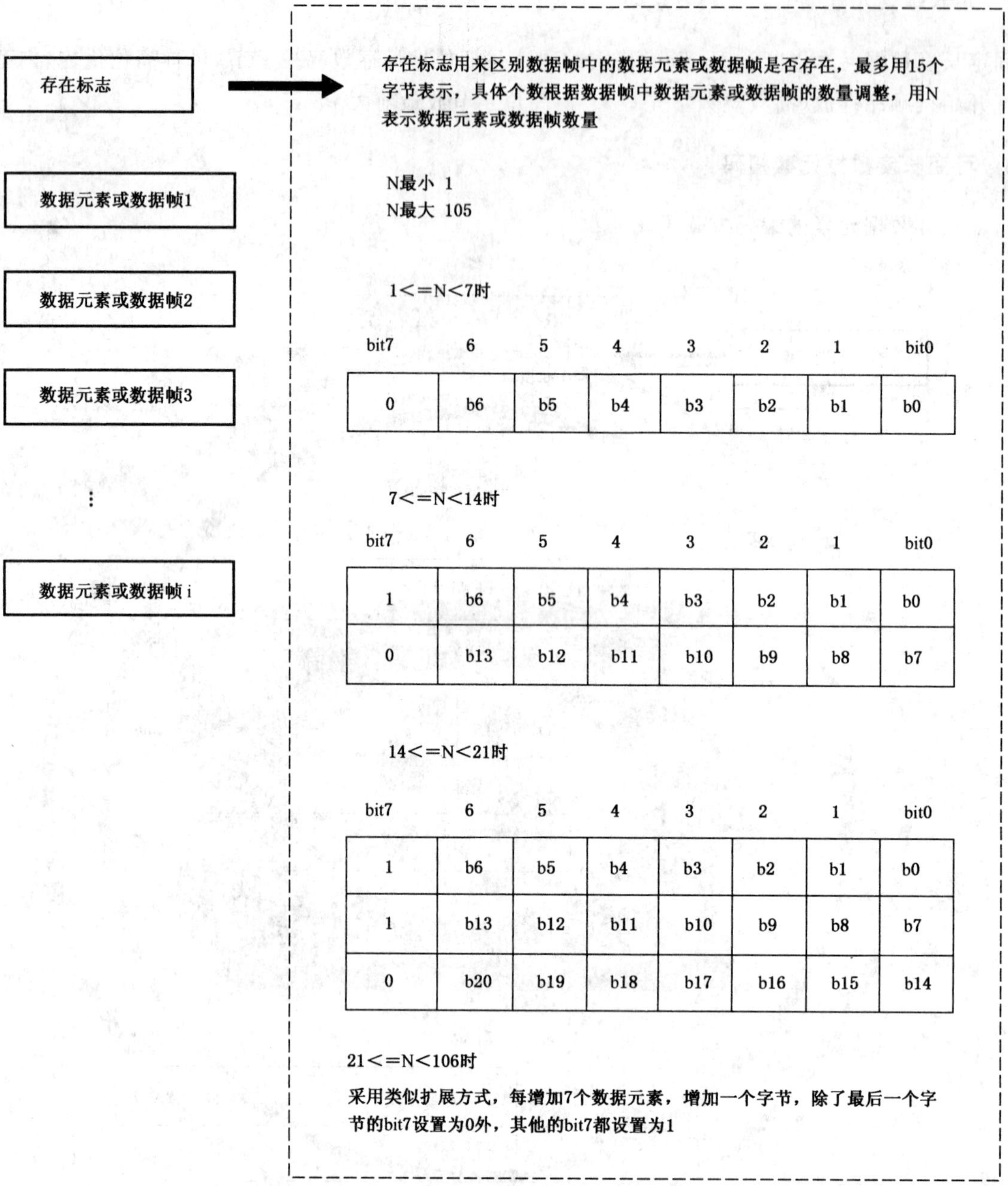

图 5　数据帧的编码方式

4.4.5　序列编码

序列表示某个给定类型多次出现的有序集合，提供了在消息或数据帧中对给定的多次出现的数据帧或数据元素进行编码的方式。序列中的每个元素都应是相同的类型。序列标识符用“SEQUENCE OF”+“序列元素的标识符”表示。

序列编码时，首先是用一到两个字节表示序列中的元素个数，后面紧跟着具体的元素数据。序列的编码方式见图 6。

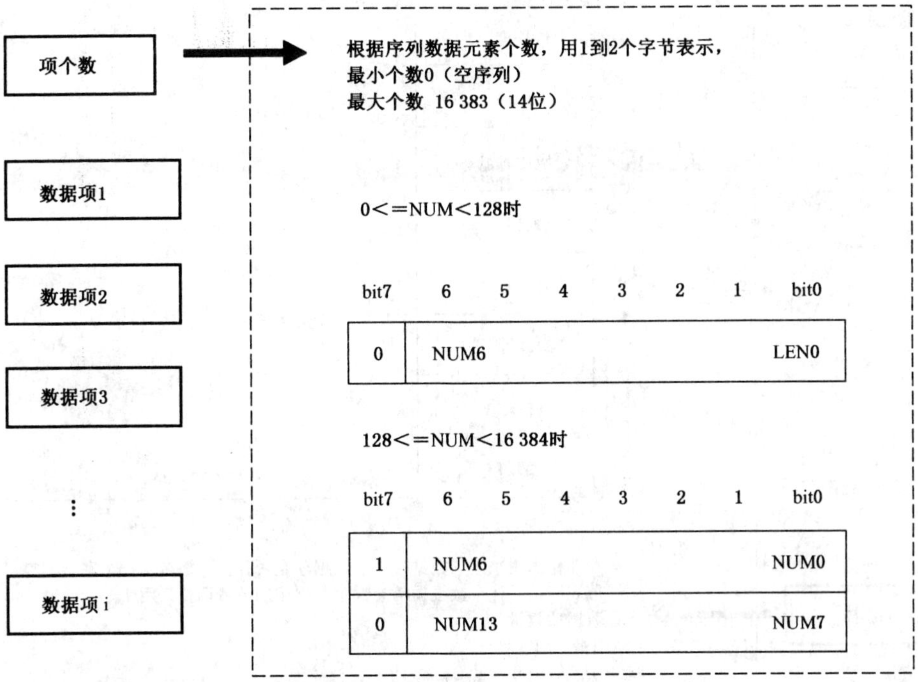

图 6 序列的编码方式

4.4.6 消息帧编码

4.4.6.1 图形表示的消息帧编码方式

图形表示的消息帧编码方式见图 7 所示。

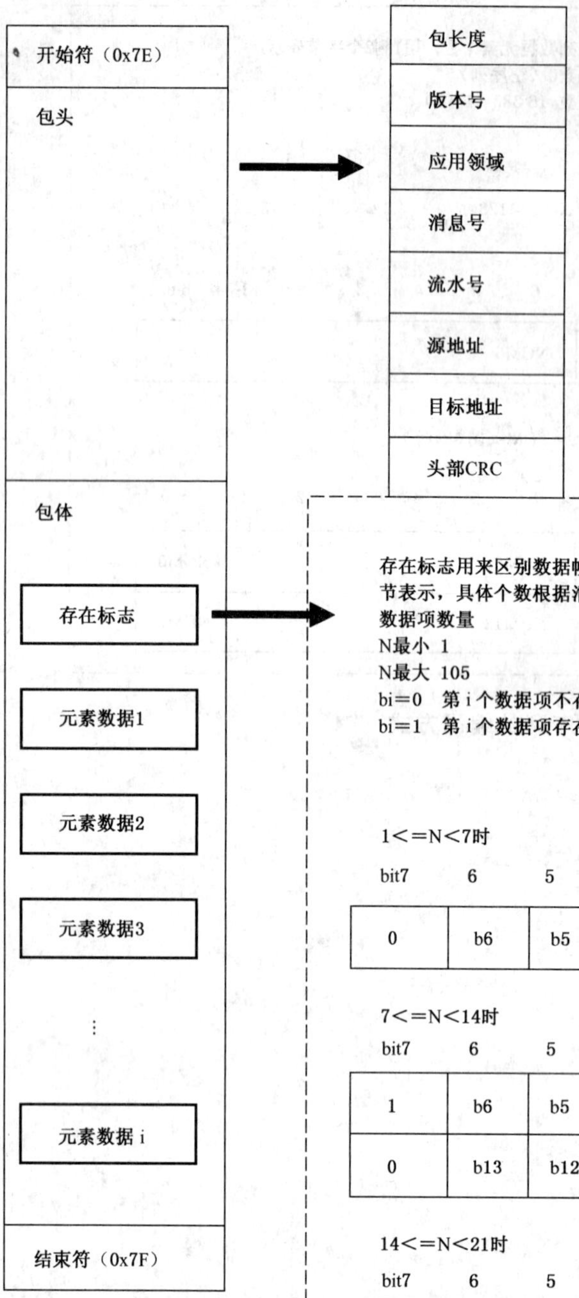

存在标志用来区别数据帧中的数据项是否存在，最多用15个字节表示，具体个数根据消息帧中数据项的数量调整，用N表示数据项数量

N最小 1

N最大 105

bi=0　第 i 个数据项不存在

bi=1　第 i 个数据项存在

1<=N<7时

bit7	6	5	4	3	2	1	bit0
0	b6	b5	b4	b3	b2	b1	b0

7<=N<14时

bit7	6	5	4	3	2	1	bit0
1	b6	b5	b4	b3	b2	b1	b0
0	b13	b12	b11	b10	b9	b8	b7

14<=N<21时

bit7	6	5	4	3	2	1	bit0
1	b6	b5	b4	b3	b2	b1	b0
1	b13	b12	b11	b10	b9	b8	b7
0	b20	b19	b18	b17	b16	b15	b14

21<=N<106时

采用类似扩展方式，每增加7个数据元素，增加一个字节，除了最后一个字节的bit7设置为0外，其他的字节的bit7都设置为1

图 7　图形表示的消息帧编码方式

4.4.6.2 表格表示的消息帧编码方式

表格表示的消息帧编码方式见表6所示。

表6 表格表示的通信包结构

名称		数据类型	字节数	说明
开始符		UBYTE	1	标识通信包的开始
包头	包长度	USHORT	2	包头部分和包体部分字节数之和，不含开始符和结束符
	版本号	UBYTE	1	
	应用领域	UBYTE	1	
	消息号	UBYTE	1	
	流水号	UBYTE	1	升序排列，至255则溢出归零
	源地址	ULONG	4	通信端点的通信标识号
	目标地址	ULONG	4	通信端点的通信标识号
	头部 CRC	UBYTE	1	
包体		可变部分	变长	可变长度＝有效数据长度
结束符		UBYTE	1	标识通信包的结束

4.4.6.3 开始符

开始符(同步字)1个字节，用0x7E表示。

4.4.6.4 包长度

包长采用两个字节表示，包长的第一个字节的最高位为1时表示该消息是分包传输，后面还有该类型的消息，最高位为0时表示该消息传输完毕，理论上包长可以最大到32 767个字节。在GPRS、CDMA等无线通信网络中，限定整包的最大包长为1 200个字节，大于此限定长度的数据包进行丢弃处理。

4.4.6.5 版本号

高四位表示主版本号，低四位表示副版本号。当前版本号为1.0，用0x10表示。

4.4.6.6 应用领域

本标准规定了车载信息终端与调度中心间数据通信协议，所分配的应用领域号为0x01。

4.4.6.7 消息号

每个消息帧都对应一个消息号。在每个应用领域内，消息号是惟一的，消息号的分配规则见表7。

表7 消息号的分配

消息名称	标识符	消息号	消息方向
保留		0x00	
应答消息	DcAckMessage	0x01	双向
握手消息		0x02	车载终端→调度中心
保留		0x03-0x1f	
登录消息	DcLoginReport	0x20	车载终端→调度中心
注销消息	DcUnloginReport	0x21	车载终端→调度中心
人员签到	DcOperatorSignOn	0x22	车载终端→调度中心
人员签退	DcOperatorSignOff	0x23	车载终端→调度中心
短信下发	DcDispatchMessage	0x24	调度中心→车载终端
短信上传	DcOperatorMessage	0x25	车载终端→调度中心
发车通知	DcDepartMessage	0x26	调度中心→车载终端
调线指令	DcRouteDispatch	0x27	调度中心→车载终端
车辆跟踪	DcLocationReport	0x28	车载终端→调度中心
车辆点名	DcLocationRequest	0x29	调度中心→车载终端
时间校正请求	DcTimeReviseRequest	0x2a	车载终端→调度中心
时间校正回应	DcTimeReviseAck	0x2b	调度中心→车载终端
参数设置	DcSetParam	0x2c	调度中心→车载终端
行车计划下发	DcPushSchedule	0x2d	调度中心→车载终端
文件传输请求	DcFileTransRequest	0x2e	车载终端→调度中心
文件传输回应	DcFileTransAck	0x2f	调度中心→车载终端
升级通知	DcNotifyUpgrade	0x31	调度中心→车载终端
升级完成	DcUpgradeComplete	0x32	车载终端→调度中心
保留		0x32-0x7f	
厂商自定义		0x80-0xdf	
系统保留		0xe0-0xff	

4.4.6.8 源地址

源地址用来表示源通信端点的惟一通信标识号，用一个四字节的 ULONG 表示，源地址应是惟一的。

4.4.6.9 目标地址

目标地址用来表示目标通信端点的惟一通信标识号，用一个四字节的 ULONG 表示，目标地址应是惟一的。

4.4.6.10 头部 CRC

头部 CRC 计算包括开始符号、包长度、版本号、应用领域、消息号、流水号、源地址和目标地址共 15 个字节。采用异或运算进行 CRC 的计算。

头部 CRC 提供快速错包检测功能：解码时，接收方应首先通过查找开始符(0x7E)确定包的开始位置，然后计算头部 CRC，如果发现校验错误，应从该开始符后，重新开始查找新的开始符，当找到开始符(0x7E)后，如果通过头部 CRC 校验，则需判断结束符位置是否为 0x7F，如果不是，则应从该开始符后，重新开始查找新的开始符。

4.4.6.11 包体

包体部分各个元素数据的内容就是消息帧中定义的各个数据项。

4.4.6.12 结束符

结束符一个字节，用 0x7F 表示。

4.4.6.13 转义

数据发送时，首先完成包长度、校验，然后进行转义；数据接收时，首先完成转义，然后进行数据包解码。

当遇到字符 0x7E 时，需连续传送 2 个字符：0x7D 和 0x5E，以实现标志字符的转义。

当遇到字符 0x7F 时，需连续传送 2 个字符：0x7D 和 0x5F，以实现标志字符的转义。

当遇到字符 0x7D 时，需连续传送 2 个字符：0x7D 和 0x5D，以实现标志字符的转义。

5 数据帧

5.1 地理位置

标识符：SPGeoDynamicPoint

说　明：数据帧定义见表 8。

表 8　地理位置

序号	数据项	数据	字节数	说　明
0	纬度	LONG	4	将实际纬度乘以 10^6 后取整，用正数表示北纬，用负数表示南纬
1	经度	LONG	4	将实际经度乘以 10^6 后取整，用正数表示东经，用负数表示西经
2	方向角	USHORT	2	
3	速度(GPS)	USHORT	2	将实际速度乘以 100 后取整，单位为千米每小时
4	无效标志	BOOLEAN	1	可选，当 GPS 信号无效为 TRUE

经度、纬度数据在传输时精确到六位小数。

示例：东经 120.123456 编码时表示为 120123456。西经 120.123456 编码时表示为负 120123456。

当 GPS 信号失效时，应将最后一次的有效 GPS 数据上传，并将 GPS 无效标志置为 TRUE。

5.2 车辆标识

标识符:CPTVehicleIden

说　明:用于惟一标识一辆车,数据帧定义见表9。

表9　车辆标识

序号	数据项	数据类型	字节数	说　明
0	设备编号	ULONG	4	用来惟一标识一个车载设备,编号规则由具体系统定义
1	企业编号	USHORT	2	可选,表示车辆所属公交企业,编号规则由具体系统定义
2	自编号	NAME	n	可选,公交企业用于内部管理的车辆编号
3	车牌号	NAME	n	可选
4	设备生产厂家的编号	USHORT	2	可选,宜由公交企业分配

5.3 人员标识

标识符:CPTEmployeeIden

说　明:用于惟一标识一个人员,数据帧定义见表10。

表10　人员标识

序号	数据项	数据类型	字节数	说　明
0	人员编号	ULONG	4	用来惟一标识一个人员,编号规则由具体系统定义
1	人员类型	OS-EmployeeType	1	可选,用于区分不同的人员岗位
2	姓名	NAME	n	可选

5.4 线路标识

标识符:OSRouteIden

说　明:用于惟一标识一条线路和相关信息,数据帧定义见表11。

表11　线路标识

序号	数据项	数据类型	字节数	说　明
0	线路编号	ULONG	4	用来惟一标识一条线路,编号规则由具体系统定义
1	区间编号	ULONG	4	可选,用于惟一标识线路内的一个运营区间
2	线路名称	NAME	n	可选

5.5 场站标识

标识符:CPTStoppointIden

说　明:用于惟一标识一个场站和相关信息,数据帧定义见表12。

表 12　场站标识

序号	数据项	数据类型	字节数	说　明
0	场站编号	ULONG	4	用来惟一标识一个场站，编号规则由具体系统定义
1	场站类型	CPT-StopType	1	
2	车站序号	UBYTE	1	可选，适用于站点类型
3	场站名称	NAME	n	可选

5.6　通信参数

标识符：CPTCommParam

说　明：用于定义车载信息终端的通信参数，数据帧定义见表 13。

表 13　通信参数

序号	数据项	数据类型	字节数	说　明
0	IP 地址	ULONG	4	可选，从高字节到低字节依次表示 IP 地址的四个号段
1	端口号	USHORT	2	可选
2	APN	NAME	n	可选
3	短信特服号	NAME	n	可选
4	定位信息上传间隔	USHORT	2	可选，单位为秒
5	重新建立通信连接的最大时间间隔	USHORT	2	可选，设置的最大间隔 3 600 s，最小 10 s

5.7　预置电话

标识符：CPTPhoneBook

说　明：用于定义电话号码本包含的内容，数据帧定义见表 14。

表 14　预置电话

序号	数据项	数据类型	字节数	说　明
0	电话本序号	UBYTE	1	存储位置序号
1	通话控制	CPT-TeleRestrict	1	可选，用于控制电话本中电话号码的呼入、呼出限制
2	电话号码	TELEPHONE	n	可选

5.8　预置短信

标识符：CPTMsgRecord

说　明：用于定义预置短信内容，数据帧定义见表 15。

表 15 预置短信记录

序号	数据项	数据类型	字节数	说　明
0	短信序号	UBYTE	1	短信位置序号
1	短信编码	CPT-MsgCode	1	可选,预定义短信的编码
2	短信文本	FOOTNOTE	n	可选

5.9 乘客计数信息

标识符:CPTPassengerCount

说　明:用于定义车辆的乘客计数信息,数据帧定义见表 16。

表 16 乘客计数信息

序号	数据项	数据类型	字节数	说　明
0	留车人数	USHORT	2	载客人数
1	1 号门上客数	UBYTE	1	可选
2	1 号门下客数	UBYTE	1	可选
3	2 号门上客数	UBYTE	1	可选
4	2 号下客数	UBYTE	1	可选
5	3 号门上客数	UBYTE	1	可选
6	3 号下客数	UBYTE	1	可选
7	4 号门上客数	UBYTE	1	可选
8	4 号下客数	UBYTE	1	可选

5.10 违规信息

标识符:CPTViolation

说　明:数据帧定义见表 17。

表 17 违规信息

序号	数据项	数据类型	字节数	说　明
0	违规类型	UBYTE	1	违规类型编号
1	违规值	USHORT	2	违规时的违规值
2	违规标准	USHORT	2	可选

违规信息数据帧中,违规值和违规标准在不同的违规类型下代表不同的含义,具体定义见表 18。

表 18 违规值和违规标准的定义

违规类型	违规值	违规标准
超速行车	实际速度	最高速度标准
低速行车	实际速度	最低速度标准
滞站	实际停站秒数	允许的最长停站秒数
越站	实际停站秒数	允许的最短停站秒数
温度过高	车内实际温度	允许的最高车内温度(摄氏度)
温度过低	车内实际温度	允许的最低车内温度(摄氏度)
大间隔	中途站连续两辆车的实际到站时距	中途站连续两辆车的允许最大到站时距
聚集	中途站连续两辆车的实际到站时距	中途站连续两辆车的允许最小到站时距
异常关机	无	无
晚点	与计划相比到站时间偏差的秒数	到站时允许最大晚于计划的秒数
越界	无	围栏编号,由系统自定义
越线	无	围栏编号,由系统自定义
早点	与计划相比到站时间偏差的秒数	到站时允许最大早于计划的秒数
急刹车	实际减速度	允许的最大减速度
急加速	实际加速度	允许的最大加速度
开门行车	实际速度	无
停车时间长	实际停车时间	允许的最大停车时间
超载	实际载客数	允许的最大载客数
连续驾驶时间过长	实际驾驶时间	允许的最长驾驶时间
中途停车开门	无	无

6 消息帧

6.1 车载信息终端登录

标识符:DcLoginReport

说　明:用于车载信息终端与调度中心建立连接后向调度中心注册,消息帧定义见表 19。

表 19 登录消息

序号	数据项	数据类型	字节数	说　明
0	车辆标识	CPTVehicleIden	n	
1	登录时间	TIME	4	
2	登录方式	PTV-LoginType	1	
3	线路编号	ULONG	4	用来惟一标识一条线路,编号规则由具体系统定义
4	登录密码	FOOTNOTE	n	可选,由系统自行定义验证规则
5	软件版本	UBYTE	1	可选
6	配置版本	UBYTE	1	可选,车载信息终端配置数据版本
7	地理位置	SPGeoDynamicPoint	n	可选,登录时所处的地理位置

6.2 车载信息终端注销

标识符:DcUnLoginReport

说　明:用于车载信息终端关机时向调度中心注销,消息帧定义见表20。

表20　注销消息

序号	数据项	数据类型	字节数	说　明
0	车辆标识	CPTVehicleIden	n	
1	注销时间	TIME	4	
2	地理位置	SPGeoDynamicPoint	n	可选,注销时所处位置

6.3 上班签到

标识符:DcOperatorSignOn

说　明:用于实现人员的上班考勤,消息帧定义见表21。

表21　上班签到

序号	数据项	数据类型	字节数	说　明
0	车辆标识	CPTVehicleIden	n	
1	人员标识	CPTEmployeeIden	n	
2	时间	TIME	4	

6.4 下班签退

标识符:DcOperatorSignOff

说　明:用于实现人员的下班考勤,消息帧定义见表22。

表22　下班签退

序号	数据项	数据类型	字节数	说　明
0	车辆标识	CPTVehicleIden	n	
1	人员标识	CPTEmployeeIden	n	
2	时间	TIME	4	

6.5 短信下发

标识符:DcDispatchMessage

说　明:用于实现调度中心向车载信息终端发送不同的短信息,消息帧定义见表23。

表 23　短信下发

序号	数据项	数据类型	字节数	说　明
0	短信类型	OS-MessageType	1	
1	时间	TIME	4	
2	短信文本	FOOTNOTE	n	可选
3	短信编码	CPT-MsgCode	1	可选

6.6　短信上报

标识符：DcOperatorMessage

说　明：用于驾驶员手动或车辆自动上报预置的短信到调度中心，消息帧定义见表 24。

表 24　短信上报

序号	数据项	数据类型	字节数	说　明
0	车辆标识	CPTVehicleIden	n	
1	时间	TIME	4	
2	文本消息	FOOTNOTE	n	可选
3	短信编码	CPT-MsgCode	1	可选
4	地理位置	SPGeoDynamicPoint	n	可选

6.7　车辆定位信息上报

标识符：DcLocationReport

说　明：用于上报车辆位置和状态信息给调度中心，消息帧定义见表 25，当使用可以识别消息源的网络时，CPTVehicleIden 可以省略(可利用登录消息识别)。

表 25　车辆定位信息上报

序号	数据项	数据类型	字节数	说　明
0	车辆标识	CPTVehicleIden	n	可选
1	线路标识	OSRouteIden	n	可选
2	人员标识	CPTEmployeeIden	n	可选
3	事件类型	CPT-LocRepReason	1	
4	业务类型	OS-ServiceType	1	
5	场站标识	CPTStoppointIden	n	当前或最近的场站
6	车次编号	USHORT	2	可选，对应线路时刻表的一个计划车次
7	发生时间	TIME	4	
8	地理位置	SPGeoDynamicPoint	n	
9	车辆状态	ULONG	4	见表 26、27、28

表 25（续）

序号	数据项	数据类型	字节数	说　明
10	速度(传感器)	USHORT	2	可选,单位为千米每小时,保留两位小数
11	乘客计数	CPTPassengerCount	N	可选
12	违规信息	CPTViolation	N	可选
13	累计里程	ULONG	4	可选,保留两位小数
14	标志字段	UBYTE	1	见表 29
15	下一站标识	CPTStoppointIden	N	可选,预计到达的下站

车辆状态定义见表 26～表 28。

表 26　车辆状态第 1 字节内容(低位字节)

位	D7	D6	D5	D4	D3	D2	D1	D0
状态	预留	ACC 点火	1 号门开	2 号门开	3 号门开	4 号门开	主电路通电	预留

表 27　车辆状态第 2 字节内容

位	D15	D14	D13	D12	D11	D10	D9	D8
状态	报站器故障	头屏故障	中屏故障	前路牌故障	腰牌故障	后路牌故障	前节牌故障	后节牌故障

表 28　车辆状态第 3 字节内容

位	D23	D22	D21	D20	D19	D18	D17	D16
状态	预留	预留	预留	预留	GPS 故障	GPRS 故障	CAN 总线故障	485 总线故障

车辆状态的最高位 1 个字节预留扩充。

标志字段定义见表 29。

表 29　标志字段字节内容

位	D7	D6	D5	D4	D3	D2	D1	D0
状态	预留	预留	预留	预留	预留	预留	补发数据	手动报站

6.8　时间校正请求

标识符:DcTimeReviseRequest

说　明:用于通过网络通信方式向服务器请求时间校正,消息帧定义见表 30。

表 30　时间校正请求

序号	数据项	数据类型	字节数	说明
0	本机时间	TIME	4	

6.9 时间校正响应

标识符:DcTimeReviseAck

说　明:用于应答时间校正请求,消息帧定义见表31。

表31　时间校正响应

序号	数据项	数据类型	字节数	说　明
0	当前时间	TIME	4	

6.10 行车计划下发

标识符:DcPushSchedule

说　明:用于调度中心向车载信息终端下发行车计划,消息帧定义见表32。

表32　行车计划下发

序号	数据项	数据类型	字节数	说　明
0	车次编号	USHORT	2	用于惟一标识线路时刻表的一个计划车次
1	业务类型	OS-ServiceType	1	
2	起始时间	TIME	4	
3	终止时间	TIME	4	
4	起始场站	CPTStoppointIden	n	可选
5	终止场站	CPTStoppointIden	n	可选
6	车辆	CPTVehicleIden	n	可选
7	驾驶员	CPTEmployeeIden	n	可选
8	乘务员1	CPTEmployeeIden		可选
9	乘务员2	CPTEmployeeIden		可选
10	线路	OSRouteIden	n	
11	班次编号	UBYTE	1	可选,用于惟一标识线路的一个班次
12	删除计划	BOOLEAN	1	可选,删除车次为TRUE

6.11 发车通知

标识符:DcDepartMessage

说　明:用于通知车辆发车,消息帧定义见表33。

表33　发车通知

序号	数据项	数据类型	字节数	说　明
0	发车时间	TIME	4	
1	业务类型	OS-ServiceType	1	
2	线路	OSRouteIden	n	
3	起始场站	CPTStoppointIden	n	可选
4	终止场站	CPTStoppointIden	n	可选
5	通知内容	FOOTNOTE	n	可选,显示通知内容

6.12 车辆调线

标识符:DcRouteDispatch

说　明:用于通知车辆调往目的线路运营,消息帧定义见表34。

表34 车辆调线

序号	数据项	数据类型	字节数	说　明
0	调往线路	OSRouteIden	n	调往线路的线路标识
1	附加内容	FOOTNOTE	n	

6.13 参数配置

标识符:DcSetParam

说　明:用于通过网络设定车载信息终端的关键参数,消息帧定义见表35。

表35 参数配置

序号	数据项	数据类型	字节数	说　明
0	通信参数	CPTCommParam	n	可选
1	电话本记录	SEQUENCE OF CPTPhoneBook	n	≤50
2	短信记录	SEQUENCE OF CPTMsgRecord	n	≤50

6.14 握手

标识符:DcShakeHands

说　明:用于保持通信链路,消息帧定义见表36。

表36 握手

序号	数据项	数据类型	字节数	说　明
0	握手间隔	USHORT	2	

6.15 应答

标识符:DcAckMessage

说　明:用于返回消息的响应结果,消息帧定义见表37。

表37 应答

序号	数据项	数据类型	字节数	说　明
0	车辆标识	CPTVehicleIden	n	可选
1	消息号	UBYTE	1	被应答消息的消息号
2	流水号	UBYTE	1	被应答消息的流水号

表 37（续）

序号	数据项	数据类型	字节数	说　明
3	回应代码	CPT-AckCode	1	
4	错误内容	FOOTNOTE	n	可选
5	握手间隔	UBYTE	1	可选，登录回应时携带，用于通知车载设备握手间隔。单位为秒

6.16　车辆点名

标识符：DcLocationRequest

说　明：用于请求车辆立即上传定位数据和状态数据，消息帧定义见表 38。

表 38　车辆点名

序号	数据项	数据类型	字节数	说　明
0	车辆标识	CPTVehicleIden	n	可选

6.17　升级通知

标识符：DcNotifyUpgrade

说　明：用于通知车载信息终端进行升级，连接指定的服务器 IP 地址和端口号下载升级文件，消息帧定义见表 39。

表 39　升级通知

序号	数据项	数据类型	字节数	说　明
0	IP 地址	ULONG	4	升级服务器 IP 地址
1	端口号	USHROT	2	升级服务器端口号

6.18　文件传输请求

标识符：DcFileTransRequest

说　明：用于车载信息终端向升级服务器请求文件传输，消息帧定义见表 40。

表 40　文件传输请求

序号	数据项	数据类型	字节数	说　明
0	字节数	ULONG	4	已传输的字节数
1	文件名	NAME	n	

6.19　文件传输响应

标识符：DcFileTransAck

说　明：用于升级服务器向车载信息终端返回请求的文件传输内容，消息帧定义见表 41。

表41 文件传输响应

序号	数据项	数据类型	字节数	说　明
0	开始字节	ULONG	4	可选
1	文件内容	MEMLONG	n	可选,长度受限于整包长度

6.20 升级完成

标识符:DcUpgradeComplete

说　明:用于传输升级完成消息给调度中心,消息帧定义见表42。

表42 升级完成

功能序号	数据项	数据类型	字节数	说　明
F0	车辆标识	CPTVehicleIden	n	可选

7 车载信息终端与调度中心间会话

7.1 车载信息终端登录

车载信息终端登录会话定义见表43。

表43 车载信息终端登录会话

<table>
<tr><td colspan="2">会话名称:
车载信息终端登录</td><td>应用领域:
调度中心(DC)</td></tr>
<tr><td colspan="3">会话目的:
上报车载信息终端登录,发送注册信息</td></tr>
<tr><td>消息:</td><td>名称</td><td>消息编号</td></tr>
<tr><td>上报</td><td>[DcLoginReport]</td><td>Dc 0x020</td></tr>
<tr><td>回应</td><td>[DcAckMessage]</td><td>Dc 0x01</td></tr>
<tr><td colspan="3">说明:
1. 车载信息终端在连接到网络后作为通信客户端,主动尝试与调度中心建立通信连接。
2. 通信连接建立后,车载信息终端需在1 min之内发送登录消息,否则调度中心主动断开此通信连接。
3. 调度中心在收到登录请求后,在1 min之内向车载信息终端回复应答消息,否则车载信息终端断开连接;如果验证失败,调度中心在回复登录应答后,应当主动断开与车载信息终端的通信连接。
4. 车载信息终端与调度中心之间登录成功后,双方在此链路上进行各类数据通信。
5. 车载信息终端与调度中心的通信连接断开后,首先以10 s、20 s、40 s等倍增的时间间隔重新尝试与调度中心建立通信连接,当到达或超过设定的重新建立GPRS连接的最大时间间隔,固定以设定的最大间隔进行重连,直到通信连接建立成功。</td></tr>
</table>

7.2 车载信息终端注销

车载信息终端退出会话定义见表44。

表 44 车载信息终端注销会话

会话名称： 车载信息终端注销	应用领域： 调度中心(DC)	
会话目的： 车载机电源关闭，上报车载信息终端退出登录		
消息：	名称	消息号
上报	[DcUnLoginReport]	Dc 0x21
回应	[DcAckMessage]	Dc 0x01
说明： 当车载机检测到电源关闭，但仍然能够持续工作一段时间时，使用本会话。		

7.3 人员签到

人员签到会话定义见表 45。

表 45 人员签到会话

会话名称： 人员签到上报	应用领域： 调度中心(DC)	
会话目的： 通知调度中心驾驶员在车上签到		
消息：	名称	消息号
上报	[DcOperatorSignOn]	Dc 0x22
回应	[DcAckMessage]	Dc 0x01
说明： 1. 人员可以手工签到或采用 IC 卡进行签到。 2. 驾驶员、乘务员、站务员、调度员都可以利用本会话进行签到。		

7.4 人员签退

人员签退会话定义见表 46。

表 46 人员签退会话

会话名称： 人员签退	应用领域： 调度中心(DC)	
会话目的： 通知调度中心驾驶员在车上签退		
消息：	名称	消息号
上报	[DcOperatorSignOff]	Dc 0x23
回应	[DcAckMessage]	Dc 0x01

7.5 短信下发

短信下发会话定义见表 47。

表 47 短信下发会话

<table>
<tr><td>会话名称：
短信下发</td><td colspan="2">应用领域：
调度中心(DC)</td></tr>
<tr><td colspan="3">会话目的：
调度可以下发调度短信</td></tr>
<tr><td>消息：</td><td>名称</td><td>消息号</td></tr>
<tr><td>上报</td><td>[DcDispatchMessage]</td><td>Dc 0x24</td></tr>
<tr><td>回应</td><td>[DcAckMessage]</td><td>Dc 0x01</td></tr>
</table>

7.6 短信上传

短信上传会话定义见表 48。

表 48 短信上传会话

<table>
<tr><td>会话名称：
短信上传</td><td colspan="2">应用领域：
调度中心(DC)</td></tr>
<tr><td colspan="3">会话目的：
驾驶员或车辆自动上报短信</td></tr>
<tr><td>消息：</td><td>名称</td><td>消息号</td></tr>
<tr><td>上报</td><td>[DcOperatorMessage]</td><td>Dc 0x25</td></tr>
<tr><td>回应</td><td>[DcAckMessage]</td><td>Dc 0x01</td></tr>
</table>

7.7 发车通知

发车通知会话定义见表 49。

表 49 发车通知会话

<table>
<tr><td>会话名称：
发车通知</td><td colspan="2">应用领域：
调度中心(DC)</td></tr>
<tr><td colspan="3">会话目的：
通知车辆发车</td></tr>
<tr><td>消息：</td><td>名称</td><td>消息号</td></tr>
<tr><td>上报</td><td>[DcDepartMessage]</td><td>Dc 0x26</td></tr>
<tr><td>回应</td><td>[DcAckMessage]</td><td>Dc 0x01</td></tr>
</table>

7.8 调线指令

调线指令会话定义见表 50。

表 50 调线指令会话

会话名称： 调线指令		应用领域： 调度中心(DC)
会话目的： 通知车辆调往目的线路运营。		
消息：	名称	消息号
上报	[DcRouteDispatch]	Dc 0x27
回应	[DcAckMessage]	Dc 0x01

7.9 车辆跟踪

车辆跟踪会话见表 51。

表 51 车辆跟踪会话

会话名称： 车辆跟踪		应用领域： 调度中心(DC)
会话目的： 上报车辆位置信息、违规、进出场和其他实时数据到调度中心		
消息：	名称	消息号
上报	[DcLocationReport]	Dc 0x28
回应	[DcAckMessage]	Dc 0x01

7.10 车辆点名

车辆点名会话见表 52。

表 52 车辆点名会话

会话名称： 车辆点名		应用领域： 调度中心(DC)
会话目的： 用于请求车辆立即上传定位数据和状态数据		
消息：	名称	消息号
上报	[DcLocationRequest]	Dc 0x29
回应	[DcLocationReport]	Dc 0x2a

7.11 时间校正

时间校正会话定义见表 53。

表 53 时间校正会话

会话名称： 时间校正	应用领域： 调度中心(DC)	
会话目的： 车载信息终端可通过网络通信方式向调度中心请求时间校正。		
消息：	名称	消息号
上报	[DcTimeReviseRequest]	Dc 0x2b
回应	[DcTimeReviseAck]	Dc 0x2c

7.12 参数设置

参数设置会话定义见表 54。

表 54 参数设置会话

会话名称： 参数设置	应用领域： 调度中心(DC)	
会话目的： 调度中心通过网络通信方式设置车载信息终端的关键参数。		
消息：	名称	消息号
下发	[DcSetParam]	Dc 0x2d
回应	[DcAckMessage]	Dc 0x01

7.13 行车计划下发

行车计划下发会话定义见表 55。

表 55 行车计划下发会话

会话名称： 行车计划下发	应用领域： 调度中心(DC)	
会话目的： 调度中心通过网络通信方式向车载信息终端下发行车计划。		
消息：	名称	消息号
下发	[DcPushSchedule]	Dc 0x2e
回应	[DcAckMessage]	Dc 0x01

7.14 文件传输

文件传输会话定义见表 56。

表 56　文件传输会话

会话名称： 文件传输	应用领域： 调度中心(DC)	
会话目的： 通过网络通信方式下载关键的配置文件等信息。		
消息：	名称	消息号
请求	[DcFileTransRequest]	Dc 0x2f
回应	[DcFileTransAck]	Dc 0x30
错误回应	[DcAckMessage]	Dc 0x01

7.15　远程升级

远程升级会话定义见表 57。

表 57　远程升级会话

会话名称： 远程升级	应用领域： 调度中心(DC)	
会话目的： 通过网络通信方式升级程序文件和关键的配置文件等信息。		
消息：	名称	消息号
升级通知	[DcNotifyUpgrade]	Dc 0x31
文件传输请求	[DcFileTransRequest]	Dc 0x2f
文件传输回应	[DcFileTransAck]	Dc 0x30
错误回应	[DcAckMessage]	Dc 0x01
升级完成	[DcUpgradeComplete]	Dc 0x32
说明： 1. 调度中心利用升级通知告诉车载信息终端需要升级服务器的 IP 地址和端口号。 2. 车辆终端则连接升级服务器，发送文件传输请求。 3. 调度中心利用文件传输回应包进行回应。 4. 循环执行步骤 2、3，直至文件传输完成。 5. 车载信息终端升级完成后向调度中心上传升级完成包，通知调度中心升级完成。		

7.16　握手

握手会话定义见表 58。

表 58 握手会话

<table>
<tr><td colspan="2">会话名称：
握手</td><td>业务领域：
调度中心(DC)</td></tr>
<tr><td colspan="3">会话目的：
用于在车载信息终端和调度中心间进行握手。</td></tr>
<tr><td>消息：</td><td>名称</td><td>消息编号</td></tr>
<tr><td>上报</td><td>[DcShakeHands]</td><td>Dc 0x02</td></tr>
<tr><td>回应</td><td>[DcAckMessage]</td><td>Dc 0x01</td></tr>
<tr><td colspan="3">说明：
1. 当车载信息终端超过 90 s 没有数据上传时，使用本会话维持连接，否则可省略本会话。
2. 调度中心收到车载信息终端的握手包后，立即向车载信息终端回复心跳包，以通知对方连接正常。
3. 车载信息终端发送心跳检测包后，超过 1 min 未收到调度中心的回应，则应重发握手包，重发三次后仍收不到调度中心的应答，应当主动断开与此终端的通信连接，重新登录。
4. 调度中心在 3 min 内未收到车载信息终端的任何数据，则关闭该链接。</td></tr>
</table>

附 录 A
（规范性附录）
数据元素

A.1 登录类型

标 识 符：PTV-LoginType
数据类型：UBYTE
说　　明：用于区分车载信息终端与调度中心建立连接时的状态，具体值定义见表 A.1。

表 A.1 登录类型

名称	值	说　明
加电登录	0x01	设备加电冷启动后登录
重启登录	0x02	设备重启后登录
重连登录	0x03	设备网络断线后重新登录
调换线路	0x04	车辆调换线路登录
保留	0x04-0x7f	
自定义	0x80-0xff	

A.2 业务类型

标 识 符：OS-ServiceType
数据类型：UBYTE
说　　明：用于定义出车类型，具体值定义见表 A.2。

表 A.2 业务类型

名称	值	说　明
未定义	0x00	用于特殊业务场合，由用户自己确定使用方式
上行	0x01	
下行	0x02	
环形	0x03	
自定义	0x20-0x7f	
非营运	0x80	指代所有的非营运业务类型
出场	0x81	
进场	0x82	
加油/加气	0x83	
维修保养	0x84	
包车	0x85	
自定义	0xA0-0xff	

A.3 调度类型

标 识 符:OS-ControlType

数据类型:UBYTE

说　　明:用于定义调度类型,具体值定义见表A.3。

表A.3 业务类型

名称	值	说　明
未定义	0x00	用于特殊业务场合,由用户自己确定使用方式
快车	0x01	
编组	0x02	
区间	0x03	
全程	0x04	
放站	0x05	
载客调头		
空放调头		
中间加入		
保留	0x06-0x7f	
厂家自定义	0x80-0xff	

A.4 人员类型

标 识 符:OS-EmployeeType

数据类型:UBYTE

说　　明:具体值定义见表A.4。

表A.4 人员类型

名称	值	说　明
驾驶员	0x01	
乘务员	0x02	
站务员	0x03	场站工作人员
调度员	0x04	
保留	0x05-0x7f	
自定义	0x80-0xff	

A.5 短信分类

标 识 符:OS-MessageType

数据类型:UBYTE

说　　明:用于定义短信类别,不同类别的短信系统应提供不同的处理方式,例如不同声音提示,具体值定义见表 A.5。

表 A.5　短信分类

名称	值	说　　明
普通短信	0x01	用于调度中心向车辆发送的一般性的消息通知
指挥短信	0x02	用于调度中心向车辆发送调度指示
违规警示	0x03	用于调度中心向违规车辆发送警示信息
保留	0x04-0x1f	
业务请求	0x20	用于车辆向调度中心请求某种业务
业务变动	0x21	用于车辆业务状态发送变化时向调度中心报告业务的开始或结束
状况上报	0x22	用于车辆向调度中心报告当前状况
报警	0x23	用于当车内发生盗、抢、失火等危险事件时向调度中心报警
保留	0x24-0x3f	
自定义	0x40-0xff	

A.6　预定义短信

标 识 符:CPT-MsgCode

数据类型:UBYTE

说　　明:用于定义标准短信文本,每个短信赋予一个短信编码,在发送时可以只发送短信编码,具体值定义见表 A.6。

表 A.6　短信编码

短信编码	短信文本
0x01	请求排班
0x02	请求交班
0x03	请求洗车
0x04	请求吃饭
0x05	请求下班
0x06	请求加气
0x07-0x1f	保留
0x20	车完好签到
0x21	车故障抛锚
0x22	回场保修
0x23	故障已排除
0x24	个人紧急情况
0x25	路阻开始

表 A.6（续）

短信编码	短信文本
0x26	路阻结束
0x27	包车开始
0x28	包车结束
0x29	事故开始
0x2a	事故结束
0x2b	加气开始
0x2c	加气结束
0x2d	车次签点
0x2e-0x3f	保留
0x40	快行
0x41	慢行
0x42	开会
0x43	雨天路滑，注意行车
0x44-0x5f	保留
0x60	报警
0x61	火警
0x62	劫警
0x63-0x7f	保留
0x80-0xff	厂商自定义

A.7　场站类型

标 识 符：CPT-StopType

数据类型：UBYTE

说　　明：用于定义首末站、中间站、停车场、维修厂、加油站等运营场所，具体值定义见表 A.7。

表 A.7　场站类型

名称	值	说　明
起点站	0x01	
中途站	0x02	
终点站	0x03	
虚拟站	0x04	不属于实际的营运站点，做特殊用途使用
安全提醒点	0x05	车辆行驶至安全提醒点会自动播报安全提示音
考核点	0x06	行车途中的特殊点，车辆行驶到考核点时自动上报位置，用于车辆稽核

表 A.7（续）

名称	值	说　　明
公交优先点	0x07	车辆即将到达路口时发起公交优先请求的位置
保留	0x08-0x3f	
自定义	0x40-0x7f	
主站场	0x80	上行起点站端的站场
副站场	0x81	下行起点站端的站场
停车场	0x82	
维修厂	0x83	
加油站	0x84	
保留	0x85-0x9f	
自定义	0xa0-0xff	

A.8　违规类型

标 识 符：CPT-ViolationType

数据类型：UBYTE

说　　明：车辆自行检测或调度中心检测出来的车辆违规行为，具体违规类型定义见表 A.8。

表 A.8　违规类型

名称	值	说　　明
超速行车	0x01	
低速行车	0x02	
滞站	0x03	停站时间长
越站	0x04	停站时间短
温度过高	0x05	车内温度过高
温度过低	0x06	
大间隔	0x07	行车时距过大
聚集	0x08	行车时距过小
异常关机	0x09	
越界	0x0a	超越区域边界围栏行车
越线	0x0b	超越线路边界围栏行车
晚点	0x0c	
早点	0x0d	
急刹车	0x0e	
急加速	0x0f	

表 A.8（续）

名称	值	说　明
开门行车	0x10	
停车时间长	0x11	
保留	0x12	
保留	0x13	
超载	0x14	
连续驾驶时间过长	0x15	
中途停车开门	0x16	
保留	0x17-0x7f	
自定义	0x80-0xff	

A.9　事件类型

标 识 符:CPT-LocRepReason

数据类型:UBYTE

说　　明:定义行车途中业务状态变化而产生的各种事件分类,具体值定义见表 A.9。

表 A.9　事件类型

名称	值	说　明
车辆到站	0x01	车辆到达首末站和中途站时上报车辆位置和状态
车辆离站	0x02	车辆离开首末站和中途站时上报车辆位置和状态
车辆进场	0x03	车辆进入停车场等场所时上报车辆位置和状态
车辆出场	0x04	车辆离开停车场等场所时上报车辆位置和状态
定时上报	0x05	每隔指定的时间上报车辆位置和状态
定距上报	0x06	每隔指定的距离上报车辆位置和状态
违规上报	0x07	发生违规事件时上报车辆位置和状态
车次开始	0x08	车辆车次开始时上报车辆位置和状态
车次结束	0x09	车辆车次结束时上报车辆位置和状态
车辆掉头	0x0a	车辆切换终点站后继续运营
厂商自定义	0x80-0xff	

A.10　语音通话控制

标 识 符:CPT-TeleRestrict

数据类型:UBYTE

说　　明:用于定义电话本中电话号码的呼入呼出限制,具体值定义见表 A.10。

表 A.10 语音通话控制类型

名称	值	说　明
呼入呼出都允许	0x01	
只允许呼出	0x02	
只允许呼入	0x03	
呼入呼出都限制	0x04	
保留	0x05-0x7f	
自定义	0x08-0xff	

A.11 回应代码

标 识 符:CPT-AckCode

数据类型:UBYTE

说　　明:用于回应请求的处理结果,具体值定义见表 A.11。

表 A.11 回应代码

名称	值	说　明
消息已收到	0x00	
请求已接受	0x01	
请求被拒绝	0x02	
CRC 校验错误	0x03	
暂停业务数据上传	0x04	停止业务数据上传,依靠心跳检测包外维持链接
恢复业务数据上传	0x05	
保留	0x06-0x7f	
厂商自定义	0x08-0xff	

ICS 03.220.20
R 85

中华人民共和国国家标准

GB/T 28788—2012

公路地理信息数据采集与质量控制

Road geography data collection and quality control

2012-11-05 发布　　2013-04-01 实施

中华人民共和国国家质量监督检验检疫总局
中国国家标准化管理委员会　发布

前　言

本标准按照 GB/T 1.1—2009 给出的规则起草。

本标准由全国智能运输系统标准化技术委员会(SAC/TC 268)提出并归口。

本标准起草单位:立得空间信息技术有限公司、北京星通联华科技发展有限公司、武汉大学。

本标准主要起草人:李德仁、胡庆武、郭晟、张全升、陈智勇、李大军、王少华、江成军。

公路地理信息数据采集与质量控制

1 范围

本标准规定了公路地理信息采集的技术指标、采集内容和方法、数据属性结构、质量控制和成果验收等要求，同时也规定了使用移动道路测量技术采集公路地理信息的作业流程。

本标准适用于建立各级公路地理信息数据库及相关地理信息系统时，对公路工程建设的基础地理信息的采集、处理与交换；适用于1：10 000、1：50 000、1：100 000、1：250 000国道、省道和县道的数据采集与更新。乡道及专用公路数据采集、1：5 000公路数据采集与更新也可参照执行。

2 规范性引用文件

下列文件对于本文件的应用是必不可少的。凡是注日期的引用文件，仅注日期的版本适用于本文件。凡是不注日期的引用文件，其最新版本(包括所有的修改单)适用于本文件。

GB/T 917—2009 公路路线标识规则和国道编号
GB/T 920—2002 公路路面等级与面层类型代码
GB/T 2260 中华人民共和国行政区划代码
GB/T 10114 县以下行政区划代码编制规则
GB/T 11708 公路桥梁命名编号和编码规则
GB/T 17798 地球空间数据交换格式
GB/T 18314—2009 全球定位系统(GPS)测量规范
GB/T 18316—2008 数字测绘成果质量检查与验收
GB/T 18731 干线公路定位规则
JT/T 132—2003 公路数据库编目编码规则
JT/T 301 公路交叉分类与编码规则
JT/T 412—2000 国道主要控制点代码
JTG B01—2003 公路工程技术标准
JTG H20—2007 公路技术状况评定标准
JTJ/T 066 公路全球定位系统(GPS)测量规范
JTJ 065—1997 公路摄影测量规范

3 术语和定义

下列术语和定义适用于本文件。

3.1

移动道路测量系统 mobile mapping system;MMS

将全球定位系统GPS(Global Positioning System)、航位推算系统DR(Dead Reckoning)、CCD(Charge Coupled Device)等定位定姿和影像采集设备集成于陆地车载平台之上，在车辆行进过程中快速采集道路及道路附属设施地理信息的系统。

4 时间基准和坐标基准

4.1 时间系统

公路空间数据、属性数据(包括CCD影像数据、音视频数据)的记录采用协调世界时(UTC)时间系统,系统内部自动同步,各数据与UTC同步到0.1 ms;输出结果采用UTC时间。

4.2 坐标基准

4.2.1 公路地理信息外业采集按GB/T 18314—2009要求其原始数据存储采用WGS-84大地坐标系。

4.2.2 数据处理根据需要采用WGS-84大地坐标系和1980西安坐标系。

4.2.3 提供的成果采用CGCS2000大地坐标系。

5 技术指标

5.1 公路几何数据精度

公路几何数据包括公路中心线、公路边线和公路车道线的平面点位中误差为±3 m。

5.2 公路附属设施精度

公路附属设施平面点位中误差范围为±3 m。

5.3 GPS基准站精度

GPS基准站相对于国家GPS A、B级基准网控制点的平面点位中误差范围为±0.01 m。

5.4 GPS流动站精度

GPS流动站相对于国家等级控制点平面点位中误差范围为±0.2 m。

5.5 数据更新要求

公路几何数据应一年更新一次,公路附属设施数据应半年更新一次。

6 公路地理信息数据及格式

6.1 基本内容

公路地理信息数据包括公路及其附属设施空间数据、公路属性数据、公路附属设施属性数据和元数据。

6.2 数据格式

6.2.1 公路及其附属设施空间数据格式如下:

a) 外业GPS采集的数据:采用文本格式(NEMA);

b) 公路及其附属设施空间数据格式:采用GB/T 17798规定空间数据交换格式。

6.2.2 属性数据格式如下:

a) 公路及公路附属设施属性按照第8章规定的属性结构组织,数据格式可为Access、SQL Server和Oracle数据库;

b） 属性数据中的影像数据：采用位图格式或JPEG2000压缩格式；

c） 属性数据中的音视频数据：采用MPEG系列压缩格式。

6.2.3 公路地理信息数据元数据采用GB/T 17798规定的元数据项及格式。

7 采集内容和要求

7.1 公路及其附属设施的空间数据

7.1.1 公路空间数据

7.1.1.1 公路空间数据包括公路中心线、公路边线和公路车道线。

7.1.1.2 当公路穿越城市时，应完整采集，使公路成网；城市中的其他公路不采集。

7.1.2 公路附属设施空间数据

7.1.2.1 公路附属设施包括公路交叉口、桥梁、涵洞、隧道、公路渡口、交通管理设施、交通安全设施、公路服务设施、公路出入口、公路收费站、公路定位控制点、公路沿线村镇、公路沿线地下设施。

7.1.2.2 公路附属设施空间数据要求应采集其大地坐标和里程信息。

7.2 公路属性数据

7.2.1 公路属性数据包括国道、省道和根据应用需求分段组合的公路路段属性数据，包括路段现状、公路等级、路面铺装材料、车道特征、路面宽度、路面技术状况和里程桩（碑、牌）等属性。

7.2.2 公路属性数据中的公路全称、简称和代码，应符合GB/T 917—2009规定，国道名称和编号应符合GB/T 917—2009规定，省道、县道、乡道及专用公路的全称、简称、编号及其代码应符合GB/T 917—2009。

7.2.3 路线现状

路线现状描述路线（或路段）的基本状况，其内容和要求为：

a） 路线跨越多个行政区时，应依据公路按行政区管养的特点，将路线沿里程桩号系统划分为按行政区管养的路段，路段应以该路线进出县级行政区交界处的里程桩号标识；

b） 路线多次进出同一行政区时，应采集每一次进出该行政区的起止点桩号；

c） 路段内存在断链情况时，在断链桩号处将路段划分为两段，路线名称和代码标识完全相同分别采集起止点里程桩号数据；

d） 路线名称：按照交通运输部、省交通厅（局）、公路局（处）规定的路线名称采集数据；

e） 晴雨通车里程：指无论晴天、雨天均能通行汽车的公路里程值。晴雨通车里程不应包括断头路里程和不计入本路线的重复里程。

7.2.4 公路等级

根据JTG B01—2003的规定，公路根据功能和适应的交通量划分为五个等级；代码应符合GB/T 920—2002的规定；等级变化范围或长度小于20 km，可与相邻公路合并，等级视为相同公路等级。

7.2.5 路面铺装材料

路面铺装材料的内容和要求为：

a） 路面铺筑材料的类型分“沥青、水泥混凝土、沙石、其他”四类，当两种路面铺筑材料混合使用，且变化长度在20 km以内时，可依主要一种为主；

b） 路面类型数据应与路面等级数据相对应、一致。

7.2.6 车道特征

车道特征指路线上各路段符合 JTG B01—2003 规定的设计车速和车道数的描述，其内容和要求为：

a） 车道数：符合 JTG B01—2003 规定的设计车道数；

b） 公路划有车道标线的，按现状实际车道个数采集数据；无车道标线的公路，依据 JTG B01—2003 而定；路面宽在 14 m（含 14 m）以上的，不少于四车道；行车道宽在 14 m 以下、6 m（含 6 m）以上的为双车道；行车道宽在 6 m 以下时，按单车道记录；等外公路也按单车道记录；

c） 路口车道应按照路口实际渠化、标线情况如实标注；

d） 车道特征要与路线技术等级的设计相符。

7.2.7 路面宽度

路面宽度指公路上供车辆行驶的路面宽度，其内容和要求为：

a） 当设有中间带、变速道、爬坡车道、紧急停车带等时，应包括这部分的宽度；

b） 通过测量公路边线的垂直距离得到，精确到 0.1 m。当路宽频繁变化且变化最大不超过 3 m 时可取平均宽度；当路宽变化超过 3 m 且路长大于 10 km 时应分段采集；

c） 路面宽度数据与公路技术等级、车道数数据相一致。

7.2.8 路面技术状况

路面技术状况用路面使用性能指数（PQI）表示，应符合 JTG H20—2007 的规定；路面技术状况分为优、良、中、次、差五个等级，等级按 JTG H20—2007 中表 2.0.2 规定的标准确定。

7.2.9 里程桩系统

a） 公路每条路线应建立或恢复完整、连续的里程桩系统；

b） 里程桩沿公路中线按照桩号采集至百米桩，里程平均每公里相对误差应控制在 ±2/1 000 m 以内；

c） 里程桩以点状方式采集，并注公里数。

7.3 公路附属设施属性数据

7.3.1 公路交叉口

7.3.1.1 交叉种类：相交公路的管理等级种类，应符合 JT/T 301 的规定。

7.3.1.2 交叉形式：按相交公路的条数、相交角度等特征进行分类，代码应符合 JT/T 301 的规定。

7.3.1.3 交叉口桩号：取两条或两条以上路线中心线相交点的里程桩号。

7.3.1.4 公路交叉口以点状地物采集。

7.3.1.5 交叉口控制方式属性采集：信号控制从立体影像上以点状方式采集；环岛控制、标志标线（让路、停车）控制、立交按照实际情况可从立体影像上采集。

7.3.2 桥梁

7.3.2.1 桥梁代码：根据 GB/T 11708 规定的公路桥梁编码规则编制。

7.3.2.2 桥梁名称：符合 GB/T 11708 规定的公路桥梁及公路与铁路两用桥梁的规范全称；无正式名称的可用俗称或以路线、桥梁名称加顺序号命名。

7.3.2.3　桥梁桩号:桥梁中心点的里程桩号。

7.3.2.4　桥梁分类:桥梁按多孔跨径总长和单孔跨径两种情况同时考虑,当两种分类不同时,按分类级别高的情况采集。

7.3.2.5　桥梁全长:两岸桥台翼墙尾端尖的距离或桥面系行车道长度。有桥台的桥梁为两岸桥台翼墙(侧翼或八字墙)尾端间的距离;无桥台的桥梁为桥面系行车道长度。

7.3.2.6　主桥长:公路桥梁主体部分的长度。

7.3.2.7　桥面净宽:公路桥面行车道宽或其与两侧人行道宽之和。

7.3.2.8　前引桥长:公路桥梁沿公路前进方向的前部分引桥长度。

7.3.2.9　后引桥长:公路桥梁沿公路前进方向的后部分引桥长度。

7.3.2.10　桥梁设计载荷:桥设计时所采用的车辆荷载标准等级,应符合 JT/T 132—2003 规定的代码。

7.3.2.11　桥梁车道标线及通行方向:桥梁上车道标线以及各车道的通行方向。

7.3.2.12　公路桥梁(立交桥除外)均按线状地物采集。

7.3.3　涵洞

7.3.3.1　涵洞编号:按 JT/T 132—2003 规定编制的涵洞及通道编号。

7.3.3.2　涵洞类型:涵洞及通道构造外形,应符合 JT/T 132—2003 规定的代码。

7.3.3.3　涵洞跨径:公路涵洞的直径。

7.3.3.4　涵洞净空:公路涵洞的净空高。

7.3.3.4　涵洞长度:公路涵洞的全长。

7.3.3.6　涵洞车道标线及通行方向:涵洞内车道标线以及各车道的通行方向。

7.3.3.7　涵洞均按线状地物采集。涵洞各项数据可通过档案资料,结合现场立体影像采集。

7.3.4　隧道

7.3.4.1　隧道代码:应符合 JT/T 132—2003 规定的编码规则编制。

7.3.4.2　隧道名称:公路隧道的全称。

7.3.4.3　隧道桩号:位于公路隧道入口处的里程桩号。

7.3.4.4　隧道分类:公路隧道按长度分类,采用 JTG B01—2003 规定的分类。

7.3.4.5　隧道长度:由进口至出口洞门端墙面之间的距离。

7.3.4.6　隧道净宽:隧道洞身内角间的净宽值,为行车道宽与两侧硬路肩宽度之和。

7.3.4.7　隧道净高:隧道穹顶与路中线之间的净高值。

7.3.4.8　隧道内人行道宽:隧道道内人行道的宽度。

7.3.4.9　隧道安全通道数:隧道内安全通道的总数。

7.3.4.10　隧道洞口形式:按隧道两端洞口的洞门结构形式分类。

7.3.4.11　隧道断面形式:按隧道衬砌的内轮廓线特征分类。

7.3.4.12　隧道排水类型:按隧道内外排水设施的排水形式分类。

7.3.4.13　隧道照明状况:按公路隧道整体照明状况分类。

7.3.4.14　隧道通风方式:按公路隧道内部的不同通风方式分类。

7.3.4.15　隧道设施分类:按公路隧道附属的各种机电设施分类。

7.3.4.16　国省道上隧道均按线状地物采集。隧道各项数据可通过档案资料,结合现场立体影像采集。

7.3.5　公路渡口

7.3.5.1　渡口代码:按 JT/T 132—2003 规定的渡口编码规则编制。

7.3.5.2 渡口名称:公路渡口的名称。

7.3.5.3 渡口桩号:在路线前进方向上的渡口码头前沿的里程桩号。

7.3.5.4 渡口分类:公路渡口的渡运方式分类。

7.3.5.5 码头数量:指一个渡口各种码头之和。

7.3.5.6 最大渡运量:每小时渡口所能通过的最大渡船数。

7.3.5.7 公路渡口均按点状地物采集。公路渡口各项数据可通过档案资料,结合现场立体影像采集。

7.3.6 交通管理设施

7.3.6.1 交通管理设施:不同等级的公路按相应规定设置的标志、标牌、信息板、通信、监控等设施组成的公路管理设施。

7.3.6.2 设施种类:公路沿线防护、安全、管理、养护等设施的类型,采用 JT/T 132—2003 规定的代码。

7.3.7 交通安全设施

7.3.7.1 交通安全设施:包括交通标志、交通标线、轮廓标、护栏、照明、防眩、隔离栅、隔音墙等公路安全设施。

7.3.7.2 交通标志、照明、防眩等交通安全设施数据可通过移动道路测量系统或实地调查采集以点状方式采集。设施分类采用 JT/T 132—2003 规定的代码。

7.3.7.3 交通标线、轮廓标、护栏、隔离栅、隔音墙等交通安全设施数据可通过移动道路测量系统或实地调查采集以线状方式采集。设施分类采用 JT/T 132—2003 规定的代码。

7.3.8 公路服务设施

7.3.8.1 公路服务设施:公路上设置的公共汽车站、服务区、加油站、报警点等。

7.3.8.2 公路服务设施可通过移动道路测量系统或实地调查以点状地物采集。只采集公路沿线 50 m 范围内的设施数据。设施分类采用 JT/T 132—2003 规定的代码。

7.3.8.3 公路沿线服务设施如有变动,以调查时的情况为准,临时设施不采集。

7.3.8.4 公路穿村镇路段有多处维修站点聚集时,可按一处设施采集。

7.3.8.5 加油站:城市街区内的加油站不采集;交通发达、地物密集的地区选择规模较大的以点状方式采集,距离公路边线 200 m 以外的可不采集;地物稀少地区的加油站一般应采集。

7.3.8.6 报警点:城市街区内的报警点不采集;高等级公路上的报警点,原则上每隔 20 km 采集一个;非高等级公路国省道上的报警点一般应采集。

7.3.9 公路出入口

7.3.9.1 公路出入口可通过移动道路测量系统或实地调查以点状地物采集。

7.3.9.2 高等级或封闭式公路上的出口、入口应分别采集,有名称的应加注名称。

7.3.10 公路沿线地下设施

7.3.10.1 公路沿线地下设施:埋设于公路用地以内的热力管道、天然气管道、上、下水管道、电信光缆等各类地下设施。

7.3.10.2 公路沿线地下设施数据的采集应通过查询设计竣工文件,或从相关知情单位获取,有条件的可采用雷达探测采集数据。

7.3.11 公路收费站

7.3.11.1 公路收费站:公路上经交通主管部门批准而设置的收取各种通行费的收费设施。

7.3.11.2 公路收费站代码：以省级行政区为基础，沿路线起点至终点顺序编制的收费站代码。应依据JT/T 132—2003 的规定编制代码。

7.3.11.3 公路收费站名称：公路上不同类型的收费设施的名称。

7.3.11.4 收费站桩号：公路收费站的里程桩号。

7.3.11.5 公路收费站类型：公路上收费路段、桥梁、隧道、渡口、匝道等收取车辆通行费的设施类型，采用 JT/T 132—2003 规定的代码。

7.3.11.6 公路收费性质：按公路收费站费收的用途分类。

7.3.11.7 公路收费站可通过移动道路测量系统或实地调查收集资料以点状地物采集。

7.3.12 公路定位控制点

7.3.12.1 公路定位控制点：建立于国家大地坐标系统之上，综合描述公路路线、构筑物、沿线设施、特征点等定位要素空间位置与变化状态的地理定位点。

7.3.12.2 公路定位要素分为基准点、参照点和主要控制点，其定义及其编码规则应符合 GB/T 18731 的规定。其中国道主要控制点代码应符合 JT/T 412 规定的代码。

7.3.12.3 主要控制点名称：控制路线走向和路网结点、路线起始点和途经大中城市或主要行政村镇的主要控制点所在地名的规范全称。

7.3.12.4 主要控制点代码：应符合 GB/T 18731 规定的公路主要控制点的代码。

7.3.12.5 公路定位控制点的采集方式和精度应按 GB/T 18731 和 JTJ/T 066 的规定执行。公路定位控制点的大地坐标可通过两种方式采集取得。第一，可用移动道路测量系统直接测量，其精度应符合 JTJ/T 066 有关规定；第二，可在比例尺 1∶5 千的地形图上获取平面坐标，在相应比例尺 1∶10 000 的地形图上手工量取高程坐标。

7.3.13 公路沿线村镇

7.3.13.1 公路沿线村镇：指符合 GB/T 2260 规定的省、地区、县级城市和符合 GB/T 10114 规定的县级以下乡镇、行政村及自然村。

7.3.13.2 公路沿线村镇名称：按公路沿线村镇名称的规范全称。

7.3.13.3 公路沿线村镇数据可直接从已有的中小比例尺地形图、交通旅游图上得到；也可用移动道路测量系统的音频、视频数据通过属性采集方式得到。

7.3.14 公路沿线地形

7.3.14.1 沿线地形：指公路沿线不同类别的地形构成的地理要素。

7.3.14.2 公路沿线的地理要素应符合 JT/T 132—2003 的规定。

7.3.14.3 公路沿线两侧的地貌通过已有的中小比例尺地形图和沿线调查采集数据相结合得到，多种地形和地物并存时可取主要的地形表示。

7.3.15 公路沿线地物

7.3.15.1 公路沿线地物：指公路沿线两侧的自然地物或人工构造物。

7.3.15.2 公路沿线地物数据采集可通过沿线移动道路测量系统的音频、视频数据调查获取，公路沿线地物的分类与代码应符合 JT/T 132—2003 的规定。

7.4 采集顺序

7.4.1 可按公路行政等级从高到低(即国道、省道、县道)依次分步采集。

7.4.2 可结合采集方式按照先内业采集后外业补充、核实的顺序采集。

7.4.3 可按先线状后点状的顺序采集。

8 公路地理数据的属性结构

8.1 国家干线公路、省干线公路

国家干线公路、省干线公路属性结构见表1。

表1

字段名	类型	宽度（单位：字节）	值域或说明
要素编码	字符型	6	国家干线公路：42300
			省干线公路：42400
路线代码	数值型	10	GB/T 917—2009
公路名称	字符型	20	中文名称，如："京石高速公路"
公路等级	数值型	2	国道/省道
铺装材料	字符型	2	水泥/沥青/沙石/其他
车道数	数值型	2	整条公路车道总数
单/双行线	字符型	2	单/双
路宽	数值型	4	单位：m
路面技术状况	字符型	2	优/良/中/次/差

8.2 公路路线

公路路线属性结构见表2。

表2

字段名	类型	宽度（单位：字节）	值域或说明
路线代码	字符型	10	GB/T 917—2009
路线名称	字符型	20	GB/T 917—2009
起点地名	字符型	20	如"永安"
起点桩号	数值型(小数点后三位)	10	如：100.100，表示 100 km+100 m
止点地名	字符型	6	如"仙桃"
止点桩号	数值型(小数点后三位)	10	如：105.200，表示 105 km+200 m
晴雨通车里程	数值型	8	单位：km
涵洞数量	数值型	4	单位：个

8.3 公路交叉口

公路交叉口属性结构见表3。

表 3

字段名	类型	宽度 (单位:字节)	值域或说明
交叉口代码	字符型	16	JT/T 301
交叉口名称	字符型	20	JT/T 301
路线代码	字符型	10	GB/T 917—2009
交叉口桩号	数值型(小数点后三位)	8	如:100.100,表示 100 km+100 m
交叉路口种类	字符型	2	JT/T 132—2003
交叉形式	字符型	2	JT/T 132—2003

8.4 桥梁

桥梁属性结构见表 4。

表 4

字段名	类型	宽度 (单位:字节)	值域或说明
桥梁代码	字符型	15	GB/T 11708 规定
桥梁名称	字符型	20	中文名称,如:"渭河大桥"
桥梁分类	字符型	2	GB/T 11708 规定
桥梁桩号	数值型(小数点后三位)	8	如:107.301,表示 107 km+301 m
桥梁全长	数值型(小数点后两位)	8	单位:m
主桥长	数值型(小数点后两位)	8	单位:m
前引桥长	数值型(小数点后两位)	8	单位:m
后引桥长	数值型(小数点后两位)	8	单位:m
桥面净宽	数值型(小数点后两位)	8	单位:m
桥梁设计荷载	数值型(小数点后一位)	8	单位:吨
路线代码	字符型	10	GB/T 917—2009

8.5 涵洞

涵洞属性结构见表 5。

表 5

字段名	类型	宽度 (单位:字节)	值域或说明
涵洞代码	字符型	15	GB/T 11708 规定
涵洞名称	字符型	20	中文名称,如:"渭河涵洞"
涵洞桩号	数值型	8	如:100.100,表示 100 km+100 m

表 5（续）

字段名	类型	宽度 （单位:字节）	值域或说明
路线代码	字符型	10	GB/T 917—2009
涵洞类型	字符型	1	JT/T 132—2003
涵洞跨径	数值型(小数点后两位)	8	单位:m
涵洞净空	数值型(小数点后两位)	8	单位:m
涵洞长度	数值型(小数点后两位)	8	单位:m

8.6 隧道

隧道属性结构见表 6。

表 6

字段名	类型	宽度 （单位:字节）	值域或说明
隧道代码	字符型	14	JT/T 132—2003
隧道名称	字符型	20	中文名称,如“秦岭隧道”
路线代码	字符型	10	GB/T 917—2009
隧道桩号	数值型(小数点后三位)	8	如:106.215,表示 106 km+215 m
隧道分类	字符型	1	JT/T 132—2003
隧道长度	数值型(小数点后两位)	8	单位:m
隧道净宽	数值型(小数点后两位)	8	单位:m
隧道净高	数值型(小数点后两位)	8	单位:m
隧道内人行道宽	数值型(小数点后两位)	8	单位:m
隧道衬砌材料长	数值型(小数点后两位)	8	单位:m
隧道安全通道数	数值型	8	单位:个
隧道洞口形式	字符型	1	JT/T 132—2003
隧道断面形式	字符型	1	JT/T 132—2003
隧道排水类型	字符型	1	JT/T 132—2003
隧道照明状况	字符型	1	JT/T 132—2003
隧道通风方式	字符型	1	JT/T 132—2003
隧道设施分类	字符型	1	JT/T 132—2003
隧道设施类型	字符型	1	JT/T 132—2003

8.7 公路渡口

公路渡口属性结构见表 7。

表 7

字段名	类型	宽度 (单位:字节)	值域或说明
渡口代码	字符型	14	JT/T 132—2003
渡口名称	字符型	20	中文名称
路线代码	字符型	10	GB/T 917—2009
渡口桩号	数值型(小数点后三位)	8	如:156.205,表示 156 km+205 m
渡口分类	字符型	1	JT/T 132—2003
码头数量	数值型	8	单位:个
最大渡运量	数值型(小数点后一位)	8	单位:吨

8.8 交通管理设施

交通管理设施属性结构见表 8。

表 8

字段名	类型	宽度 (单位:字节)	值域或说明
设施代码	字符型	2	JT/T 132—2003
设施名称	字符型	20	中文名称
路线代码	字符型	10	GB/T 917—2009
设施桩号	数值型(小数点后三位)	8	如:170.200,表示 170 km+200 m
设施种类	字符型	2	JT/T 132—2003

8.9 交通安全设施

8.9.1 交通标志属性结构见表 9。

表 9

字段名	类型	宽度 (单位:字节)	值域或说明
交通标志代码	字符型	6	JT/T 132—2003
交通标志名称	字符型	20	中文名称
路线代码	字符型	10	GB/T 917—2009
桩号	数值型(小数点后三位)	8	如:156.106,表示 156 km+106 m
交通标志构造	字符型	1	JT/T 132—2003
标志支持方式	字符型	1	JT/T 132—2003
标志反光与照明	字符型	1	JT/T 132—2003

8.9.2 交通标线属性结构见表10。

表 10

字段名	类型	宽度 (单位:字节)	值域或说明
标线代码	字符型	3	JT/T 132—2003
路线代码	字符型	10	GB/T 917—2009
起点桩号	数值型(小数点后三位)	8	如:105.100,表示105 km+100 m
止点桩号	数值型(小数点后三位)	8	如:110.200,表示110 km+200 m
标线宽度	数值型(小数点后两位)	8	单位:m
标线数量	数值型	8	单位:个

8.9.3 护栏属性结构见表11。

表 11

字段名	类型	宽度 (单位:字节)	值域或说明
护栏代码	字符型	2	JT/T 132—2003
路线代码	字符型	10	GB/T 917—2009
起点桩号	数值型(小数点后三位)	8	如:112.300,表示112 km+300 m
止点桩号	数值型(小数点后三位)	8	如:120.100,表示120 km+100 m
护栏类型	字符型	2	JT/T 132—2003

8.9.4 轮廓标属性结构见表12。

表 12

字段名	类型	宽度 (单位:字节)	值域或说明
轮廓标代码	字符型	2	JT/T 132—2003
路线代码	字符型	10	GB/T 917—2009
起点桩号	数值型(小数点后三位)	8	如:112.300,表示112 km+300 m
止点桩号	数值型(小数点后三位)	8	如:120.100,表示120 km+100 m

8.9.5 照明设施属性结构见表13。

表 13

字段名	类型	宽度 (单位:字节)	值域或说明
照明设施代码	字符型	2	JT/T 132—2003
路线代码	字符型	10	GB/T 917—2009
桩号	数值型(小数点后三位)	8	如:110.105,表示110 km+105 m

8.9.6 防眩设施属性结构见表14。

表 14

字段名	类型	宽度 (单位:字节)	值域或说明
防眩设施代码	字符型	2	JT/T 132—2003
路线代码	字符型	10	GB/T 917—2009
桩号	数值型(小数点后三位)	8	如:100.100,表示 100 km+100 m
设施分类	字符型	2	JT/T 132—2003

8.9.7 隔离栅属性结构见表15。

表 15

字段名	类型	宽度 (单位:字节)	值域或说明
隔离栅代码	字符型	2	JT/T 132—2003
路线代码	字符型	10	GB/T 917—2009
起点桩号	数值型(小数点后三位)	8	如:112.300,表示 112 km+300 m
止点桩号	数值型(小数点后三位)	8	如:120.100,表示 120 km+100 m

8.9.8 隔音墙属性结构见表16。

表 16

字段名	类型	宽度 (单位:字节)	值域或说明
隔音墙代码	字符型	2	JT/T 132—2003
路线代码	字符型	10	GB/T 917—2009
起点桩号	数值型(小数点后三位)	8	如:112.300,表示 112 km+300 m
止点桩号	数值型(小数点后三位)	8	如:120.100,表示 120 km+100 m

8.10 公路服务设施

8.10.1 公共汽车站属性结构见表17。

表 17

字段名	类型	宽度 (单位:字节)	值域或说明
汽车站代码	字符型	2	JT/T 132—2003
汽车站名称	字符型	20	中文名称
路线代码	字符型	10	GB/T 917—2009
桩号	数值型(小数点后三位)	8	如:100.100,表示 100 km+100 m

8.10.2 服务区属性结构见表18。

表 18

字段名	类型	宽度 (单位:字节)	值域或说明
服务区代码	字符型	2	JT/T 132—2003
服务区名称	字符型	20	中文名称
路线代码	字符型	10	GB/T 917—2009
桩号	数值型(小数点后三位)	8	如:105.100,表示 105 km+100 m

8.10.3 加油站属性结构见表19。

表 19

字段名	类型	宽度 (单位:字节)	值域或说明
加油站代码	字符型	2	JT/T 132—2003
加油站名称	字符型	20	中文名称
路线代码	字符型	10	GB/T 917—2009
桩号	数值型(小数点后三位)	8	如:101.200,表示 101 km+200 m

8.10.4 报警点属性结构见表20。

表 20

字段名	类型	宽度 (单位:字节)	值域或说明
报警点代码	字符型	2	JT/T 132—2003
报警点名称	字符型	20	中文名称
路线代码	字符型	10	GB/T 917—2009
桩号	数值型(小数点后三位)	8	如:200.102,表示 200 km+102 m

8.11 公路出入口

公路出入口属性结构见表21。

表 21

字段名	类型	宽度 (单位:字节)	值域或说明
出入口代码	字符型	6	JT/T 132—2003
出入口名称	字符型	6	中文名称
路线代码	字符型	10	GB/T 917—2009
出入口桩号	数值型(小数点后三位)	8	如:200.302,表示 200 km+302 m

8.12 公路收费站

公路收费站属性结构见表 22。

表 22

字段名	类型	宽度（单位:字节）	值域或说明
收费站代码	字符型	14	JT/T 132—2003
收费站名称	字符型	20	中文名称
路线代码	字符型	10	GB/T 917—2009
收费站桩号	数值型(小数点后三位)	8	如:120.100,表示 120 km+100 m
收费站类型	字符型	2	收费路段/桥梁/隧道/渡口/匝道
收费站性质	字符型	1	JT/T 132—2003

8.13 公路控制点

公路定位控制点属性结构见表 23。

表 23

字段名	类型	宽度（单位:字节）	值域或说明
控制点代码	字符型	6	JT/T 412—2000
控制点名称	字符型	20	中文名称
路线代码	字符型	10	GB/T 917—2009
控制点类型	字符型	2	基准点/参照点/主要控制点
控制点等级	字符型	2	JT/T 412—2000
控制点 X 坐标	数值型(小数点后三位)	15	如“3375654.334”,单位:m
控制点 Y 坐标	数值型(小数点后三位)	15	如“3855663.232”,单位:m
控制点 Z 坐标	数值型(小数点后三位)	15	如“34.351”,单位:m

8.14 公路沿线村镇

公路沿线村镇属性结构见表 24。

表 24

字段名	类型	宽度（单位:字节）	值域或说明
村镇代码	字符型	6	GB/T 10114
村镇名称	字符型	20	中文名称
路线代码	字符型	10	GB/T 917—2009

8.15 公路沿线地下设施

公路沿线地下设施结构见表25。

表25

字段名	类型	宽度 （单位：字节）	值域或说明
地物代码	字符型	2	JT/T 132—2003
地物名称	字符型	20	中文名称
路线代码	字符型	10	GB/T 917—2009
地物桩号	数值型(小数点后三位)	8	如：107.303，表示103 km+303 m

9 公路地理信息采集与更新技术

公路地理信息数据的采集和更新可以采用移动道路测量系统进行，也可采用GPS人工外业测量、航空摄影测量等方式进行。使用移动道路测量系统进行公路地理信息数据采集应按第10章的规定执行。采用GPS人工外业测量应遵循GB/T 18314—2009和JTJ/T 066；采用航空摄影测量采集公路地理信息按照JTJ 065—1997执行。

10 移动道路测量公路地理信息采集与更新

10.1 作业流程与模式

10.1.1 作业流程

使用移动道路测量系统进行公路地理信息数据采集作业流程见图1。

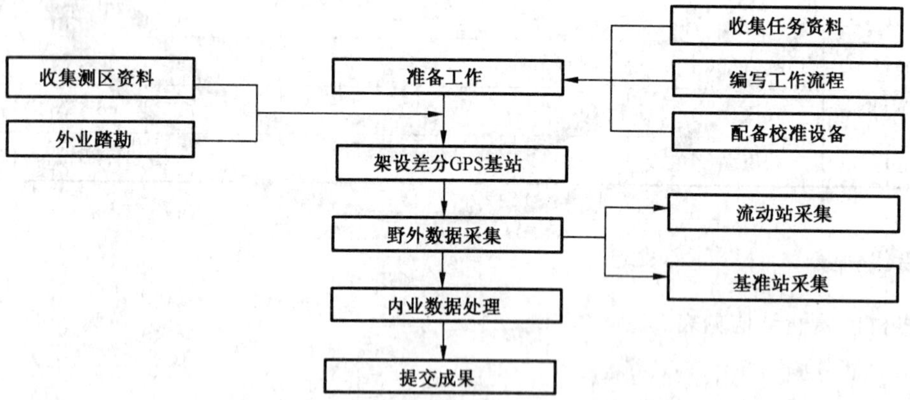

图1

10.1.2 外业作业模式

10.1.2.1 GPS基准站模式：根据测量任务可选择的GPS基站模式包括自由基准站模式、双基准站模式、单基准站模式和流动基准站模式。GPS基站模式应根据测区的实际情况，灵活选取。如果条件允许，宜使用含差分台的单基准站模式设基站。

10.1.2.2 流动站数据采集作业模式：数据采集作业标准人员配置以下人员：作业组长、前座作业员、后座作业员和司机：

a) 作业组长：根据作业流程，指挥相关人员按照作业流程的规定开启相关硬件、软件系统；负责作业管理，即按照作业计划，指挥测量小组分步完成测量工作；系统监控，实时观察各个分系统(CCD、GPS、DR 等)的工作状态，记录和处理测量中出现的异常情况；协调各作业人员的工作，对车辆路线的变更等做出决定；

b) 前座作业员：系统采集软件的启动、配置、关闭：完成软件采集工程配置，使软件处于等待采集状态；负责属性面板和麦克风音频属性记录。当车正好经过待记录地物时(即行车方向与地物与车的连线正交时)，通过完成属性面板和麦克风完成属性输入；

c) 后座作业员：系统采集软件的启动、配置、关闭：完成软件采集工程配置，使软件处于等待采集状态；负责属性面板的记录；

d) 司机：根据作业流程要求，在作业组长的指挥下，按照要求的速度驾驶车辆，应注意交通安全；根据作业计划行车草图行驶，并在作业组长的指挥下，处理特殊条件下车辆变更行驶；按照作业要求的车辆行驶速度和要求驾驶。

10.1.3 内业作业模式

内业作业采取流水线作业，进入测图后，采取多个作业员分作业区、段进行。

10.2 数据采集

10.2.1 数据采集流程

使用移动道路测量系统进行公路地理信息外业数据采集流程见图 2。

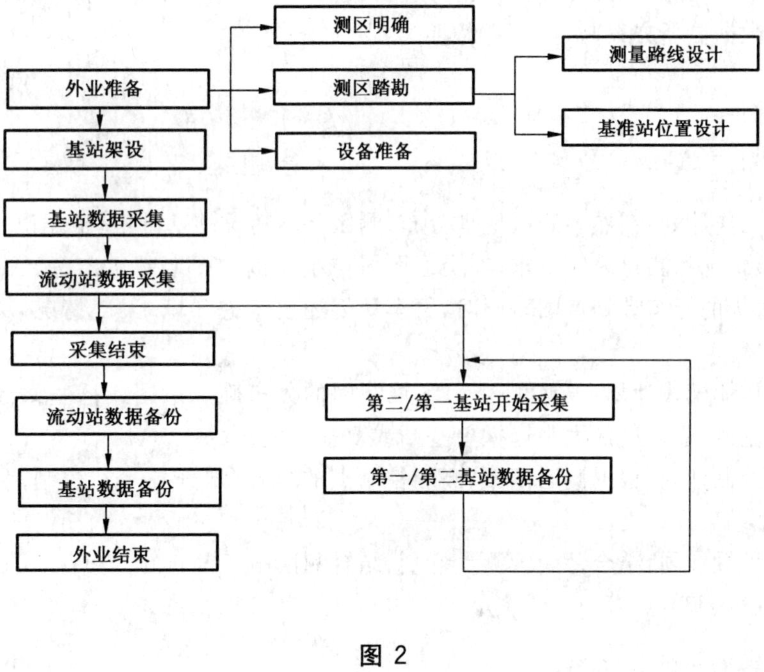

图 2

10.2.2 资料收集

10.2.2.1 大地控制点资料收集应包括以下要求和内容：

a) 收集作业区内国家高精度 GPS A、B 级网点资料，用于建立 GPS 基准站；

b) GPS跟踪站资料；

c) 测区GPS差分广播站分布资料。

10.2.2.2 地图资料收集应包括以下要求和内容：

a) 用于制作工作计划和导航的小比例尺地图资料：1∶50 000、1∶100 000、1∶250 000地形图；最新的交通图册或省级公路图册；

b) 1∶10 000和1∶5 000或更大比例尺的地形图，用于精度检查；

c) 测区已有的大比例尺地形图，用于公路地理信息采集用的背景底图；

d) 测区影像资料：测区最近影像（航卫片）资料。数字影像要求应具有地理参考信息，格式为Bitmap或GeoTiff格式。

10.2.2.3 交通资料

收集和第7章内容相关交通资料，主要是有关公路的属性（名称、等级、宽度、铺装材料等）和附属设施属性。对作业区进行测前踏勘以掌握更多信息。

10.2.3 资料分析

10.2.3.1 分析测区已有的大地控制点资料，确定测区GPS基站控制点布设方案，确定控制方式，确定GPS基站模式。

10.2.3.2 用交通图册和1∶50 000、1∶100 000、1∶250 000地形图制定好工作计划，同时将行车线路和新增的线路标注在1∶50 000的地形图上。

10.2.3.3 将收集到的公路属性资料标注在1∶50 000的地形图上，待数据采集完后进行处理时作为背景底图层便于属性数据的编辑、修改与更新。

10.2.3.4 将大比例尺的地形图与影像资料进行配准叠加，用于外业调绘数据的背景底图标绘。

10.2.3.5 利用交通部门每年统计的最新资料，对公路按等级进行分类，将新增的公路分类统计出来，用于公路地理信息数据更新方案制定。

10.2.4 作业准备

10.2.4.1 作业计划

10.2.4.1.1 测量工作计划：在熟悉测区地理分布、测区基本情况的基础上，根据测量技术任务书要求、测区范围、测量人员情况和测量时间要求，在交通图册与小比例尺图上制定出每天的外业测量计划，人员的分工、并形成每天的行车计划草图。同时，行车计划还要考虑环境、天气情况，尽量避免遮挡、逆光和雨雪天作业情况。

10.2.4.1.2 外业作业模式计划：根据测区GPS控制网的分布确定采用广播基站还是单独架设基站。如果需要单独架设基站，根据测区大小选择单基站或双基站模式。

10.2.4.1.3 基站控制计划：根据测区范围、测区控制点的分布，划分各基站控制范围。结合测区测量计划，制定出每天基站架设计划。

10.2.4.1.4 测量后勤计划：结合每天的测量计划，结合测区服务设施的分布，制定出测量后勤计划，包括测量行车许可、饮食、充电点等。

10.2.4.2 测量设备准备和系统检查

10.2.4.2.1 测量设备硬件准备，确认系统为可作业状态：

a) 充电：在测量工作前，应对测量车电源充电，以保障系统8 h工作状态供电量；

b) 车辆检查：针对车辆安全行驶的各项检查，包括燃油、车闸、行车证、车辆状况等。

10.2.4.2.2 GPS 基站准备，包括电池，存储器并设置好工作参数（如采样率等）。

10.2.4.2.3 流动站准备，确认系统连接无误。

10.2.4.2.4 车载硬件设备状态检查：通过常规通、关电操作车载硬件设备，确定设备处于良好工作状态整理存储设备，确认充足的存储空间。

10.2.4.2.5 检查系统软件：依次打开各采集软件，确认各软件正常工作。

10.2.4.3 系统性能检查

根据公路地理信息采集的精度要求，每隔四个月应对测量设备系统实施一次系统性能检校工作，系统检校工作应在专业的测量控制场中按照规定的流程进行，并计算出系统检校参数。

10.2.5 数据采集规定

10.2.5.1 基准站架设及要求

10.2.5.1.1 GPS 基准站要求架设地点无遮挡，脚架要固定，稳定性好。

10.2.5.1.2 GPS 基准站要求严格整平、对中，对中误差小于 5 mm。量测天线高，天线高量至 0.001 m，并填好基准站记录手册，参见附录 A。

10.2.5.1.3 按照调度计划开机、关机和下载数据。

10.2.5.2 行驶要求

10.2.5.2.1 车辆的行驶速度控制在 80 km/h 以内；在公路拐弯处应减缓速度，要求车速不大于 20 km/h。车速的选择参见表 26：

表 26

采样间隔(单位：Hz)		车速 v(单位：km/h)	公路等级
基准站	流动站		
10	1	$60<v\leqslant 80$	高速公路
10	1	$0<v\leqslant 60$	一级公路
10	1	$0<v\leqslant 40$	二、三级公路
1	1	$0<v\leqslant 30$	三级以下公路

10.2.5.2.2 车辆尽量在慢车道行驶，若车道遮挡较大，可以适当沿中线行驶。

10.2.5.2.3 当路面宽度小于 8 m 或为 2 车道以下车道时，可以单向行驶采集；当路面宽度大于 8 m 或为 2 车道以上车道时，应双向行驶采集。单向通行道路按照车道数分多次采集。

10.2.5.3 野外数据采集规定

10.2.5.3.1 开启硬件系统：按照系统硬件操作流程依次开启硬件设备，并设置好硬件的状态参数。

a) GPS 接收机：打开 GPS 接收机和连接的计算机，检查设置参数是否正确；

b) 视频：开启视频设备，调整好拍摄距离与角度；

c) CCD 相机：开启 CCD 相机，确定正常工作状态；

d) 填写测量作业手薄相关项目，参见附录 B。

10.2.5.3.2 系统软件启动：在硬件系统全部正常启动后，启动系统软件并对相关的参数进行设置。

10.2.5.3.3 系统校时：用 GPS 时间对计算机系统、同步控制设备和音视频系统进行校时。

10.2.5.3.4 测量采集：测量车进入测区，司机按照计划路线行驶。各作业人员按照规定项目内容，进行数据采集。

10.2.5.3.5 采集作业完成后，将采集数据拷贝至移动存储介质，依次关闭各硬件设备，关闭系统电源。

10.3 数据处理

10.3.1 数据处理流程

使用移动道路测量系统进行公路地理信息采集的数据处理流程见图3。

10.3.2 数据导出与组织

10.3.2.1 数据导出

10.3.2.1.1 外业采集数据通过外挂移动硬盘从车载系统上导出。

10.3.2.1.2 移动存储介质的容量大于90 G。

10.3.2.2 数据组织

10.3.2.2.1 外业采集数据按工程组织，各类数据根据类型分目录存储。

10.3.2.2.2 目录组织如图4。

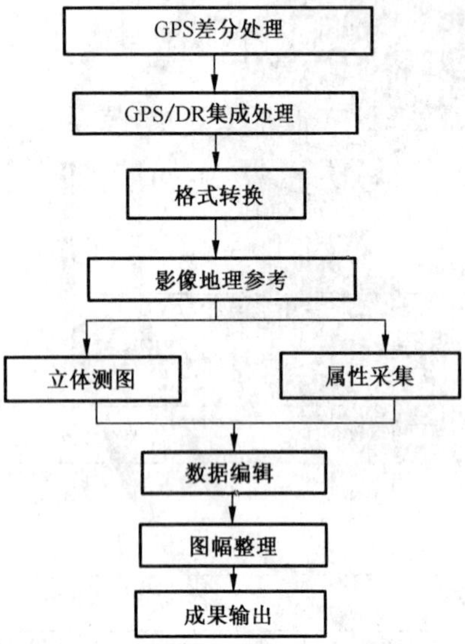

图 3

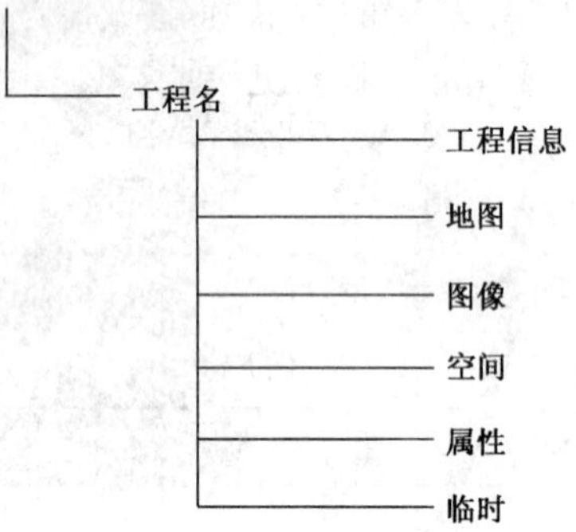

图 4

10.3.2.2.3 系统工程目录 ProjectName。工程目录命名以工程创建的时间命名。该目录下存放在不同的软件下生成的工程管理文件。

10.3.2.2.4 项目信息目录 ProjectInfo。存放系统所有的参数文件，包括系统相机参数文件即内方位参数文件，系统检校参数文件；本目录下还可存放关于工程的其他信息，如工程区航空遥感影像、控制信息等。

10.3.2.2.5 测区矢量图目录 Map。存放项目生成的各种矢量文件、符号库、小比例尺地形图、行车草图和轨迹图。

10.3.2.2.6 空间数据目录 Spatial。存放 GPS 空间定位数据和存放定姿数据文件。

10.3.2.2.7 属性数据目录 Attribute。存放外业采集的属性数据库文件。

10.3.2.2.8 影像文件目录 Image。存放系统外业采集的影像数据和影像索引文件。

10.3.2.2.9 临时文件目录 Temp。存放系统运行产生的临时文件。

10.3.3 内业数据处理

内业数据处理包括GPS差分处理、GPS/DR集成处理、坐标转换、影像属性地理参考、立体测图、属性采集与矢量编辑以及标准空间数据转换。

10.3.3.1 GPS差分处理

GPS差分处理如图5：

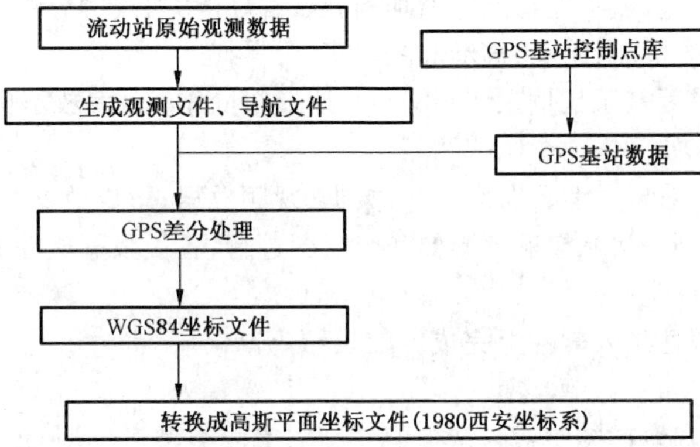

图5

10.3.3.2 GPS/DR集成处理

GPS/DR集成处理如图6：

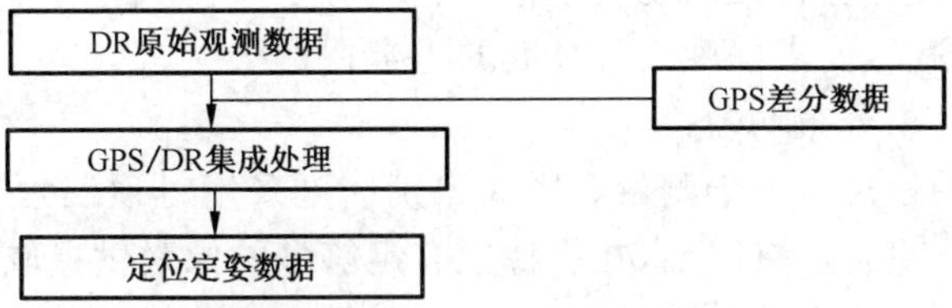

图6

10.3.3.3 立体影像地理参考处理

立体影像地理参考处理如图7：

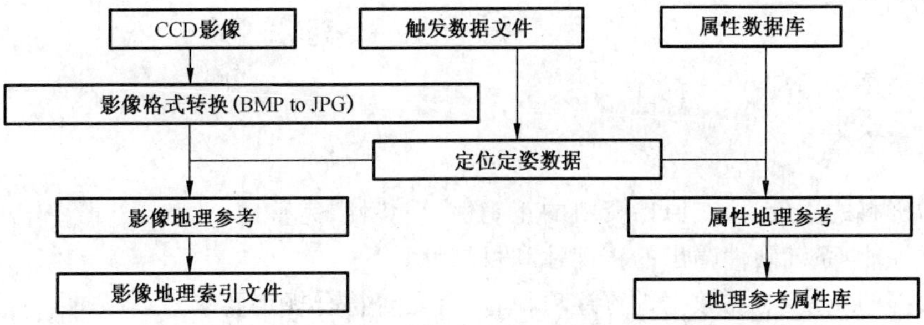

图7

10.3.3.4 测图与矢量编辑

10.3.3.4.1 数字影像立体测图要求如下：

a) 按照公路地理信息数据采集的内容，在数字影像立体像对上进行测量解析。测量可按照面状对象、线型对象、点状对象采取流水线模式作业；
b) 数字影像立体测图在专业的数字摄影测量工作站上完成。

10.3.3.4.2 矢量编辑要求如下：

a) 矢量编辑包括对结点、独立地物点的增加、删除、移动等；对线的分割、求交、扩展、平行线、增加和删除等；对弧段的增加、删除、移动和光滑等；
b) 在具体图形编辑时可基于比例尺 1∶10 000 地形图操作，最大放至比例尺 1∶5 000。

10.3.3.4.3 属性录入要求如下：

a) 属性录入结合外业采集属性数据库、音频数据、视频数据、影像数据和公路设计资料、测区已有搜集的小比例尺地形图、航空遥感影像和交通图进行；各类数据相互关联，相互补充，形成完成的属性录入数据源。
b) 属性录入在专业属性录入软件上完成。

10.3.3.4.4 属性编辑要求如下：

根据属性内容表，确定各地物类要素的结构、字段名、字段类型、字段长度；同时，根据要求创建、删除属性表，增加字段、修改字段、删除字段等。

10.3.4 系统检校

系统检校要求如下：

a) 用于公路地理信息数据采集的移动道路测量系统需定期进行系统检校，获取系统测量参数；
b) 系统检校在控制场中进行，控制场要求保持相对稳定；
c) 控制场有足够的深度，要求深度大于高度的一半；
d) 控制场中控制点要求分布均匀；
e) 控制场中控制点的标志应便于测量和影像识别。可采用对顶三角标志或圆标志，其中圆标志应标示圆心用于测量，且保证标志在影像上有足够多的像素供提取；
f) 控制场测量采用角度测量前方交会的方法，测量精度视检校距离而定，距离越近，要求标志点的精度越高，一般要求控制点误差不超过 1 mm；
g) 系统检校可采用一步检校法或分步检校法。其中一步检校法可一次性完成相对检校和系统绝对检校工作；分步检校法则在相对检校的基础上完成系统的绝对检校。检校计算采用空间后方交会进行。

11 质量检查和成果验收

11.1 成果质量检查

11.1.1 基本质量检查

11.1.1.1 原始资料的质量：检查原始资料的正确性、现势性、完整性。

11.1.1.2 硬件性能：系统硬件输出的正确性和可靠性。

11.1.1.3 元数据的质量：对元数据进行逐项检查，看是否符合规定要求。

11.1.1.4 文档的质量：检查文档填写内容是否完整、正确。

11.1.1.5 数据质量：数据的精度与完整性。

11.1.1.6 产品归档检查：检查各种数据资料、图形资料、文档资料是否齐全；检查存储数据的介质和规格是否符合要求;检查备份的数量;检查数据是否可用,文件组织、文件命名是否符合规定要求。

11.1.2 几何数据质量检查

11.1.2.1 精度检查:检查数学基础、平面精度是否满足需要;检查各要素是否与本图图廓线严格吻合;检查与相邻图幅要素是否全部接边、属性值是否一致、有向要素的方向是否一致。

11.1.2.2 图形质量检查:检查线划的光滑、粗细、清晰情况是否满足需要;要素间的关系是否合理,有无地理性矛盾;符号配置、图面整饰、注记是否正确无误。

11.1.2.3 方向问题检查:检查有向点、有向线的方向是否正确。

11.1.3 属性数据质量检查

11.1.3.1 编码检查:检查各层编码是否正确。

11.1.3.2 属性及拓扑关系检查:检查每一个属性表,检查属性项的名称、类型、长度、顺序是否符合规定要求,有无遗漏;检查属性值是否正确。检查每个层是否建立了相应的拓扑关系。

11.1.3.3 语义质量检查:将数据本身或者是这个数据的抽样数据与现实数据相比较或通过检查数据集的成果是否与规格书、设计书中所定义的标准相符合,来判断这个数据集的质量。

11.2 成果验收

11.2.1 成果验收的原则

成果验收按 GB/T 18316—2008 的原则制定项目的检查验收计划。交送验收的成果包括野外观测记录手薄、观测数据、计算成果(数据)及备份(光盘、磁盘),内容与数量应齐全、完整,各项注记、整饰符合要求。

11.2.2 成果验收的内容

成果验收内容如下:

a) 起算控制点、基准点数据是否正确;
b) 数据采集作业过程是否规范;
c) 原始记录和数据采集是否完备;
d) 补测和重测以及数据删除是否合理;
e) 处理过程是否正确、合理;
f) 计算结果检核是否正确,数据质量是否符合要求;
g) 各项精度指标是否达到要求;
h) 属性项是否齐全、正确;
i) 各种操作是否严格按规定执行。

11.2.3 上交资料

公路地理信息数据成果验收规定提交如下资料:

a) 项目设计书;
b) 外业观测记录:原始数据记录的存储介质、测量手薄、工作记录等;
c) 原始数据:GPS 流动站、基准站的原始数据;用移动道路测量系统采集公路地理信息时需提交立体影像文件、音视频文件等原始数据;采用航空摄影测量采集公路地理信息时需提交航空影像资料;
d) 成果(公路地理信息数据)光盘;
e) 技术总结资料。

附 录 A
（资料性附录）
GPS 基准站记录手册

GPS 基准站记录手册格式见表 A.1。

表 A.1 GPS 基准站记录手册

文件名：　　　　　　　　　　　　年　　月　　日

基准站名		基准站号	
天气情况		记录员	
开机时间		时段号	
关机时间		同步观测流动站名	
天线高/m	$T1=$	$T2=$	$T=(T1+T2+T3+T4)/4=$
	$T3=$	$T4=$	
同步观测基准站名			备注

附　录　B
（资料性附录）
公路地理信息数据采集外业工作手簿

公路地理信息数据采集外业工作手簿格式见表 B.1。

表 B.1　公路地理信息数据采集外业工作手簿

____年__月__日　　　测量开始时刻：　　　　　　测量结束时刻：

天气：　　　　　气温：

硬件状态		检查：		记录：
电源	电压/V		计算机	
	电流/A		CCD 相机	
基站				
软件状态		检查：		记录：
故障及处理				

司机：　　　　　基站：　　　　　作业员：　　　　　协调：

ICS 03.220.20;35.240.60
R 86

中华人民共和国国家标准

GB/T 28789—2012

视频交通事件检测器

Video traffic incident detector

2012-11-05 发布　　2013-04-01 实施

中华人民共和国国家质量监督检验检疫总局
中国国家标准化管理委员会　发布

前 言

本标准按照 GB/T 1.1—2009 给出的规则起草。

本标准由全国智能运输系统标准化技术委员会(SAC/TC 268)提出并归口。

本标准起草单位:交通运输部公路科学研究院、国家交通安全设施质量监督检验中心、公路交通安全实验室、北京中交华安科技有限公司、北京宇航时代科技发展有限公司、北京动视元科技有限公司。

本标准主要起草人:方正鹏、于江浩、徐远明、张智勇、沈炜、储诚赞、王海燕、刘玉新、孙岳、惠飞菲、饶晓春、马赟、高沛源、夏堃、陈建、王涛。

视频交通事件检测器

1 范围

本标准规定了视频交通事件检测器的术语和定义、组成和型号、技术要求、试验方法、检测规则、标志、包装、运输及贮存。

本标准适用于在高速公路、普通公路等场所使用的视频交通事件检测器或以交通事件检测为主、以交通参数检测为辅的视频交通事件检测器,城市道路可参照使用。

本标准不适用于只对交通参数进行检测的设备。

2 规范性引用文件

下列文件对于本文件的应用是必不可少的。凡是注日期的引用文件,仅注日期的版本适用于本文件。凡是不注日期的引用文件,其最新版本(包括所有的修改单)适用于本文件。

GB/T 191 包装储运图示标志

GB/T 2423.1 电工电子产品环境试验 第2部分:试验方法 试验A:低温

GB/T 2423.2 电工电子产品环境试验 第2部分:试验方法 试验B:高温

GB/T 2423.3 电工电子产品环境试验 第2部分:试验方法 试验Cab:恒定湿热试验

GB/T 2423.10 电工电子产品环境试验 第2部分:试验方法 试验FC:振动(正弦)

GB 4208 外壳防护等级(IP代码)

GB/T 5080.7 设备可靠性试验 恒定失效率假设下的失效率与平均无故障时间的验证试验方案

GB/T 17618—1998 信息技术设备抗扰度限值和测量方法

GB/T 24726—2009 交通信息采集 视频车辆检测器

3 术语和定义

GB/T 24726—2009界定的以及下列术语和定义适用于本文件。

3.1

交通事件 traffic incident

道路上发生的,影响车辆通行及交通安全的异常交通状况及行为,主要指停止事件、逆行事件、行人事件、抛洒物事件、拥堵事件、机动车驶离事件等典型事件种类。

3.2

视频交通事件检测器 video traffic incident detector

采用图像处理、目标识别和目标跟踪等技术等进行道路交通事件、交通参数检测的设备。

3.3

停止事件 stop incident

车辆在道路上由行驶改变为静止状态,且静止时间不小于某一设定值的交通事件。

3.4

逆行事件 reverse drive incident

车辆在道路上的行驶方向与规定方向相反,且行驶距离不小于某一设定值的交通事件。

3.5

行人事件　pedestrian entry incident

行人进入机动车道或其他禁止进入的区域，且行走时间或行走距离不小于某一设定值的交通事件。

3.6

抛洒物事件　loss incident

车道上物体从行驶车辆上遗落，干扰车道通行，且其状态持续时间不小于某一设定值的交通事件。

3.7

拥堵事件　jam incident

道路上出现单车道或多车道拥堵状况，影响道路畅通的交通事件。

3.8

机动车驶离事件　drive out of the border incident

行驶中的机动车辆异常驶离正常行驶区域的交通事件。

3.9

检测率　rate of accurate detecting

系统在正常工作状态中，交通事件发生时，系统正确检测并报警的次数占实际发生交通事件总次数的比率。

3.10

漏报率　rate of failed alarm

系统在正常工作状态中，交通事件发生但未能检测并报警的次数占实际发生交通事件总次数的比率。

3.11

虚报数　quantity of false alarm

系统在正常工作状态中，统计时间内并无交通事件发生而系统出现虚报警的次数。

3.12

起始检测距离　start detection distance

摄像机安装位置到摄像机视场下边缘所对应的实际位置之间的水平直线距离，如图1所示。

3.13

观察范围　viewing range

摄像机的视场范围，如图1所示。

3.14

有效检测范围　effective detection range

在观察范围内，对于某种事件类型和目标对象能够以一定的检测率进行检测的范围，如图1所示。

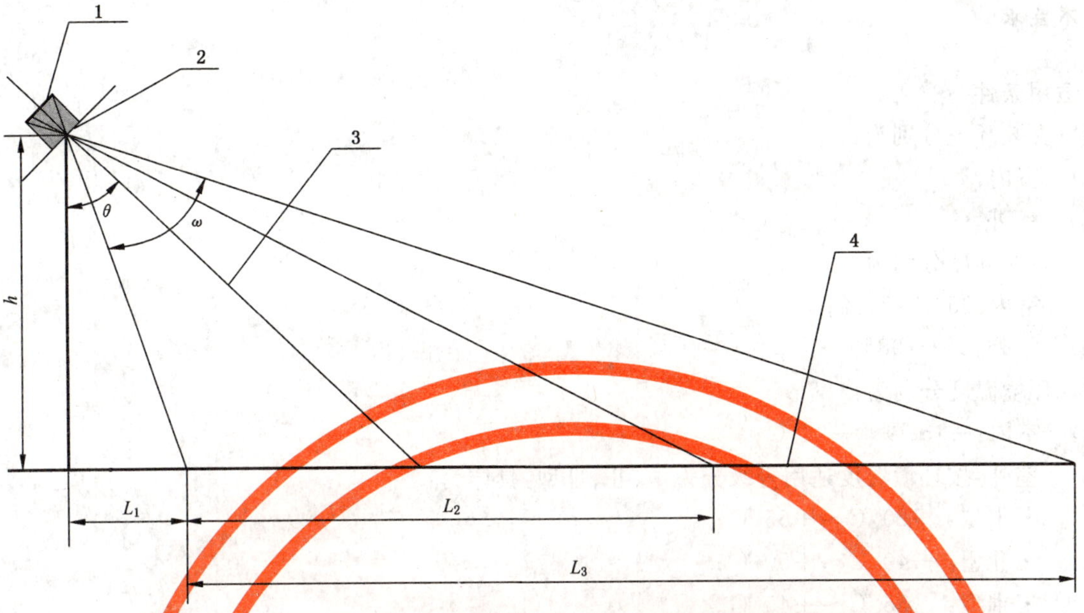

说明：

1——摄像机成像面；

2——摄像机镜头；

3——视轴线；

4——路面；

h——摄像机安装高度；

θ——摄像机视轴俯角；

ω——摄像机全视场角；

L_1——起始检测距离；

L_2——有效检测范围；

L_3——观察范围。

图 1 摄像机监控示意图

4 组成和型号

4.1 组成

视频交通事件检测器一般由视频检测处理器、视频连接附件、视频检测管理软件等部分组成。

4.2 型号

视频交通事件检测器的型号由如下部分组成，如图 2 所示：

□-VTID-□-□

- 最后一个□——设计顺序号，用阿拉伯数字表示；
- 中间一个□——检测器分类
  - A：交通事件检测；
  - B：交通事件及交通参数检测；
- VTID——视频交通事件检测器英文简写；
- 第一个□——生产企业标志，一般用大写字母。

图 2 视频交通事件检测器型号组成图

5 技术要求

5.1 适用条件

5.1.1 安装环境分别为：

a) 室内；

b) 室外。

5.1.2 相对湿度分别为：

a) 室内：35%～75%；

b) 室外：0%～98%。

5.1.3 环境温度分别为：

a) 室内：+15 ℃～+35 ℃；

b) 室外：按环境温度适用等级分为Ⅰ、Ⅱ、Ⅲ型，具体为：

- Ⅰ型：−20 ℃～+55 ℃；
- Ⅱ型：−40 ℃～+50 ℃；
- Ⅲ型：−55 ℃～+45 ℃。

5.1.4 大气压力：86 kPa～106 kPa。

5.2 外观质量、形状和尺寸

5.2.1 外观质量

产品外观整洁、光亮，不应有凹痕、划伤、裂缝，紧固件无松动，不应有影响使用效果的变形；表面漆、镀层无气泡、龟裂和脱落；金属零件不应有毛刺、锈蚀及其他机械损伤，文字标识齐全清晰，字迹不易去除。

5.2.2 形状和尺寸

室内设备机箱采用标准机架结构，便于安装调试；室外设备宜采用小型机箱，便于安装调试。

5.3 功能要求

视频交通事件检测器至少具备如下功能：

a) 典型交通事件检测功能：具备停止事件、逆行事件、行人事件、抛洒物事件、拥堵事件、机动车驶离事件检测功能，如表1所述，系统自动进行交通事件检测并输出检测结论，有报警信息提示；具有交通参数检测功能的视频交通事件检测器能进行车流量、平均速度、占有率等交通参数检测。

b) 自动录像功能：系统自动捕获并存储交通事件发生过程的图像，记录时间可按要求设定。

c) 自诊断和报警功能：视频信号丢失、系统设备故障、网络通讯故障等各种情况发生时，系统能自诊断、记录并报警。

d) 时钟同步功能。

5.4 基本性能要求

5.4.1 摄像机侧向安装或路中正上方安装时，当观察范围由于遮挡等因素而小于表1中数值时，应能进行全观察范围内的事件检测，当观察范围大于或等于表1中数值时，系统的有效检测范围应满足表1要求。

表 1　交通事件检测条件及有效检测范围要求

单位为米

摄像机安装高度 h	摄像机安装位置	有效检测范围 L_2					
		停止	逆行	行人	抛洒物	拥堵	机动车驶离
$5 \leqslant h \leqslant 6$	隧道	≥150	≥100	≥80	≥80	≥150	—
	路段及大桥	≥150	≥100	≥80	≥80	≥150	≥100
$6 < h \leqslant 8$	隧道	≥200	≥100	≥80	≥80	≥200	—
	路段及大桥	≥300	≥150	≥100	≥100	≥300	≥150
$8 < h \leqslant 12$	路段及大桥	≥400	≥200	≥150	≥120	≥400	≥200
$h > 12$	路段及大桥	≥500	≥300	≥150	≥120	≥500	≥200

注："—"项不做要求。

5.4.2　在满足表 1 中的有效检测范围要求时，同时应满足如下要求：

——检测率：不小于 96%；

——漏报率：不大于 2%；

——虚报数：系统处于正常检测状态中时，检测的每路视频 24 h 虚报次数不超过一次。

5.4.3　视频交通事件检测器中，当系统具有交通参数辅助测试功能时，交通参数检测精度可分为Ⅰ、Ⅱ、Ⅲ，共三级，各级应满足表 2 要求：

表 2　交通参数检测精度要求

精度级别	安装位置	精度要求		
		车流量	平均速度	占有率
Ⅰ	正上	≥92%	≥90%	≥90%
	侧向	≥90%	≥85%	≥85%
Ⅱ	正上	≥87%	≥85%	≥85%
	侧向	≥83%	≥80%	≥80%
Ⅲ	正上	≥82%	≥80%	≥80%
	侧向	≥78%	≥75%	≥75%

5.4.4　检测报警时间应不大于 8 s。

5.5　电气安全性能

5.5.1　绝缘电阻

产品的电源接线端子与机壳的绝缘电阻应不小于 100 MΩ。

5.5.2　电气强度

在产品的电源接线端子与机壳之间施加频率 50 Hz、有效值 1 500 V 正弦交流电压，历时 1 min，应无火花、闪络和击穿现象。

5.5.3 安全接地

产品应设安全保护接地端子,接地端子与机壳连接可靠,接地端子与机壳的接触电阻应小于0.1 Ω。

5.5.4 电源适应性

在 AC 220×(1±15%)V、50×(1±4%)Hz 的电源条件下,系统应正常工作。

5.5.5 电磁兼容性

检测器的电磁兼容性应符合 GB/T 17618—1998 中第 8 章的要求。

5.5.6 防护等级

防护等级按 GB 4208 的规定:室内机房设备的外壳防护等级应不低于 IP3X;外场应用时室外设备箱的防护等级应不低于 IP55。

5.6 可靠性

检测器的平均故障间隔时间(MTBF)应不小于 30 000 h。

5.7 环境适应性能

5.7.1 耐低温性能

在－20 ℃(或－40 ℃、－55 ℃)条件下,试验 8 h,产品应能启动,工作正常,逻辑正确;室内机房设备不做要求。

5.7.2 耐高温性能

在＋55 ℃(或＋50 ℃、＋45 ℃)条件下,试验 8 h,产品应能启动,工作正常,逻辑正确;室内机房设备不做要求。

5.7.3 耐湿热性能

在温度＋40 ℃,相对湿度(98±2)%条件下,试验 48 h,产品应能启动,工作正常,逻辑正确;室内机房设备不做要求。

5.7.4 耐机械振动性能

室内设备包装在包装箱内,户外设备直接进行试验,产品在通电工作状态下进行扫频振动试验,频率范围为 2 Hz～150 Hz。在 2 Hz～9 Hz 时按位移控制,位移幅值 3.5 mm;9 Hz～150 Hz 时按加速度控制,加速度幅值为 10 m/s^2。2 Hz→9 Hz→150 Hz→9 Hz→2 Hz 为一个循环,共经历 20 个循环后,产品应功能正常,结构不受影响,零部件无松动。

5.8 系统支持的视频信号输入

5.8.1 基本要求

基本要求为:

a) 黑白或彩色摄像机视频信号;

b) 视频交通事件检测器正常工作状态下,监控摄像机处于定位、定焦模式,视频流输出稳定、流畅。

5.8.2 模拟视频信号

模拟视频信号应满足：

a) 视频信号幅度及阻抗 1 Vp-p/75 Ω；

b) 不少于 25 帧/s 的视频图像；

c) PAL 或 NTSC 制式；

d) 彩色图像水平分辨率不低于 480 线，黑白图像水平分辨率不低于 520 线；

e) 摄像机最低照度不大于 0.1 lx；

f) 图像信噪比不小于 50 dB。

5.8.3 数字视频信号

数字视频信号应满足：

a) 普通标清和高清格式视频；

b) 图像分辨率满足 CIF(352×288)、2CIF(704×288)、4CIF(704×576)、1 280×720、1 920×1 080 或不低于上述标准；

c) 帧率不小于 15 帧/s；

d) 图像信噪比不小于 50 dB。

6 试验方法

6.1 试验条件

除特殊规定外，一般试验条件如下：

a) 环境温度：15 ℃～35 ℃；

b) 相对湿度：35%～75%；

c) 大气压力：86 kPa～106 kPa。

6.2 测试结果的处理

除特殊规定，一般对可重复的客观项目进行三次测试，取算术平均值作为测试结果。根据需方要求，可给出测试结果的不确定度。对主观测试项目，测试人员应不少于三人，测试结果分为两级：合格、不合格。

6.3 外观质量、形状和尺寸

6.3.1 外观质量

目测检查。

6.3.2 形状与尺寸

目测和用量具测量。

6.4 功能要求

为主观评定项目，按 5.3 规定的内容逐项验证。

6.5 性能要求

6.5.1 事件检测及有效检测范围

进行交通事件检测率试验时，在观察范围内，试验由近至远逐步进行，直到交通事件不能正常检测为止，测量系统的有效检测范围，该检测过程与 6.5.2 事件检测率测试同时进行。

6.5.2 检测率、漏报率和虚报数

在满足表 1 的有效检测范围要求，隧道内测试环境照度不小于 50 lx，户外测试环境照度不小于 2 000 lx，能见度情况良好的情况下，在检测范围内模拟表 1 中交通事件各 50 次，进行检测率、漏报率和虚报数检测，交通事件模拟实验中相关规定如下：

a) 停止事件：如图 3 所示，采用普通小轿车模拟停车 50 次，停车位置分别为区域 1、区域 2、区域 3……区域 10，各区域分别停车 5 次；
b) 逆行事件：如图 3 所示，采用普通小轿车在车道 1、车道 2 各模拟逆行事件 25 次；
c) 行人事件：如图 3 所示，试验人员从任意位置分别进入区域 1、区域 2、区域 3……区域 10 各 5 次，在各区域内滞留一定时间后离开该区域；
d) 抛洒物事件：如图 3 所示，采用体积不大于 60 cm×60 cm×60 cm 的立方体物品在区域 1、区域 2、区域 3……区域 10 各模拟抛洒事件 5 次；
e) 拥堵事件：拥堵车辆不少于五辆，车队行驶速度不大于 10 km/h，在图 3 中各车道分别进行 25 次模拟试验；
f) 机动车驶离事件：如图 3 所示，采用普通小轿车分别从区域 1、区域 2、区域 3……区域 10 驶离行驶车道各 5 次。

在视频交通事件检测器的型式检验过程中，对检测率、漏报率和虚报数等部分测试指标，可采用在隧道或路段上以实际测试的方式进行或在实验室采用按上述要求制作的交通事件标准视频源进行测试。

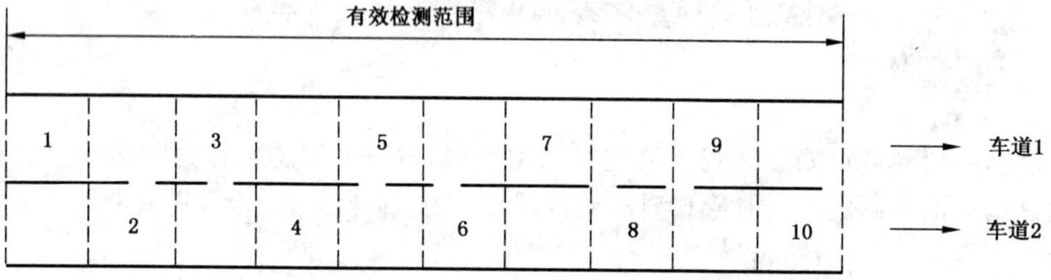

图 3 模拟事件发生区域

6.5.3 交通参数检测

隧道内测试环境照度不小于 50 lx，户外测试环境照度不小于 2 000 lx 时，能见度状况良好的情况下，在实际的车流环境中测试不少于 100 辆车，测试过程中各测试断面车流平均速度不小于 60 km/h。

6.5.4 检测报警时间

测量从交通事件发生到检测报警的时间间隔，用秒表检测。

6.6 电气安全性能

6.6.1 绝缘电阻

用精度1.0级、500 V的兆欧表在电源接线端子与机壳之间测量。

6.6.2 电气强度

用精度1.0级的耐电压测试仪在接线端子与机壳之间测量。

6.6.3 安全接地

用精度0.5级、分辨力0.01 Ω的毫欧表在机壳顶部金属部位与安全保护接地端子之间测量。

6.6.4 电源适应性试验

6.6.4.1 电源调压试验

用自耦变压器或可调交流电源对设备进行供电，测试电压分别为180 V→200 V→220 V→240 V→255 V→230 V→210 V→180 V。每调整到一档电压并稳定后，都分别开启和关闭被测设备电源开关，检查设备逻辑和功能是否正常。

6.6.4.2 电源调频试验

用变频交流电源对设备进行供电，电压恒定在220 V，调整变频交流电源的输出频率分别为48 Hz→49 Hz→50 Hz→51 Hz→52 Hz。每调整到一档稳定后，都分别开启和关闭被测设备电源开关，检查逻辑和功能是否正常。

6.6.5 电磁兼容性

电磁兼容试验方法按GB/T 17618—1998中第4章的要求进行。

6.6.6 防护等级

按GB 4208的规定进行。

6.7 可靠性

在检测器的性能指标和各项功能达到标准要求、可靠性预计值满足规格要求并已通过各项环境试验后方能进行可靠性试验。

可靠性试验按GB/T 5080.7的规定进行，采用序贯试验方案4：7，当累积试验时间t不小于$1.50m_0$（m_0为要求的平均故障间隔时间MTBF），失效数r不大于2时试验通过，否则试验失败。

6.8 环境适应性能

6.8.1 耐低温性能试验方法

按GB/T 2423.1的规定进行。

6.8.2 耐高温性能试验

按GB/T 2423.2的规定进行。

6.8.3 耐湿热性能试验

按 GB/T 2423.3 的规定进行。

6.8.4 耐机械振动性能

按 GB/T 2423.10 的规定进行。

6.9 系统支持的视频信号输入

目测和采用视频分析仪等进行检测验证。

7 检验规则

7.1 检验分类

产品的检验分为型式检验和出厂检验，产品通过型式检验合格后，才能批量生产。

7.2 型式检验

7.2.1 产品的型式检验一般由国家法定的质量监督机构组织进行。

7.2.2 凡有下列情况之一时，应进行型式检验：

a) 新产品试制定型鉴定或老产品转厂生产；

b) 正式生产后，如结构、材料、工艺有较大改变，可能影响产品性能时；

c) 产品停产半年以上，恢复生产时；

d) 正常批量生产时，每年一次；

e) 国家质量监督机构提出要求时。

7.2.3 型式检验的样品应随机抽取一个完整的产品。

7.2.4 型式检验的项目及顺序按表 3 规定执行。

7.2.5 型式检验中，若出现不合格项，应在同一批产品中加倍抽取样品，对不合格项进行检验，若仍不合格，则该次型式检验不合格。

表 3 试验项目

序号	试验项目	试验要求	试验方法	型式检验	出厂检验
1	外观质量、形状和尺寸	5.2	6.3	√	√
2	功能要求	5.3	6.4	√	√
3	基本性能要求	5.4	6.5	√	√
4	绝缘电阻	5.5.1	6.6.1	√	√
5	电气强度	5.5.2	6.6.2	√	√
6	安全接地	5.5.3	6.6.3	√	√
7	电源适应性	5.5.4	6.6.4	√	√
8	电磁兼容性	5.5.5	6.6.5	√	
9	防护等级	5.5.6	6.6.6	√	
10	可靠性	5.6	6.7	√	

表 3（续）

序号	试验项目	试验要求	试验方法	型式检验	出厂检验
11	耐低温性能	5.7.1	6.8.1	√	
12	耐高温性能	5.7.2	6.8.2	√	
13	耐湿热性能	5.7.3	6.8.3	√	
14	耐机械振动性能	5.7.4	6.8.4	√	
15	系统支持的视频信号输入	5.8	6.9	√	

7.3 出厂检验

7.3.1 对于批量不大于三个的产品，由产品生产企业质量检验部门按表 3 规定，逐个进行检验，检验合格后签发合格证，方可出厂。

7.3.2 对于批量大于三个的产品，出厂检验的样品应从生产线终端随机抽取不少于 30%的样品，但不少于三个完整的产品。若三个全部合格则整个检验批合格，签发合格证，允许出厂；若有一个不合格，则需对整个批进行逐个检验，剔除不合格品。

7.3.3 出厂检验中，若出现一项不合格，则对该批产品的该项目进行全部检验，剔除的不合格品允许返修，返修后重新对不合格项进行检验。

8 标志、包装、运输与贮存

8.1 标志

8.1.1 产品标志

产品标志可采用铭牌或直接喷刷、印字等形式，标志应清晰，易于识别且不易随自然环境的变化而褪色、脱落。产品标志上应注明以下内容：

a) 生产企业名称、地址及商标；
b) 产品名称、型号规格及产地；
c) 输入额定电压、频率；
d) 功耗；
e) 重量；
f) 产品编号；
g) 制造日期。

8.1.2 包装标志

产品包装标志应符合 GB/T 191 的有关规定，在外包装箱上应标有“注意防潮”、“小心轻放”、“易碎”、“防倾倒”等图案，在产品内包装箱上应印刷以下内容：

a) 生产企业名称、地址及商标；
b) 产品名称及型号规格；
c) 重量：×××kg；
d) 外形尺寸：长(mm)×宽(mm)×高(mm)；
e) 包装储运图示标志；

f） 本产品标准编号。

8.2 包装

8.2.1 产品包装由内外两部分组成，外包装箱宜用硬质材料，内部用防潮瓦楞纸箱加聚氨酯泡沫塑料或其他软性材料充填缓冲，包装应牢固可靠，能适应常用运输工具运送。

8.2.2 产品包装箱内应随带如下文件：

a） 产品合格证；

b） 产品使用说明书；

c） 装箱单；

d） 随机备用附件清单；

e） 接线图、安装图、支撑架结构图、基础设计示意图；

f） 其他有关技术资料。

8.3 运输

包装好的产品可用常规运输工具运输，运输过程应避免剧烈振动、雨雪淋袭、太阳曝晒、接触腐蚀性气体及机械损伤。

8.4 贮存

产品应贮存于通风、干燥、无酸碱及腐蚀性气体的仓库中，周围应无强烈的机械振动及强磁场作用。

参 考 文 献

[1] GB 4943—2001 信息技术设备的安全
[2] GB 15207—1994 视频入侵报警器
[3] GB/T 23828—2009 高速公路 LED 可变信息标志

ICS 47.020.20
U 44

中华人民共和国国家标准

GB/T 28790—2012

渔业船舶柴油机节油装置技术条件及检测方法

Technical requirements and measuring methods of fuel saving devices for diesel engines of fishing vessel

2012-11-05 发布　　2013-04-01 实施

中华人民共和国国家质量监督检验检疫总局
中国国家标准化管理委员会　发布

前　言

本标准按照 GB/T 1.1—2009 给出的规则起草。

本标准由中华人民共和国农业部提出。

本标准由全国渔船标准化技术委员会(SAC/TC 157)归口。

本标准起草单位：农业部渔业船舶检验局、淄博柴油机总公司。

本标准主要起草人:王延瑞、魏广东、刘立新、黄猛、辛强之。

渔业船舶柴油机节油装置
技术条件及检测方法

1 范围

本标准规定了渔业船舶柴油机燃油节油装置技术条件及检测方法。

本标准适用于渔业船舶柴油机节油装置的应用及检测。

2 规范性引用文件

下列文件对于本文件的应用是必不可少的。凡是注日期的引用文件，仅注日期的版本适用于本文件。凡是不注日期的引用文件，其最新版本(包括所有的修改单)适用于本文件。

GB 252 普通柴油

GB/T 6072.1—2008 往复式内燃机 性能 第1部分：功率、燃料消耗和机油消耗的标定及试验方法 通用发动机的附加要求

GB/T 6301 船用柴油机燃油消耗率测定方法

GB/T 9969 工业产品使用说明书 总则

GB/T 21404—2008 内燃机 发动机功率的确定和测量方法 一般要求

GB/T 28793 渔业船舶柴油机节油技术要求

3 术语和定义

下列术语和定义适用于本文件。

3.1

柴油机型式 diesel engine type

指柴油机的行程、气缸直径、活塞行程、气缸排列方式、V形夹角、燃烧室型式、燃料喷射系统、进气方式、冷却方式、气阀和气口(结构、尺寸和数量)等。

3.2

节油率 rate of oil saving

采用节油技术后，油料消耗降低的比率。

注：改写 JT/T 306—2007，定义3.2。

4 技术条件

4.1 型号

4.1.1 节油装置应在产品铭牌上标示出型号。

4.1.2 型号表示为：

JYQ(节油器的汉语拼音的第一个大写字母)-××(节油率指标，以节油率的100倍表示)-×(变型符号，用A、B、C…表示)。

4.1.3 型号示例：JYQ-5-A表示节油率为5%的第一种变型产品。

4.2 节油率

4.2.1 台架试验检测时，节油装置的节油率应不小于2%。
4.2.2 对不同型式的柴油机，应分别进行节油率的试验检测认定。

4.3 使用说明

节油装置应按照 GB/T 9969 的规定编制使用说明书。

4.4 其他技术要求

节油装置的其他技术要求应符合 GB/T 28793 的规定。

5 检测方法

5.1 型号

检查产品铭牌，核对产品的型号。

5.2 节油率检测

5.2.1 检测条件

5.2.1.1 检测试验室及试验台架应得到相关专业机构认可。
5.2.1.2 检测时应使用 GB 252 规定的0号普通柴油。
5.2.1.3 全部测量均在柴油机稳定运转 15 min 后记录数据。
5.2.1.4 燃油消耗率测量时，应采用 GB/T 21404—2008 第5章规定的标准基准状况。如果现场试验的状况与规定不符，应按照 GB/T 6072.1—2008 第10章的规定进行换算。
5.2.1.5 检测设备应在校准有效期内。

5.2.2 检测试验循环

燃油消耗率检测试验循环见表1。

表1 检测试验循环

转速/%	100	91	80	63
功率/%	100	75	50	25
加权系数	0.2	0.5	0.15	0.15

5.2.3 燃油消耗率测量

燃油消耗率的测量按照 GB/T 6301 规定进行。

5.2.4 检测程序和记录

不装节油装置，根据5.2.2的检测试验循环，测量各工况点的燃油消耗率，并记录。每个工况点至少记录三次有效数据，每次记录时间间隔不小于 30 min。然后，安装使用节油装置，重复以上步骤，记录数据。

5.2.5 检测结果

5.2.5.1 根据燃油消耗率的测量数据，计算出每个工况点燃油消耗率的算术平均值，按照公式(1)计算出加权燃油消耗率：

$$b_{ew}=\frac{\sum_{i=1}^{n}G_i\times W_i}{\sum_{i=1}^{n}P_i\times W_i} \quad \cdots\cdots(1)$$

式中：

b_{ew}——加权燃油消耗率，单位为克每千瓦小时[g/(kW·h)]；

G_i——各工况测得的每小时燃油消耗量，单位为克每小时(g/h)；

W_i——各工况加权系数，见表1；

P_i——各工况时的功率，单位为千瓦(kW)。

5.2.5.2 按照公式(2)计算节油装置的节油率：

$$r_s=\frac{b_{ew0}-b_{ewj}}{b_{ew0}}\times 100\% \quad \cdots\cdots(2)$$

式中：

r_s——节油装置的节油率，%；

b_{ew0}——未装节油装置时的加权燃油消耗率，单位为克每千瓦小时[g/(kW·h)]；

b_{ewj}——装节油装置时的加权燃油消耗率，单位为克每千瓦小时[g/(kW·h)]。

5.2.6 检测报告

检测应编制检测报告，格式见附录A。

5.2.7 使用说明

按照GB/T 9969的要求检查产品使用说明书。

5.2.8 其他技术要求

其他技术要求按照相关的专业标准进行检测。

附　录　A
（规范性附录）
节油率检测报告

表 A.1 给出了台架节油率检测报告的格式。

表 A.1　台架节油率检测报告

节油装置型号					柴油机型号			
检测试验室					柴油机编号			
检测日期					柴油机标定转速/功率			
生产厂家					检测用柴油牌号			
检测数据	不装节油装置				装节油装置			
环境温度/℃								
相对湿度/%								
大气压力/kPa								
柴油机功率/kW								
柴油机转速/(r/min)								
气缸排气温度/℃								
涡轮前排气温度/℃								
涡轮后排气温度/℃								
气缸爆发压力/MPa								
淡水进机温度/℃								
淡水出机温度/℃								
海水进机温度/℃								
机油温度/℃								
机油压力/℃								
中冷前空气温度/℃								
中冷后空气温度/℃								
增压空气压力/kPa								
燃油齿条/mm								
排气烟度/FSN								
噪声/dB(A)								
燃油消耗率/[g/(kW·h)]								
加权燃油消耗率/[g/(kW·h)]								
节油率/%								
检测机构/试验室(盖章)　　年　月　日								

参 考 文 献

［1］ JT/T 306—2007　汽车节油产品使用技术条件

ICS 45.060.01
S 30

中华人民共和国国家标准

GB/T 28791—2012

铁道车辆标志

Sign of railway vehicle

2012-11-05 发布　　2013-04-01 实施

中华人民共和国国家质量监督检验检疫总局
中国国家标准化管理委员会　发布

前　言

本标准按照 GB/T 1.1—2009 给出的规则起草。

本标准由中华人民共和国铁道部提出并归口。

本标准起草单位：铁道部标准计量研究所、青岛四方车辆研究所有限公司、南车青岛四方机车车辆股份有限公司、南车长江车辆有限公司、南车二七车辆有限公司。

本标准起草人：齐兵、雷青平、朱梅、瞿建平、方克娟、吴莹、章薇、阎笑鸣。

铁道车辆标志

1 范围

本标准规定了铁道车辆车外和车内的标志内容、形式、数量、安置位置、图形、字体、尺寸和制作等要求。

本标准适用于下列铁道车辆所需标志的设置：

——动车组及客车的旅客服务标志、工作标志和管理标志；

——货车的工作标志和管理标志。

本标准不适用于铁道车辆所用设备的原理图、线路图、使用说明标牌。

2 规范性引用文件

下列文件对于本文件的应用是必不可少的。凡是注日期的引用文件，仅注日期的版本适用于本文件。凡是不注日期的引用文件，其最新版本(包括所有的修改单)适用于本文件。

GB/T 2893.1—2004 图形符号 安全色和安全标志 第1部分：工作场所和公共区域中安全标志的设计原则

GB 2894—2008 安全标志及其使用导则

GB/T 4549.1—2004 铁道车辆词汇 第1部分：基本词汇

GB/T 4549.11—2004 铁道车辆词汇 第11部分：专用货车附属设备

GB/T 5465.2—2008 电气设备用图形符号 第2部分：图形符号

GB/T 10001.1—2006 标志用公共信息图形符号 第1部分：通用符号

GB/T 10001.9—2008 标志用公共信息图形符号 第9部分：无障碍设施符号

GB/T 10001.10—2007 标志用公共信息图形符号 第10部分：铁路客运符号

GB/T 10478—2006 液化气体铁道罐车

GB 13495—1992 消防安全标志

GB 15093—2008 国徽

GB/T 15566.1—2007 公共信息导向系统 设置原则与要求 第1部分：总则

GB/T 20501.1—2006 公共信息导向系统 要素的设计原则与要求 第1部分：图形标志及相关要素

GB/T 20501.2—2006 公共信息导向系统 要素的设计原则与要求 第2部分：文字标志及相关要素

TB/T 1838—1987 铁道车辆用路徽标记

UIC 413:2000 方便铁路旅行的各种措施

3 术语和定义

GB/T 4549.1—2004、GB/T 4549.11—2004 确立的术语和定义适用于本文件。

4 分类

4.1 服务标志

为旅客导向、标明位置、指示相关服务设施所使用的标志。

此类标志是向旅客公众传递信息，无需专业培训或训练即可理解。

4.2 工作标志

为工作人员标明车辆技术参数、设备位置和工作区域的标志。

此类标志是向经过专业培训的工作人员传递信息。

4.3 管理标志

标明有关管理信息的标志。

此类标志是向经过专业培训的工作人员传递信息。

5 要求

5.1 对于服务标志，有文字标志要求时，应有中英文两种文字，排列方式为中文在上，英文在下；既有图形又有文字要求时，宜图形在左，文字在右，或图形在上，文字在下。

当有特殊需求时，可增设少数民族文字标志。

5.2 本标准中给出了文字标志的中文字体、英文字体和中文字高等要求。

当标志有中英文两种文字时，以中文字高 h 为基准，英文字高宜为 $0.45\ h$，文字间的行距宜为 $0.30\ h$。中文文字标志多行排列时，文字间的行距宜为 $0.40\ h$。

文字标志的其他要求应符合 GB/T 20501.2—2006 的规定。

5.3 标志中箭头的方向不应指向图形标志。箭头的宽度不应超过图形标志尺寸的 0.6 倍，箭杆长度可视具体情况而定。

标志横向布置：

a) 箭头指左向(含左上、左下)，图形标志应位于右方；

b) 箭头指右向(含右上、右下)，图形标志应位于左方；

c) 箭头指上向或下向，图形标志一般位于右方。

标志纵向布置：

箭头指向下向(含左下、右下)时，图形标志位于上方，其余情况图形标志均应位于下方。

5.4 对于未规定尺寸的各图形标志可根据需要对规定的图案成比例放大或缩小制作，但不可修改图案。标志字迹和图形应清晰醒目。

5.5 标志可以组合使用。两个或更多标志在一起显示时，若各标志单独制作，标志框之间的距离应为标志外框排列方向边长尺寸的 0.2 倍；若各标志合并制作，则标志框之间的距离应为标志外框排列方向边长尺寸的 0.05～0.1 倍。

图形的其他要求应符合 GB/T 20501.1—2006 的规定

5.6 标志应与周围环境相协调，要根据周围环境因素选择标志的颜色(除已限定颜色的标志外)及设置方式，使标志设置后能增加环境的美感。

非安全标志应避免使用 GB/T 2893.1—2004 表 1 中给出的安全色、对比色和图形符号色的颜色组合：

——禁止：红色、白色、黑色；

——指令:蓝色、白色、白色;
——警告:黄色、黑色、黑色;
——提示:绿色、白色、白色;
——消防安全:红色、白色、白色。

铁道货车标志与背景的颜色宜按表1配置。

表1 货车标志颜色与背景色

位置	颜色		
标志处背景	绿或篮	白、黄、银白或灰	黑、铁红
标志	淡黄	黑	白

5.7 标志应采用环保型、耐久性和耐清洗的材料制作。

5.8 标志设置应牢固可靠,不应产生倾斜、移动、卷翘和摆动等现象。

标志设置后,不应有造成人体任何伤害的潜在危险。

5.9 制造商铭牌应用金属制作,其内容包括制造商名称和制造年份。铭牌形式和安装位置不应对服务、工作和管理标志产生干扰。

5.10 铁道货车车体应按铁道货车管理部门的规定设置车体永久性标志。

5.11 装运危险货物的铁道罐车危险标志按铁路运输管理部门的规定执行,液化气体铁道罐车的特殊标志按GB/T 10478—2006执行。

5.12 铁道车辆如采用本标准未列入的其他标志时,应经有关部门批准。

按上述方案设置标志时宜参照本标准的相关规定,并不应对本标准规定标志的设置和辨识造成干扰。

5.13 铁道车辆内外部的服务标志、工作标志和管理标志的名称、形式、数量、设置位置、尺寸和字体及图例分别见表2、表3和表4。

动车组外部侧面标志位置示意图参见图1,客车外部侧面标志位置示意图参见图2,动车组、客车外部端面标志位置示意图参见图3。

5.14 由于各种车型结构存在差异,各种车型可根据设备和设施的具体位置确定标志设置位置。

表 2　服务标志

序号	标志名称	符号形式	数量	位置	尺寸、字体及颜色	示　例	说　明
1　外部							
2-1-1	运行区间	文字	2/辆	按结构确定。 电子显示时，在车门附近(车门上方或旁边)。避开车门开启时的遮挡位置。 非电子显示时，在车辆中部窗下	中文字高： 电子显示宜为 80 mm；非电子显示宜为 90 mm。 中文字体：黑体。 英文字体： Helvetica Condensed 加粗	北京 —— 上海 Beijing　Shanghai	当采用电子显示时，中文标志和英文标志可同行连续显示。 适用车种： 动车组、客车
2-1-2	车厢顺序号	文字	1/每乘客门	车门旁。避开车门开启时的遮挡位置	数字字高： 电子显示宜为 80 mm； 非电子显示宜为 120 mm。 数字字体： Helvetica Condensed 加粗	4	适用车种： 动车组、客车
2-1-3	残疾人设施	图形	2/有残疾人设施的车厢	车辆顺序号右侧	图框高 80 mm		图形： GB/T 10001.1—2006(19)。 适用车种： 动车组、客车
2　内部							
2-2-1	车厢顺序号	文字	2/辆	客室两端门上方	字高 70 mm。 数字字体： Helvetica Condensed	5	可采用电子显示。 适用车种： 动车组、客车

表 2（续）

序号	标志名称	符号形式	数量	位置	尺寸、字体及颜色	示例	说明
2-2-2	开门	图形	1/每乘客门	开门的按钮和手柄旁			图形： GB/T 10001.10—2007(08)。 适用车种： 动车组、客车
2-2-3	座位号（数字表示）	文字		座位附近侧墙、座椅上方或者行李架前端，宜为横向排列	数字字高 15 mm 或 10 mm。 中文字体：黑体。 英文、数字字体：Helvetica	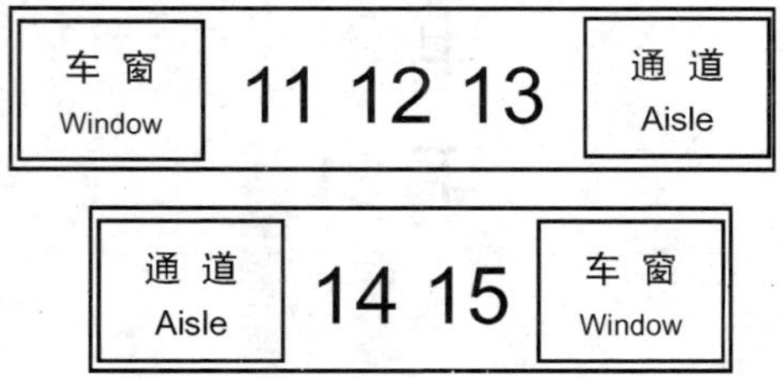	采用阿拉伯数字的方式表示座位号，从客室 1 位端 1 位侧开始顺序排列。 适用车种：客车
2-2-4	座位号（数字＋字母表示）	文字		座位附近侧墙、座椅上方或者行李架前端，宜为横向排列	数字、字母字高 15 mm 或 10 mm。 中文字体：黑体。 英文、数字字体：Helvetica	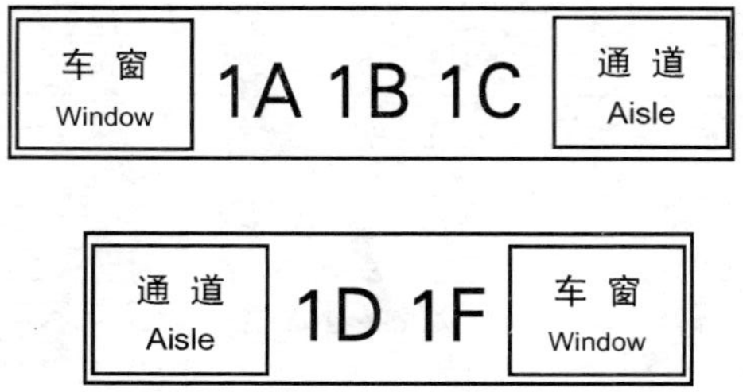	采用数字和字母组合的方式表示座位号。座椅排号用阿拉伯数字表示，从客室 1 位端开始顺序排列。座椅位置用大写拉丁字母表示：字母 A、F 表示靠窗位置，字母 C、D 表示靠通道位置，字母 B 表示 3 人座椅的中间位置。 适用车种：动车组。 **排列示例：** 3＋2 座椅排列为： A、B、C＋D、F； 2＋2 座椅排列为： A、C＋D、F； 2＋1 座椅排列为： A、C＋F； 1＋2 座椅排列为： A＋D、F； 1＋1 座椅排列为：A＋F

表 2（续）

序号	标志名称	符号形式	数量	位置	尺寸、字体及颜色	示　例	说　明
2-2-5	软卧包厢号	文字	1/每个包厢	包厢门或门框处，标志牌上端距走廊地板面宜为1600 mm	字高宜为 40 mm。 数字字体： Helvetica Condensed	7	从客室 1 位端开始顺序排列。可与软卧铺位号组合使用。可采用电子显示。 适用车种： 动车组、客车
2-2-6	软卧铺位号	文字		包厢门或门框处，软卧包厢号下方或周边	中文字体：黑体， 字高 8 mm。 数字字体：Helvetica ， 字高 15 mm	铺位号 8 7	从客室 1 位端开始顺序排列，下铺为奇数，上铺为偶数。可与软卧包厢号组合使用。当可以明显区分包厢号与铺位号时，汉字“铺位号”标志可省略。可采用电子显示。 适用车种： 动车组、客车
2-2-7	硬卧铺位号	文字		铺位侧侧墙处或铺位墙板处	字高 15 mm。 中文字体：黑体。 数字字体：Helvetica	18 上 18 中 18 下	从客室 1 位端开始顺序排列。 适用车种：客车
2-2-8	卫生间	图形		卫生间门上，标志牌上端距走廊地板面宜为 1 600 mm	图框高 80 mm		图形： GB/T 10001.1—2006(18)。 适用车种： 动车组、客车

表 2（续）

序号	标志名称	符号形式	数量	位置	尺寸、字体及颜色	示例	说明
2-2-9	无障碍卫生间	图形		卫生间门上，标志牌上端距走廊地板面宜为 1 600 mm	图框高 80 mm		图形： GB/T 10001.9—2008(05)。 适用车种： 动车组、客车
2-2-10	设有婴儿床的无障碍卫生间	图形		卫生间门上标志牌上端距走廊地板面宜为 1 600 mm	图框高 80 mm		图形： GB/T 10001.9—2008(05)、UIC413:2000(B.7.11)。 适用车种： 动车组、客车
2-2-11	卫生间使用状态	图形		客室有卫生间端的端门上方	根据显示屏尺寸确定		灯光显示： 红色有人，绿色无人。 适用车种： 动车组、客车
2-2-12	座便器垫圈纸	图形		纸垫存储器上部			图形： GB/T 10001.10—2007(24)。 适用车种： 动车组、客车

表 2（续）

序号	标志名称	符号形式	数量	位置	尺寸、字体及颜色	示　例	说　明
2-2-13	冲水按钮	图形		厕所冲水按钮上方			图形： GB/T 10001.10—2007(17)。 适用车种： 动车组、客车
2-2-14	灭火器	图形		按结构确定	图框高 80 mm。 图形颜色：红色、白色		图形： GB 13495—1992(3.3.2)。 适用车种： 动车组、客车
2-2-15	废物箱	图形		按结构确定			图形： GB/T 10001.1—2006(79)。 适用车种： 动车组、客车
2-2-16	司机室	文字	2/列	司机员室门上，标志牌上端距走廊地板面宜为 1 600 mm	中文字高 50 mm； 中文字体： 幼圆并加粗。 英文字体： Helvetica Condensed	司机室 Driver's Cabin	适用车种：动车组

表 2（续）

序号	标志名称	符号形式	数量	位置	尺寸、字体及颜色	示　例	说　明
2-2-17	工作室	文字		设置于为旅客服务的乘务、播音等工作人员工作空间的门上或门旁。安装于工作室门上时，标志牌上端距走廊地板面宜为 1600 mm；安装于工作室门框上或门边的间壁上时，字高可适当缩小	中文字高 50 mm； 中文字体： 幼圆并加粗。 英文字体： Helvetica Condensed		适用车种： 动车组、客车
2-2-18	请勿吸烟	图形		禁烟客室两端门上方或其他适当、醒目的位置	图框高 80 mm。 图形颜色：黑色、红色		图形： GB/T 10001.1—2006(81)。 适用车种： 动车组、客车
2-2-19	允许吸烟	图形		按结构确定			图形： GB/T 10001.1—2006(80)。 适用车种： 动车组、客车

表 2（续）

序号	标志名称	符号形式	数量	位置	尺寸、字体及颜色	示　例	说　明
2-2-20	紧急出口	文字＋图形		紧急出口窗上方	中文字体：黑体。 英文字体： Helvetica Condensed。 图形颜色：绿色		图形： 参照 UIC 413：2000(B. 9. 8) 适用车种： 动车组、客车
2-2-21	紧急破窗锤	文字		紧急破窗锤下方	中文字体：黑体。 英文字体： Helvetica Condensed		适用车种： 动车组、客车
2-2-22	婴儿护理桌	图形		按结构确定			图形： UIC 413：2000(B. 7. 11) 适用车种： 动车组、客车
2-2-23	非饮用水	文字＋图形		水龙头上方	中文字体：黑体。 英文字体： Helvetica Condensed		图形： GB/T 10001. 1—2006(92)。 适用车种： 动车组、客车

表 2（续）

序号	标志名称	符号形式	数量	位置	尺寸、字体及颜色	示例	说明
2-2-24	饮用水	图形		水龙头上方			图形： GB/T 10001.1—2006(77)。 适用车种： 动车组、客车
2-2-25	开水	图形		水龙头上方			图形： GB/T 10001.10—2007(15)。 适用车种： 动车组、客车
2-2-26	洗手液	图形		按结构确定			图形： GB/T 10001.10—2007(20)。 适用车种： 动车组、客车
2-2-27	感应出水	图形		水龙头上方			图形： GB/T 10001.10—2007(19)。 适用车种： 动车组、客车
2-2-28	纸巾	图形		纸巾盒上方			图形： GB/T 10001.10—2007(22)。 适用车种： 动车组、客车

表 2（续）

序号	标志名称	符号形式	数量	位置	尺寸、字体及颜色	示　例	说　明
2-2-29	干手器	图形		干手器上方			图形： GB/T 10001.10—2007(21)。 适用车种： 动车组、客车
2-2-30	残疾乘客专用区域	图形		按结构确定			图形： GB/T 10001.9—2008(01)。 适用车种： 动车组、客车
2-2-31	电源插座	图形		电源插座上方		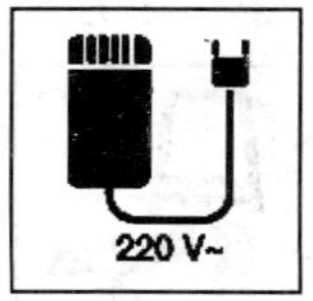	图形： UIC413:2000(B.6.8)。 适用车种： 动车组、客车
2-2-32	电话	图形		电话上方			图形： GB/T 10001.1—2006(36)。 适用车种： 动车组、客车
2-2-33	空调	图形		按结构确定			图形： GB/T 10001.10—2007(25)。 适用车种： 动车组、客车

表 2（续）

序号	标志名称	符号形式	数量	位置	尺寸、字体及颜色	示例	说明
2-2-34	温度调节	图形		调节旋钮上方			图形： GB/T 10001.10—2007(26)。 适用车种： 动车组、客车
2-2-35	风量调节	图形		调节旋钮上方			图形： GB/T 10001.10—2007(27)。 适用车种： 动车组、客车
2-2-36	音量调节	图形		调节旋钮上方			图形： GB/T 10001.10—2007(28)。 适用车种： 动车组、客车
2-2-37	电灯开关	图形		开关上方			图形： GB/T 10001.10—2007(29)。 适用车种： 动车组、客车
2-2-38	耳机插座	图形		插座上方			图形： GB/T 10001.10—2007(31)。 适用车种： 动车组、客车

表 2（续）

序号	标志名称	符号形式	数量	位置	尺寸、字体及颜色	示　例	说　明
2-2-39	供氧	文字＋图形		供氧设施上方	中文字体:黑体。 英文字体: Helvetica Condensed	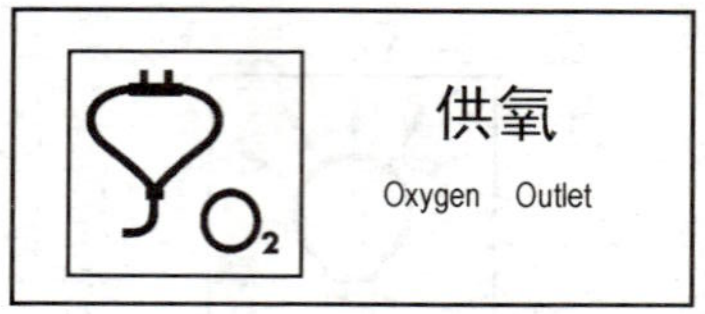	图形: GB/T 10001.10—2007(32)。 适用车种: 动车组、客车
2-2-40	大件行李搁放处	文字＋图形		按结构确定	中文字体:黑体。 英文字体: Helvetica Condensed		图形: UIC 413:2000(B.10.9)。 适用车种: 动车组、客车
2-2-41	禁止放重物	文字＋图形		按结构确定	中文字体:黑体。 英文字体: Helvetica Condensed		适用车种: 动车组、客车
2-2-42	儿童购票标准 1.5 m 和 1.2 m	文字＋图形	2/辆	通过台内端门框旁的内端墙上，距离内端门框 100 mm。	线条:100 mm×10 mm。 字高 15 mm。 英文、数字字体: Helvetica Condensed 加粗	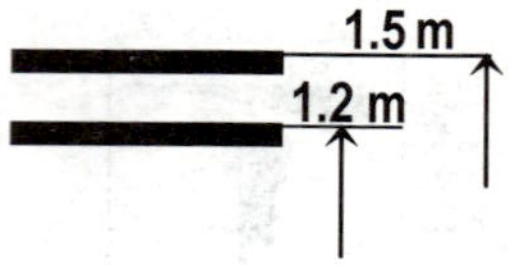	高度以两条划线的上缘为限。 适用车种: 动车组、客车
2-2-43	方向	图形		需要组合使用的其他文字标志或图形标志旁			图形: GB/T 10001.1—2006(01)。 适用车种: 动车组、客车

表 2（续）

序号	标志名称	符号形式	数量	位置	尺寸、字体及颜色	示　例	说　明
2-2-44	安静	文字＋图形		按结构确定	中文字体：黑体。 英文字体： Helvetica Condensed		图形： GB/T 10001.1—2006(76)。 适用车种： 动车组、客车
2-2-45	紧急呼救	文字＋图形		按结构确定	中文字体：黑体。 英文字体： Helvetica Condensed	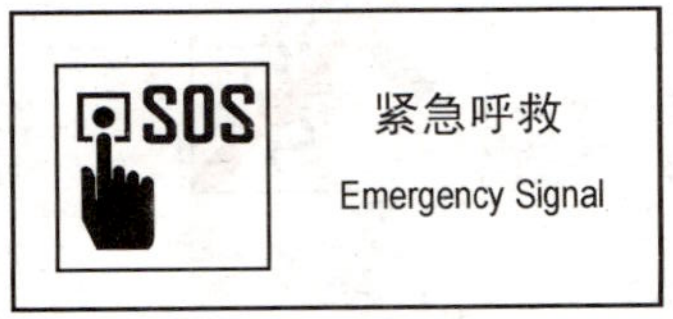	图形： GB/T 10001.10—2007(33)。 适用车种： 动车组、客车
2-2-46	医疗点	图形		按结构确定	图框高 80 mm。 图形颜色：绿色、白色。		图形： GB/T 10001.10—2007（A-04）。 适用车种： 动车组、客车
2-2-47	当心夹手	文字＋图形		按结构确定	中文字体：黑体。 英文字体： Helvetica Condensed。 图形颜色： 黄色、黑色		图形： GB 2894—2008(2-20)。 适用车种： 动车组、客车

表 2（续）

序号	标志名称	符号形式	数量	位置	尺寸、字体及颜色	示　例	说　明
2-2-48	当心烫伤	文字＋图形		按结构确定	中文字体：黑体。 英文字体： Helvetica Condensed。 图形颜色：黄色、黑色		图形： GB/T 10001．10—2007（A-02）。 适用车种： 动车组、客车。 可与其他标志组合使用。 组合示例： 开水标志＋当心烫伤标志
2-2-49	请勿将烟头扔进容器	图形		按结构确定			图形： GB/T 10001.10—2007(34)。 适用车种： 动车组、客车。 可与其他标志组合使用。 组合示例： 废物箱标志＋请勿将烟头扔进容器标志
2-2-50	请勿向窗外扔东西	图形		按结构确定			图形： GB/T 10001.10—2007(35)。 适用车种： 客车

表 2（续）

序号	标志名称	符号形式	数量	位置	尺寸、字体及颜色	示　例	说　明
2-2-51	请勿开窗	图形		按结构确定			图形： GB/T 10001.10—2007(36)。 适用车种： 客车
2-2-52	请勿将杂物扔进容器	图形		按结构确定			图形： GB/T 10001.10—2007(39)。 适用车种： 动车组、客车
2-2-53	请勿通过	文字＋图形		禁止旅客通过或进入的门上	中文字体：黑体。 英文字体： Helvetica Condensed		图形： GB/T 10001.1—2006(82)。 适用车种： 动车组、客车。 可与其他标志组合使用。 组合示例： 司机室标志＋请勿通过标志

表 2（续）

序号	标志名称	符号形式	数量	位置	尺寸、字体及颜色	示　例	说　明
2-2-54	请勿触摸	文字＋图形		禁止旅客触碰的设备处	中文字体：黑体。 英文字体： Helvetica Condensed		图形： GB/T 10001.1—2006(84)。 适用车种： 动车组、客车。 可与其他标志组合使用。 组合示例： 紧急制动标志＋请勿触摸标志
2-2-55	请勿踩踏	文字＋图形		禁止人员踩踏或停留的设备或位置处	中文字体：黑体。 英文字体： Helvetica Condensed		图形： GB/T 10001.1—2006(85)。 适用车种： 动车组、客车
2-2-56	禁止倚靠	文字＋图形		禁止人员倚靠的设备或位置处	中文字体：黑体。 英文字体： Helvetica Condensed。 图形颜色： 红色、黑色、白色		图形： GB 2894—2008 (1-21)。 适用车种： 动车组、客车。 可与其他标志组合使用。 组合示例： 司机室标志＋禁止倚靠标志

表 3 工作标志

序号	标志名称	符号形式	数量	位置	尺寸、字体及颜色	示例	说明
1 外部							
3-1-1	动车组和客车车辆性能参数	文字	1/辆或 2/辆	动车组：首车标在 4 位端墙；中间车标在 1 位和 4 位端墙；尾车标在 1 位端墙。 客车：1 位和 4 位端墙	字高 30 mm。 中文字体：黑体。 英文、数字字体： Helvetica Condensed 加粗	自重 45t 载重 5.9t 定员 60 换长 2.2	动车组和客车车辆性能参数含自重、载重、整备重、定员、容积和换长，其中： ——载重以 t 为计量单位； ——自重以 t 为计量单位，修约到一位小数； ——容积以 m^3 为计量单位，修约到一位小数，并按车种在括号内注明车内尺寸（以 m 为计量单位，修约到一位小数）： · 动车组和客车涂打自重、载重、定员、换长； · 行李车和邮政车涂打自重、载重、容积、换长； · 发电车涂打自重、整备重、换长。 适用车种： 动车组： 1/辆（首车和尾车）， 2/辆（中间车）； 客车：2/辆

表 3（续）

序号	标志名称	符号形式	数量	位置	尺寸、字体及颜色	示　例	说　明
3-1-2	货车车辆性能参数	文字	2/辆	车体两侧 1、4 位端部	字高 70 mm。 汉字字体：黑体。 数字和计量单位字体：Helvetica 加粗。 汉字与数字间距宜为 200 mm	**载重　60 t** **自重　19.0 t** **容积　75.0 m^3** **（13.0×2.9）** **换长　1.3**	车辆性能参数含载重、自重、容积、换长和速度，其中： ——载重以 t 为计量单位； ——自重以 t 为计量单位，修约到一位小数； ——容积以 m^3 为计量单位，修约到一位小数，并按车种在括号内注明车内尺寸（以 m 为计量单位，修约到一位小数）： · 敞车注明车体内长和车体内宽； · 棚车、冷藏车、通风车等注明车体内长、车体内宽和车体内侧面高； · 平车、长大货物车涂打底架长、底架宽标志或车体内长、车体内宽标志； · 车体为非长方体的货车，例如罐车、漏斗车等，涂打容积标志。 · 罐车容积标志为有效容积。 适用车种：货车

表 3（续）

序号	标志名称	符号形式	数量	位置	尺寸、字体及颜色	示例	说明
3-1-3	发电车性能参数	文字	2/辆	车体两侧的1、4位端部	字高70 mm。 汉字字体:黑体。 数字和计量单位字体: Helvetica 加粗。 汉字与数字间距宜为200 mm	**自重 46.0 t** **整备重 58.0 t** **换长 1.3**	发电车性能参数含自重、整备重、换长,其中: 自重、整备重以t为计量单位,修约到一位小数。 适用车种:发电车
3-1-4	速度	文字	4/列或2/辆	动车组:首车和尾车标在1位侧和2位侧侧墙;靠近车辆中央位置,与"列车长度"标志比较,排列在靠近驾驶室的次序。标志底部距轨面约1 000 mm 客车:1位和4位侧墙,转向架上方,标志底部距轨面约1 350 mm	字高60 mm。 英文、数字字体: Helvetica Condensed 加粗	**200 km/h**	适用车种: 动车组、客车
3-1-5	列车长度	文字	4/列	首车和尾车标在1位侧和2位侧侧墙,位置为距速度等级标志200 mm,靠近车辆中央处,标志底部距轨面约1 000 mm	字高60 mm。 英文、数字字体: Helvetica Condensed 加粗	**160.2 m**	适用车种:动车组

表 3（续）

序号	标志名称	符号形式	数量	位置	尺寸、字体及颜色	示　例	说　明
3-1-6	定位	数字	2/辆或 4/辆	动车组： 首车标在 2 位端外端的墙板两下角；中间车标在车体两端的外端墙板下角；尾车标在 1 位端外端的墙板两下角。标志底部距墙板下边缘 15 mm。 客车： 车体两端的外端墙板下角。标志底部距墙板下边缘 15 mm。 货车： 车体两侧墙或侧梁端部	字高 50 mm。 数字字体： Helvetica Condensed 加粗	1	用阿拉伯数字的“1”和“2”表示车辆的一位端和二位端。 适用车种： 动车组： 2/辆（首车和尾车）， 4/辆（中间车、客车）； 客车：4/辆； 货车：4/辆
3-1-7	联运	图形	2/辆	车体两侧墙 1、4 位端的货车性能标志下方	圆外径 120 mm，边线宽 7 mm。 圆内字高 60 mm。 字母字体： Helvetica Condensed 加粗		适用车种： 参加国际联运的货车

表 3（续）

序号	标志名称	符号形式	数量	位置	尺寸、字体及颜色	示　　例	说　　明
3-1-8	“人”字	图形	2/辆	车体两侧墙 1、4 位端的货车性能标志下方	圆外径 120 mm，边线宽 7 mm。 圆内字高 80 mm。 汉字字体：黑体加粗		适用车种： 具备输送人员功能的棚车
3-1-9	“特”字	图形	2/辆	车体两侧墙 1、4 位端的货车性能标志下方	圆外径 120 mm，边线宽 7 mm。 圆内字高 80 mm。 汉字字体：黑体加粗		适用车种： 运输特殊货物的货车
3-1-10	“超”字	图形	2/辆	超出机车车辆限界处的明显部位	圆外径 120 mm，边线宽 7 mm。 圆内字高 80 mm。 汉字字体：黑体加粗		适用车种： 某部分结构超出机车车辆限界的货车
3-1-11	“关”字	图形	按结构确定	超出机车车辆限界的活动件的明显位置	圆外径 120 mm，边线宽 7 mm。 圆内字高 80 mm。 汉字字体：黑体并加粗		适用车种： 活动墙板及其他活动部分开启时超过机车车辆限界的货车
3-1-12	禁止上驼峰	图形	2/辆	车体两侧墙或侧梁 1、4 位端的货车性能标志下方	圆外径 120 mm，边线宽 7 mm。 圆内图形高 70 mm		适用车种： 禁止过驼峰的货车

表 3（续）

序号	标志名称	符号形式	数量	位置	尺寸、字体及颜色	示例	说明
3-1-13	“卷”字	图形	按结构确定	牵拉部位	圆外径 120 mm，边线宽 7 mm。 圆内字高 80 mm。 汉字字体：黑体加粗		适用车种： 需在指定部位用卷扬机牵拉的货车
3-1-14	顶车位	图形	4/辆	侧墙或侧梁下部，顶车位上方。标志底部距墙板下边缘或下翼边内侧 15 mm	图形高 95 mm，宽 60 mm	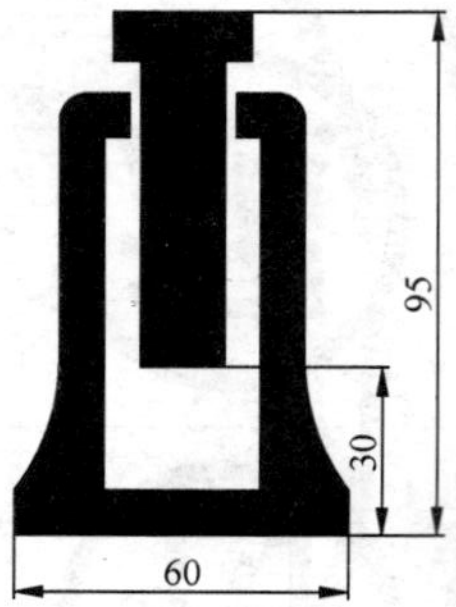	适用车种： 动车组、客车、货车
3-1-15	吊装位	图形	4/辆	侧墙或侧梁下部，吊装位上方。标志底部距墙板下边缘或下翼边内侧 15 mm	图形高 130 mm，宽 20 mm	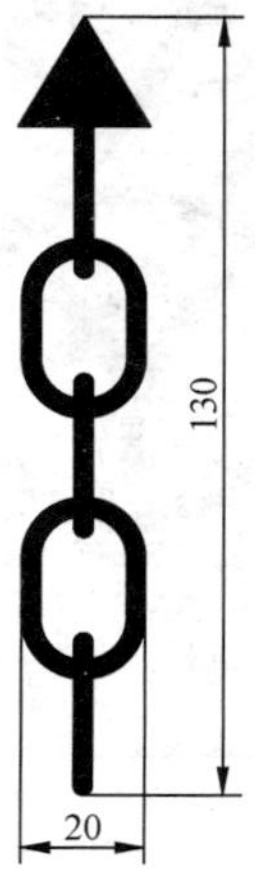	适用车种： 动车组、客车、货车

表 3（续）

序号	标志名称	符号形式	数量	位置	尺寸、字体及颜色	示　例	说　明
3-1-16	集中载重	文字	2/辆	侧梁中部	字高 70 mm。 汉字字体：黑体。 数字和字体： Helvetica 加粗。 各组文字间横向距离宜为 70 mm	**集重 1.5 m 71 t** **3.0 m 72 t** **4.5 m 74 t** **6.0 m 77 t** **7.5 m 81 t** **9.6 m 87 t**	适用车种： 需要标明集中载重的货车（如：平车、长大货物车等）
3-1-17	车体中心线	色带	2/辆	侧梁外侧车体长的 1/2 处，上下两端距离翼边根部 50 mm。侧梁高度大于 600 mm 时，标志距侧梁上翼边根部 50 mm，标志长度 500 mm	色带宽 5 mm。 颜色：白色		适用车种： 有集中承载要求的货车（如：平车、凹底平车、落下孔车等）
3-1-18	车钩中心线	色带	2/辆	沿车钩钩舌外侧及钩头两侧在钩身横截面高度二分之一处	色带宽 5 mm。 颜色：白色		适用车种：货车
3-1-19	装载介质	文字	2/辆	罐体两侧 1、4 位端车辆性能参数标志上方	字高 150 mm。 汉字字体：黑体加粗	**轻油**	适用车种：罐车

表 3（续）

序号	标志名称	符号形式	数量	位置	尺寸、字体及颜色	示　例	说　明
3-1-20	进气压力	文字	2/辆	罐体两侧 1、4 位端车辆性能参数标志下方	字高 70 mm。 汉字字体：黑体。 数字和计量单位字体： Helvetica 加粗	进气管道静压力 不应超过 **0.49 MPa**	表示粘油罐车加温套允许进气压力。 适用车种： 采用蒸汽管道加热的罐车
3-1-21	容积表号	文字	3/辆	罐体 1 位端部	字高：200 mm。 汉字字体：黑体。 拉丁字母、数字字体： Helvetica 加粗	容积表号　**A 741**	适用车种：罐车
3-1-22	当心中毒	图形	2/辆	车门左侧	图形高 350 mm。 颜色：黑色、黄色		图形：GB 2894—2008（2-5）。 适用车种： 装运有毒物质的货车
3-1-23	禁止攀登	文字＋图形		设有扶梯的端墙处	中文字体：黑体。 字高 40 mm。 图形颜色： 红色、黑色、白色		图形： GB 2894—2008(1-18)。 文字允许竖向排列。 适用车种： 动车组、客车
3-1-24	当心触电	图形		按结构确定	图形颜色： 黄色、黑色		图形： GB 2894—2008(2-7)。 可与其他标志组合使用。 组合示例： 禁止攀登标志＋当心触电标志 适用车种： 动车组、客车

表 3(续)

序号	标志名称	符号形式	数量	位置	尺寸、字体及颜色	示例	说明
3-1-25	救援车	色带	1/辆	沿车体四周、高度居中或附近	色带宽 300 mm。 颜色:白色		适用车种:救援车
3-1-26	货车全车性能试运	色带	2/辆	沿车体两侧、高度居中或附近	色带宽 100 mm,间距 100 mm。 颜色:白色		适用车种: 进行全车性能试运试验的货车
3-1-27	货车部分性能试运	色带	2/辆	沿车体两侧、高度居中或附近	色带宽 100 mm。 颜色:白色		当需要提示试验内容时,可以涂打文字标志。 适用车种: 进行部分性能试运试验的货车
3-1-28	门锁开关方向指示	文字+图形	1/锁	锁上方	中文字体:黑体		适用车种: 动车组、客车
3-1-29	轴端位号	数字	2/轴	轴箱端盖	字高 30 mm。 数字字体: Helvetica Condensed 加粗	2	按每辆车排序。 适用车种: 动车组、客车
3-1-30	设备	文字		按结构确定	字高 30 mm 中文字体:黑体	牵引变压器	适用车种: 动车组、客车
3-1-31	接地点	图形		按结构确定	图形高 95 mm		图形: GB/T 5465.2—2008(5017)。 适用车种: 动车组、客车

表 3（续）

序号	标志名称	符号形式	数量	位置	尺寸、字体及颜色	示　例	说　明
3-1-32	电源接口	文字		按结构确定	字高 30 mm。 英文、数字字体： Helvetica Condensed 加粗	**AC 380 V**	电源接口标志内容含电源制式及电压。 适用车种： 动车组、客车
3-1-33	通信或控制接口	文字		按结构确定	字高 30 mm 中文字体：黑体	**通信**	适用车种： 动车组、客车
3-1-34	注水口	文字		按结构确定	字高 30 mm。 中文字体：黑体	**注水口**	适用车种： 动车组、客车
3-1-35	排污口	文字		按结构确定	字高 30 mm。 中文字体：黑体	**排污口**	适用车种： 动车组、客车
3-1-36	注砂口	文字		按结构确定	字高 30 mm。 中文字体：黑体	**注砂口**	适用车种： 动车组、客车
3-1-37	注油口	文字		按结构确定	字高 30 mm。 中文字体：黑体	**注油口**	适用车种：动车组
2　内部							
3-2-1	工作区域	文字		工作人员工作或装有设备、储存物料的区域（室/柜）门上，标志牌上端距走廊地板面宜为 1600 mm	中文字高 30 mm。 中文字体：幼圆加粗。 英文字体： Helvetica Condensed	**配电室** Electric Power Distribution Room	适用车种： 动车组、客车
3-2-2	紧急制动	文字		紧急制动操纵装置附近	中文字体：黑体。 英文字体： Helvetica Condensed。 字体颜色：红色	紧急制动 Emergency Braking	适用车种： 动车组、客车、货车

表 4 管理标志

序号	标志内容	符号形式	数量	位置	尺寸、字体及颜色	示例	说明
1 外部							
4-1-1	动车组型号和列号	文字	4/列	首车和尾车标在靠近驾驶室的1位侧和2位侧侧墙上，标志底部距轨面1350 mm	字高100 mm 。 英文、数字字体： Helvetica Condensed 加粗	**CRH1-026A**	适用车种：动车组
4-1-2	客车车种和车号	文字	2/辆或4/辆	动车组： 首车和尾车标在远离驾驶室侧门的侧墙上，每车2处。中间车按每车侧门数量标注在侧门附近的侧墙上，避开车门开启时的遮挡位置。汉字标志靠近车门。 客车：在侧门附近的侧墙上，避开车门开启时的遮挡位置，每车4处。汉字标志靠近车门。标志底部距轨面1350 mm	中文字体：黑体； 字高80 mm。 英文、数字字体： Helvetica Condensed 加粗； 字高100 mm	ZE 213805 二等座车 Second Class Coach 二等座车 Second Class Coach ZE 213805	适用车种： 动车组、客车。

表 4（续）

序号	标志内容	符号形式	数量	位置	尺寸、字体及颜色	示例	说明
4-1-3	货车型号和车号(大)	文字	2/辆	车体两侧墙的 2、3 位端	拉丁字母、数字字体： Helvetica Condensed 加粗。 字高： 车种编码和车号 200 mm，车型编码的其余部分 120 mm	P_{70} 6024031	适用车种：货车
4-1-4	货车型号和车号(小)	文字	2/辆	底架侧梁(或侧墙下缘)的 1、4 位端	拉丁字母、数字字体： Helvetica Condensed 加粗。 字高： 车种编码和车号 120 mm，车型编码的其余部分 70 mm	NX_{70} 7241657	适用车种：货车
4-1-5	国徽	图形		车体中部	3 号。 颜色： 国徽红、国徽黄		图形： GB 15093—2008 (图 1)。 适用车种： 国际旅客列车

表 4（续）

序号	标志内容	符号形式	数量	位置	尺寸、字体及颜色	示　　例	说　　明
4-1-6	路徽	图形	1/辆或 2/辆	动车组： 首车标在 4 位端墙参数标志上方，中间车标在 1 位和 4 位端墙参数标志上方；尾车标在 1 位端墙参数标志上方。 客车： 在 1 位和 4 位端墙参数标志上方。 货车： 一般涂打 2 号路徽，对平车和带可拆墙板的敞车涂打 2 号、3 号或 4 号路徽，特种车可根据其结构选用适应的规格	动车组、客车：4 号。 货车：2 号、3 号、4 号		图形： TB/T 1838—1987（图 1）。 适用车种： 国有铁路拥有的动车组、客车、货车
4-1-7	产权牌	部件	1/辆	侧梁二位或三位	孔距：86 mm， 孔：2×Φ6.5	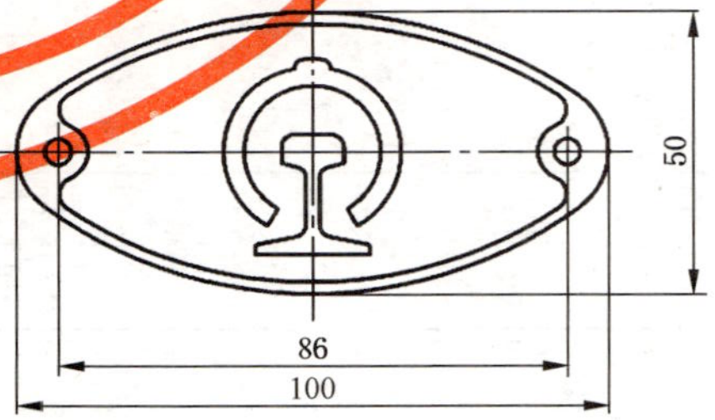	适用车种： 国有铁路拥有的货车

表 4（续）

序号	标志内容	符号形式	数量	位置	尺寸、字体及颜色	示例	说明
4-1-8	客车配属	文字	1/辆或2/辆	动车组： 首车标在4位端墙路徽标志下方，中间车标在1位和4位端墙路徽标志下方；尾车标在1位端墙路徽标志下方。 客车： 在1位和4位端墙路徽标志下方	中文字体：黑体。 字高40 mm	京局京段	适用车种： 动车组、客车
4-1-9	货车配属	文字	2/辆	车体两侧的侧墙或侧梁上	字高：200 mm/150 mm。 中文字体：黑体	××站—××站间专用 运用后返回××站 ××××公司自备车	适用车种： 经指定配属专用车辆或指定使用区间和经批准有特殊回送要求等车辆
4-1-10	制造商铭牌	部件	1/辆	动车组： 首车和中间车安装在3位端墙下部；尾车安装在2位端墙的下部。 客车： 3位端墙下部。 货车： 侧梁的2位或3位（产权牌附近）			内容：制造商名和制造年份。 适用车种： 动车组、客车、货车

表 4（续）

序号	标志内容	符号形式	数量	位置	尺寸、字体及颜色	示例	说明
4-1-11	动车组、客车检修	表格	2/辆	2 位、3 位端墙	中文字体：黑体。 英文、数字字体： Helvetica Condensed 字高 40 mm	360 × 275 修程 | 时　间 | 检修段、厂	适用车种： 动车组、客车
4-1-12	货车检修	文字	2/辆	车体两侧墙或侧梁左端下角	字高 40 mm。 汉字字体：黑体。 数字字体： Helvetica Condensed 加粗。 各组文字间横向距离宜为 20 mm。 横线宽 5 mm	0812　0612　京丰 1212　0412　齐厂	横线上方为段修标志，横线下方为厂修标志；右侧是本次检修的年、月和检修单位简称，左侧是下次检修的年、月（年月取个、十两位，不足时补“0”）。 适用车种：货车
4-1-13	货车辅修	文字	2/辆	检修标志的右侧	字高 40 mm。 汉字字体：黑体。 数字字体： Helvetica Condensed 加粗。 第一列宽 180 mm，二列和三列宽 115 mm；行宽 50 mm。线宽 4 mm	090820 | 0220 | 京丰	第一列填写辅修到期年、月、日；二列填写检修月、日；三列填写检修单位简称。 适用车种：需做辅修的货车
2　内部							
4-2-1	车辆车种、编号和定员		2/辆	客室两端	中文字体：黑体。 英文、数字字体： Helvetica Condensed 加粗	ZY 102602　定员 60	适用车种： 动车组、客车。

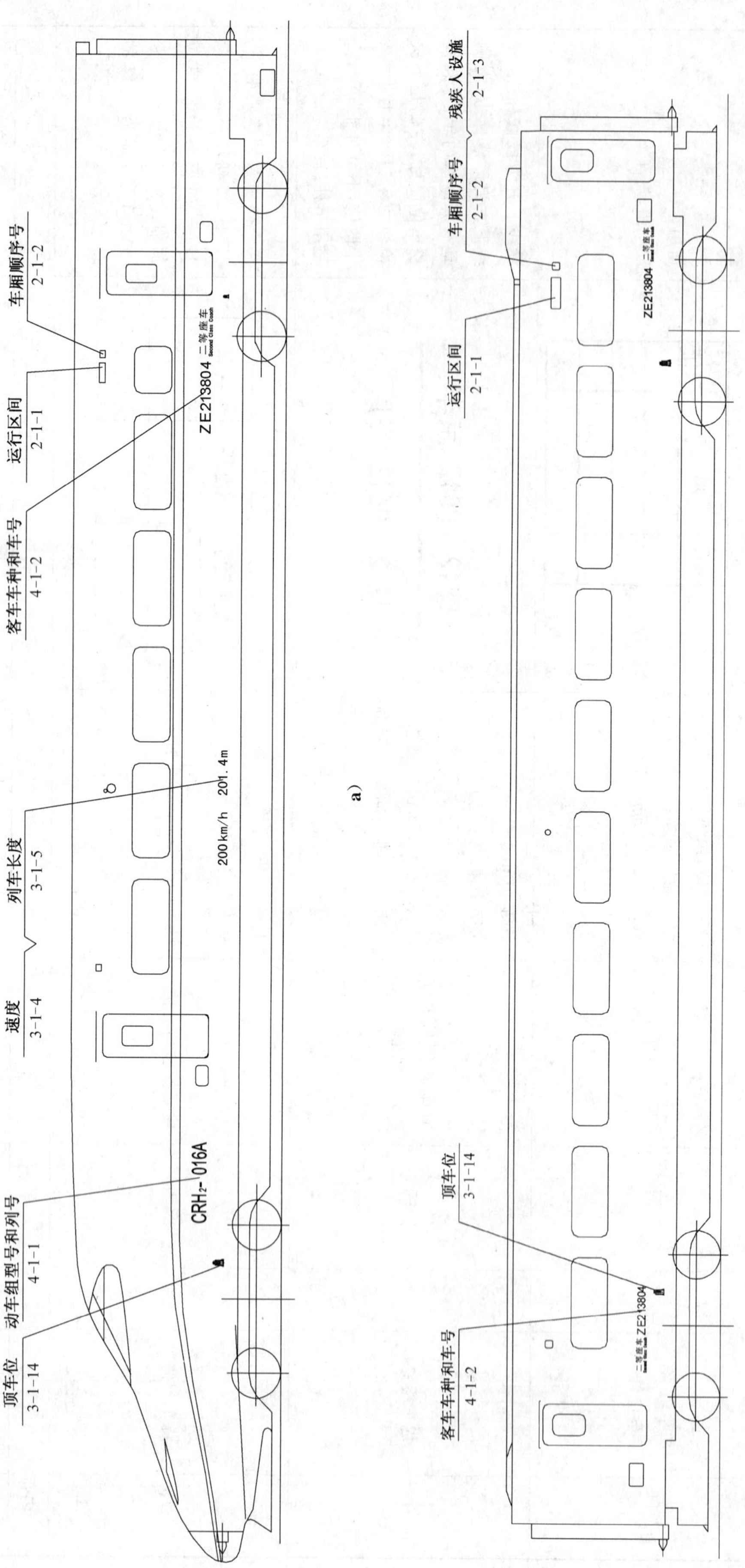

图 1　动车组外部侧面标志位置示意图

图 2　客车外部侧面标志位置示意图

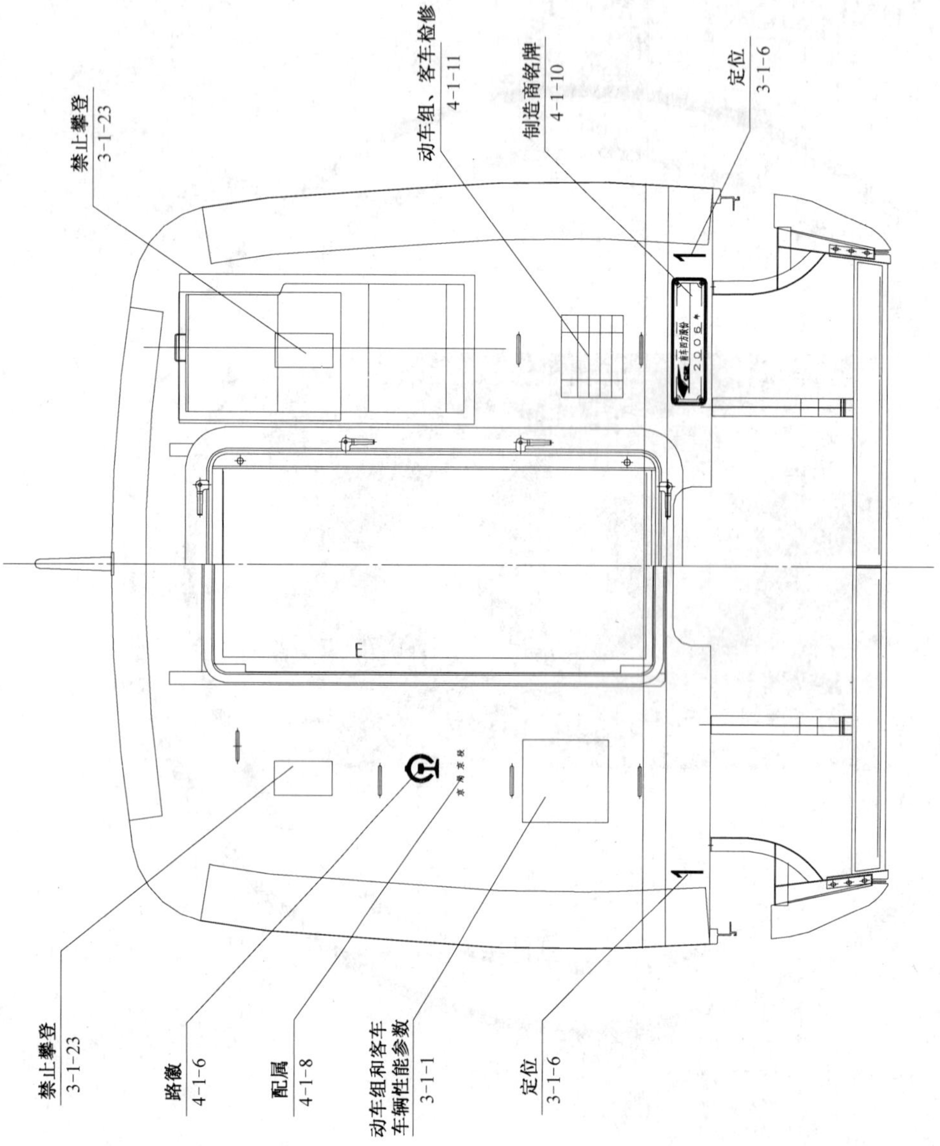

图3 动车组、客车外部端面标志位置示意图

参 考 文 献

铁道部.铁路危险货物运输管理规则.北京:中国铁道出版社,2008.

ICS 45.020
S 73

中华人民共和国国家标准

GB/T 28792—2012

列车无线调度通信系统技术条件

Technical specification on radio communication for train control

2012-11-05 发布　　　　2013-04-01 实施

中华人民共和国国家质量监督检验检疫总局
中国国家标准化管理委员会　发布

前　言

本标准按照 GB/T 1.1—2009 给出的规则起草。

本标准由中华人民共和国铁道部提出并归口。

本标准起草单位：北京全路通信信号研究设计院有限公司、铁道部运输局、中国铁道科学研究院。

本标准主要起草人：曾祥兵、姜永富、徐钧、姚鑫铎、欧阳智辉、霍玉兰。

列车无线调度通信系统技术条件

1 范围

本标准规定了铁路450 MHz列车无线调度通信系统构成、组网和通信方式、系统功能、设备组成，以及设备的基本性能和主要技术条件。

本标准适用于铁路列车无线调度通信系统的工程设计、产品制造、安装及维护管理。

2 规范性引用文件

下列文件对于本文件的应用是必不可少的。凡是注日期的引用文件，仅注日期的版本适用于本文件。凡是不注日期的引用文件，其最新版本(包括所有的修改单)适用于本文件。

GB 4208—2008 外壳防护等级(IP代码)(IEC 60529:2001,IDT)

GB 15842—1995 移动通信设备安全要求和试验方法

GB/T 15844.1—1995 移动通信调频无线电话机通用技术条件

GB/T 15844.3—1995 移动通信调频无线电话机可靠性要求及试验方法

GB/T 24338.4—2009 轨道交通 电磁兼容 第3-2部分:机车车辆 设备(IEC 62236-3-2:2003,MOD)

GB/T 25119—2010 轨道交通 机车车辆电子装置(IEC 60571:2006,MOD)

TB/T 1484.3—2001 铁路机车车辆电缆订货技术条件 第3部分:通信网络用电缆

TB/T 3073—2003 铁道信号电气设备电磁兼容性实验及其限值

TB/T 3201—2008 铁路通信漏泄同轴电缆

ITU-T G.703 G.703系列数字接口的物理电特性

3 术语和定义及缩略语

3.1 术语和定义

下列术语和定义适用于本文件。

3.1.1

列车无线调度通信 radio communication for train control

用于列车调度指挥的列车无线电通信。

3.1.2

调度总机 control office equipment for radio communication on train control

安装在调度所，供调度员与机车司机进行业务联系的设备。

3.1.3

车站电台 station radio

装置在铁路车站上的固定电台。

3.1.4

机车电台 cab radio

装置在机车上的无线电台。

3.1.5

便携电台 portable radio

为区间及列车上移动人员提供语音通信的手持电话终端设备。

3.2 缩略语

下列缩略语适用于本文件。

2DRMS:二维均方根(Dimensional Root Mean Square)

CIR:机车综合无线通信设备(Cab Integrated Radio Communication Equipment)

CTC:调度集中系统(Centralized Traffic Control)

FFSK:快速移频键控(Fast Frequency Shift Keying)

SINAD:信纳比(Signal-to-Noise-And-Distortion)

TDCS:列车调度指挥系统(Train Dispatching Command System)

4 系统网络结构和设备组成

4.1 系统网络结构

4.1.1 系统构成

由调度台、调度总机、车站电台、机车电台、便携电台、区间中继设备、漏泄同轴电缆、有线通道和专用维护设备等构成。列车无线调度通信系统构成示意图参见附录A中图A.1。

4.1.2 组网方式

车站电台、机车电台、便携电台之间的通信采用无线方式,调度台、机车电台之间的通信采用有线、无线相结合的方式,调度台、车站电台之间的通信采用有线方式。

4.1.3 通信方式

调度台、车站电台、机车电台、便携电台间的通信方式如表1所示。

表1 调度台、车站电台、机车电台、便携电台通信方式

设备终端	调度台	车站电台	机车电台	便携电台
调度台	—	双工	双工	—
车站电台	双工	—	同/异频单工	同/异频单工
机车电台	双工	同/异频单工	同/异频单工	同/异频单工
便携电台	—	同/异频单工	同/异频单工	同/异频单工
注:调度台与机车电台的通信、移动电台与移动电台间的异频通信由车站电台转信。				

4.2 系统设备组成

4.2.1 调度台

包括操作显示终端和双路送(受)话器。

4.2.2 调度总机

包括控制单元、接口单元、电源单元等。

4.2.3 车站电台

包括电台主机(含信道机、控制单元、电源单元、有线无线转接单元、无线车次号校核接收解码单元、调度命令转接单元、检测单元等)、控制盒[含送(受)话器]及控制电缆、天线及馈线、电源电缆等。

4.2.4 机车电台

包括电台主机(含机车电台功能单元、卫星定位单元、电源单元)、主/副控制盒及控制电缆、扬声器、送(受)话器、天线及馈线、电源电缆等。

4.2.5 便携电台

包括主机、电池、天线、充电器等。

4.2.6 区间中继设备

包括光纤直放中继站、射频直放中继器、互控中继台和无线中继台。

光纤直放中继站包括近端机(含监控单元)、远端机(含监控单元)、射频耦合器和电源单元。

射频直放中继器包括射频直放中继器Ⅰ型、Ⅱ型和电源。

互控中继台包括主控单元、电台单元、无线数传单元、数据接口单元、电源单元、蓄电池及天馈线等。

无线中继台包括无线中继台首台、尾台和电源。

4.2.7 专用维护设备

包括网管设备和机车电台出入库检测设备。

网管设备包括主机、操作显示终端、打印机等。

机车电台出入库检测设备包括主机、操作显示终端、打印机等。

5 主要功能

5.1 系统主要功能

5.1.1 话音

系统具有调度台、车站电台、机车电台间相互话音通话功能;具有车站电台、机车电台、便携电台间相互话音通信功能。

5.1.2 数据承载

系统具有承载车次号校核、调度命令、列车尾部风压数据信息的功能。列车无线车次号校核、调度命令无线传送系统构成示意图参见附录A中图A.2。

5.2 调度台

5.2.1 具有选择车站电台呼叫机车电台并通话的功能。

5.2.2 紧急情况下,调度台可优先与机车电台通话。

5.3 调度总机

5.3.1 承载调度台与机车电台间相互呼叫和通话功能。

5.3.2 应能接入多个调度台及其所辖的车站电台。

5.3.3 可控制车站电台接入,实现机车电台与调度台通话的越区切换。

5.3.4 具有本地及远程状态检测、参数设置等功能。

5.4 车站电台

5.4.1 具有自动转接机车电台、调度台间通话功能,并可监听、加入通话。

5.4.2 具有自动转接移动电台间通话功能。

5.4.3 具有与调度台通话功能。

5.4.4 受调度总机控制,或由机车电台导频信号、预启动信号的控制,开启射频信道并连接有线通道,实现机车电台与调度台通话的越区切换。

5.4.5 受场强测试启动信号控制持续发射载波信号,发射时间不小于 30 min。

5.4.6 具有无线车次号接收、解码、传送和调度命令信息转接功能。

5.4.7 具有数据业务信息的记录功能。

5.4.8 具有本地及远程状态检测、参数设置等功能。

5.5 机车电台

5.5.1 具有话音通信功能。

5.5.2 承载无线车次号校核、列车尾部风压等信息的无线传送业务。

5.5.3 具有信道扫描和机车电台与调度台通话的越区切换功能。

5.5.4 具有自动和人工转换工作模式的功能。

5.5.5 具有本机状态自检和遥控检测的功能。

5.6 便携电台

5.6.1 具有同/异频通话功能。

5.6.2 接收频率可自动扫描或由人工设置。

5.7 区间中继设备

5.7.1 具有对射频信号放大功能,延伸车站电台场强覆盖范围。

5.7.2 具有本地及远程状态检测、参数设置等功能。

5.8 网管设备

5.8.1 具有监测多个调度总机及其所辖车站电台和中继设备的工作状态、远程查询和设置参数的功能。

5.8.2 网管监测数据信息存储时间不少于 180 d,并具有显示及打印监测结果的功能。

5.9 机车电台出入库检测设备

5.9.1 遥控机车电台进行自检。

5.9.2 接收机车电台的检测结果。

5.9.3 检测数据信息存储时间不少于 180 d,并具有显示及打印检测结果的功能。

6 基本技术要求

6.1 工作频段

列车无线调度通信系统工作频段为457.200 MHz～458.625 MHz/467.200 MHz～468.625 MHz。

6.2 频率配置

6.2.1 车站电台、机车电台、便携电台配置的频率不应少于4个四频组。调度通信时，车站电台发射 f_1、f_2、f_3，机车电台扫描接收 f_1、f_2、f_3，机车电台发射 f_4，车站电台接收 f_4；车站与机车异频通信时，车站电台发射 f_1、f_2、f_3 或固定发射 f_2，机车电台扫描接收 f_1、f_2、f_3，机车电台发射 f_4，车站电台接收 f_4；车站与机车同频通信时：车站电台与机车电台接收和发射均为 f_4；便携电台扫描接收频组内的频率 f_1、f_2、f_3、f_4 或手动选定接收频率，发射为 f_4。

6.2.2 无线车次号校核数据传送、机车电台出入库检测和场强覆盖测试应配置使用专用工作频率。

6.3 设备电源

6.3.1 调度总机

电源单元应能适应交流220×(1±20%)V 50 Hz或直流－48×(1±10%)V(正接地)的供电条件。

6.3.2 车站电台

6.3.2.1 采用中间站直流通信电源供电时，电源单元应能适应直流－48×(1±20%)V(正接地)的供电条件。

6.3.2.2 采用交流供电时，电源单元应能适应交流220×(1±20%)V 50 Hz的供电条件，并对备用蓄电池进行浮充(最大充电电流不大于5 A)。交流电源故障时，自动转换至备用蓄电池供电(标称电压12 V)，交流供电恢复后，自动转换至交流供电。电源单元应具有过充过放保护功能。

6.3.3 机车电台

6.3.3.1 电源单元应根据不同类型机车(含动车组、大型养路机械和轨道车等自轮运转设备)的供电条件选配，标称(额定)电压(U_n)一般为直流24 V、48 V、72 V、96 V、110 V。

6.3.3.2 电源单元的适应性应符合以下要求：

a) 最低电压0.7 U_n，最高电压1.25 U_n；

b) 0.6 U_n～1.4 U_n(电压波动≤0.1 s)，不应引起整机功能异常；

c) 1.25 U_n～1.4 U_n(电压波动≤1 s)，不应引起机车电台损坏，允许功能降级。

6.3.3.3 电源过电压和浪涌等技术要求应符合GB/T 25119—2010的规定。

6.3.4 便携电台

采用电池供电。

6.3.5 中继设备

6.3.5.1 采用交流和备用电池供电时，电源单元应能适应交流220×(1±30%)V 50 Hz的供电条件。在正常情况下，交流供电并对备用电池进行浮充(最大充电电流不应大于5 A)。交流电源故障时，自动转换至备用电池供电。备用电池标称电压为24 V或12 V；交流电源恢复后，自动转换至交流供电。电源单元应具有过充过放保护功能。

6.3.5.2 采用直流远供方式供电时，电源单元应能适应基础电压为直流 450 V(波动范围 315 V～495 V)的供电条件。

6.3.5.3 光纤直放站近端机的电源单元要求应符合 6.3.2 的规定。

注：中继设备供电电源有特殊需求时可适当调整。

6.4 工作环境

工作温度、相对湿度、振动和冲击的要求应符合表 2 规定。

表 2 工作环境要求

<table>
<tr><th colspan="2">项 目</th><th>调度台
调度总机
专用维护设备</th><th>车站电台</th><th>机车电台</th><th>便携电台</th><th>区间中继设备</th></tr>
<tr><td rowspan="2">工作温度</td><td>低温
(不低于)</td><td>5 ℃</td><td>−10 ℃(A 类)
−25 ℃(B 类)</td><td>−25 ℃</td><td>−10 ℃(A 类)
−25 ℃(B 类)</td><td>−25 ℃(A 类)
−40 ℃(B 类)</td></tr>
<tr><td>高温
(不高于)</td><td>40 ℃</td><td>55 ℃</td><td>65 ℃</td><td>55 ℃</td><td>55 ℃(A 类)
70 ℃(B 类)</td></tr>
<tr><td colspan="2">相对湿度</td><td colspan="5">95%(40℃)</td></tr>
<tr><td colspan="2">振动</td><td colspan="2">10 Hz～30 Hz,0.38 mm;
30 Hz～55 Hz,0.19 mm</td><td colspan="3">10 Hz～30 Hz,0.75 mm;
30 Hz～55 Hz,0.25 mm</td></tr>
<tr><td colspan="2">振动方向</td><td colspan="2">正常工作方向</td><td colspan="2">三个方向</td><td>正常工作方向</td></tr>
<tr><td colspan="2">冲击</td><td colspan="2">6 g,18 ms</td><td colspan="2">35 g,18 ms</td><td>6 g,18 ms</td></tr>
<tr><td colspan="2">海拔高度</td><td colspan="5">适用于 3 000 m 以下</td></tr>
<tr><td colspan="2">储存温度</td><td>−25 ℃～60 ℃</td><td colspan="4">−40 ℃～60 ℃</td></tr>
<tr><td colspan="7">A 类指标是指设备的通用标准，B 类指标是指设备用于特定环境条件下的技术要求。
在高原、高寒、高温等不满足本表要求的恶劣环境下使用时，使用本标准的各方可参照表 2 另行规定。</td></tr>
</table>

6.5 安全

应符合 GB 15842—1995 中有关设备安全要求的规定。

6.6 结构

6.6.1 调度台

操作显示终端设有电源开关、功能键和选站键，并具有相应的状态指示。内设扬声器，并设有扬声器音量半可调键。外接双路送(受)话器。

6.6.2 调度总机

调度总机采用机柜式或机箱式结构。

6.6.3 车站电台

6.6.3.1 车站电台主机采用机柜式或机箱式结构。

6.6.3.2 控制盒为台式，外接送(受)话器，内装扬声器。操作面板设有呼叫按键、扬声器音量半可调键等，并具有相应的状态指示。

6.6.4 机车电台

6.6.4.1 机车电台主机采用机箱式结构，应散热良好。机车电台主机和控制盒应防尘、防雨淋，设备外壳防护等级应符合 GB 4028—2008 的规定，达到 IP52 的等级要求。

6.6.4.2 机车电台主机应装配减震底座，主机的安装采用滑道推拉安装方式，利用水平、垂直方向的螺栓固定。减震底座高不大于 40 mm，安装孔为四孔，孔径 ϕ6.5 mm，宽×深孔距为 110 mm×246 mm。机车电台主机采用多芯屏蔽电缆连接主、副控制盒。电缆的技术要求应符合 TB/T 1484.3—2001 中的有关规定。

6.6.4.3 控制盒为壁挂式，面板设有电源开关、功能键和呼叫按键，并具有相应工作状态指示。控制盒外接扬声器和送(受)话器或防噪送话器，并设有扬声器音量平可调键。

6.6.4.4 机车电台主机和控制盒外形尺寸满足以下要求：

a) 机车电台主机：宽×深×高：260 mm×330 mm×132 mm；

b) 机车电台控制盒：宽×深×高：120 mm×80 mm×156 mm；

c) 机车电台功能单元：宽×深×高：210 mm×270 mm×125 mm。

6.6.5 便携电台

便携电台的呼叫、控制按键与收发信机应构成一体化结构，并应能防雨淋，设备外壳防护等级应符合 GB 4028—2008 的规定，达到 IP54 的等级要求。

6.6.6 区间中继设备

6.6.6.1 室内安装时，设备外壳防护等级应符合 GB 4028—2008 的规定，达到 IP51 的等级要求。

6.6.6.2 室外安装时，设备外壳防护等级应符合 GB 4028—2008 的规定，达到 IP55 的等级要求。

6.6.6.3 结构应坚固、防腐蚀、防盗。

6.6.6.4 设备应有良好的屏蔽性能，并具有抗危险电压防护措施。

6.7 主要设备接口类型

6.7.1 车站电台设备接口

车站电台设备接口主要包括：

a) 网管接口；

b) 调度总机接口；

c) 录音接口；

d) 无线车次号 TDCS 车站设备接口；

e) 调度命令 TDCS 车站设备接口；

f) 天线接口。

6.7.2 机车电台设备接口

机车电台设备接口主要包括：

a) 录音接口；

b) TDCS 接口；

c) 卫星定位信息输出接口；

d) 控制盒列车尾部风压传输接口；

e) 天线接口。

6.7.3 机车电台功能单元接口

机车电台功能单元接口主要包括：

a) CIR 控制接口；

b) TDCS 接口；

c) 电源接口；

d) 天线接口。

6.7.4 卫星定位单元接口

卫星定位单元接口主要包括：

a) CIR 控制接口；

b) 原始信息输出接口；

c) 公共信息输出接口；

d) 天线接口。

6.8 可靠性

6.8.1 可靠性指标为产品平均无故障时间 MTBF。MTBF 试验的下限值 θ_1 应等于产品最低可接收的 MTBF 值。试验方法应符合 GB/T 15844.3—1995 中第 9 章规定。

6.8.2 调度总机、车站电台、机车电台、便携电台、区间中继设备的 θ_1 值应不低于表 3 中规定的数值。

表 3 可靠性指标

设备名称	调度总机	车站电台	机车电台	便携电台	区间中继设备
MTBF θ_1/h	600	600	600	500	600

6.8.3 按键应操作可靠，可承受操作次数不应小于 30 万次。

6.8.4 送(受)话器的连接缆线根部应设护套，防止磨损折断，折弯次数不应小于 10 万次。

6.8.5 光纤直放站主要功能模块和电源双套热备份，双光纤热备自动切换。

6.8.6 射频直放中继器功放单元和电源双套热备份。

6.9 电磁兼容性

6.9.1 机车电台电磁兼容性能应符合 GB/T 24338.4—2009 的规定。

6.9.2 其他设备电磁兼容性能应符合 TB/T 3073—2003 的规定。

7 电气性能

7.1 一般要求

7.1.1 调制型式：16K0F3E。

7.1.2 天线接口阻抗：50 Ω 不平衡。

7.1.3 发射机发射状态时，应能承受天线端口短路、开路各 3 min。

7.2 发射机电性能指标

发射机电性能指标应符合表 4 规定。

表 4　发射机电性能

序号	项　　目		指　　标				要　　求
			车站电台	机车电台	区间中继设备	便携电台	
1	载波频率容差		$\leqslant 5\times10^{-6}$				在特殊区段为克服同频干扰，车站电台为不大于 5×10^{-8}
2	载波额定功率/W		3～5(单工) 5～10(双工) 可调	5(单工) 10(双工)	1～3 3～5	3	容差−15%～+20%
3	杂散射频分量/μW		≤5			≤7.5	
4	邻道功率(比值)/dB		≥65				
5	调制特性 300 Hz～3 000 Hz(相对于每倍频程 6 dB 加重特性的偏差)/dB		+1 −3				
6	调制限制/kHz		≤5				
7	高调制时的发射机频偏/Hz	5 kHz	≤1 500				
		10 kHz	≤300				
		20 kHz	≤60				
		3 kHz～5 Hz	频偏单调下降				
8	调制灵敏度/mV		由产品标准规定				
9	音频失真		≤5%			≤7%	
10	剩余调频/dB		≤−40				
11	剩余调幅		≤3%				
12	发射机启动时间/ms		≤100				

7.3　接收机电性能指标

接收机电性能指标应符合表 5 规定。

表 5　接收机电性能

序号	项　　目	指　　标			
		车站电台	区间中继设备	机车电台	便携电台
1	参考灵敏度(单工)/μV	≤0.6(12 dB　SINAD)			
2	抑噪灵敏度(单工)/μV	≤0.8			
3	门限静噪开启灵敏度/μV	≤0.4			
4	深静噪灵敏度/μV	≤6			
5	深静噪阻塞门限	在 300 Hz～3 000 Hz 频带内：测试频偏≥5 kHz			
6	静噪开启时延/ms	≤120			

表 5（续）

序号	项目		指标			
			车站电台	区间中继设备	机车电台	便携电台
7	静噪闭锁时延/ms		≤100			
8	静噪失调门限		≥波频率容差允许频率变化值的2倍			
9	接收门限/μV		0.6～5可调			
10	额定音频输出功率	扬声器/W	0.2～0.5可调	—	0.5～5可调	≥0.3可调
		耳机/mW	1～10可调	—	—	
11	音频失真		≤5%			≤7%
12	音频响应300 Hz～3 000 Hz范围内(相对于6 dB去加重特性偏离)/dB	音频负载为扬声器	−8～+2			
		音频负载为耳机	−3～+1			
13	信号对剩余输出功率比/dB		≤−40			
14	可用频带宽度/kHz		≥载波频率容差允许的变化值的2倍			
15	调制接收宽度/kHz		≥2×5			
16	共信道抑制/dB		≥−8			
17	阻塞/dB		≥90			≥85
18	邻道选择性/dB		≥65			≥55
19	杂散响应抗扰性/dB		≥70			≥60
20	互调抗扰性/dB		≥65			≥60
21	音频灵敏度		≤最大允许频偏40%			
22	接收限幅特性		6 dBμV～100 dBμV变化时，变化不超过3 dB			
23	双工灵敏度		不应低于单工灵敏度3 dB			

7.4 允许下降限值

在最小工作电压、最大工作电压、环境试验时，基本电性能指标允许下降的限值应符合GB/T 15844.1—1995规定。

7.5 呼叫、控制、回铃信号

7.5.1 呼叫信号

呼叫信号应符合表6规定。

表 6　呼叫信号

序号	呼叫关系		呼叫方式	呼叫信号频率/Hz
1	调度台→机车电台		选站后组呼	1 960
2	机车电台→调度台		正常呼叫	1 520
3	车站电台	→机车电台	群呼	114.8
		→便携电台		114.8 或话音直接呼叫
4	机车电台或便携电台	→车站电台		异频单工时:131.8; 同频单工时:123.0
		→机车电台		同频单工:114.8 ,异频转信:114.8+186.2
		→便携电台		同频单工:114.8,异频转信:114.8+186.2 或话音直接呼叫

7.5.2　控制、回铃信号

7.5.2.1　调度台与机车电台双工通信时,机车电台越区切换使用追踪导频信号;选用预启动方式时,追踪切换使用预启动控制信号。

7.5.2.2　移动设备之间采用异频单工方式通信时,由车站电台控制转信。

7.5.2.3　追踪导频信号、预启动控制信号、控制转信信号和回铃信号的频率应符合表 7 规定。

表 7　控制、回铃信号

序号	信号类别	频率/Hz	
1	追踪导频信号	F_1	151.4
		F_2	162.2
		F_3	173.8
2	预启动控制信号		141.3
3	转信控制信号		186.2
4	车站回铃信号		415.0
5	机车出入库检测启动信号		FFSK

7.5.3　信号指标要求

信号的指标要求应符合表 8 规定。

表 8 信号指标要求

序号	项　　目	指　　标	要　　求
1	音频呼叫信号额定频偏/kHz	±3	容差+15%
2	亚音频呼叫控制信号频偏/kHz	±0.5	容差+30%
3	信号频率准确度	±0.5%	
4	音频呼叫信号检出特性	在 12 dB 信纳比，频偏±1.5 kHz 时，解码电路工作	
5	亚音频呼叫、控制信号检出特性	在 12 dB 信纳比，频偏±0.25 kHz 时，解码电路工作	
6	音频呼叫信号接收带宽	解码低端：−2.5%～−1.5%； 解码高端：1.5%～2.5%	相对于解码信号频率
7	亚音频呼叫控制信号接收带宽	解码低端：−2.0%～−1.0%； 解码高端：1.0%～2.0%	相对于解码信号频率
8	呼叫信号检出时间/s	≤0.3	
9	控制信号检出时间/s	≤0.25	
10	呼叫信号发送时间/s	2≤t≤5	
11	回铃信号持续时间/s	0.5	容差±10%
12	转信保持时间/s	9	容差±10%

7.6 卫星定位接收机性能

7.6.1 定位精度：10 m 2DRMS(95%)。

7.6.2 重新捕获卫星时间应满足：

a) 被遮挡 60 s 后不大于 2.0 s；

b) 瞬时被遮挡不大于 1.0 s。

7.7 有线接口

7.7.1 数字调度总机接口的技术要求应符合 ITU-T G.703 的规定。

7.7.2 模拟调度总机、车站电台有线接口电性能指标应分别符合表 9、表 10 的规定。

表 9 模拟调度总机有线接口电性能

<table>
<tr><th>序号</th><th>项　　目</th><th colspan="2">指　　标</th><th>要　　求</th></tr>
<tr><td>1</td><td>外线端阻抗/Ω</td><td colspan="2">600 或 1 650 均对地平衡</td><td></td></tr>
<tr><td rowspan="3">2</td><td rowspan="3">回波损耗/dB</td><td>600 Ω</td><td>1 650 Ω</td><td rowspan="3"></td></tr>
<tr><td>300 Hz～600 Hz：≥15</td><td rowspan="2">≥20</td></tr>
<tr><td>600 Hz～3 400 Hz：≥20</td></tr>
<tr><td>3</td><td>发信通路输入电平/dBm</td><td colspan="2">由产品标准规定</td><td>发信入为 MIC</td></tr>
<tr><td>4</td><td>发信通路输出电平/dBm</td><td colspan="2">−14～+5(可调)</td><td>发信出为四线出</td></tr>
<tr><td>5</td><td>收信通路输入电平/dBm</td><td colspan="2">−20～+4</td><td>收信入为四线收</td></tr>
</table>

表 9（续）

序号	项　目	指　标		要　求
6	收信通路输出功率/mW	扬声器	≥500	
		送(受)话器	≥10	
7	幅频特性/dB	±2		300 Hz～3 400 Hz
8	非线性失真	≤5%		
9	发信通路杂音防卫度/dB	≥60		
10	收信通路杂音防卫度/dB	≥45		
11	信号发送电平/dBm	比发信通路输出电平低 6 dB		±1 dB
12	信号接收电平/dBm	−26～−2		
13	比特差错率	$\leqslant 1\times10^{-5}$		
14	数字信号传输速率/BPS	1 200		
15	数字信号调制方式	FFSK		
16	数字信号特征频率/Hz	逻辑“0”=1 800		
		逻辑“1”=1 200		
17	数字信号频率偏差/Hz	±10		

表 10　车站电台有线接口电性能

序号	项　目	指　标	要　求
1	外线端输入阻抗/kΩ	600,1 650:≥20	车站电台跨接有线线路向总机发信时为 8 kΩ,其他状态≥20 kΩ
2	外线端输出阻抗/kΩ	600,1 650:≥8	
3	发信通路输出电平/dBm	−14～+5(可调)	发信出为四线出在高阻跨接 600 Ω 有线线路时应满足指标要求
4	收信通路输入电平/dBm	−20～+4	收信入为四线收
5	收信通路输出频偏/kHz	3 ～ 5	收信出为天线端
6	幅频特性/dB	±2	300 Hz～3 400 Hz
7	非线性失真	≤5%	
8	发信通路杂音防卫度/dB	≥60	
9	收信通路信噪比/dB	≥40	
10	不平衡衰耗/dB	300 Hz～600 Hz:46	
		600 Hz～3 400 Hz:52	
11	信号发送电平/dBm	比发信通路输出电平低 6 dB	
12	信号接收电平/dBm	−26～−2	
13	比特差错率	$\leqslant 1\times10^{-5}$	
14	数字信号调制方式	FFSK	

表 10（续）

序号	项　目	指　标	要　求
15	数字信号传输速率/bit/s	1 200	
16	数字信号特征频率/Hz	逻辑“0”＝1 800	
		逻辑“1”＝1 200	
17	数字信号频率偏差/Hz	±10	

7.8 区间中继设备及漏泄同轴电缆

7.8.1 光纤直放站

7.8.1.1 光纤直放站通频带特性如下：

a) 中心频率：

1) 正向：f_0＝468.000 MHz；

2) 反向：f_0＝458.000 MHz。

b) 带宽：

1) －3 dB 带宽＞f_0±1 MHz；

2) －40 dB 带宽＜f_0±3 MHz。

7.8.1.2 光纤直放站设备主要技术指标符合表 11 规定。

表 11 光纤直放站主要技术指标

序号	项　目	指　标	要　求
1	工作频率/MHz	上行：457～459 下行：467～469	异频
		457～459	同频
2	输入输出阻抗/Ω	50	
3	输出功率/dBm	下行输出功率分为三挡： 30/33/37，误差均为±2 dB	
4	最大增益[a]/dB	≤90	
5	增益调节范围/dB	≥30	
6	ALC 电平控制[b]/dB	下行：10±2	
7	静噪门限调节范围/dBm	上行：－85±5 下行：－10±2	
8	噪声系数/dB	≤5	
9	工作频带内互调/dB	＞30	
10	带宽/MHz	2	
11	带内波动（峰峰值）/dB	≤2	
12	输入输出电压驻波比	≤1.4	
13	近端机功耗/W	≤80	

表 11（续）

序号	项　　目	指　　标	要　　求
14	远端机功耗/W	≤120	

[a] 具体增益值由厂家定；最大标称增益误差不大于±2 dB。

[b] 直放站工作于最大增益且输出为最大功率条件下，当输入信号电平提高不大于 10 dB 时，输出功率应保持在最大输出功率的±2 dB 之内；当输入信号电平提高超过 10 dB 时，输出功率应保持在最大输出功率的±2 dB 之内或关闭输出。

7.8.2　射频直放中继器

7.8.2.1　中继器通频带特性如下：

a）中心频率：

1）正向：f_0＝468.000 MHz；

2）反向：f_0＝458.000 MHz。

b）带宽：

1）−3 dB 带宽大于 f_0±1 MHz；

2）−40 dB 带宽小于 f_0±3 MHz。

c）带内不平坦度：

在有效工作频带内 f_0±1 MHz 电平波动范围不大于 2 dB。

7.8.2.2　射频直放中继器（Ⅰ型、Ⅱ型）电性能指标应符合表 12 规定。

表 12　射频中继器电性能

类　别	方　向	频段/MHz	性能：静噪门限电平/dBm	性能：输入电平[a]/dBm	性能：输出电平/dBm	性能：增益/dB	性能：自动增益控制范围[b]/dB	性能：互调衰减[c]/dB
Ⅰ型中继器	正向 基地→移动	467～469	−85±1	−63±1	+27±1	≥90	>30	>30
Ⅰ型中继器	反向 基地←移动	457～459	−85±1	−63±1	+27±1	≥90	>30	>30
Ⅱ型中继器	正向 基地→移动	467～469	−55±1	−23±1	+27±1	≥50	>30	>30
Ⅱ型中继器	反向 基地←移动	457～459	−85±1	−53±1	−3±1	≥50	>30	>30

[a] 输入电平为自动增益控制起控点。

[b] 自动增益控制范围是指从起控点开始，输出电平不再随输入信号增加的平直线区段。

[c] 互调衰减是指输入端双信号（相差 50 kHz）输入，其输出分别达到额定输出时的主信号与三阶互调产物的幅度之比。

7.8.2.3　最高、最低工作电压时，静噪门限电平、输出电平、输入电平、增益允许恶化值不大于 1 dB。

7.8.2.4 高低温、恒定湿热测试时，静噪门限电平、输出电平、输入电平、增益允许恶化值不大于 3 dB。

7.8.2.5 中继器电源功耗每台中继器电源耗电应小于 80 W。

7.8.2.6 正、反向放大器输入端应分别设有调整电平的衰耗器，衰耗为 3 dB、6 dB、10 dB、20 dB，可组合使用。

7.8.3 区间中继台

7.8.3.1 区间中继台包括无线中继台和互控中继台。

7.8.3.2 电性能技术指标应符合表 4、表 5 的有关规定。

7.8.3.3 呼叫、控制信号应符合表 6、表 7、表 8 的规定。

7.8.4 漏泄同轴电缆

7.8.4.1 基本要求

基本要求如下：

a) 工作频段：

   1) 458.000 MHz±3 MHz；

   2) 468.000 MHz±3 MHz。

b) 电压驻波比：

在工作频带内不大于 1.3。

7.8.4.2 绝缘电阻

漏泄同轴电缆内外导体间绝缘电阻大于 5 000 MΩ·km。

7.8.4.3 耐压

漏泄同轴电缆内外导体间施以交流 50 Hz，电压 3 kV，2 min 不击穿。

电性能技术指标应符合 TB/T 3201—2008 规定。

附　录　A
（资料性附录）
系统构成示意图

A.1　列车无线调度通信系统构成

列车无线调度通信系统构成示意图见图A.1。

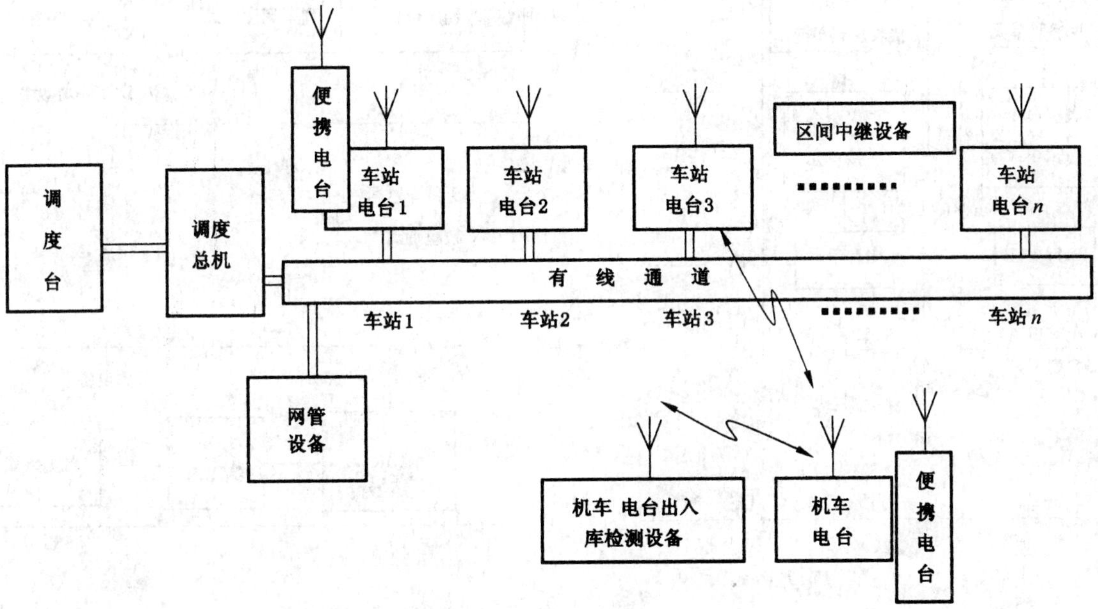

图A.1　列车无线调度通信系统构成示意图

A.2 车次号校核、调度命令无线传送系统构成

车次号校核、调度命令无线传送系统构成示意图见图 A.2。

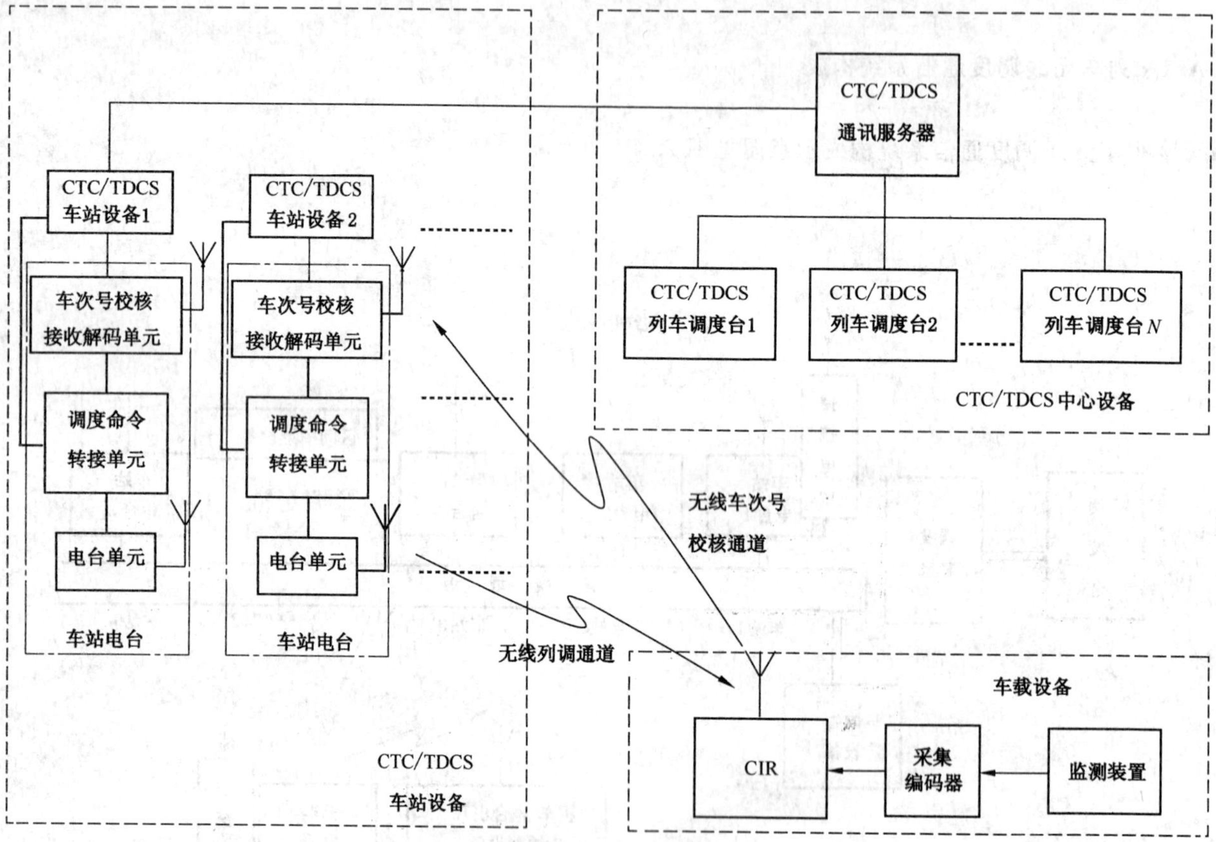

图 A.2 车次号校核、调度命令无线传送系统构成示意图

ICS 47.020.20
U 44

中华人民共和国国家标准

GB/T 28793—2012

渔业船舶柴油机节油技术要求

Technical requirements of fuel saving for fishing vessel diesel engines

2012-11-05 发布　　2013-04-01 实施

中华人民共和国国家质量监督检验检疫总局
中国国家标准化管理委员会　发布

前 言

本标准按照 GB/T 1.1—2009 给出的规则起草。

本标准由中华人民共和国农业部提出。

本标准由全国渔船标准化技术委员会(SAC/TC 157)归口。

本标准起草单位:农业部渔业船舶检验局、淄博柴油机总公司。

本标准主要起草人:王延瑞、魏广东、刘立新、黄猛、辛强之。

渔业船舶柴油机节油技术要求

1 范围

本标准规定了渔业船舶柴油机(以下简称“柴油机”)节油技术要求。

本标准适用于渔业船舶柴油机。

2 规范性引用文件

下列文件对于本文件的应用是必不可少的。凡是注日期的引用文件,仅注日期的版本适用于本文件。凡是不注日期的引用文件,其最新版本(包括所有的修改单)适用于本文件。

GB/T 3475 船用柴油机调速系统技术条件和试验方法

GB 4556 往复式内燃机 防火

GB/T 5096—1985 石油产品铜片腐蚀试验法

GB/T 6072.1 往复式内燃机 性能 第1部分:功率、燃料消耗和机油消耗的标定及试验方法 通用发动机的附加要求

GB 8840 船用柴油机排气烟度限值

GB 11871 船用柴油机辐射的空气噪声限值

GB 20651.1 往复式内燃机 安全 第1部分:压燃式发动机

GB/T 28790 渔业船舶柴油机节油装置技术条件及检测方法

中华人民共和国渔业船舶检验局《钢质海洋渔船建造规范》(1998)

中华人民共和国渔业船舶检验局《渔业船舶法定检验规则》(2000)

中华人民共和国渔业船舶检验局《渔业船舶法定检验规则》(2003)

3 术语和定义

下列术语和定义适用于本文件。

3.1

节油技术 fuel saving technology

柴油机通过本身技术改进或采用附加装置、使用添加剂等措施降低油料消耗,同时对柴油机的性能无不良影响的技术。

注:改写 GB/T 14951—2007,定义 3.1。

3.2

节油率 rate of oil saving

采用节油技术后,油料消耗降低的比率。

注:改写 JT/T 306—2007,定义 3.2。

4 节油技术要求

4.1 柴油机本身技术改进

4.1.1 优先选用的技术改进如下：

a) 四冲程、增压中冷；

b) 燃油电控电喷、高压共轨喷射；

c) 柴油机采用淡水闭式循环冷却；

d) 其他改进柴油机性能和结构的措施。

4.1.2 技术改进后的新造渔船柴油机，其标定燃油消耗率和机油消耗率指标应符合表1的规定。燃油消耗率和机油消耗率应按照GB/T 6072.1的规定进行标定。

表1 标定燃油消耗率和机油消耗率

柴油机分类	气缸直径 *D*/mm	燃油消耗率/[g/(kW·h)]	机油消耗率/[g/(kW·h)]
高速柴油机	*D*≥150	≤210	≤1.6
	D<150	≤220	≤1.6
中速柴油机	*D*≥300	≤205	≤1.6
	200<*D*<300	≤210	≤1.6
	D≤200	≤215	≤1.6
低速柴油机		≤180	≤1.36

4.2 机外节油技术要求

4.2.1 一般要求

4.2.1.1 柴油机应无爆燃、爆震现象发生。

4.2.1.2 柴油机的功率、最高爆发压力、排气温度指标均应符合柴油机设计要求。

4.2.1.3 柴油机的高压油泵、喷油器、气阀、活塞环等零部件的寿命应符合相关专业标准的规定。

4.2.1.4 柴油机应无由于节油技术应用而对排气管产生腐蚀和对燃油管路产生气蚀等不良影响。

4.2.1.5 使用燃油添加剂时，润滑油的换油周期应符合柴油机的使用说明书要求。

4.2.2 节油装置

4.2.2.1 节油装置应方便安装。

4.2.2.2 节油装置一般应与柴油机燃油管路并联安装在旁通管路上，方便转换。

4.2.2.3 磁化型式的节油装置应对船上的通讯无干扰。

4.2.2.4 节油装置的台架检测节油率应不小于2%。

4.2.2.5 应符合GB/T 28790的规定。

4.2.3 燃油添加剂

4.2.3.1 燃油添加剂应无毒、无害。

4.2.3.2 不应改变燃油的闪点。

4.2.3.3　不应含有和燃烧后生成使柴油机润滑油变质的有害成分。

4.2.3.4　铜片腐蚀不应大于 GB/T 5096—1985 试验的 1 级。

4.2.3.5　与柴油相容时，不应分层、不浑浊、无沉淀。

4.2.3.6　应提供详细的使用说明。

4.3　柴油机技术要求

采用节油技术后，柴油机应满足：

a)　GB/T 3475 规定的调速性能要求；

b)　GB 8840 规定的烟度限值；

c)　GB 11871 规定的噪声限值；

d)　GB 20651.1、GB 4556 规定的安全要求、防火要求；

e)　《钢质海洋渔船建造规范》有关要求；

f)　《渔业船舶法定检验规则》有关规定。

参 考 文 献

［1］ GB/T 14951—2007 汽车节油技术评定方法
［2］ JT/T 306—2007 汽车节油产品使用技术条件

ICS 47.020.01
U 09

中华人民共和国国家标准

GB/T 28794—2012

渔业船舶
油污水分离系统技术要求

Technical requirements of oily-water separation system fishing vessel

2012-11-05 发布　　2013-04-01 实施

中华人民共和国国家质量监督检验检疫总局
中国国家标准化管理委员会　发布

前　言

本标准按照 GB/T 1.1—2009 给出的规则起草。

本标准由中华人民共和国农业部提出。

本标准由全国渔船标准化技术委员会(SAC/TC 157)归口。

本标准起草单位:农业部渔业船舶检验局、大连市金州环保设备厂。

本标准主要起草人:孟晓阳、刘立新、石敬岭、汪涛、董克豪、温立岩、张连庆。

渔业船舶
油污水分离系统技术要求

1 范围

本标准规定了渔业船舶含油污水的排放要求，收集装置和分离设备的配备、安装、使用、维修和试验要求。

本标准适用于渔业船舶(小于10 000总吨)含油污水的排放要求。

2 规范性引用文件

下列文件对于本文件的应用是必不可少的。凡是注日期的引用文件，仅注日期的版本适用于本文件。凡是不注日期的引用文件，其最新版本(包括所有的修改单)适用于本文件。

GB/T 4795 15 ppm 舱底水分离器

CB * 3250 船用辅机电气控制设备通用技术条件

中华人民共和国渔业船舶检验局《钢质海洋渔船建造规范》(1998)

中华人民共和国渔业船舶检验局《渔业船舶法定检验规则》(2000)

中华人民共和国渔业船舶检验局《渔业船舶法定检验规则》(2003)

3 术语和定义

含油污水 oily bilge water

指动力机舱、舵机舱和轴隧等处所的含有油污染的舱底水。

4 含油污水排放要求

4.1 渔业船舶在许可区域排放的含油污水，其含油量应不超过15 ppm。

4.2 渔业船舶在特殊保护区内排放含油污水，应遵守特殊保护区的有关规定。

5 设备配备要求

5.1 机动渔业船舶应按照《钢质海洋渔船建造规范》、《渔业船舶法定检验规则》设置油污水舱(柜)设施及分离设备。

5.2 渔业船舶应根据要求配备一个能够储存本航次经油污水分离器分离出来的残油的残油柜(桶)。

5.3 渔业船舶应设置和港口油污水收集接口配套的机械排放、手工排放一致的设施，将全部含油污水排放到港口指定的接收设施。

6 油污水分离设备的基本要求

6.1 油污水分离设备的种类

油污水分离设备按分离方式可分为重力式、聚结式和其他方式，但分离排出的污水要符合不大于15 ppm的标准要求。设备额定处理量见表1。

表1 油污水分离设备额定处理量

序号	1	2	3	4	5	6	7	8	9	10	11
处理量/(m^3/h)	0.10	0.25	0.50	1.00	2.00	3.00	4.00	5.00	10.00	25.00	50.00

6.2 油污水分离设备的技术条件

应满足GB/T 4795的有关要求

6.3 油污水分离设备的安装

油污水分离设备的安装，需符合设备的工作要求，设备的操作位置需留出足够的操作空间，在设备顶部按说明书要求留出净高度，以便维修滤芯使用。油污水分离器安装基础应牢固，以防止工作时引起振动，损坏设备。油污水管路应单独设置，吸水管应尽量短，弯头少，以减少管路阻力损失。油污水吸入口处应安装止回阀及滤网，吸口下沿应距舱底板20 mm～40 mm，并应固定。

6.4 油污水分离设备的效用试验

6.4.1 油污水分离器的出厂试验按照GB/T 4795要求进行。

6.4.2 油污水分离器装船后应按照《渔业船舶法定检验规则》做如下试验：

a) 外观质量检查　用目测法检查分离器表面涂层及管路情况。

b) 启动前准备　接通电源，关闭装置下部放污旋塞，启动水泵注水。同时打开各腔顶部的验油放气旋塞，使分离器各腔内空气排出，直至各旋塞出水后，逐腔关闭，当水注满时，停泵关闭管路上的清水（海水）截止阀。

c) 启动试验　启动水泵，即可向分离装置内注入油污水，开始正常工作。油污水分离器运行中，应检查压力表工作是否正常，观察排水口和排残油口液体排出情况。

d) 安全阀动作试验　启动泵，将出口截止阀调至压力表指示为预定动作值，检查安全阀起跳情况。

e) 强度试验和密性试验　将1.5倍和1.25倍设计压力的水分别泵入受压容器和分离器内，保压5 min查看是否有溢漏情况。

f) 电控箱试验　电控箱应按CB＊ 3250要求进行试验。

g) 取水样　船舶每年应在主管部门的现场监督下，在分离器运行30 min后取水样一次送到国家环保部门认可的水质检测部门进行检测,并出具检测报告,排出水含油量不得超过 15 ppm。

h) 监测报警试验　对于安装监测报警装置的渔业船舶,应做相应的试验。

6.5 油污水分离设备的维修与保养

按照设备的使用说明书要求定时维护保养滤油设备,按时更换滤芯。

ICS 29.140.30
K 71

中华人民共和国国家标准

GB/T 28795—2012

冷阴极紫外线杀菌灯

Cold cathode ultraviolet germicidal lamps

2012-11-05 发布　　　　2013-03-01 实施

中华人民共和国国家质量监督检验检疫总局
中国国家标准化管理委员会　发布

前　言

本标准按照 GB/T 1.1—2009 给出的规则起草。

本标准由中国轻工业联合会提出。

本标准由全国照明电器标准化技术委员会(SAC/TC 224)归口。

本标准起草单位:北京电光源研究所。

本标准起草人：李其瑾、赵秀荣、江姗、段彦芳。

冷阴极紫外线杀菌灯

1 范围

本标准规定了冷阴极低气压汞蒸气放电紫外线杀菌灯的产品分类、技术要求、试验方法、检验规则及标志、包装、运输和贮存。

本标准适用于采用石英玻璃或其他透紫玻璃生产的有臭氧或无臭氧，紫外辐射峰值波长为253.7 nm的双端或单端或自镇流的冷阴极紫外线杀菌灯。

2 规范性引用文件

下列文件对于本文件的应用是必不可少的。凡是注日期的引用文件，仅注日期的版本适用于本文件。凡是不注日期的引用文件，其最新版本(包括所有的修改单)适用于本文件。

GB/T 2828.1 计数抽样检验程序 第1部分：按接收质量限(AQL)检索的逐批检验抽样计划(GB/T 2828.1—2003,ISO 2859-1:1999,IDT)

GB/T 2829—2002 周期检验计数抽样程序及表(适用于对过程稳定性的检验)

GB/T 10682 双端荧光灯 性能要求(GB/T 10682—2010,IEC 60081:2005,NEQ)

GB 16844 普通照明用自镇流灯的安全要求(GB 16844—2008,IEC 60968:1999,IDT)

GB/T 17262 单端荧光灯 性能要求(GB/T 17262—2011,IEC 60901:2007,NEQ)

GB/T 17263 普通照明用自镇流荧光灯 性能要求(GB/T 17263—2002,IEC 60969:2000,NEQ)

GB 19149 空载输出电压超过1 000 V的管形放电灯用变压器(霓虹灯变压器) 一般要求和安全要求(GB 19149—2003, eqv IEC 61050:1991)

GB 19258—2012 紫外线杀菌灯

GB 19261—2009 霓虹灯管的一般要求和安全要求

HJ/T 47—1999 烟气采样器技术条件

3 术语和定义

下列术语和定义适用于本文件。

3.1

冷阴极紫外线杀菌灯 cold cathode ultraviolet germicidal lamp

一种采用石英玻璃或其他透紫玻璃的冷阴极辉光放电低气压汞蒸气放电灯，放电产生以波长为253.7 nm为主的紫外辐射，其紫外辐射能杀灭细菌和病毒。

3.2

臭氧产出率 ozone output efficacy

紫外线杀菌灯在规定的条件下燃点时，单位时间产生的臭氧量与灯消耗的功率之比，单位：g/(kW·h)。

3.3

标称值 nominal value

灯上标明的数值。

3.4

额定值 rated value

灯在规定的工作条件下其特定的数值，该值及条件由本标准规定或由制造商或销售商规定。

3.5

初始值 initial readings

灯在老炼之前所测的启动特性及老炼 100 h 时所测的紫外辐射光、电特性和臭氧特性。

3.6

辐射通量 radiant flux

ϕ_e

以辐射的形式发射、传播或接收的功率，单位：W。

3.7

紫外线辐射通量 ultraviolet radiation flux

ϕ_{e2537}

以 253.7 nm 为主波长的紫外线辐射通量，单位：W。

3.8

辐射照度 irrandiance

E_e

投射到包含该点的面元上的辐射通量 $d\phi_e$ 除以该面元面积 dA。单位：$\mu W/cm^2$。

3.9

紫外线辐射照度 ultraviolet radiation luminance

E_{e2537}

以 253.7 nm 为主波长的紫外线辐射照度，单位：$\mu W/cm^2$。

3.10

辐射效率 radiant efficiency

η_e

辐射源发出的辐射通量与其所耗功率之比。

3.11

紫外线辐射效率 ultraviolet radiation efficiency

η_{e2537}

紫外线杀菌灯初始紫外线辐射通量与实际输入的电功率之比，用百分数表示。

3.12

单端冷阴极紫外线杀菌灯 single-capped cold cathode ultraviolet germicidal lamp

一种具有单灯头的连接在外电路上工作的紫外线杀菌灯。

3.13

双端冷阴极紫外线杀菌灯 double-capped cold cathode ultraviolet germicidal lamp

双灯头管形紫外线杀菌灯。

3.14

自镇流紫外线杀菌灯 self-ballasted ultraviolet germicidal lamp

含有灯头、镇流器和灯管，并使之为一体的紫外线杀菌灯，这种灯在不损坏其结构时是不可拆卸的。

3.15

寿命（单只灯的） life(of individual lamp)

一只冷阴极紫外线杀菌灯从燃点至“烧毁”或灯的紫外线辐射通量维持率下降到本标准所规定值时的累计时间。

3.16

平均寿命(50 %的灯失效时的寿命)　average life(life to 50 % failures)

灯的紫外线辐射通量维持率达到本标准的要求,并能继续燃点至50 %的灯达到单只灯寿命时的累计时间。

3.17

紫外线辐射通量维持率　ultraviolate radiation flux maintenance

灯在规定的条件下燃点,在寿命期间一特定时间的紫外线辐射通量与该灯的初始紫外线辐射通量之比,用百分数表示。

3.18

启动时间　starting time

灯接通电源直到完全启动并维持燃点需要的时间。

3.19

上升时间　run-up time

灯接通电源后,辐照度达到其稳定值的80%时所需的时间。

4　产品分类

4.1　型号编写规则

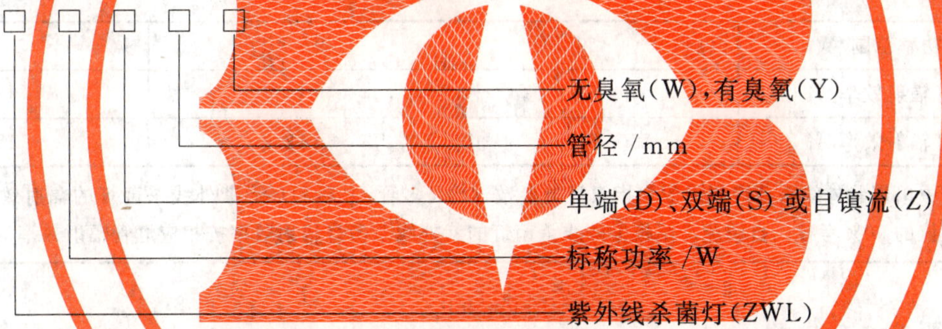

示例:ZWL12S5W 表示 12 W 双端管径为 5 mm 的无臭氧紫外线杀菌灯;
ZWL7D5Y 表示 7 W 单端管径为 5 mm 的有臭氧紫外线杀菌灯。

4.2　灯的外形

双端冷阴极紫外线杀菌灯的外形结构图1。

单端冷阴极紫外线杀菌灯的外形结构图2。

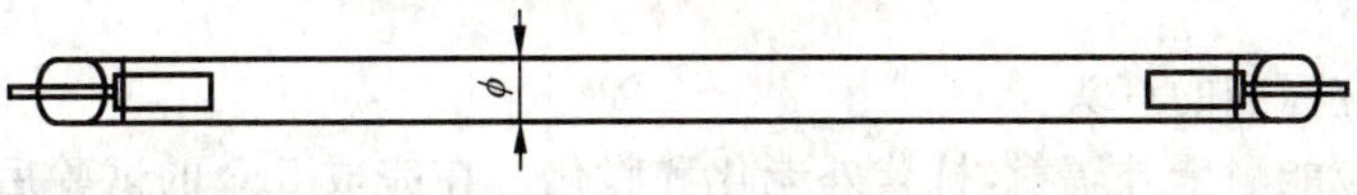

图1　双端冷阴极紫外线杀菌灯的外形结构图

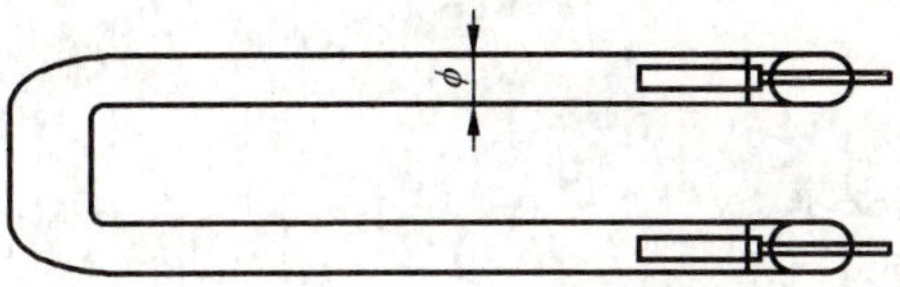

图2　单端冷阴极紫外线杀菌灯的外形结构图

5 技术要求

5.1 灯的基本尺寸

灯的外形尺寸应符合制造商的规定。

5.2 灯的基本参数

5.2.1 启动特性

灯的启动时间≤0.5 s,上升时间≤10 min。

5.2.2 灯电压

灯在额定电流下,灯电压值应不大于标称灯电压的110%,灯电压值应不小于标称灯定电压的85%。

5.2.3 灯的紫外线辐射效率

灯的紫外线辐射效率见表1。

表1 冷阴极紫外线杀菌灯的紫外线辐射效率

标称功率范围/W	<9	9~17	≥18
双端灯辐射效率/%	8	14	17
单端灯辐射效率/%	8	12	15
注:表中单端紫外线杀菌灯辐射效率指双管类参数,4管、多管、方形和环形紫外线杀菌灯的辐射效率按表中规定值的90%考核。自镇流冷阴极紫外线杀菌灯的紫外线杀菌灯辐射效率按相应灯管辐射效率的90%考核。			

5.3 安全要求

自镇流冷阴极紫外线杀菌灯的安全要求应符合GB 16844。

5.4 玻管

灯的玻管应透明、洁净、平直,不应有影响紫外线透过的缺陷。

5.5 灯头

灯可配备符合相应标准的灯头。

灯头的绝缘材料应能耐紫外辐射,抗紫外老化和脆化。在完成5.3的试验后,试样不应有任何削弱其安全性的变化,绝缘材料的防电击性能不应降低,灯头及灯头插脚等不应松动,绝缘材料不应有破裂、鼓胀和皱缩。

5.6 灯的外形尺寸

灯的外形尺寸应符合制造商要求。

5.7 启动特性和灯电压

灯应具有良好的启动特性,有关参数应符合5.2的规定。自镇流冷阴极紫外线杀菌灯不测灯电压。

5.8 灯功率

灯的实际消耗的初始功率与额定功率之差应不大于15%。

5.9 紫外线辐射效率/辐射通量

灯初始紫外线辐射效率不应低于表1的规定。

辐射通量可由制造商标称，但其实测值应不低于标称值的90%。

5.10 紫外线辐射照度

紫外线杀菌灯的初始紫外线辐射照度应不低于额定值的93%。

5.11 初始臭氧产出率

无臭氧紫外线杀菌灯初始臭氧产出率应低于0.05 g/(kW·h)。

有臭氧紫外线杀菌灯的初始臭氧产出率应不低于标称值的80%。

5.12 紫外线辐射通量维持率/寿命

灯的平均寿命应不低于10 000 h。灯在正常燃点2 000 h和额定寿命时，253.7 nm紫外线辐射通量维持率应不低于85%和50%。

6 试验方法

6.1 玻管的表面质量(5.4)

用目视法检验。

6.2 灯头(5.5)

应采用相应的量规检验。

对于绝缘材料的抗紫外老化，在按6.8试验后，采用目视和专用量规检验。

6.3 外形尺寸(5.6)

应采用精度不低于0.05 mm的通用量具或专用量规检验。

6.4 电参数和功率(5.7,5.8)

单端冷阴极紫外线杀菌灯双端冷阴极紫外线杀菌灯按附录B规定的方法测试。

自镇流紫外线杀菌灯按GB/T 17263测试。

6.5 紫外线辐射效率/辐射通量(5.9)

按附录D规定的方法测试。

6.6 紫外线辐射照度(5.10)

按附录A规定的方法测试。长度大于0.5 m的灯，紫外辐射照度的测量距离为1.000 m；长度小于0.5 m的灯，紫外辐射照度的测量距离为0.500 m。紫外辐射照度的测量距离也可根据灯的情况另行规定。

6.7 **臭氧产出率**(5.11)

按附录F规定的方法测试。

6.8 **紫外线辐射通量维持率/寿命**(5.12)

按附录E的规定燃点计时,按附录F测试并计算。

6.9 **标志**(8.1)

紫外线杀菌灯上标志的正确性和清晰度用外观法检查。

牢固度的测试方法,单端紫外线杀菌灯按GB/T 17262测试,自镇流紫外线杀菌灯按GB/T 17263测试,双端紫外线杀菌灯按GB/T 10682测试。

测试之后,用外观法检查,标志仍应清晰可辨。

7 检验规则

7.1 为了检验灯的质量是否符合本标准的要求,生产企业的检验部门应对灯进行交收试验和例行试验。

7.2 交收试验的样本应从每日(批)生产的同一型号灯中均匀地抽取。交收试验按GB/T 2828.1执行,其试验项目、抽样方案、检验水平及合格质量水平应符合表2规定。同时提交验收的同一型号产品为一批。交收试验中安全项目的检验规则应按照相应安全标准规定。

7.3 例行试验每半年应不少于一次。例行试验的样本应从交收试验合格的灯中均匀抽取。当产品生产停产半年以上,或当产品的结构、主要原材料或生产工艺变更可能影响灯的性能时,都应进行例行试验。例行试验按GB/T 2829判别水平Ⅰ的一次抽样方案执行,其试验项目、不合格质量水平、抽检数量和合格判定数组应符合表3规定。质量监督抽查的检验应按照例行检验的规定。

例行试验若不合格,则应停止生产和验收,直至新的例行试验合格后,才可恢复生产和验收。例行试验还应该对全部安全项目进行检验。

表2 交收试验的项目、抽样方案、检验水平及合格质量水平

序号	试验项目	验收条款		抽样方案	检查水平 IL	AQL/%	
		技术要求	试验方法			单项	综合
1	标志	8.1	6.9	一次	S-2	4.0	6.5
2	玻管	5.4	6.1				
3	灯头	5.5	6.2				
4	外形尺寸	5.6	6.3				
5	启动特性和灯电压	5.7	6.4				
6	功率	5.8	6.4				
7	紫外线辐射效率/辐射通量	5.9	6.5		S-3		
8	紫外线辐射照度	5.10	6.6				

表 3 例行试验的试验项目、不合格质量水平、抽检数量和判定数组

<table>
<tr><th>序号</th><th colspan="2">试验项目</th><th>技术要求</th><th>试验方法</th><th>RQL</th><th>n</th><th>(Ac,Re)</th></tr>
<tr><td>1</td><td colspan="2">标志</td><td>8.1</td><td>6.9</td><td rowspan="6">30</td><td rowspan="9">10</td><td rowspan="6">(2,3)</td></tr>
<tr><td>2</td><td colspan="2">玻管</td><td>5.4</td><td>6.1</td></tr>
<tr><td>3</td><td colspan="2">灯头</td><td>5.5</td><td>6.2</td></tr>
<tr><td>4</td><td colspan="2">外形尺寸</td><td>5.6</td><td>6.3</td></tr>
<tr><td>5</td><td colspan="2">启动特性和灯电压</td><td>5.7</td><td>6.4</td></tr>
<tr><td>6</td><td colspan="2">功率</td><td>5.8</td><td>6.4</td></tr>
<tr><td>7</td><td colspan="2">紫外线辐射效率/辐射通量</td><td>5.9</td><td>6.5</td><td rowspan="2">20</td><td rowspan="2">(1,2)</td></tr>
<tr><td>8</td><td colspan="2">紫外线辐射照度</td><td>5.10</td><td>6.6</td></tr>
<tr><td rowspan="2">9</td><td rowspan="2">紫外线辐射通量维持率</td><td>2 000 h</td><td rowspan="2">5.12</td><td>6.8</td><td>30</td><td>(2,3)</td></tr>
<tr><td>额定寿命</td><td>6.8</td><td>50</td><td>(4,5)</td></tr>
<tr><td>10</td><td colspan="2">臭氧产出率</td><td>5.11</td><td>6.7</td><td>40</td><td>5</td><td>(1,2)</td></tr>
<tr><td>11</td><td colspan="2">平均寿命</td><td>5.12</td><td>6.8</td><td></td><td></td><td>a</td></tr>
<tr><td colspan="8">a 按 6.8 规定的试验方法确定其平均寿命,然后再与 5.12 比较判断其合格性。</td></tr>
</table>

8 标志、包装、运输和贮存

8.1 标志

每只灯上应有下列清晰而牢固的标志:

a) 制造厂名称或商标;

b) 灯的型号或功率及有关光电特性、臭氧特性;

c) 制造日期(年、季或月)。

注:年、月用数字表示,季用罗马字表示。

8.2 附加内容

除上述标志内容外,为保证正确的安装和使用所必需的详细说明均应在光源上或与光源一起提供的制造厂说明书中给出。例如:

a) 直接暴露在光源辐射中可能给人体皮肤和眼睛造成伤害的警告;

b) 紫外线辐射量不足时可能达不到杀菌效果的警告;

c) 对有臭氧的灯,臭氧对人体黏膜伤害的警告;

d) 对有臭氧的灯,臭氧的产出率;

e) 紫外线辐射通量。

8.3 包装

每只灯用小包装盒包装,然后再用包装箱集装。包装应安全可靠。包装箱内应附有制造厂产品合格证或符合 8.4 要求的合格印章。

8.4 合格证

合格证上应标明：

a） 制造厂名称或注册商标；

b） 检验日期；

c） 检验员签章。

8.5 包装盒和包装箱

包装盒和包装箱上应使用汉字注明：

a） 制造厂名称或注册商标；

b） 产品名称和型号；

c） 包装箱内灯的数量；

d） 厂址；

e） 产品标准号；

f） 其他有关标志。

8.6 贮存

灯应贮存在相对湿度不大于85%通风室内，空气中不应有腐蚀性气体。

8.7 运输

灯在运输过程中应避免雨雪淋袭和强烈的机械振动。

附 录 A
（规范性附录）
紫外线辐射照度的测量方法

A.1 紫外线辐射照度的测量系统

A.1.1 紫外线辐射照度的测量系统见 GB 19258—2012 附录 A.1.1。
A.1.2 光轨(光具座)见 GB 19258—2012 附录 A.1.2。
A.1.3 辐射照度计:使用由国家认可的计量部门标定的,中心波长为 253.7 nm 紫外线辐射照度计测定。

A.2 测量步骤

A.2.1 将受试灯管固定在光轨上,按灯的特性点燃,灯的中部的水平法线通过紫外线辐射照度计探头的中心。燃点时,灯的发光面(如有的话)应垂直于光轨并与紫外线辐射照度计探头接收面平行。
A.2.2 将紫外线辐射照度计安装在光轨上,使照度计的接受平面的法线与被测灯管中部的水平法线相重合。
A.2.3 调节紫外线辐射照度计的位置,使紫外线辐射照度计的接受表面距被测灯管表面的距离为规定值。
A.2.4 按附录 C 接通受试灯管的电源使灯正常燃点,并预热 20 min。
A.2.5 待灯稳定后,打开紫外线辐射照度计的快门,直接读取紫外线辐射照度计的读数。

A.3 安全操作要求

在测试过程中,操作人员应采取有效措施,防止紫外线辐射使眼睛和人体裸露部分受到紫外线灼伤。

附　录　B
（规范性附录）
灯启动特性测量方法

B.1　试验条件

将灯在环境温度为 18 ℃～28 ℃，相对湿度不超过 65％的试验状态下放置 24 h。使用的计量仪表精度应不低于 0.5 级（静电高压表应不低于 1.5 级）。

B.2　试验线路

试验线路见图 B.1。

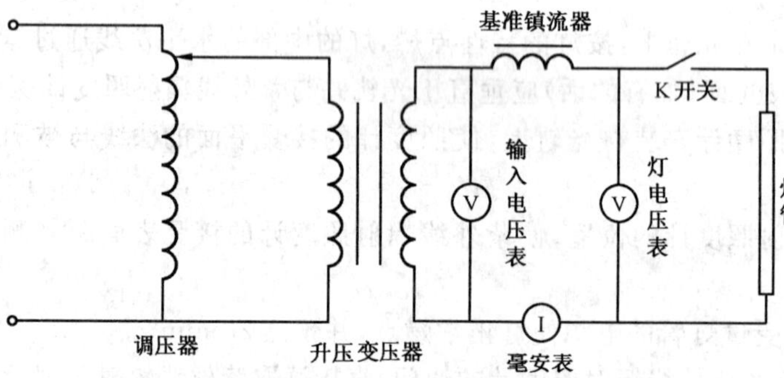

图 B.1　启动特性电路图示

B.3　测量

将灯管水平放置，灯导线应有良好的耐高压绝缘性能，接线如图 B.1 所示。将开关 K 断开，使回路处于开路状态，调整调压器，使空载开路电压达到制造商规定启动电压，闭合开关 K，接通电路后，检查灯管是否易于启动并能持续放电。

附 录 C
（规范性附录）
灯管光、电特性测量方法

C.1 试验条件

a) 将灯管置于环境温度为25 ℃±2 ℃，相对湿度不超过65％的试验状态，升压变压器输出电流控制在规定值±1 mA，待灯管发光稳定后测量其光、电参数。

b) 使用的计量仪表应定期经计量部门校准。用于电参数测量的电压表和电流表，其精度应不低于0.5级，静电高压表应不低于1.5级。

c) 测试镇流器应为符合GB 19261—2009附录E要求的基准镇流器，相当于0.5级电压互感器。

C.2 试验线路

试验线路见图C.1。

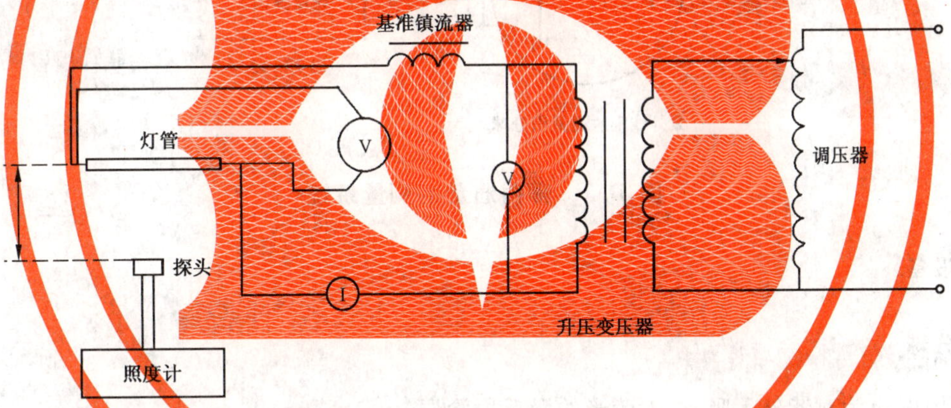

图 C.1 灯管测量系统示意图

C.3 电参数测量

按系统图C.1，将灯管水平放置，灯管导线应有良好的绝缘性能，静电电压表应直接接在灯管的两端。接通电源，待发光稳定后分别测出灯管电压、灯管电流。

附　录　D
（规范性附录）
紫外线辐射通量测试方法

D.1　测试条件

测试条件应符合 C.1。

D.2　测量系统

辐射通量的测量系统应符合图 D.1 所示。

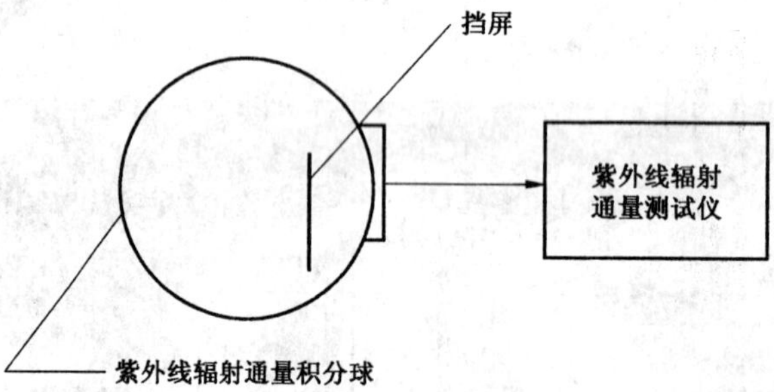

图 D.1　辐射通量的测量系统

D.3　仪表设备

D.3.1　积分球

积分球内壁应为对紫外无吸收、无荧光的漫反射涂层。

D.3.2　紫外线辐射通量测试仪

辐射通量测试仪的中心波长为 253.7 nm。

D.3.3　紫外线辐射通量标准灯

辐射通量检测时要选用与待测灯形状相似的辐射通量标准灯。如果形状不一样则要进行吸收修正。

D.4　测量方法

D.4.1　使用积分球，将待测紫外线灯管与紫外线总辐射通量已知的标准灯进行比较测量，测量出待测紫外线灯管的总的紫外线辐射通量值。待测灯的总辐射通量按式(D.1)计算。

$$\phi_{e2537} = (I_x / I_s) \times \phi_{s2537} \times \alpha \qquad \cdots\cdots(D.1)$$

式中：

ϕ_{e2537}——待测灯在波长为 253.7 nm 的总辐通量；

ϕ_{s2537}——标准灯在波长为253.7 nm的总辐通量；

I_s，I_x——分别为标准灯和待测灯的光电流值的实测值；

α ——吸收修正系数。

灯在波长253.7 nm处的紫外线辐射效率按式(D.2)计算。

$$\eta_{e2537}=\phi_{e2537}/P \quad \cdots\cdots\cdots(D.2)$$

式中：

η_{e2537}——灯在波长253.7 nm处的紫外线辐射效率；

P ——灯的输入功率。

D.4.2 试验电路

按附录C。

附　录　E
（规范性附录）
灯管寿命试验方法

E.1　试验条件

a）将灯管置于环境温度为 25 ℃±10 ℃。点灯的电源电压应是 220×(1±2 %)V、频率 50 Hz 的交流电，电源电压和频率变化的瞬间波动不应超过±2%。控制变压器输出电流 25 mA±3 mA。

b）使用的计量仪表应定期经计量部门校准。用于控制变压器输出电流的电流表，其精度应不低于 0.5 级。

c）测试变压器应为符合 GB 19149 的要求的寿命试验变压器。

E.2　寿命试验

寿命试验采用图 E.1 所示线路。

接通电源，燃点被测灯管。在整个试验过程中，灯触点与变压器的连接应始终保持不变。

受试灯应每点燃 4 h 后连续开关 40 次，断电时间不计算在寿命时间内，寿命时间应包括 100 h 老炼时间，其值应符合表 3 规定。

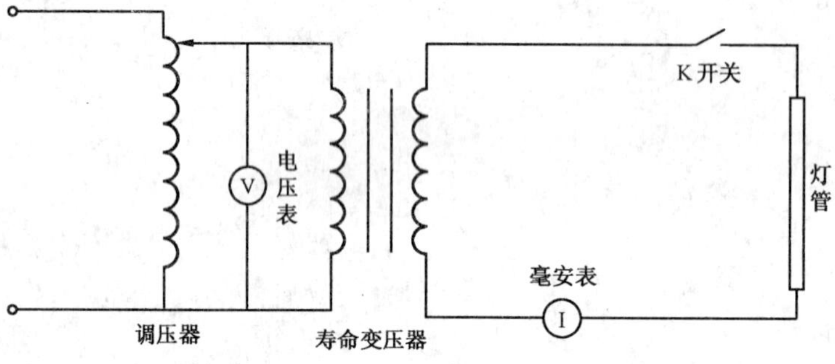

图 E.1　寿命试验线路图

E.3　寿命计算方法

单只灯的寿命按灯从燃点至“烧毁”或紫外线辐射通量维持率下降至本标准规定值时的累计时间计算，平均寿命按 n($n \geqslant 10$)只灯的紫外线辐通量维持率符合本标准要求并继续燃点至 50%的灯达到单只灯寿命时的时间计算。

附 录 F
（规范性附录）
臭氧产出率的测试方法

F.1 测试原理

臭氧(O_3)是一种强氧化剂，臭氧对波长为 253.7 nm 的紫外线有特征吸收。测量臭氧气体的 253.7 nm 的光谱透射率 τ，臭氧浓度与透射率的关系见式(F.1)。

$$\tau = e^{-\alpha c} \qquad \text{(F.1)}$$

式中：

τ ——光谱透射率；

α ——仪器的吸收系数；

c ——臭氧浓度。

F.2 试验条件

F.2.1 点灯线路按附录 C 规定的测试线路，应使用基准镇流器。

F.2.2 测试环境：温度：25 ℃±1 ℃；相对湿度：40 %±10 %；气压：101.3 kPa。

F.3 测试系统

臭氧产出率测试系统应符合图 F.1 所示。臭氧采集器为一密闭容器。用抗紫外老化、无臭氧吸附的材料制成。

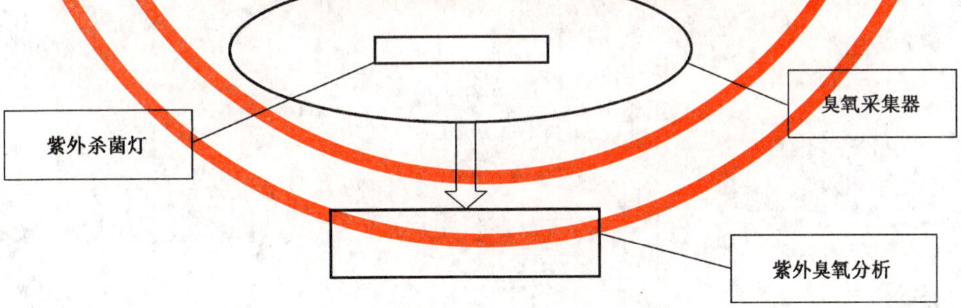

图 F.1 臭氧产出率测试系统

F.4 测试操作

将紫外杀菌灯点燃后放入臭氧采集器密闭。采样方法详见 HJ/T 47—1999。记录燃点时间 t 和臭氧浓度 c。为了保证测试精度，无臭氧紫外杀菌灯的测试时间应不少于 2 h。

臭氧产出率按式(F.2)计算。

$$N = 3\,600c \times V/(t \times P) \qquad \text{(F.2)}$$

式中：

N ——臭氧产出率，g/(kW·h)；

c ——臭氧浓度，mg/m^3；

V ——臭氧采集器容积，m^3；

t ——时间，s；

P ——灯功率，W。

ICS 97.195
Y 88

中华人民共和国国家标准

GB/T 28796—2012

工艺水晶饰品

Craft crystal decoration

2012-11-05 发布　　　　2013-03-01 实施

中华人民共和国国家质量监督检验检疫总局
中国国家标准化管理委员会　发布

前　言

本标准按照GB/T 1.1—2009给出的规则起草。

本标准由中国轻工业联合会提出。

本标准由全国日用玻璃标准化技术委员会(SAC/TC 377)归口。

本标准起草单位:浙江艺力水晶饰品有限公司、金华康特曼水晶饰品有限公司、浙江省浦江浦发实业有限公司、浙江浦江天隆水晶宝石有限公司、浙江蓝晶光学材料有限公司、浙江浦江奥德利水晶工艺有限公司、杭州铁莹水晶工艺有限公司、浦江县质量技术监督检测中心、清华大学、北京工业大学、东华大学。

本标准主要起草人:于云法、陈伟翔、王元成、邱培育、王献廷、虞宣尧、姚祖义、杜威、王建中、田英良、宁伟。

工 艺 水 晶 饰 品

1 范围

本标准规定了工艺水晶饰品的术语和定义、产品分类、要求、试验方法、检验规则、标志、包装、运输和贮存。

本标准适用于以天然水晶、合成水晶、石英玻璃及晶质玻璃为原料制成的工艺水晶饰品(以下简称饰品)。

2 规范性引用文件

下列文件对于本文件的应用是必不可少的。凡是注日期的引用文件,仅注日期的版本适用于本文件。凡是不注日期的引用文件,其最新版本(包括所有的修改单)适用于本文件。

GB/T 191 包装储运图示标志

GB/T 7962.1 无色光学玻璃测试方法 第1部分:折射率和色散系数

GB/T 7962.12 无色光学玻璃测试方法 第12部分:光谱内透射比

GB/T 16552 珠宝玉石 名称

GB/T 16553 珠宝玉石 鉴定

GB 28480 饰品 有害物质限量的规定

3 术语和定义

GB/T 16552 和 GB/T 16553 中界定的以及下列术语和定义适用于本文件。

3.1

工艺水晶饰品 craft crystal decoration

以天然水晶、合成水晶、石英玻璃及晶质玻璃为原材料,采用热成型、机械和手工加工及组装制成的艺术品、工艺品、装饰品、日用品。

3.2

晶质玻璃 crystal glass

用于制造高级器皿、艺术品和装饰品的玻璃,它具有很高透明度,表面光泽性好,晶莹剔透,经过热成型、机械或手工加工,表现出很好的光色特性。

3.3

天然水晶 rock crystal

在一定温度和压力的自然环境中结晶而成,成分主要是二氧化硅。颜色多为无色透明、紫色、茶色、绿色等,大都含有发丝状结晶物、气泡、杂质和晶体混浊物,又称石英石。

3.4

合成水晶 synthetic quartz

模拟天然水晶在自然界中的生成条件,以二氧化硅为主要原料在反应釜等设备中生成的水晶坯体,与天然水晶有着相同的晶体结构,其颜色更加均匀,晶体缺陷少。

3.5

石英玻璃 fuse quartz

二氧化硅单一成分的玻璃,二氧化硅含量一般在99.5%以上,分为透明和不透明石英玻璃,含有少量气泡，结构致密，机械强度、耐热性能很高，热膨胀系数很小，化学稳定性也很好。

4 分类

4.1 按原材料不同分为天然水晶、合成水晶、石英玻璃和晶质玻璃四大类。

4.2 按用途不同可分为艺术品、工艺品、装饰品和日用品。

4.3 按质量不同可分为A级品、B级品、C级品。

5 要求

5.1 外观质量

外观质量应符合表1规定。

表1

项目		指标		
		A级品	B级品	C级品
加工性能	整体外观	不得有碎口、裂痕、磨痕、杂质；粘接部位无痕迹；立体感强	不得有明显碎口、裂痕、磨痕、杂质；粘接部位无明显痕迹；立体感强	不得有明显碎口、裂痕、磨痕、杂质；允许有不明显小抛光纹；粘接部位无明显痕迹；立体感强
	隽刻线条	线条清晰，层次分明	线条较清晰，层次较分明	线条尚清晰，层次尚分明
外观性能	气泡直径/mm	≤0.2	≤0.4	≤0.8
	允许可见气泡数 个/100 cm^3	1	4	8
	颜色均匀性	颜色均匀	颜色较均匀	颜色尚均匀
注：天然水晶、合成水晶仅考核加工性能。				

5.2 物理性能

精磨精抛饰品的物理性能应符合表2规定。

表2

项目	指标		
	A级品	B级品	C级品
颜色稳定性	4 h辐照不变色	2 h辐照不变色	1 h辐照不变色
表面粗糙度/μm	≤0.3	≤0.5	≤1.0
透过率[a]/%	≥91.5	≥91.0	≥90.0
折射率偏差	标称值±0.03	标称值±0.05	标称值±0.08
[a] 透过率仅适用于无色玻璃。			

5.3 尺寸偏差

尺寸偏差应符合表3规定,特殊产品按合同要求执行。

表3

项目		指标		
产品形状	规格	A级品	B级品	C级品
圆球直径偏差 %	$A \leqslant 50$ mm	±2	±2.5	±3
	50 mm$<A\leqslant$80 mm	±1.5	±2	±2.5
	$A>80$ mm	±1	±2	±4
其他形状偏差/mm	A	±1.0%A	±1.5%A	±4.0%A
注:A为饰品设计尺寸。				

5.4 组装要求

形态、位置应符合设计图样,粘合牢固不松动。

5.5 有害物质限量

饰品中铅和镉的含量应符合GB 28480中铅和镉的限量要求。

6 试验方法

6.1 外观质量的检查

不借助光学放大装置,在距离30 cm、光源强度为40 W日光灯下的黑色背景视场中进行检验。

6.2 表面加工特性

6.2.1 表面粗糙度

6.2.1.1 仪器:表面粗糙仪,10倍放大镜。

6.2.1.2 检测方法一:根据检测样品放在工作台上,用表面粗糙仪的传感器与样品表面平行,根据样品确定裁出波长λ输入计算机中相应窗口,确定测量产品是否符合标准。

6.2.1.3 检测方法二:用10倍放大镜主要观察对检测产品晶粒形貌、晶粒大小、晶界情况、组织缺陷,进行观察产品是否符合标准。

6.2.2 透过率

按GB/T 7962.12规定方法进行。

6.2.3 折射率

按GB/T 16553或GB/T 7962.1规定方法进行。

6.3 尺寸偏差

用分度值为0.02 mm游标卡尺或高度仪测量。

6.4 组装要求

6.4.1 形态位置对照图样目测。

6.4.2 当被测试饰品体积小于或等于 100 mm^3 时,用 10 g 橡皮球距离被测物 10 cm 处,自由落体平行于粘结面,饰片不脱落;当被测试饰品体积大于 100 mm^3 时,用 10 g 橡皮球距离被测物 20 cm 处,自由落体平行于粘结面,饰片不脱落。

6.5 有害物质含量

选取样品 10 g～30 g,使用玛瑙研钵磨至 180 目左右,105 ℃干燥 1 h,干燥器中冷却,称取 0.1 g(精确到 0.000 1 g)试样,置于 35 mL 铂坩埚中,用少许蒸馏水润湿,加 8 mL 氢氟酸和 5 mL 硫酸(1＋1),在通风橱内加热分解,并冒烟至干,稍冷,用蒸馏水水吹洗铂坩埚内壁,加 3 mL 硫酸(1＋1),再加热冒烟至近干,冷却。用蒸馏水溶解残渣,移入 50 mL 容量瓶中,稀释至刻度,摇匀。用原子吸收分光光度法测定铅、镉,采用直接比较法进行定量。

6.6 颜色稳定性

采用 40 W 紫外灯(波长 253.7 nm),距离饰品表面 20 cm 处辐照。

7 检验规则

7.1 出厂检验

7.1.1 组批

按每班生产的同一品种、同一类型、同一等级产品为一批。

7.1.2 抽样

每批随机抽取 1%样品,但最少每批抽取 10 件样品,分作两份,一份作检验,一份留样备查。

7.1.3 检验项目

外观质量、表面粗糙度、尺寸偏差、组装要求。

7.1.4 检验方法

每批检验各个项目均需合格,如有一项不合格,应由负责部门分析具体不合格情况后作出该批报废或整理后重新交验的决定,重新提交检验的产品若仍然不符合要求,则该批判为不合格。

7.2 型式检验

7.2.1 设计新产品或对原产品进行改进时、生产工艺有较大改变时、出厂检验与上次型式检验结果有较大差异时,应进行型式检验。

7.2.2 型式检验应从批量生产的产品中按 7.1.2 规定随机抽取样本,并按第 5 章全部项目逐项检验,试验方法按第 6 章规定进行。

7.2.3 型式检验时全部检验项目均应合格。

7.3 判定规则

以检验数据中最低水平数据所在类别为产品最终类别。

8 标志、包装、运输、贮存

8.1 标志

产品或外包装箱上应有产品名称、产品标准号、原材料名称、质量等级、检验合格证、企业名称和地址、数量、净重等标志。图示标志小心轻放、易碎、向上、防潮等应符合 GB/T 191 规定。

8.2 包装

8.2.1 单件产品包装采用纸盒或锦盒，盒内必须用软纸或海绵等防震材料填实。

8.2.2 产品外包装采用瓦楞纸箱、木箱等。

8.3 运输

产品在运输过程中不得剧烈碰撞、重压，在装卸时应轻装轻卸。

8.4 贮存

产品应存放在室内，并放置在木板架或木板上，防止受潮、重压、不得与腐蚀物品混放。

ICS 83.140.99
Y 28

中华人民共和国国家标准

GB/T 28797—2012

室内塑料垃圾桶

Indoor plastic trash bin

2012-11-05 发布　　2013-03-01 实施

中华人民共和国国家质量监督检验检疫总局
中国国家标准化管理委员会　发布

前　言

本标准按照GB/T 1.1—2009给出的规则起草。

本标准由中国轻工业联合会提出。

本标准由全国塑料制品标准化技术委员会(SAC/TC 48)归口。

本标准负责起草单位:广州市振兴实业有限公司。

本标准参加起草单位:福建茶花家居塑料有限公司、广东海兴塑胶有限公司、宁波利时塑胶有限公司、轻工业塑料加工应用研究所。

本标准主要起草人:方文川、谭培均、谭权钧、万伟平、江联春、宋旭彬、赵东海、陈倩。

室内塑料垃圾桶

1 范围

本标准规定了室内塑料垃圾桶的术语和定义、分类、要求、试验方法、检验规则及标志、包装、运输和贮存。

本标准适用于家庭使用的塑料垃圾桶，也适用于办公室等室内场所使用的塑料垃圾桶。

本标准不适用镂空垃圾篓(桶)、市政垃圾桶和特种垃圾桶。

2 规范性引用文件

下列文件对于本文件的应用是必不可少的。凡是注日期的引用文件，仅注日期的版本适用于本文件。凡是不注日期的引用文件，其最新版本(包括所有的修改单)适用于本文件。

GB/T 2828.1—2003 计数抽样检验程序 第1部分：按接收质量限(AQL)检索的逐批检验抽样计划

GB/T 19095 生活垃圾分类标志

3 术语和定义

下列术语和定义适用于本文件。

3.1

室内塑料垃圾桶 Indoor plastic trash bin

能收纳和存放一定量生活垃圾的用于室内的不漏水塑料容器。

3.2

额定容积 nominal volume

室内塑料垃圾桶可使用的容积。

3.3

额定载荷 nominal load

垃圾平均密度与室内塑料垃圾桶额定容积之积(kg)，垃圾平均密度取 0.4×10^3 kg/m^3。

4 分类

4.1 室内塑料垃圾桶可分为有盖和无盖塑料垃圾桶。有盖塑料垃圾桶可分为脚踏翻盖、手动翻盖(包括摆动盖、揭盖等)。无盖垃圾桶指日常使用时无上盖、不镂空的塑料垃圾桶。

4.2 室内塑料垃圾桶也可分为有内桶和无内桶塑料垃圾桶。

5 要求

5.1 外观

室内塑料垃圾桶应无破裂，表面规整，不允许有明显波纹、划伤、杂质、气泡和熔合线。

5.2 气味

有内桶的室内塑料垃圾桶的内桶气味应不劣于4级。

5.3 容量偏差

室内塑料垃圾桶实际满装载容积与额定容积偏差应为0～5%。

5.4 物理和机械性能

5.4.1 耐温性能：−20 ℃～55 ℃平放4 h应不影响使用。

5.4.2 操作性：装配部位应配合适宜，需转动的部位应转动灵活、顺畅。

5.4.3 盛装性能：盛装40%容积的常温水，应无渗漏。

5.4.4 放置稳定性能：桶内装额定载荷PE料粒后，置于与地面呈15°倾角的水泥板面上，应不倾倒、不滑动。

5.4.5 提手强度：提手经强度试验后内桶挂耳应无损伤、挂孔距离变化±5%以内。

5.4.6 脚踏式开启上盖性能：24 h内重复开合10 000次，翻盖机构应不变形、不损坏，桶盖启闭自如。

5.4.7 内桶跌落性能：0 ℃试验样品的内桶在有盛装负荷条件下，经试验后重新注水4 h应不渗漏。

6 试验方法

6.1 外观

在一支40 W白色日光灯下，正常视力进行目测，目测距离为0.3 m。

6.2 气味

6.2.1 试验仪器

a) 具有空气循环功能的恒温测试箱，精度为±2 ℃；

b) 1 000 mL磨砂广口玻璃溶液瓶，在每次试验前应清洁并保持洁净、无任何气味状态。

6.2.2 试样准备

将塑料垃圾桶内桶进行破碎，其尺寸应小于广口瓶口径，称取100 g±1.0 g的已破碎样品。

6.2.3 试验步骤

按以下步骤测定气味：

a) 将恒温箱的温度调至80 ℃；

b) 将试样放置于1 000 mL的玻璃广口瓶内，上瓶塞后置于80 ℃恒温箱内，并保持120 min±10 min；

c) 从恒温箱中取出带试样的玻璃广口瓶，冷却至60 ℃±5 ℃后进行气味测定；

d) 由三个检验员独立测定，时间间隔不大于1 min。并按表1的规定判定气味的等级；若检验员之间的检测结果差距两个等级以上，应重新测定；

e) 采用各评分结果的算术平均值说明气味特性，评定的等级若介于两者之间，取较劣的一级。

表 1 气味等级

级 别	气味特性
1 级	不易感觉到
2 级	可感觉到，但不刺鼻
3 级	可明显感觉到，但不刺鼻
4 级	刺鼻
5 级	非常刺鼻
6 级	不可忍受

6.3 容量偏差

6.3.1 容积测量

采用注水溢流法测量试验样品的容积。

在室温下称得试验空垃圾桶质量 m_1，缓慢注水至开始溢流，再称量试验垃圾桶装水后总质量 m_2，按式(1)可计算出试验桶的有效容积。

$$V=\frac{m_2-m_1}{\rho} \qquad \cdots\cdots(1)$$

式中：

V ——垃圾桶有效容积，单位为毫升(mL)；

m_1 ——空垃圾桶质量，单位为克(g)；

m_2 ——垃圾桶装满水总质量，单位为克(g)；

ρ ——水的密度，取 1 g/mL。

6.3.2 计算

室内塑料垃圾桶容量偏差率按式(2)计算。

$$X=\frac{V'-V}{V'}\times 100\% \qquad \cdots\cdots(2)$$

式中：

X ——垃圾桶容量偏差率，%；

V' ——垃圾桶额定容积，单位为毫升(mL)；

V ——垃圾桶有效容积，单位为毫升(mL)。

6.4 耐温性能

6.4.1 低温试验

将试验样品正摆放在低温箱内，在－20 ℃±5 ℃保持 4 h，取出后在室温下平放 24 h，检查样品是否变形、是否影响使用性能。

6.4.2 高温试验

将已经通过低温试验并恢复到室温的试验样品正摆放在恒温箱内，在 55 ℃±2 ℃保持 4 h，取出后在室温下平放 24 h，检查样品是否变形、是否影响使用性能。

6.5 操作性

有开合、配合、转动的部位，按正常使用时的方式进行操作，检查是否顺畅。

6.6 盛装性能

往桶内注入40%容积的室温水，放置4 h后检查是否渗漏。

6.7 放置稳定性能

直接在试验样品的桶内盛装额定载荷的室温水后，整个试验样品置于与地面呈15°倾角的水泥板上，不倾倒、不滑动。

6.8 提手强度

在试验样品内按额定载荷装上PE料粒，然后用直径8 mm～12 mm的金属棒弯成的曲率半径40 mm的U型吊钩挂住试样提手中央部位，缓慢吊起，悬挂15 min后放下，卸去负荷，静置5 min后加以检查挂耳经强度试验后是否损伤，两个挂孔在试验前后距离变化率是否在±5%之内。

6.9 脚踏式开启上盖性能

6.9.1 试验仪器：垃圾桶自动计数开启机。

6.9.2 仪器工作原理：垃圾桶自动计数开启机的无级电机带动偏心轮，偏心轮带动拉杆上下移动，垂直拉杆上的横杆在行程内向下移动时，将垃圾桶脚踏机构踏板压至极限位置，垃圾桶上盖自动开启；拉杆向上移动，拉杆的横杆松离垃圾桶脚踏机构踏板，垃圾桶上盖自动闭合；一开一合计为开合一次。

6.9.3 试验操作：

a) 将试验样品用夹具固定在试验机的试验平台上，确保在试验过程中不发生平移；

b) 调节拉杆上下移动行程，使垂直拉杆的横杆在行程内向下移动可将垃圾桶脚踏机构踏板压至极限位置，垂直拉杆的横杆在向上移动可松离垃圾桶脚踏机构踏板；

c) 桶盖自然开、合为试验的一个重复；

d) 调节自动机频率至8次/min～20次/min，上开按下启动按钮，进行10 000次试验，中间允许有间隔，但总试验时间必须在24 h内完成；

e) 当重复了10 000次，停机，取出垃圾桶，检查脚踏翻盖机构变形、损坏情况和桶盖启闭状态。

6.10 内桶跌落试验

在试验样品内按额定载荷装上小包装聚乙烯(PE)料粒，每包聚乙烯(PE)料粒净重≤200 g，在0℃恒温保持4 h，取出后立即在桶底离水泥地板1.0 m高度自由跌落，使试验样品底部撞击在冲击板上，同一试验样品在额定载荷条件下连续自由跌落3次，试验样品重新注水后观察是否渗漏。

7 检验规则

7.1 检验分类

室内塑料垃圾桶的检验分出厂检验和型式检验。检验项目应符合表2的规定。

表 2 检验项目

检验项目	项目编号	出厂检验	型式检验
外观	5.1	√	√
气味	5.2	—	√
容量偏差	5.3	—	√
耐温性能	5.4.1	—	√
操作性	5.4.2	√	√
盛装性能	5.4.3	—	√
放置稳定性能	5.4.4	—	√
提手强度	5.4.5	—	√
脚踏式开启上盖性能	5.4.6	—	√
内桶跌落性能	5.4.7	—	√
注："√"表示需要检验，"—"表示不需要检验。			

7.1.1 组批和抽样

7.1.1.1 组批

产品以批为单位进行检验，同一规格、同一色泽、相同配方、相同生产工艺的产品为一批，每批不超过 10 000 个。

7.1.1.2 抽样方案

外观检验采用 GB/T 2828.1—2003 中 10.1 和 10.2 规定的正常检验一次抽样方案，采用一般检验水平Ⅰ类，AQL 值为 6.5，抽样数、接收数和拒收数的判定应符合表 3 的规定。如果批量数等于或小于样品数时，则执行 100%检验。每个项目随机抽取 3 个(套)样品进行试验。

表 3 抽样数、接收数和拒收数

单位为个

批量范围	正常一次抽样，检验水平为Ⅰ；AQL=6.5		
	样本数 n	接收数 Ac	拒收数 Re
≤90	5	1	2
91～150	8	1	2
151～280	13	2	3
281～500	20	3	4
501～1 200	32	5	6
1 201～3 200	50	7	8
3 201～10 000	80	10	11

7.1.2 出厂检验

按表 3 的规定进行抽样，按表 2 出厂检验的规定进行检验。

7.1.3 型式检验

按表3的规定进行抽样，按表2型式检验的规定进行检验。每个项目随机抽取3个(套)样品进行试验。室内塑料垃圾桶生产有下列情况之一时，应进行型式检验：

a) 新产品投产或老产品转产的试制定型鉴定；
b) 正式生产后，如结构、材料、工艺有较大改变，可能影响产品性能时；
c) 产品长期停产后，恢复生产时；
d) 出厂检验结果与上次型式检验结果有较大差异时；
e) 国家质量监督机构提出进行型式检验时；
f) 正常生产时，每半年至少进行一次型式检验。

7.2 判定规则

7.2.1 出厂检验判定规则：按表2的规定进行出厂检验，按表3的规定进行判定。

7.2.2 型式检验判定规则：按表2的规定进行型式检验，按表3的规定进行判定。其中若有一项不合格，应在原批中抽取双倍样品复验不合格项，复验仍不合格，则判定该样品为不合格。当不合格样品数大于或等于表3规定的拒收数时，则判定该批产品不合格。

8 标志、包装、运输和贮存

8.1 标志

每个室内塑料垃圾桶应在明显位置标志以下内容：

a) 产品名称；
b) 产品额定容积或额定载荷；
c) 产品的主要材料成分；
d) 制造日期；
e) 标准代号；
f) 制造厂名、厂址及其他联系方式等；
g) 产品贮存期；
h) 敬告标志：不能用于装酸、碱、有机溶剂；
i) 其他。

8.2 垃圾分类标志

室内塑料垃圾桶如用作垃圾分类容器时，应按照GB/T 19095的规定进行标志。

8.3 包装和运输

包装和运输的方式根据产品规格、运距的不同，由供需双方商议进行包装和运输，运输中应避免与锐利物碰撞。

8.4 贮存

产品应贮存在干燥、阴凉、通风的仓库内，避免日晒雨淋、不应与有毒有害物品混放。贮存期限自生产之日起不超过六年。

ICS 83.140.99
Y 28

中华人民共和国国家标准

GB/T 28798—2012

塑料收纳箱

Plastic storage box

2012-11-05 发布 2013-03-01 实施

中华人民共和国国家质量监督检验检疫总局
中国国家标准化管理委员会 发布

前言

本标准按照 GB/T 1.1—2009 给出的规则起草。

本标准由中国轻工业联合会提出。

本标准由全国塑料制品标准化技术委员会(SAC/TC 48)归口。

本标准负责起草单位:福建茶花家居塑料用品有限公司、广东海兴塑胶有限公司、宁波利时集团、广州市振兴实业有限公司、轻工业塑料加工应用研究所。

本标准主要起草人:江联春、朱翔、陈葵生、林世福、宋旭彬、邱清雅、方文川、陈倩。

塑 料 收 纳 箱

1 范围

本标准规定了塑料收纳箱的术语和定义、分类、要求、试验方法、检验规则、标志、包装、运输与贮存。

本标准适用于以聚丙烯(PP)、聚乙烯(PE)、丙烯腈-丁二烯-苯乙烯共聚物(ABS)等为主要原料注射成型的,可辅以五金或木质等部件的作为日常储物用途、容量大于10L的塑料收纳箱(以下简称收纳箱)。

2 规范性引用文件

下列文件对于本文件的应用是必不可少的。凡是注日期的引用文件,仅注日期的版本适用于本文件。凡是不注日期的引用文件,其最新版本(包括所有的修改单)适用于本文件。

GB/T 2828.1—2003 计数抽样检验程序 第1部分:按接收质量限(AQL)检索的逐批检验抽样计划

GB/T 5009.60 食品包装用聚乙烯、聚苯乙烯、聚丙烯成型品卫生标准的分析方法

GB 9685 食品容器、包装材料用添加剂使用卫生标准

GB 9687 食品包装用聚乙烯成型品卫生标准

GB 9688 食品包装用聚丙烯成型品卫生标准

3 术语和定义

下列术语和定义适用于本文件。

3.1

塑料收纳箱 plastic storage box

产品全部或主体以PP、PE、ABS等为主要原料注射成型的,通常作为日常储物用途的规格较大的硬质塑料容器[1)]。

3.2

标称容量 labeled capacity

设计的可使用容量。

3.3

盈满容量 maximum capacity

收纳箱不带盖平置时装水的最大容量。

3.4

荷载比 load ratio

对收纳箱进行测试时,收纳箱标称容量加载负荷的质量,单位为kg/L。

4 分类

产品按以下规定分类:

1) 也称为塑料整理箱或塑料储物箱,容量通常大于10 L。

——按收纳箱是否带轮分为轮式和非轮式。

——按收纳箱卫生指标不同分为通用和食品用。

5 要求

5.1 容量偏差

盈满容量与标称容量的偏差应控制在0～5%。

5.2 气味

通用收纳箱的气味应优于4级。食品用收纳箱的气味应优于3级。

5.3 外观

外观质量要求应符合表1规定。

表1 外观要求

项目		要求	
		$V \leqslant 30$ L	$V > 30$ L
气泡	除底部与口部之外,其余部位不允许有。规格内气泡两个之间的最小间距应≥50 mm		
	泡径/mm	≤2	≤3
	个数	3	5
黑点、杂质	不允许有穿透状杂质。规格内的要求分散分布,不影响使用		
	个数	$l \leqslant 0.5$ 不计;$4 < l \leqslant 6$ 的不多于3个;$l > 6$ 不允许有	
		$0.5 < l \leqslant 4$ 的,≤8个	$0.5 < l \leqslant 4$ 的,每 $100\ cm^2$ 的面积中≤5个
塑化不良、裂缝孔洞		不允许有	
毛刺、飞边、棱角		不应影响使用,不应刮手	
变形		不应影响使用	
色差		不允许有明显的色差	
擦痕		轻微	
光泽		基本一致	
注:V 表示标称容量,单位为L。l 表示黑点杂质的最大长度,单位为mm。			

5.4 壁厚比

收纳箱体的对称部位壁厚比应小于1.2。

5.5 使用性能

使用性能应符合表2规定。

表2 使用性能

序号	检测项目	技术要求
1	操作性能	扣锁结实，不允许扣不紧或扣不到位；箱体与盖配合无卡滞现象，使用顺畅
2	滑轮灵活性能	轮式产品按0.4 kg/L荷载比负载时移动灵活，滑轮无阻滞现象
3	抗冲击性能	无破损；产品组件保持正常功能
4	负载性能	不产生永久性变形、不发生断裂
5	堆码稳定性能	不倾斜、不破裂、不倒塌
注：产品说明上如有标注车用等无需堆码的产品，不做堆码稳定性能试验。		

5.6 卫生要求

食品用收纳箱，试样的理化指标应符合GB 9685、GB 9687、GB 9688或其他相应法规的要求。

6 试验方法

6.1 试样

6.1.1 生产脱模24 h后的产品方可取样进行有关试验。

6.1.2 取样数：出厂检验按表5规定进行抽样；型式试验的试样数每批次取3个。

6.2 容量偏差

测量时收纳箱应不带盖，向箱体注水，直至水溢出时为止。

按式(1)计算，精确到1%。

$$P = \frac{V_1 - V_2}{V_2} \times 100\% \qquad \cdots\cdots(1)$$

式中：

P——表示容量偏差，%；

V_1——表示盈满容量，单位为升(L)；

V_2——表示标称容量，单位为升(L)。

6.3 气味

6.3.1 试验仪器

6.3.1.1 具有空气循环功能的恒温测试箱，温度精度偏差为±2 ℃。

6.3.1.2 1 000 mL磨砂广口玻璃溶液瓶，在每次试验前应清洗并保持洁净、无任何气味状态。

6.3.2 试样准备

将收纳箱进行破碎，其尺寸应小于广口瓶口径，称取100 g±1 g的已破碎样品。

6.3.3 试验步骤

6.3.3.1 将恒温箱的温度调至80 ℃±2 ℃。

6.3.3.2 将样品放置于 1 000 mL 的玻璃广口瓶内，上瓶塞后置于 80 ℃±2 ℃恒温箱内，并保持 120 min±10 min。

6.3.3.3 从恒温箱中取出带样品的玻璃广口瓶，冷却至 60 ℃±5 ℃后进行气味测定。

6.3.3.4 由三个有资质检验员独立测定，并按表 3 的规定判定气味的等级；若检验员之间的检测结果差距两个等级以上，应重新测定。

6.3.3.5 采用各评分结果的算术平均值说明气味特性，评定的等级若介于两者之间，以最接近的半级四舍五入。

表 3 气味等级

级别	气味特性
1 级	不易感觉到
2 级	可感觉到，但不刺鼻
3 级	可明显感觉到，但不刺鼻
4 级	刺鼻
5 级	非常刺鼻
6 级	不可忍受

6.4 外观

距离肉眼 0.5 m 处，在 40 W 白炽灯照射下用目测方法检查外观质量；毛刺、飞边、棱角凭手感进行检测。

6.5 对称部位壁厚比

6.5.1 量具

精度不低于 0.02 mm 的通用量具。

6.5.2 对称部位壁厚比

以收纳箱体的中截面上连接塑模接缝的中线或与其相互垂直的中线为对称轴。在该面任意选取不在同一侧的对称点，测出壁厚，按式(2)计算，比值精确到 0.1。

$$t=\frac{T_1}{T_2} \qquad \cdots\cdots(2)$$

式中：

t ——对称部位壁厚比；

T_1——较厚处壁厚，单位为毫米(mm)；

T_2——较薄处壁厚，单位为毫米(mm)。

6.6 操作性

有开合的部位，按正常使用时的方式动作重复 3 次进行操作。

6.7 滑轮灵活性能

在光滑平整的 80 型中密度纤维板上按 0.4 kg/L 荷载比给收纳箱进行负载试验，负载物通常为水或聚丙烯(PP)料粒，样品作超过 100 cm 的来回直线运动，动作连续 3 次，观察滑轮滚动情况。

6.8 抗冲击性能

6.8.1 轮式

按0.4 kg/L荷载比给收纳箱装进聚丙烯(PP)料粒,按滑轮滚动方面的左、右侧各推倒一次,观察主体及组件。

6.8.2 非轮式

按0.4 kg/L荷载比给收纳箱装进聚丙烯(PP)料粒,使底部离80型中密度纤维板50 cm±5 cm高度自由跌落,同一样品在同一方法下连续自由跌落3次,观察主体及组件。

6.9 负载性能

将试验样品按0.4 kg/L荷载比进行负载。负载物为水或聚丙烯(PP)料粒,负载后使用吊钩吊住把手或四个角,要求重心不可偏移,使产品离地悬停30 s后再缓慢放下,然后观察样品。

6.10 堆码稳定性能

将试验样品按0.6 kg/L荷载比进行负载。负载物为聚丙烯(PP)料粒,并在水平硬地面上进行,取样品3只进行负载堆码,四面无依托,在常温条件下放置48 h后进行检查。

6.11 卫生指标

按GB/T 5009.60及相关标准进行检验。

7 检验规则

7.1 检验分类

分出厂检验和型式检验。检验项目应符合表4的规定。

表4 检验项目

检验项目		出厂检验	型式检验
5.1	容量偏差	—	√
5.2	气味	—	√
5.3	外观	√	√
5.4	壁厚比	—	√
5.5	操作性能	√	√
	滑轮灵活性能	—	√
	抗冲击性能	—	√
	负载性能	—	√
	堆码稳定性能	—	√
5.6	卫生要求	—	√
注:√为检验项目,—为不做检验项目。			

7.2 抽样方案

出厂检验项目采用GB/T 2828.1—2003中10.1和10.2规定的正常检验一次抽样方案，采用一般检验水平Ⅰ类，AQL值为6.5，抽样数、接收数和拒收数的判定应符合表5的规定。如果批量数等于或小于样品数时，则执行100%检验。

表5 抽样数、接收数和拒收数

批量范围	正常一次抽样，检验水平为Ⅰ：AQL=6.5		
	样本数 n	接收数 Ac	拒收数 Re
≤90	5	1	2
91～150	8	1	2
151～280	13	2	3
281～500	20	3	4
501～1 200	32	5	6
1 201～3 200	50	7	8
3 201～10 000	80	10	11

7.3 出厂检验

7.3.1 产品交货按批检验，同一配方、同一类型、同一规格连续生产的为一批。当批量投产数超过10 000只时，每10 000只按一个批次来检验。

7.3.2 按表5的规定进行抽样，按表4出厂检验的规定进行检验。

7.4 型式检验

产品在生产过程中有以下情况之一时，应进行型式检验：

——新产品投产或产品转产的试制定型鉴定；

——正式生产后，如结构、材料、工艺有较大改变，可能影响产品性能时；

——正常情况下，每年一次；

——产品停产6个月以上，恢复生产时；

——出厂检验与上述型式检验差异较大时。

7.5 判定规则

7.5.1 出厂检验判定规则：按表4的规定进行出厂检验，按表5的规定进行判定。

7.5.2 型式检验判定规则：按表4的规定进行型式检验，按表5的规定进行判定。其中若有一项不合格，应在原批中抽取双倍样品复验不合格项，复验仍不合格，则判定该样品为不合格。当不合格样品数大于或等于表5规定的拒收数时，则判定该批产品不合格。

8 标志、包装、运输和贮存

8.1 标志

每个产品应在明显位置标注以下内容：

a) 产品名称；
b) 产品类型、标称容量；
c) 产品的主要材料成分；
d) 执行标准编号；
e) 生产厂名、厂址；
f) 生产批号或生产日期；
g) 食品用收纳箱应标注贮存期限；
h) 使用说明；
i) 回收标志。

8.2 包装和运输

食品用收纳箱应使用塑料薄膜袋进行密封包装。运输中应防止重压和日晒雨淋。装卸时不应抛摔和剧烈撞击。

8.3 贮存

产品应贮存在干燥、阴凉、通风的仓库内，避免日晒雨淋、不应与有毒有害物品混放。食品用收纳箱贮存期限为六年。